航空维修管理

郑东良　王坚浩　编著

国防工业出版社

·北京·

内 容 简 介

本书根据人才培养需求建立了航空维修管理知识体系框架，较为全面地阐述了航空维修管理理论、技术及最新应用实践。全书突出装备使用和维修特色，内容力求做到全面翔实，强调思想性、理论性与应用性的有机融合，强化学生能力素质培养，注重规范性及可操作性。

本书从航空维修管理基础、航空维修管理过程、航空维修管理技术3个维度，对航空维修管理进行了较为系统而深入的阐述，主要内容包括：航空维修管理概念内含，装备通用质量特性，航空维修理论，航空维修管理职能，航空维修管理技术及其应用。本书将管理前沿理论融入航空维修管理内容体系中，分析了当前航空维修管理新发展、新趋势，介绍了精细化、精益化、流程优化等维修管理最新应用实践，开展了空军航空维修管理创新研究，对推进航空维修创新发展具有重要指导意义。本书每章前给出本章提要，章后附有复习思考题，以便于教学及复习。

本书适用于航空机务技术与指挥、航空安全技术与管理、无人智能工程等专业本科生培养和航空维修保障人员培训，也可作为大专院校设备管理、维修工程等专业教材，还可供从事航空维修管理的人员参考。

图书在版编目(CIP)数据

航空维修管理／郑东良,王坚浩编著.—北京：
国防工业出版社,2022.5
ISBN 978 – 7 – 118 – 12499 – 6

Ⅰ.①航… Ⅱ.①郑… ②王… Ⅲ.①航空器—维修
—管理 Ⅳ.①V267

中国版本图书馆 CIP 数据核字(2022)第 081337 号

※

国防工业出版社出版发行

(北京市海淀区紫竹院南路 23 号 邮政编码 100048)
北京富博印刷有限公司印刷
新华书店经售

*

开本 787×1092 1/16 印张 21 字数 480 千字
2022 年 5 月第 1 版第 1 次印刷 印数 1—1500 册 定价 98.00 元

(本书如有印装错误,我社负责调换)

国防书店:(010)88540777 书店传真:(010)88540776
发行业务:(010)88540717 发行传真:(010)88540762

前　言

管理出效益,管理出战斗力。随着军事战略转型、科技创新和装备发展,航空装备在信息化条件下现代战争中的作用更加突出,而航空维修是装备作战使用的重要支撑,航空装备作战能力的生成、保持和发挥离不开科学的维修,离不开科学的管理,管理是航空维修的"使能器",先进的装备需要高效能的维修管理。航空装备快速发展,科技创新加快,航空维修管理的地位更加重要,对提高航空维修质量效益的作用更加突出,对培养高素质、专业化新型航空维修管理人才的需求更加迫切,对航空维修管理创新的标准要求越来越高。基于以上的认识,在原《航空维修管理》教材的基础上,结合空军航空维修保障的新要求、新特点,组织编写了《航空维修管理》一书。

本书共分为三篇13章,从航空维修管理基础、航空维修管理过程、航空维修管理技术3个维度进行了系统阐述,主要内容涉及航空维修管理的概念内涵、航空维修工程基础知识、航空维修理论、航空维修管理职能、航空维修管理技术及其应用,以及空军航空维修管理创新等。为了培养高素质、专业化新型航空维修管理人才,突出应用实践能力培养,强化专业素养教育,培育创新意识,本书面向航空维修工作实际,适当拓宽知识面,将管理、维修等方面的前沿理论融入航空维修管理内容体系中,限于篇幅,并未将维修信息管理、维修质量控制等内容纳入本书中。编写过程中,本书注重管理与技术的结合、理论与实践的结合,既强调维修管理基础理论知识的完整性,又紧密结合航空维修管理实际;既注重借鉴吸收前沿管理理论技术,又注意总结归纳国内外航空维修管理有益经验和最新实践,突出航空维修管理应用实践要求,突出航空维修管理新时代需求,力求达到简明、科学、适用。

本书是在系统总结、吸收近年来我军各院校有关研究成果和大学航空维修管理课程教学实践经验的基础上而编写的。本书的作者们并非万能,他们的知识均是来自前人的教诲;本书的部分内容,借鉴和吸收了军内外其他院校的教材、专著和有关文献的成果。本书编著人员有郑东良(第1、2、4、13章)、王坚浩(第1、6、7章)、蔡忠义(第3章)、史超(第3、11章)、张亮(第4、5章)、车飞(第9章)、高建国(第10章)、崔利杰(第12章)、唐希浪(第3、4章)、甘甜(第6、11章)、刘文杰(第1、13章),黎东、同方伟、裴会锋、谢晓伟等同志参加了校对工作。本书的编写纲目、统稿由郑东良、王坚浩负责。

本书的编著力求框架体系的合理性、思想理论的先进性、主要内容的适用性,但由于航空维修管理的综合性、复杂性,本书难免存在疏漏和不妥之处,以后会不断优化完善,希望读者给予指正,作者不胜感谢。

目　　录

上篇　航空维修管理基础

下篇　航空维修管理技术

上　篇

航空维修管理基础

第1章 绪 论

【本章提要】
   ◆ 航空维修是为使航空装备保持、恢复或改善到规定状态所进行的全部活动,是技术活动与管理活动的复合。
   ◆ 航空维修管理是对航空维修资源有效整合以达成既定目标与责任的动态创造性活动,其目标是科学利用维修资源,以最经济的资源消耗,集约高效地保持、恢复装备完好可用,保证遂行战训任务。
   ◆ 航空维修管理职能包括决策、计划、组织和控制,是对航空维修资源有效配置和合理运用的必要的手段,对提高航空维修保障质量效益具有重要作用。
   ◆ 航空维修管理是一个与时俱进的创新过程,主要受到作战需求、航空装备、维修技术等因素的影响作用。

   航空维修管理不仅对维修资源的利用有着重要影响,更重要的是对战训任务的遂行、维修质量安全的保证具有举足轻重的作用。随着航空装备的发展,实战化训练的深入,航空装备作战效能、质量安全的影响因素越来越复杂,航空维修管理的地位作用越来越突出,迫切需要加以深入学习、研究。

1.1 航空维修基本概念

1.1.1 维修的内涵

1. 维修的概念

维修简单而言是维护和修理的简称。维护之意是保持某一事物或状态不消失、不衰竭,相对稳定;修理就是使损坏了的东西恢复到能重新使用,即恢复其原有的功能。目前,维修这一术语已在国家标准、国家军用标准等中进行了明确界定。

国家军用标准(GJB 451A)认为,维修是使产品保持或恢复到规定状态所进行的全部活动。

国家标准(GB/T 3187)认为,维修是保持或恢复产品处于能执行规定功能的状态所进行的所有技术与管理(包括监督)的活动,维修可能包括对产品的修改。《军语》等也对装备维修的概念内涵进行了规范。

中国民用航空规章《民用航空器维修单位合格审定规定》(CCAR—145),认为维修是对民用航空器或民用航空器部件所进行的任何检测、修理、排故、定期检修、翻修和改装。

上述标准对维修的定义略有区别,但是,从这些定义可以看出,维修有其共同因素:

（1）维修的目的是为了保持、恢复产品的规定状态。规定状态可理解为良好的可运行状态或设计最佳状态，或完成规定功能所必需的状态。

（2）对于没有损坏的产品，主要采取预防性措施，保持它的规定状态，防止出现故障；对于已经发生故障或损坏的产品，则是采取措施，尽快恢复它的规定状态，重新投入使用。

（3）保持产品处于规定状态的活动，通常称为维护（Servicing），有时也称为保养，如润滑检查、添加油料、清洁等。使处于故障、损坏或失调状态的产品恢复到规定状态，所采取的措施称为修理或修复（Repair），如调整、更换、原件修复等。维护和修理不能决然分开，维护过程往往伴随必要的修理，修理过程有时也伴随着维护，故统称为维修。

（4）维修是一种活动过程，既包括技术活动，也包括管理活动。技术活动如检查、润滑、拆卸、分解、装配、安装、调试等；管理活动如制订维修方案、确定维修制度、确定和建立维修资源（如维修备件供应、维修技术手册的编号）等。

（5）从范围来讲，维修覆盖产品生命周期全过程，涉及"物""事""人"等各种维修资源要素、各个层面。

2. 维修的分类

从不同的角度，维修有不同的分类方法。最常用的是按照维修的目的与时机，分为预防性维修、修复性维修、改进性维修和战场抢修。

（1）预防性维修（preventive maintenance，PM），是指通过对系统、设备、结构等的检查、检测，发现故障征兆以防止故障发生，使其保持在规定状态所进行的各种维修活动，包括擦拭、润滑、调整、检查、更换和定时拆修等。这些活动是在装备故障发生前预先实施进行的，目的是消除故障隐患，防患于未然，主要用于故障后果会危及安全和影响任务完成，或导致较大经济损失的情况。由于预防性维修的内容和时机是事先加以规定并按照预定的计划进行的，因而预防性维修也可称为计划维修。

（2）修复性维修（corrective maintenance，CM），是指产品发生故障后，使其恢复到规定状态所进行的全部活动，也称排除故障维修或修理。包括故障定位、故障隔离、分解、更换、组装、调校、检测，以及修复损坏件等。由于修复性维修因其维修内容和时机带有随机性，不能在事前做出确切安排，因而修复性维修也称为非计划维修。

（3）改进性维修（improvement maintenance，IM），是利用完成维修任务的时机，对产品进行经过批准的改进和改装，以提高产品的质量性能，或使之适合某一特殊的用途。它是维修工作的扩展，实质是修改产品的设计。结合问题进行改进，一般属于基地级（制造厂或修理厂）的职责范围。

（4）战场抢修（battlefield repair，BR），又称战场损伤评估与修复（battlefield damage assessment and repair，BDAR），是指战斗中装备遭受损伤或发生故障后，在评估损伤的基础上，采用快速诊断与应急修复技术，对装备进行战场修理，使之全部或部分恢复必要功能或自救能力。战场损伤是指装备在战场上发生的妨碍完成预定任务的战斗损伤、随机故障、耗损性故障、人为差错和偶然事故等事件。战场抢修虽然属于修复性，但由于维修的环境、条件、时机、要求和所采取的技术措施与一般修复性维修不同，因而被视为一种独立的维修类型，直接关系到装备的使用完好和持续作战能力，必须给予高度重视。

3. 维修方式

维修方式是对装备及其机件维修工作内容及其时机的控制形式，是装备维修的基本形式和方法。一般说来，维修工作内容需要着重掌握的是拆卸维修和深度广度比较大的修理，因为它所需要的人力、物力和时间比较多，对装备的使用影响比较大。因此，实际使用中，维修方式是指控制拆卸、更换和大型修理(翻修)时机的形式。在控制拆卸或更换时机的做法上，概括起来有 3 种：第一种是规定一个时间，只要用到这个时间就拆下来维修和更换；第二种是不问使用时间多少，用到某种程度就拆卸和更换；第三种就是什么时候出了故障，不能继续使用了，就拆下来维修或更换。这 3 种做法都是从长期的实践中概括出来的，到 20 世纪 60 年代，美国民航界将其分别称为定时方式、视情方式和状态监控(事后)方式。定时方式和视情方式属于预防性维修范畴，而状态监控方式则属于修复性维修范畴。

(1)定时方式(hard time process，HT)，是按规定的时间不问技术状况如何而进行拆卸工作的方式。"规定的时间"可以是规定的间隔期、累计工作时间、日历时间、里程和使用次数等；拆卸工作的范围涵盖从装备分解后清洗直到装备全面翻修，对于不同的装备，拆卸工作的技术难度、资源要求和工作量的差别都较大。拆卸工作的好处是可以预防那些不拆开就难以发现和预防的故障所造成的故障后果，工作的结果可以是所维修装备或机件的继续使用或重新加工后使用，也可以是报废或更换。定时方式以时间为标准，维修时机的掌握比较明确，便于安排计划，但针对性差，维修工作量大，经济性差。

(2)视情方式(on condition process，OC)，是当装备或其机件有功能故障征兆时即进行拆卸维修的方式。同样，工作的结果可以是装备或机件的继续使用或重新加工后使用，也可以是报废或更换。视情维修是基于这样一种事实进行的，即大量的故障不是瞬时发生的，故障从开始出现问题到故障真正发生，总有一段出现异常现象的时间，且有征兆可寻。因此，如果采用性能监控或无损检测等技术能找到跟踪故障迹象过程的办法，就可能采取措施预防故障发生或避免故障后果，所以也称为预知维修方式(Predictive Mainte-nance Process)。在视情方式的基础上，20 世纪 90 年代出现了主动维修、状态维修等维修方式。

(3)状态监控方式(condition monitoring process，CM)。状态监控方式是在装备或其机件发生故障或出现功能失常现象以后进行拆卸维修的方式，也称为事后维修方式。对不影响安全或完成任务的故障，不一定非要做预防性维修工作不可，机件可以使用到发生故障之后予以修复，但并不是放任不管，仍需要在故障发生之后，通过所积累的故障信息，进行故障原因和故障趋势分析，从总体上对装备可靠性水平进行连续监控和改进。工作的结果除更换机件或重新修复外，还可采用转换维修方式和更改设计的决策。状态监控方式不规定装备的使用时间，因此能最充分地利用装备寿命，使维修工作量达到最低，是一种最经济的维修方式，目前应用较为广泛。

4. 维修工作类型

维修工作类型是按所进行的预防性维修工作的内容及其时机控制原则划分的种类，分为保养、操作人员监控、使用检查、功能检测、定时拆修、定时报废和综合工作 7 种。

(1)保养(servicing)，是指为保持装备固有设计性能而进行的表面清洗、擦拭、通风、添加油液或润滑剂、充气等工作。它是对技术、资源要求最低的维修工作类型。

(2)操作人员监控(operator monitoring)，是操作人员在正常使用装备时对其状态进行监控的工作，其目的是发现潜在故障。这类监控包括对装备所做的使用前检查，对装备仪表的监控,通过气味、噪声、振动、温度、视觉、操作力的改变等感觉辨认潜在故障。但它对隐蔽功能不适用。

(3)使用检查(operational check),是按计划进行的定性检查工作,如采用观察、演示、操作手感等方法检查,以确定装备或机件能否执行其规定的功能。例如对火灾告警装置、应急设备、备用设备的定期检查等,其目的是发现隐蔽功能故障,减少发生多重故障的可能性。

(4)功能检测(functional inspection),是按计划进行的定量检查工作,以确定装备或机件的功能参数是否在规定的限度之内,其目的是发现潜在故障,通常需要使用仪表、测试设备等。

(5)定时拆修(reword at some interval),是指装备使用到规定的时间予以拆修,使其恢复到规定状态的工作。

(6)定时报废(discard at some interval),是指装备使用到规定的时间予以废弃的工作。

(7)综合工作(combination of tasks),是指上述两种或多种类型的预防性维修工作。

5. 维修级别

维修级别(level of maintenance),是按装备维修的范围和深度及其维修时所处场所划分的维修级别,一般分为基层级维修、中继级维修和基地级维修3级。

(1)基层级维修(organizational maintenance),是由直接使用装备的单位对装备所进行的维修。主要完成日常维护保养、检查和排除故障、调整和校正、机件更换及定期检修等周期性工作。

(2)中继级维修(intermediate maintenance),一般是指基层级的上级维修单位及其派出的维修分队,它比基层级有较高的维修能力,承担基层级所不能完成的维修工作。主要完成装备及其机件的修理、战伤修理、一般改装、简单零件制作等。

(3)基地级维修(depot maintenance),拥有最强的维修能力,能够执行修理故障装备所必要的任何工作,是由总部、战区、军(兵)种修理机构或装备制造厂对装备所进行的维修。主要完成装备的翻修、事故修理、现代化改装、零备件的制作等。

维修级别的划分是根据维修工作的实际需要而形成的。现代装备的维修项目很多,而每一个项目的维修范围、深度、技术复杂程度和维修资源各不相同,因而需要不同的人力、物力、技术、时间和不同的维修手段。事实上,不可能把装备的所有维修工作需要的人力、物力都配备在一个级别上,合理的办法就是根据维修的不同深度、广度、技术复杂程度和维修资源而划分为不同的级别。这种级别的划分不仅要考虑维修本身的需要,还要考虑到作战使用需求和作战保障的要求,并且要与作战指挥体系相结合,以便在不同的建制级别上组建不同的维修机构。因此,在不同国家或一个国家的不同军兵种之间,维修级别的划分不尽相同,而且还不断发生变化。

目前,有的国家出于作战的考虑,积极探索提高部队的独立保障能力和机动作战能力的对策措施,精简维修级别,提出了二级维修即取消中继级维修。取消中继级维修不仅意味着减少了装备对战场上地面维护保障的依赖,提高了装备的生存性,而且还意味着减少战场上的维护保障设施和保障人员,从而避免了不必要的伤亡和损失。但是,即使取消了中继级维修,装备维修的差异性依然客观存在,仍然存在着一个最佳的维修级别。

6. 故障及其分类

维修在一定意义上就是与故障做斗争,开展维修学习研究,必须科学认识故障的概念内涵。

(1) 故障含义。故障是指产品不能执行规定功能的状态。对某些不可修复产品,如电子元器件、弹药等称为失效。有时产品不能完成"规定功能"是明确的,如发动机转速不正常、照明灯丝突然烧坏不能照明,这是明显出了故障;有时产品不能完成"规定功能"并不很明确,如轴承的磨损、发动机耗油增大等,这些问题的存在并不影响产品的正常使用,处于是否故障之间。因此,故障的确定需要判据。同一产品,不同使用部门所确定的故障判据可能不一致,但在同一使用部门,则应有统一的要求。判据不同,故障统计数据也不同,直接影响到故障统计分析,进而影响到装备的使用安全。

(2) 故障分类。故障可以从多种角度来认识和加以分类,如隐蔽故障、潜在故障、独立故障、从属故障、自然耗损故障与人为差错故障等。这里仅从维修研究与实践的需要进行故障分类及界定。

按故障的发展过程,可分为功能故障与潜在故障。功能故障是指产品不能完成规定功能的事件或状态,是指产品已经丧失其功能的状态;潜在故障是一种指示产品将不能完成规定功能的可鉴别状态,如飞机轮胎在磨损过程中,先磨去胎面胶,其次露出胎身帘线层,最后才发生故障。

按故障的可见性,可分为明显功能故障与隐蔽功能故障。明显功能故障,是指正常使用装备的人员能够发现的功能故障,这类功能故障一般由操作人员凭感觉器官或是在用到某一功能时发现的。隐蔽功能故障是指正常使用装备的人员不能发现的功能故障,它必须在装备停机后做检查或测试时才能发现,如一些动力装置的火警探测系统,一旦发生故障就属于隐蔽功能故障。

按故障的相互关系可分为单个故障与多重故障。单个故障有两种情况:一是独立故障而不是由另一产品故障引起的原发性故障;二是从属故障,是由另一产品故障引起的继发性故障。多重故障,是指由连续发生的两个或多个独立故障所组成的故障事件,其后果可能比其中任何单个故障所造成的后果更严重。多重故障与隐蔽功能故障有着密切的关系。如果隐蔽功能故障没有及时被发现和排除,它与另一个独立故障结合,就会造成多重故障,可能产生严重后果。

1.1.2　航空维修的内涵

1. 航空维修的定义

航空维修可定义为保持、恢复和提高航空装备的良好和战斗准备状态而在航空装备寿命周期过程中所进行的全部活动,包括维护、修理、检查、更换、排故和改装等,既有技术活动,也有指挥管理活动。通过维修提高航空装备的可靠性、安全性等固有属性,虽然不属于严格意义上的维修工作,但其对确保航空装备安全可靠作战使用具有重要意义,因而是维修的一项重要工作。

航空装备和其他装备一样,必须符合一定的技术条件,才能安全可靠地作战使用。航空装备无论是地面停放还是在作战使用过程中,由于各种环境因素的影响作用,其技术状态会发生变化,偏离装备正常的使用技术条件,而航空维修的基本任务就是解决这一问题,保持航空装备的技术状态不发生变化,或一旦发生变化或故障,能及时地恢复到完好可用状态。因此,航空维修的目的是:经常保持和迅速恢复航空装备的良好和战斗准备状态,保证最短反应时间,最大出动强度和持续作战能力,保障航空装备大规模、高强度持续作战的使用需求。为达成航空维修的目的,其基本任务是:对航空装备进行有效的监督、控制和管理,经常保持、迅速恢复和持续改善航空装备的可靠性,使最大数量的飞机处于良好和战斗准备状态,发挥其最大效能,保证飞行安全、训练和各项任务的遂行。

2. 航空维修的内容

从航空装备战斗力形成过程来看,航空维修主要包括航空维修设计、航空维修作业、航空维修管理、航空维修训练和航空维修科研等。

(1)航空维修设计,包括航空维修品质设计和维修保障系统设计。维修品质设计主要有可靠性设计、维修性设计、保障性设计、测试性设计、安全性设计、人素工程设计等;维修保障系统设计主要有提出维修方案(确定维修级别、修理方针、维修指标、重要维修保障要求),制订维修保障计划(详细的维修计划或维修大纲和维修管理计划),维修保障装备、维修工具设备设计,维修保障设施设计,维修人员技术培训设计,维修器材备件保障设计,维修技术文件资料设计,装备封装及运输设计等。航空维修设计的基本任务就是从设计制造上保证航空装备具有良好的维修品质,并提供一个经济而有效的维修保障系统。

(2)航空维修作业,是指在航空装备服役期内,直接对其进行的维修操作活动和采取的各种技术措施,主要包括飞机的维护与修理。航空维修作业是维修生产力的具体体现,也是整个航空维修系统赖以存在和发展的基础。维护包括飞行机务准备、飞机定期检修和日常保养;修理包括小修、中修和大修(翻修),以及飞机改装等。

(3)航空维修管理,包括航空维修系统的构建及其管理,即确定管理体制、作业体制和系统的构成与布局;航空维修系统的运行管理,即制订维修方针政策、维修规划、维修法规,实施信息管理、质量控制、安全管理、效能分析和战时维修的组织指挥等;航空维修系统要素的统筹管理,即对维修人员、维修手段、维修备件、维修设施、维修经费以及其他维修资源的管理。

(4)航空维修训练,主要是组织实施航空维修人员的专业技术培训,使之具有与本职工作相适应的理论知识、技术水平和管理能力。分为生长教育训练和继续教育训练(如上岗训练、日常训练、换装训练、晋职训练、函授和自学考试等)。

(5)航空维修科研,主要是研究维修理论、政策,参与新型装备的研制论证及其技术预研,研究航空装备的合理使用和现有装备的改进改装;研究制订维修法规;分析研究事故、故障,提出预防措施;改革维修手段,开发应用新的维修工艺技术等。

3. 航空维修的特点

航空维修的特点是航空维修的本质表现,区别于其他事物的特殊矛盾,只有按照航空维修的特点来实施维修保障工作,才能收到良好的维修效果。

(1)高可靠性。航空装备是在空中使用、人机结合的复杂系统,高新技术密集,对可靠性、安全性有着更为特殊的要求,不仅要保证每一次使用的安全可靠,而且要保证装备整个寿命周期过程中使用的安全可靠;不仅要准确判断装备可靠性状态,而且要系统分析和科学把握装备可靠性的变化趋势和发展规律,以便及时采取有效的维修措施,防止因装备可靠性的变化而带来严重的故障后果。因此,航空维修必须以可靠性为中心,将保持和恢复装备固有可靠性作为航空维修的出发点和落脚点,一切维修活动都要为保持和恢复装备的可靠性服务。

(2)综合保障性。信息化条件下的现代战争是体系对抗,航空装备作战使用是系统诸要素共同作用的结果,离开有效的维修,航空装备难以形成有效的作战能力。航空维修的基本任务就是要保障航空装备良好的技术状况和可用状态,保障装备安全可靠作战使用,保障战训任务的顺利完成。因此,航空维修是一种保障性活动,必须服从和满足装备作战使用要求。这种保障性活动又是一种综合性活动,贯穿装备寿命周期全过程,需要科学管理与合理调配使用各种维修保障资源,需要诸多部门密切配合,是一个多层次、多专业组成的有机整体,而且这种活动是在一种动态变化的环境中进行的,受到战场环境、装备状态、维修资源、人员技术水平等不确定性因素的影响。从航空维修的多因素、多变动、多目标的活动特点及其复杂的互相制约的构成状况来看,航空维修是一种综合性的保障活动。

(3)技术密集性。航空装备是高新技术的综合结晶,因而航空维修是一个多专业的保障体系,是一种技术密集的创造性活动。航空维修已不是传统意义上的一种简单的技艺,而是一门综合性学科,有自身的客观规律,有自己的理论体系和知识体系,已从传统的经验维修发展到在科学的维修理论指导下,按照维修客观规律实施的科学维修。科学维修要求有科学的专业分工、科学的维修技术、科学的维修手段,以及掌握科学理论知识和具有良好专业素质的专业人员。随着科学技术的快速发展,航空装备更新换代的加快,航空装备高新技术密集,系统交联,机载设备综合化,航空装备的复杂性、先进性和综合性日益明显,航空维修的科学性要求越来越强,维修技术要求越来越高。

(4)快速反应性。信息化条件下的现代战争具有突发性、多变性、快速性和致命性,战争胜负往往取决于分秒之间,这就要求航空维修要用最短的反应时间保障航空装备最大的出动强度,在各种复杂的环境条件下,保障航空装备战术技术性能最大限度的发挥,在恶劣的环境下快速修复战伤装备,在各种条件下快速机动实施作战和保存自己。因此,航空维修的一切活动,应以快速反应为前提,高强度、机动灵活和较强的应变能力已成为航空维修的基本特点和基本要求。

(5)环境复杂性。航空维修是在复杂、恶劣的环境条件下实施的。平时的维修大都是在野外实施的,无论是日晒雨淋、风吹霜打,还是白天黑夜、寒冬酷暑,都要实施维修活动以保障作战训练任务的顺利完成。维修环境的复杂性还表现在环境的多变性,由于航空装备作战半径大,机动能力强,作战范围广,不同地域的地形、气候等自然条件对维修人员、装备有不同的影响,对维修活动也带来影响,要求维修人员掌握各种环境条件下的维修特点,熟悉不同环境条件下航空装备技术性能的变化,从实际情况出发实施有效的维修。战时的维修是在一种更为恶劣的环境下实施的,维修条件简陋,维修工具设备不齐全,备件短缺,维修设施不完善,维修时间紧,需要在核、化学、生物武器袭击和强烈电磁干扰环境下,进行防护和实施高强度的维修保障,因此,战时航空维修必须着眼现代战争的特殊环境,根据作战使用需求,开展针对性的训练,保障航空维修能在各种环境条件下有效地实施维修。

(6)高消耗性。航空装备系统结构复杂、作战使用要求高、耗费巨大,特别是随着航空装备的更新换代,航空装备使用和维修保障费用急剧增长,已成为制约航空装备建设发展的一个"瓶颈"因素,形成了"冰山效应"。据统计,航空装备的使用和维修保障费用占寿命周期费用的比例一般超过60%,有的甚至高达80%以上,已成为装备寿命周期费用的主要组成部分。因此,需要加强航空维修系统规划和科学管理,改善维修综合效益,抑制使用和维修保障费用增长,推动航空维修持续健康发展。

1.2　航空维修管理基本概念

1.2.1　管理的内涵

管理是一种特殊的人类社会实践活动,是任何组织生存与发展所必须的。管理因对象的不同而具有特殊性,但其概念、原理、职能、要素和过程等具有显著的普遍性。

在管理的发展过程中,不同的学派和不同的学者对管理有着不同的认识。科学管理之父费雷德里克·泰罗认为,管理就是"确切地知道你要别人去干什么,并使他用最好的方法去干";诺贝尔经济学奖获得者赫尔伯特·西蒙认为,管理就是决策,决策贯穿管理的全过程;组织管理之父亨利·法约尔认为,管理是所有的人类组织(不论企业、学校或政府)都有的一种活动,这种活动由5项要素组成,即计划、组织、指挥、协调和控制等。虽然泰罗、法约尔等给出了管理的定义,但还不充分,管理还有着更广泛、更复杂的内涵与本质。

第一,管理作为一种活动,一定是在一个特定组织、特定时空环境下发生发展直至结束。从时间的角度来看,管理是一个动态过程,因为时空环境并不是静止的。

第二,管理这种活动的发生是有目的的,如大学的存续是为青年人等提供高等教育机会,为国家和社会培养合格的高级人才,显然这与管理的出发者欲达成的目的相关,这一目标可以是组织的目标。

第三,达成组织目标是需要资源的,但资源是有限的,供给有价格,这就使得达成组织目标有一个成本与收益的比较,有一个投入与产出的衡量。之所以需要管理,就是优化配置资源,提高效益。

根据上述讨论,可以给管理下一个统一的符合其实质的定义:管理是对组织的资源进行有效整合以达成组织既定目标与责任的动态创造性活动。计划、组织、指挥、协调和控制等活动是有效整合资源所必需的活动,故而它们可以归入管理范畴之内,但它们又仅仅是有效整合资源的部分手段或方式,因而它们本身并不等于管理,管理的核心在于对资源的有效整合。

1.2.2　航空维修管理的内涵

根据管理的概念内涵,可将航空维修管理定义为:以航空维修系统为对象,以满足航空装备作战使用要求为目标,综合运用管理理论技术有效整合维修资源,以获得最佳航空维修保障质量效益而进行的创造性活动。

从系统特征上讲,航空维修系统是一个开放系统,即系统为了实现航空维修目标,必须不断地与外部环境进行物质的、能量的和信息的交换,而且还必须在时间上、空间上和功能上与外部环境相适应,以使航空维修系统状态从不平衡趋于平衡,系统结构从无序变为有序,推动航空维修系统创新发展。对于航空维修系统这种具有耗散结构特性的系统,在开展管理研究时应重视研究运用现代科学理论技术来分析研究航空维修活动的特点规律,着力解决航空维修系统的结构有序性、内外协同性、过程稳定性等这样一些系统管理上的本质问题。根据航空维修的特点要求,由于航空维修与一般生产活动相区别的特殊性,正确理解航空维修管理应着重把握以下几点:

(1)航空维修管理的主体是人,包括航空维修系统各级部门和各类人员。各级航空维修管理部门和维修机构及其管理者,是航空维修管理的主要实体和主要实施者,既是管理者又是被管理者,既有主观能动性又有受制约性,航空维修管理者的群体结构和个体能力素质,对航空维修管理质量效益,具有决定性的影响。

(2)航空维修管理对象具有多元化特征。军事活动具有复杂性、综合性特征,航空维修是军事活动的重要组成部分,其管理对象涉及装备、维修人员、保障设备、器材备件、保障设施、维修信息、维修经费、维修资料等多类要素,航空维修管理对象的多元性,决定了航空维修管理的复杂性,只有对这些维修资源进行科学规划计划和合理调配,才能有效保障航空维修管理既定目标的达成。

(3)航空维修管理的核心环节是决策。著名的管理学家西蒙有句名言,“管理就是决策”。决策决定了管理活动的方向目标和工作重点,是管理工作的前提保障。随着装备发展,航空维修的复杂性、系统性、综合性不断提高,航空维修保障的任务更为艰巨,要求更高,标准更严,维修管理决策,不仅决定了维修工作的内容时机和方式方法,而且对航空维修质量效益具有决定性的影响,特别是对于航空装备这种高新技术密集的复杂装备而言,由于维修管理在质量安全等方面的特殊作用,使得决策的地位作用更加突出。

(4)航空维修管理成效有赖于维修管理职能的有效发挥。维修管理是一种整合资源的过程活动,在这一过程中,面临着管理客体、管理运行时空、管理方法手段、管理实施结果等诸多的不确定性,需要充分发挥计划、组织、指挥、协调、控制等管理职能作用,对航空维修资源进行有效整合,降低不确定性和风险水平,以有效达成航空维修管理目标。

1.3 航空维修管理的基本任务与主要职能

1.3.1 航空维修管理的基本任务

根据航空维修管理的基本内涵,航空维修管理的最终目的就是科学地利用各种维修资源,以最经济的资源消耗,及时、迅速地保持、恢复和改善航空装备的战备完好状态,保证装备战训任务的完成,其基本任务如下:

(1)组织航空维修。经常分析装备技术状态,摸清航空维修规律,统筹安排、制订航空维修计划,积极主动、适时地组织进行维护、修理和改进工作,提高装备战备完好性。

(2)保障维修资源。组织实施维修设施建设,认真统计分析器材消耗情况,力求降低资源消耗组织维修设备、工具、备件、消耗品等维修器材的筹措、储存和供应工作,努力提高其标准化、系列化、通用化、机动化程度,及时保证航空维修的需要。

(3)保证维修质量安全。组织各级维修机构的业务工作,加强维修质量和维修安全教育,针对维修质量和维修安全管理薄弱环节制订改进措施,加强维修质量和维修安全的全面管理,保证航空维修质量和维修安全。

(4)提高维修保障效益。掌握航空维修经费的合理分配和使用,努力节约人力、物力消耗,实行经济核算,减少维修费用开支,提高维修经费的使用效益。

(5)提高维修人员素质。组织维修人员的学习、训练;提高维修人员的政治、科学文化、技术业务、组织管理水平,造就一批精通专业维修的人才。

(6)维修信息管理。组织实施装备使用和维修信息数据的统计分析工作,完善维修信息管理系统,为航空维修管理提供可靠决策依据。

1.3.2 航空维修管理的主要职能

管理职能也称管理功能,是对管理工作应承担任务的浓缩和概括。航空维修管理是对维修活动的一种高级管理,主要职能包括决策、计划、组织、领导、控制和评估等。

1. 决策职能

管理的决策观认为,决策是管理活动中最基本、最重要的内容,它贯穿于管理的全过程和各个方面,事关管理工作的成败。航空维修管理的决策活动贯穿于维修活动全过程之中,要求航空维修决策者必须掌握科学决策的理论和方法,运用现代科学成果,遵守科学的决策程序,努力做到决策的民主化、科学化、最优化。

决策是航空维修管理的首要职能活动。任何一项维修保障工作活动,总是要先作决策,再制订计划,并依据决策意见和计划方案组织实施,在实施过程中发生的领导、协调和控制等行为中也都存在着形式不同、内容各异的决策活动。因而决策活动既是航空维修管理活动的首要环节,又贯穿于维修管理的全过程,在维修管理中具有核心地位作用。

2. 计划职能

计划职能,在航空维修管理中处于重要的地位。就科学维修过程而言,无论是航空维修政策、法规和策略的制订,还是维护、排故、修理的实施,乃至装备的退役、报废等,都需要制订计划来组织实施。

管理中的计划有两种解释:一种从狭义的角度认为,计划是管理人员筹划未来行动的活动,即针对某一既定的决策目标,研究和选择实现目标的方式、途径和方法;另一种从广义的角度来解释管理计划,认为预测、研究和决策,以及选择实现目标的方式、途径、方法等都是计划职能的内容。显然,广义的解释把决策纳入计划之中,认为决策是计划的一个环节。从理论上讲,上述两种解释都是可行的,但从实践看,狭义的管理计划含义更有利于突出决策在管理中的核心地位。所以,一般应选取管理计划的狭义含义,即:围绕某一既定的组织目标,研究和选择实现目标的方式、途径和方法,对实现组织目标的活动过程进行详细规划。

3. 组织职能

组织是航空维修管理中继决策职能、计划职能之后又一项重要职能。维修管理决策工作确定了目标、计划工作制订了行动方案之后,接下来就要依靠一系列的组织活动来贯彻落实。只有做好航空维修管理的组织工作,才能使决策方案得以顺利实施,才能保证科学维修目标得以实现。

4. 领导职能

领导是航空维修管理的一项重要职能。有效的、强有力的领导,对于更科学地作出决策、更合理地制订计划、更高效地组织实施和更严格地实施控制,都具有非常重要的作用。

现代管理学观点认为,领导是领导者、被领导者和领导环境等三要素相互作用的过程。因此,领导的概念可描述为:领导是指在一定的客观环境中,领导者通过一定的领导行动去影响、指导被领导者为实现某种预定目标而努力工作和积极贡献的过程。

5. 控制职能

控制是航空维修管理的一项重要职能。任何维修管理决策、计划的组织实施,都需要及时有效的管理控制,维修管理控制主要是对维修质量、维修安全风险的控制。

管理职能理论认为,控制是管理的重要职能,是以决策目标和计划指标为依据,对计划的完成情况和目标的实现程度进行检查与评估,并适时纠正偏差,以确保决策目标按计划步骤实现的一系列管理行为。显然,管理控制首先具有目的性,即管理控制始终要围绕组织的目标而进行;其次,管理控制具有整体性,这既是因为全体成员都是管理控制的主体,更是因为控制的对象包括组织活动的各个方面、各个层次、各个部门、各个阶段;最后,管理控制具有动态性,即组织活动的动态性决定了管理控制方法的多样性。

6. 评估职能

评估是航空维修管理的一项重要职能,是检验航空维修工作质量效益的重要方式,是促进航空维修管理能力水平持续改进的重要措施。航空维修的根本目标在于提高实战保障能力,在于提高维修保障质量效益。运用先进适用的评估方法技术,通过对航空维修保障能力、质量安全、保障绩效等的科学评估,客观高效地反映维修保障能力水平,明确航空维修保障建设现状,准确定位存在的矛盾问题,及时采取有效措施,提高航空维修保障能力和质量效益,对安全高效地完成各项保障任务,推动航空维修创新发展具有重要作用。

1.3.3 航空维修管理的特点

作为一种特殊的管理活动,航空维修管理有着自己的独特表现形式。开展航空维修管理活动,必须要掌握航空维修管理的这些特殊点,注意其与企业管理、生产管理等其他管理的区别。航空维修管理的特殊点,归纳起来,主要有以下几个方面:

1. 军事性

管为战,航空维修管理必须以作战使用需求为牵引,以战斗力为标准,以打赢信息化条件下现代战争为目标,服从和服务于航空装备各项战训任务,因而航空维修管理具有鲜明的军事性特征。从组织形态、制度安排来看,航空维修管理始终是围绕着航空维修工作任务的开展而进行的;从航空维修管理的根本目标、价值取向来看,航空维修管理是为了充分利用维修资源,充分调动维修人员的工作积极性,巩固和提高维修保障能力,以更好地履行使命任务,航空维修管理效益的衡量不能以利润为指标。无数的维修管理实践表明,航空维修管理首先必须充分考虑军事效益,航空维修管理必须紧盯作战,强化航空维修管理是一项姓"军"的管理,科学的计划、严密的组织、权威的指挥、严格的控制、顺畅的协调,对于保持航空维修优良秩序、提高维修质量效益和赢得作战胜利起着至关重要的作用。

2. 系统化管理

航空维修是一个复杂的军事系统,涉及人力、物力、财力、技术、信息等维修资源要素,航空维修管理必须以系统理论为指导,运用系统工程的理论技术,对航空维修的工作活动进行合理统筹和科学计划,对航空装备的技术状态进行科学分析和有效管控,对维修资源进行科学配置和高效利用,建立和谐的维修秩序和顺畅的运行机制,实现航空维修的整体优化和集约高效,持续提高航空维修质量效益,成建制成系统地提高维修保障能力,确保航空维修各项工作有序高效。

3. 全寿命管理

虽然航空维修管理处于航空装备作战使用的末端,但航空装备是系统过程作用的结果,先天不足,后患无穷。航空维修管理必须按照全系统全寿命管理的要求,前伸后延,不只限于航空装备作战使用阶段,不能仅局限于维修作业管理,航空维修管理必须紧盯装备作战战备,统筹好前端与末端,依据装备技术状态和保障任务需求,制订合理的装备使用和维修保障方案、维修计划,统筹管理,协调运作,合理安排使用和科学组织维修保障各项工作,实现航空维修保障的集约高效。

4. 不确定性强

航空维修是服务与保障航空装备作战使用的,而航空装备体系结构复杂性,装备技术状态动态变化,作战使用环境严酷恶劣等,使得航空维修管理的不确定性显著增强。由于战争爆发的突然性和战斗任务的复杂性,以及航空装备技术状态变化的随机性,使得保障任务动态变化,进行总体规划和计划管理等难度大,既要规划预防性维修工作,又必须适时安排偶然性的修理任务、供应保障任务;既要做好平时的维修工作,又必须随时做好战时维修保障准备;既要组织正规的维修生产,还必须适应各种环境条件下的维修要求,如应急抢修、机动保障等。因此,航空维修保障工作特别需要实施科学高效的维修管理,以提高航空维修保障工作的有效性。

5. 过程控制严

航空装备是空中使用的人机结合的复杂系统,其使用的有效性,受到可靠性、维修性、测试性、保障性、安全性等航空装备固有属性的影响,在很大程度上取决于航空维修系统的有效性,而提高航空维修系统的有效性,关键在于适时做好维修过程的控制。由于航空维修管理的对象多元、不确定性强,特别是系统内外各种因素的影响,加大了航空维修的计划和技术管理的复杂性,因而实施严格的维修过程控制就显得十分重要。为了满足战训任务需要,最大限度地提高航空装备的可用性,必须从时间和空间上加强维修过程控制,做好维修系统的平衡协调,严密组织维修实施,严格控制维修进度,缩短维修时间,减少维修频度,保证系统能有序稳定运行,努力实现维修任务与维修能力、外部环境和内部要素之间的动态平衡,适时协调系统内部各个部门、各个环节和各项要求之间的关系,以提高系统整体的功效,求得最佳的保障效益。

6. 管理方式多样

由于航空装备体系结构复杂,维修专业多,以及由于装备技术状态动态变化,带来不同的维修深度和难度,相应地需要配备不同的维修人员、设备、设施和物资器材,再加上维修技术培训、维修科学研究、供应保障,以及各级管理机构部门的设置,使维修系统成为一个多专业、多层次、多功能的复杂大系统。由于在系统的各个组成部分、各个子系统的性质、任务分工和工作条件的不同,必然要有多种多样的管理方式。这不仅表现在系统内维修机构与科研单位、院校、保障部门等在管理内容上有着明显的差别,即使在各级维修机构中,如基层级维修和基地级维修在管理方法上也不相同。因此,为保证完成装备作战使用任务目标,航空维修管理必须重视加强系统的综合管理,在宏观上全面规划系统的发展方向和目标,确立维修方针政策,搞好系统内部、外部协调和平衡;在微观层次,按照各个部门和机构的不同任务、性质,采取不同的方式做好维修管理工作。这种管理方式方法上的多样性,是航空维修管理的一个突出特点,也是确保维修管理成效的有力保证。

上述表明了航空维修管理的重要性、复杂性和科学性。航空维修管理能力水平的高低,关系着航空装备的有效使用,直接影响到部队作战能力的生成和发挥。因此,航空维修管理在航空维修现代化建设中,处于十分重要的位置。航空维修管理的这些特殊点,来自航空维修任务的不确定性和系统构成的复杂性;航空维修管理的科学性,则是与航空维修活动的特殊规律性联系在一起的。根据航空装备使用和维修工作特点规律,学习应用现代管理科学技术,推行航空维修科学管理,是推进航空装备科学维修深入发展的一个亟待加强建设的领域。

1.3.4　航空维修管理的原则

根据航空维修思想、维修管理的基本任务,以及航空维修管理特点,航空维修管理应遵循以下原则:

1. 层级管理

航空维修是空军装备系统的一个子系统,具有多功能、多专业、多层次等特性,要求航空维修管理实施层级管理,在上级保障部门业务指导下,由有关业务部门负责,实行集中统一领导、分级分部门负责的维修管理体制。实行集中统一领导,有利于宏观上加强航空维修管理工作,使各种维修资源充分发挥作用。实行分级分部门负责,有利于加强航空维修管理工作的计划、指导、检查、落实,做到责任明确、分工具体、控制科学,确实把航空维修的每个方面、每个部门、每个环节的工作都做好,使航空维修所有的事都有人管有人做,保证各项维修措施落实到位,确保航空维修各项工作的有序高效。

2. 以可靠性为中心

以可靠性为中心的维修思想,是现代维修理论的核心思想,认为航空维修的出发点和落脚点是装备的固有可靠性,这就要求航空维修管理必须以可靠性为中心,通过对重要维修项目的可靠性分析,以维修工作的适用性、有效性和经济性为决断原则,确定是否进行预防性维修工作,并运用多种方法技术确定维修工作内容、维修级别和维修时机,以最经济的维修资源消耗来保持或恢复航空装备的可靠性安全性,集约高效地满足航空装备作战使用要求。

3. 依靠科技进步

高技术密集是航空装备的一个显著特征,高技术的航空装备需要高效能的管理,高效能的管理需要先进高效的维修管理技术。在航空装备使用保障过程中,必须依靠科技进步,增加航空维修管理的科技含量来实现科学管理,有效地保持、恢复装备的可靠性安全性,合理配置和充分利用维修资源,提高航空维修管理质量效益。

4. 法治化

依法维修、依法管理是维修管理工作的基本要求,严格遵守有关法规是保证航空装备使用安全和维修作业安全的重要基础。航空维修管理必须牢固树立法治化管理的思想理念,不断增强全体维修人员的法制观念,严格按章办事,建立健全航空维修管理激励与约束机制,做到赏罚严明。

5. 创新性

航空维修管理是一种动态创造性活动,即使程序方法相同,对于不同的人也会得到不完全一样的结果,每一个具体的管理对象没有一种唯一的完全可以照搬的管理模式,这就需要航空维修管理有一定的创造性。正如管理大师德鲁克所言,管理的本质在于创新。试想,如果按照程序就能管好的话,那岂不是每个人都会成为有效的管理者? 正是由于航空维修管理的动态变化性,使得航空维修管理创新成为必需。

1.4　航空维修管理的形成与发展

航空维修管理是伴随着飞机的诞生而出现,航空维修事业的发展而发展。发展至今,航空维修管理从思想理念、理论技术到模式机制、方法手段,已发生了深刻变化,有力推动了航空维修创新发展。

1.4.1　世界航空维修管理的形成与发展

1. 事后维修阶段

这个阶段(20 世纪 30 年代)由两个"时代"组成,即兼修时代和专修时代。在兼修时代,由于飞机结构简单、用途有限,这时飞机操作人员往往兼任维修人员。随着飞机技术复杂程度的提高、飞机数量的增加,开始有了专业分工,进入了专修时代。这时,操作人员专门负责操作,维修人员专门负责维修。这个阶段的共同特征是,由于当时的工业背景是机械化程度不高,装备故障影响不大,人们对预防故障并不重视。同时,也由于大部分设备比较简单,比较可靠且易于修复,因而形成了随坏随修的维修思想。这种维修思想建立在朴素的唯物主义思想之上,其维修管理的特点是随机性大,缺少必要的计划安排,也可以说当时尚未开展真正意义上的航空维修管理。

2. 预防为主的维修

随着航空装备的发展(20 世纪 60 年代),航空装备的机械化程度明显提高,各种设备的数量大幅增加,结构日益复杂,地位日趋重要,航空装备故障成为十分突出的问题。在航空装备使用过程中,人们逐渐深化了对机械设备故障的认识,将其总结归纳为"浴盆曲线",并认为这一规律适用于一切设备,逐渐形成了预防为主的维修思想。这一时期维修管理的特点是突出故障研究,注重技术层面的管理。

3. 以可靠性为中心的维修

从 20 世纪 50 年代末到 80 年代末,随着科技进步,航空装备的机械化、自动化、电子化和信息化程度明显提高,航空装备的故障呈现出多样性,在实践中逐渐认识到维修工作的出发点、落脚点不应是故障,而应是可靠性。1978 年,《以可靠性为中心的维修理论》(RCM)专著出版,标志着航空维修由经验维修跨入了科学维修的新阶段。这一时期,航空维修管理的主要特点突出基于可靠性的管理,围绕保持和恢复装备固有可靠性来开展维修管理工作,维修管理从专业技术管理向职能管理转变,出现了专门的职能管理部门——质量控制。随着 RCM 研究与实践的深入,其逐渐成为现代维修理论的核心,在装备维修领域得到了推广应用。

4. 维修管理丛林阶段

进入 20 世纪 90 年代，以信息技术为核心的高新技术群的迅猛发展及其广泛应用，有力地推动了装备发展，促进了航空维修的发展，维修管理的地位作用更加突出，流程管理、精细化管理、精益思想、六西格玛管理、全员生产维修、状态维修、预测与健康管理等维修新思想新理论新技术不断涌现，呈现欣欣向荣的蓬勃发展之势，显著提高了航空维修质量效益，推动了航空维修创新发展。

（1）预测与健康管理（PHM），包含两方面的内容，即预测（prognostics）和健康管理（health management）。预测是指根据系统现在或历史性能状态，预测性地诊断部件或系统完成其功能的状态（未来的健康状态），包括确定部件或者系统的剩余寿命或正常工作的时间长度。健康是指与期望的正常性能状态相比较的性能下降或偏差程度，健康管理是根据诊断/预测信息、可用维修资源和使用要求对维修活动做出适当决策的能力。PHM 是指利用尽可能少的传感器采集系统的各种数据信息，借助各种智能推理算法（如物理模型、神经网络、数据融合、模糊逻辑、专家系统等）来评估系统自身的健康状态，在系统故障发生前对其故障进行预测，并结合各种可利用的资源信息提供一系列的维修保障措施以实现系统的视情维修。PHM 代表了一种方法的转变，一种维护策略和概念上的转变，实现了从传统基于传感器的诊断向基于智能系统的预测的转变，从而为在准确的时间，对准确的部位，进行准确而主动的保障活动提供了技术基础。PHM 已在美军 F-35 多用途联合攻击机（JSF）得到了充分应用，代表了新一代装备维修的发展方向。

（2）精益理论。精益理论的核心是消除浪费，创造价值。精益理论（lean theory）是从日本丰田生产方式（toyota production system,TPS）中提炼出的系统的理论。精益理论是应对信息时代使用需求复杂多变、个性化要求高的挑战，以准时化为核心，以价值流分析为基础，通过改善组织整个业务流程各环节上的价值增值活动，消除或控制非增值活动，以达到降低成本，缩短周期，提高质量，增强竞争力的目的。目前，精益理论已在全球被许多企业、组织效仿和应用，美国空军为提高装备维修增强对变化、不确定性的快速响应能力，大力推进精益理论在航空维修领域的应用，取得了明显的成效，如 F-15、C-130 飞机大修时间缩短了一半。

（3）六西格玛管理。六西格玛管理产生于 20 世纪 80 年代后期的美国摩托罗拉公司。西格玛（σ）在统计学上表示标准偏差，以 6σ 作为衡量标准，意味着每百万个产品中的不合格品可能有 3.4 个。六西格玛是一种通过减少缺陷和差错提高顾客满意度来增加利润和企业竞争力的高效的管理方法，也可以说是一种追求高质量的意识、战略。著名的 6σ 管理专家罗纳德斯尼曾将 6σ 管理定义为"寻求同时增加顾客满意和企业经济增长的经营战略途径"。

（4）全员生产维修。日本在美国生产维修的基础上，吸收了英国综合工程学和我国鞍钢宪法群众路线的思想，提出了"全员生产维修"（total production maintenance,TPM）的概念。在日本管理协会（JMA）的支持下，全员生产维修创始于 20 世纪 70 年代。TPM 的基础，一是定义和运用"设备综合效率"的概念，二是按时间折算设备的总费用和对寿命周期费用的影响程度，并扩展到所有相关活动中，其目标是追求费用的降低，并调动组织成员参与管理的积极性。目前，TPM 已在世界范围内得到了广泛应用。

1.4.2 我军航空维修管理的形成与发展

我国空军在建设发展过程中,特别是 20 世纪 70 年代末以来,高度重视航空维修管理理论研究与应用实践,对推动空军航空维修创新发展发挥了重要作用。

1. 初始阶段

空军初创和抗美援朝时期,是我军航空维修管理的初始阶段。这一时期,航空维修管理在机构组建、人员编配等方面进行了许多工作,相继成立了空军和军区空军工程部,师、团组建了机务处,并初步建立了一些规章制度。空军航空维修管理的内容、形式和方法都很简单,除了掌握装备实力外,主要抓现场维修工作的组织实施,组织形式是空地合编、以单机包干为主要方式。从总体上看,这一时期的航空维修管理基本处于摸索经验、逐步发展的状态,维修保障效能还比较低。

2. 经验管理阶段

从抗美援朝战争结束到 20 世纪 70 年代末,是我军航空维修管理的经验管理阶段。这一时期,在经历了抗美援朝战争锻炼的基础上,我军开始总结航空维修管理工作经验,启动了一系列正规化建设,维修管理水平有了很大的发展和提高。维修体制几经改革,实现了空地勤建制分开,成立了机务大队;实现了定检与保障分开,成立了定检中队;陆续颁发了航空工程机务条例、各种维护规程和各项规章制度,多次在全军范围内组织召开了预防故障和维护经验交流会,内外场维修信息和信息交流工作开始受到格外的重视;锻炼和培养了大批熟悉专业技术、经验丰富的维修工程技术骨干。这一时期的空军航空维修管理基本上处于依赖经验进行管理的阶段,维修管理的科学性还不强。

3. 现代管理阶段

20 世纪 70 年代末 80 年代初以来,我军航空维修管理开始向现代管理迈进。这一时期,由于歼七、歼八等第二代国产飞机大量装备部队,航空装备科技含量大幅度提高,原有维修思想和方式已无法满足维修客观需求,空军加强了维修理论研究,对维修指导思想、维修政策、维修制度、维修体制、维修方法和手段等许多方面进行了比较深入的探索实践,先后确立了以可靠性为中心、维修系统管理和全系统全寿命管理等先进维修思想,建立了完善的维修质量控制系统,设立了维修质量控制机构,开始将可靠性理论、系统工程、逻辑分析、数理统计等新知识新技术新方法,大量运用于确定维修内容、维修方式和使用时限等维修实践中,研制和使用了一批原位检测、无损探伤和综合测试等设备,"视情方式""状态监控"逐步得到使用,实现了航空维修管理向现代管理的快速迈进。

4. 创新管理阶段

20 世纪 90 年代以来,适应军事形态演变、科技进步和装备发展,空军加快了航空装备科学维修进程,在维修管理思想、维修管理体制、维修管理模式、维修管理方式、维修管理手段等方面开展了大量的探索实践,航空维修管理在理论和实践两方面都产生了前所未有的发展,在全军率先开展了维修保障模式改革、信息化管理、精细化管理、持续适航、安全管理体系建设,建立健全了相对完备的维修管理组织形态,实现了网络互联互通和维修保障信息共享,提高了航空维修管理决策能力水平和保障质量效益,为遂行战训任务提供了安全可靠高效的维修保障。

复习思考题

1. 试分析航空维修管理的作用和意义。
2. 阐述维修与航空维修的基本含义,其目的与任务是什么?
3. 什么是航空维修管理? 航空维修管理有哪些原则? 其主要特点有哪些?
4. 什么是"预防为主"维修指导思想? 其基本观点是什么?
5. 试剖析航空维修管理的主要特点。
6. 试归纳总结航空维修管理的发展历程。

第2章　航空维修管理体制

【本章提要】

◆ 航空维修管理体制,是为进行航空维修管理工作而建立的组织体系及其法规制度,包括管理机构、隶属关系、管理权限、管理制度等。

◆ 影响航空维修管理体制的因素是多方面的,主要有军事战略、作战需求、体制编制、装备技术水平等。

◆ 外国空军航空维修管理体制各有特色,主要是有两种体制模式:一种是以职能管理为主;一种是以技术管理为主,美俄是这两种模式的典型代表。

◆ 建立高效的运行机制是航空维修管理成效的重要保障,运行机制主要包括决策保障机制、调节控制机制、激励约束机制和评价监督机制。

随着空军现代化建设的深入发展,航空维修系统业已成为一个多功能、多层次的复杂大系统,对科学管理的需求显著增强。建立健全空军航空维修管理体制,为推动航空维修科学发展奠定可靠高效的体制保障,是空军航空维修创新发展的迫切需要。

2.1　航空维修管理体制的基本概念

理解认识航空维修管理体制,首先必须明晰体制、维修体制等相关概念。

2.1.1　航空维修管理体制的内涵

1. 体制

体制是指为实施某项工作而建立的组织体系和制度的统称,主要包括组织机构设置、隶属关系、职责权限划分,以及相应的法规制度等。体制的核心是组织体系,组织体系是体制的主要表现形式。体制往往是一个组织总体结构的制式化表现,通常是以政策性或法规性文件予以确定或体现。

体制属于上层建筑的范畴,体制的形成是以一定物质实力为基础,根据一定的需求,在总结经验的基础上,通过调查研究和论证确定的,是对总体结构进行优化的一种制度,往往也是对某一系统管理的根本保证和落脚点。

2. 航空维修体制

航空维修体制,一般有两种含义:一是指组织实施航空维修,在机构设置、建制领导、职责权限、任务划分等方面的制度。从这个意义上讲,航空维修体制又可分为航空维修管理体制和航空维修作业体制。二是指实施航空维修的总体布局,通常包括维修级别的确定和维修任务的划分等。上述两种理解,无论从哪一方面来理解航空维修体制,都说明航空维修的组织实施是与维修体制密切相关的。从生产关系与生产力的关系来看,维修体制本质上反映了维修生产关系,可以说,没有了维修体制也就没有了维修生产力,维修也就不存在了,因此航空维修体制问题是非常重要的一个问题。

3. 空军航空维修管理体制

空军航空维修管理体制,是为进行航空维修管理工作而建立的组织体系及其法规制度,是由管理机构、隶属关系、管理权限、管理制度等构成的一个有机整体。

空军航空维修管理体制是以航空维修体制为基础的。由于军事体制、实施航空维修管理的任务分工不同等,目前世界上的空军航空维修管理体制主要有两种模式:一种是按管理职能分工设置机构和编配人员,构成以职能管理为主的维修管理体制,美军的航空维修管理体制是这一模式的典型代表;另一种是按维修专业分工设置机构和编配人员,构成以技术管理为主的维修管理体制,俄罗斯空军的航空维修管理体制(又称航空工程勤务保障体制)是这一模式的典型代表。

2.1.2　航空维修管理体制的影响因素

航空维修管理体制既是装备管理体制的重要组成部分,也是军队体制编制的组成部分,航空维修管理体制必须以空军战略、作战需求、体制编制和航空装备发展水平等为基本依据,综合分析,科学决策。

1. 空军战略和作战需求

空军战略是筹划和指导空军建设和作战全局的方略,从宏观上规定了空军作战需求。作战需求确定了对战斗力的要求,一定的战斗力要求需要一定的维修生产力作保证。航空维修系统是空军装备系统的一个子系统,必须服从空军战略全局,为空军战略目标服务,满足空军航空兵部队作战对维修保障的需求。航空维修管理体制应以有利于提高作战保障能力,有利于提高维修质量效益和保证安全,有利于发挥航空维修工作整体效能,适应装备发展,满足作战需求为目标。当空军战略和作战需求发生变化时,航空维修管理体制必须随之作相应变革。

2. 体制编制

体制编制是军队战斗力运用的组织指挥形式,反映了现代战争的特点规律。航空装备是空军装备体系的主体构成,航空维修是航空装备作战使用的重要支撑,因而航空维修管理体制受到空军体制、装备体制、装备管理体制的制约和影响。空军的规模结构、指挥领导关系,以及确立的各种制度,对航空维修管理体制都有规范、影响和制约作用,航空维修管理体制必须以空军体制为依据,与空军体制相适应。空军装备体制,是空军在一定时期内的各种装备系列总体组织结构制式化的表现形式,航空装备的规模结构影响和制约着航空维修体制,有什么样的装备体制,就要求有相应的维修管理体制。航空维修管理体制,必须适应空军装备体制的变化,以空军装备管理体制为依据,在空军装备管理体制的规定框架内合理构建航空维修管理体制的模式和内容。

3. 航空装备发展水平

航空装备发展水平是国家经济实力和科技水平的综合反映。航空装备的信息化、智能化、体系化程度的显著提高,使航空维修保障的方式方法、维修级别划分、维修专业设置、维修人员的数量和素质要求等方面,都发生了重大变化,对航空维修管理体制提出了新要求。航空装备是航空维修的"经济基础",由于航空装备的更新换代是梯次进行的,新老装备并存的局面将长期存在,航空维修管理体制是依据保障对象的需要而建立的组织体系和制度机制,因此航空维修管理体制建设,必须以航空装备发展水平为依据,以适应保障新型航空装备为主,同时兼顾保障老旧装备的维修保障需要,提高航空维修管理体制整体效能。

2.2 国外空军的航空维修管理体制

2.2.1 美国空军的航空维修管理体制

1. 组织领导体制

美国空军实行的是军政军令相分离的体制:空军部行使军政职能,空军参谋部和空军一级司令部行使军令职能。部队、保障单位、院校等实体在空军部、参谋部与一级司令部领导与指挥下,具体组织实施部队建设与作战使用。其组织结构如图2-1所示。

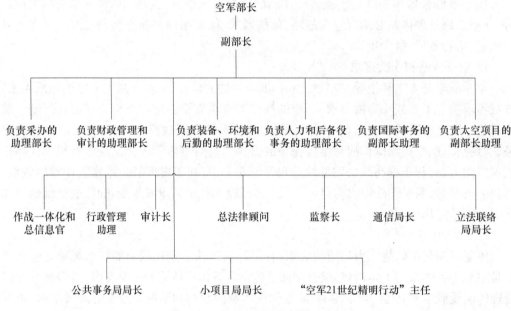

图2-1 美国空军组织结构示意图

空军部是美国国防部的一个军种部,空军部长在国防部长的授权、指导和控制下工作。空军各单位隶属空军部,由文职的空军部长进行管理,军职的空军参谋长负责监督。空军部长办公厅和空军参谋部分别帮助空军部长和空军参谋长指导空军的各项任务。美国空军航空维修保障的组织管理涉及空军参谋部、空军装备司令部等职能机构,其高层的管理机构主要由空军部、大司令部和空军装备司令部构成。

在空军参谋部,由负责后勤、设施与保障的副参谋长主管空军装备的维修保障工作,下设维修局、供应局、运输局、土木工程局、计划与综合局等机构。其主要职责包括:指导空军装备的使用保障管理;确定空军的维修保障要求,指导编制和提交预算;制订空军航空维修保障的计划、政策和程序;指导战时维修保障的规划、计划和实施;对装备采办过程进行监督。其中,维修局主要负责制订维修政策、法规,确定航空维修的预算,以及维修人员的组织、训练和配备等,维修局下设维修管理处、弹药与导弹处、武器系统处和后勤改革处。

在各大司令部中,除了空军装备司令部外,其他都是装备的使用部门,通常称为使用司令部或用户。美国空军大司令部在航空维修保障方面的职责主要包括以下几方面:

(1)负责领导各自部队的装备使用和维修保障,并负责保障人员的在职训练。在这些大司令部,由后勤局负责装备的保障工作。以空军作战司令部为例,其后勤局的组织结构如图2-2所示。

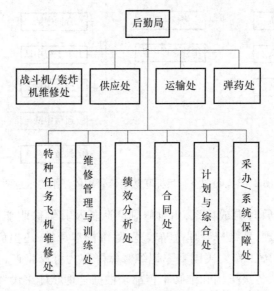

图 2-2　美国空军大司令部后勤局组织结构示意图

(2)在装备的使用和维修保障过程中,大司令部负责配合型号办公室,行使相应的装备技术管理职能。如调整维修工作内容,安排飞机的翻修等。

(3)提出新装备的研制要求。这些大司令部根据作战任务需求,以"使用要求文件"的形式提出新装备的发展要求,作为新装备研制的依据。使用要求文件中不仅包括装备的战术性能要求,还包括与维修保障有关的要求,如战备完好性、可靠性、维修性以及各种维修保障资源等。这项工作由大司令部中的"要求局"负责。如 F-22 飞机的"使用要求文件"是由空军作战司令部的前身战术空军司令部提出的。

(4)参与型号管理。在新装备的研制过程中,使用司令部与型号管理部门(系统型号办公室)和承包商密切配合,确保研制和交付的装备达到"使用要求文件"规定的要求。

2. 部队维修管理体制

飞行联队是美国空军的基本编制单位,平时一个联队集中驻扎在一个基地。美国空军目标联队的维修管理体制结构如图2-3所示。

飞行联队下辖 4 个大队,即飞行大队、维修大队、保障大队和医务大队。其中,飞行大队下辖 3 个或 4 个飞行中队。中队是美国空军的基本战术单位,每个中队的飞机数量视机种而定。战术飞机中队编制一般为 24 架。飞行大队负责执行各种飞行训练和作战任务。飞行保障中队主要负责气象、情报等方面的工作,不负责飞机的维修保障工作。

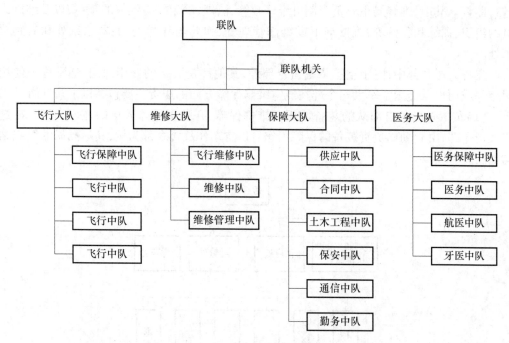

图 2-3 美国空军目标联队维修管理体制结构示意图

飞行联队的维修管理自成体系,由维修副联队长及其维修职能管理部门对维修保障实行统一的领导和管理,其维修管理范畴较宽,除维修本身外,还担负与维修有关的航材、弹药、车辆、伞勤等保障工作。美国空军把维修保障称为维修生产,基本上采用企业化的方式进行组织和管理,各级机构和维修军官都是根据管理职能来设置和命名的,飞行联队的维修管理设有计划、维修控制、质量管理和训练管理等职能管理机构,技术问题主要靠中队维修工程师来解决。

维修大队负责整个联队的飞机维修保障工作。所有的维修力量都集中在维修大队,维修大队由飞行维修中队、维修中队和维修管理中队组成。

(1)飞行维修中队。主要负责飞机的一线维修保障工作,下设若干飞机维修队。飞机维修队负责飞行中队的飞行保障,下设飞机分队、专业人员分队、武器分队、计划组、讲评组和保障组等。

(2)维修中队。由各个专业分队组成,主要负责完成飞机和设备的离位维修,包括飞机的定期检修,另外还向一线提供专业人员、保障设备等技术支援,并设有专门机构,负责过往飞机的保障。若维修中队的人数超过 700 人,可以分成设备维修中队和部件修理中队。

(3)维修管理中队。下设维修管理分队、维修训练分队和资源与规划分队。通过这些分队履行维修大队的计划、控制、调度和实施等职责,确保各种资源得到有效利用。维修质量保证部门挂靠在维修管理中队,但在业务上直接向维修大队长负责。

3. 美国空军航空维修管理体制的特点

美国空军的航空维修管理体制,是美国国情军情及其维修保障实践的产物,有其鲜明的特点:一是建立相对完整的管理体系机构,技术与管理分流,实行职能管理,有利于维修保障工作的统筹规划和系统管理;二是维修管理体制灵活多样,根据作战任务变化和维修保障战术技术特性,采取不同的维修管理体制,增强了维修管理体制的适应性;三是建立一套系统的规章制度,美国空军的航空维修管理是以一整套系列化规章制度为依据的,并强调全空军范围内的统一,而不是按职能部门自成系统,实现了维修管理规范性与灵活性的有机统一;四是注重发挥维修管理的控制职能,质量控制始终保持独立,质量保障体系不断完善,强调对维修能力的控制和持续提高维修保障效益;五是注重维修保障信息化建设,依托完善的维修保障信息化基础设施和集成化维修管理信息系统,实施高效的维修信息管理。美军这种以职能为主导的航空维修管理体制,借鉴和创新运用企业管理的思想理论和有益经验,通过对维修保障工作的系统化、规范化、信息化管理,提高了维修保障效率和效益,较好地满足了航空装备的作战使用需求。当然,美军航空维修管理体制也存在着一些不足,主要是管理环节过多,维修管理机构庞大,组织协调难度大。

2.2.2 俄罗斯空军的航空工程勤务管理体制

1. 组织领导体制

航空维修,俄军称为航空工程勤务,其主要任务是组织和实施航空兵作战和战斗准备的航空工程保障,中心工作内容是航空装备的使用与维修。俄罗斯空军的航空工程勤务管理体制,基本与其作战指挥体系相对应,划分为三级,如图 2-4 所示。

空军级,在空军(总)司令和参谋长领导下,设有一名空军总工程师,空军总工程师办公室相当于航空工程勤务部门的最高领导机关,其主要工作就是制订和批准各项有关航空工程勤务和空军工程技术工作的规章,而从事具体技术业务工作的组织领导。在兵团(军、师)和部队(团)的航空工程勤务部门中,都按专业设主任工程师和工程师,隶属于本级航空工程勤务副指挥员,负责组织使用和维修本级的航空装备,对维修作业进行技术指导,并组织专业人员进行技术训练。

2. 部队维修管理体制

飞行团是俄罗斯空军航空兵战役战术活动的基本单位。设有航空工程勤务副团长,并有其办事机构,主要任务是具体组织实施航空工程勤务保障。

各级均设航空工程勤务副指挥员,在指挥员的领导下,主管航空工程保障的各项工作;各级航空工程勤务部门是航空工程勤务副指挥员的办事机构,通过指挥体系指导下级的业务工作。在管理机制上,仍是一个部队的各级维修机构分别隶属于各级指挥员,并由航空工程勤务副指挥员直接领导和具体组织实施所分工的航空维修工作。通常各级都设有各技术专业的(主任)工程师,作为航空工程勤务指挥员的助手,对有关专业的技术业务工作进行指导和管理。某些专业性很强和技术复杂的维修工作,由专业工程师直接领导。各级维修机构之间主要是分工协作关系而不是上下级关系。

各级航空工程勤务部门是航空工程勤务副指挥员的办事机构而不是领导机关。业务上的领导关系,主要是上级副指挥员对下级副指挥员的领导关系。航空工程勤务副指挥员可以下达业务上的指示,重要的指示则以指挥员的命令下达。

3. 俄罗斯空军航空工程勤务管理的特点

俄罗斯空军航空工程保障活动的组织和实施是分散的,技术管理的特点比较明显,管理机构基本上是根据维修专业来划分的,机组与专业人员与飞机的关系是固定的,责任制较严格,但没有专门的质量管理机构,航空工程保障模式相对稳定。其主要特点有:一是严格按照指挥体系设置航空工程保障部门和维修机构,实行一长制,各级配有主管机务的副职,维修保障指挥畅通,快速反应和机动作战的能力较强;二是实施以专业化管理为主导的航空工程勤务保障管理,维修保障技术力量较强;三是注重军事效益,突出战时保障,适应装备发展,持续改进航空工程保障的组织结构、专业构成和技术训练。这种以专业技术管理为主导维修管理体制,其主要不足是职能管理力量不强,维修保障综合效益不高。

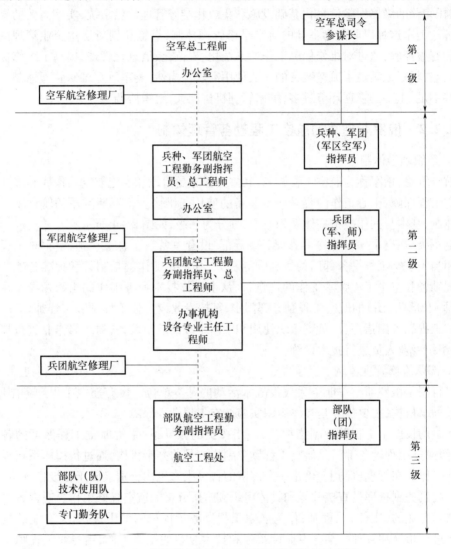

图 2 - 4 俄罗斯空军航空工程勤务管理体制示意图

2.3 我国空军的航空维修管理体制

2.3.1 组织领导体制

我国空军航空维修系统隶属于空军装备系统。军委、空军装备部、战区空军保障部是本级航空维修工作的领导机关。各级外场处是主管本级航空维修工作的业务部门,机务大队是部队组织实施航空维修工作的基本建制单位。

航空装备的修理机构,包括基地级修理厂和部队修理厂;航空维修教育训练机构包括航空工程院校、航空装备技术兵训练机构和航空兵旅(团)机务训练中心;航空维修科研机构包括研究院(所)等。

2.3.2　部队维修管理体制

我国空军的航空维修体制是建立在三级维修体制基础之上,正在向二级维修体制转型。三级维修体制,即基层级、中继级和基地级三级维修,部队航空维修系统主要承担基层级维修任务。

部队航空维修,又称为航空机务,机务保障作业主要由机务大队组织实施。机务大队作为实施航空机务保障的基本单位,一般下设3个机务中队和1个修理厂(定检中队)。其中,修理厂隶属航空兵旅(团),机务大队负责业务管理,修理厂(定检中队)在机务大队领导下,组织实施飞机定期检修、更换发动机和修理工作。机务中队由若干专业排组成,专业排在机务中队(修理厂)领导下,组织完成维修保障任务。机械排下设若干地勤机组,飞机机械师在机械排长领导下工作,是地勤机组的负责人,对所维护飞机的整体完好、维修质量和放飞负责。

根据信息化条件下航空维修保障需求,维修作业体制将进行改革。适应航空装备既高度综合又高度分化的特点,维修专业设置总的发展趋势是飞行保障通用化、技术保障专业化。目前,空军航空维修保障模式改革试点作业已展开,并取得了显著成效。

2.3.3　我国空军航空维修管理体制的特点

我国空军的航空维修管理体制,是一种职能管理与技术管理相混合的维修管理体制模式。如航空兵师(旅)保障部、机务大队实施航空维修管理,设若干专业主任和助理,有维修管理、质量控制和综合监控等职能部门,是一种以技术管理为主的维修管理体制模式。这种维修管理体制模式,具有职能管理和技术管理的优势,但目前还处于成熟完善期,存在着体系不完整、管理职能不强、要素不全等问题和不足。随着空军航空装备的更新换代,在充分发挥专业技术管理优势的基础上,优化完善空军航空维修管理体系模式,将对空军航空维修创新发展具有重要的推动作用。

2.4　空军航空维修管理的运行机制

空军航空维修管理是一项复杂的创新性活动,不仅要注重先进的维修管理思想理念和技术方法的学习运用,还要注重维修管理制度机制的建立与健全完善,以高效的制度机制来提高航空维修管理成效。

2.4.1　决策保障机制

决策的失误是最大的失误,决策是航空维修管理的首要内容,特别是对于航空装备这种高新技术密集、体系结构复杂、空中使用的人机综合的复杂系统而言,维修管理决策就显得尤为重要,需要建立科学高效的决策保障机制,强化决策管理职能,充实管理力量,依托维修辅助决策系统,对维修保障需求进行系统分析和科学决策,有效监控装备技术状态变化,量身定做维修计划,持续完善优化维修方案,及时提供维修保障技术支持,合理调配保障资源,确保由合适的人在合适的时机、运用合适的方式开展合适的维修工作。

2.4.2 调节控制机制

航空维修系统在运行过程中,由于内部和外部因素的变化和综合影响,经常会产生各种偏差和问题,调控机制就是针对运行中出现的这种情况,适时地对运行过程进行调节和控制的功能活动,以保证系统按照既定目标稳定有序地运行。

信息是进行调控的依据和前提。构建航空维修系统的管理信息系统,是系统运用调控机制的基础。航空维修管理信息系统,要应用先进的信息技术,为系统运行过程的调控及时提供准确、完整、规范、实用的信息,并按照调控的要求进行信息处理、传输和反馈。

调节机制就是在航空维修系统运行过程中,对系统内部和外部的各组成部分、要素和环节之间出现的不协调现象和问题进行调整和化解。要灵活运用计划调节、随机调节、领导调节和协商调节等形式,及时排除干扰,化解矛盾,使航空维修系统保持正常有序运行。

控制机制就是在航空维修系统运行过程中,通过维修管理控制系统及时掌握反馈信息,与系统运行目标进行比较,确定出现的偏差,分析产生偏差的原因,当偏差超过允许范围时,灵活运用预先控制、监督控制和反馈控制等控制机制,及时纠正偏差,保证系统趋向目标正确运行。

2.4.3 激励约束机制

航空维修是一类以人为主体的创造性活动,需要建立有效的激励约束机制,激发维修保障人员的能动性、创造性,不断提高维修保障效能。

激励机制,是激发航空维修人员的自觉性、积极性和创造性的有效手段。运用激励机制,通过对航空维修各级组织机构和个人的利益需求的正确引导,可以对系统运行产生强大的驱动力。激励机制包括精神激励和物质激励两种方式,在实践中应当把两者有机结合起来。

约束机制,是通过适当的行政和技术管理手段,限制或制止影响系统有序运行的负面因素和消极行为。无论是技术过程还是指挥管理过程,航空维修人员受各种负面因素的影响,会出现行为差错,导致严重后果。因此,必须将维修人员的行为限制在系统运行许可的范围内。运用约束机制,一是要加强教育,培养维修人员具有高尚的思想品德和优良的维护作风,提高自我约束能力;二是运用法规制度进行强制性约束;三是通过专业训练和实践锻炼,养成正确的技术操作行为和良好的工作习惯。

2.4.4 评价监督机制

评价监督,是对航空维修系统运行过程和效果进行全面的估计、检查、测试、分析和评审的方法和制度。评价监督机制的核心是建立运行目标的评价指标体系和运行过程的检查监督制度。

航空维修系统运行目标的评价指标体系一般包括:保障能力、安全形势、维修质量、工时利用、器材消耗、教育训练和技术革新等各项指标。例如,由飞机完好率、飞机可用率、飞机维修停飞率、飞行任务成功率和飞机误飞千次率等指标构成的航空机务保障能力的评价指标体系;由严重飞行事故率、一般飞行事故率、机械原因飞行事故征候和地面事故率等指标构成的安全形势评价指标体系等。航空维修系统运行目标的评价指标体系,应当既有方向性,又有标准性,以保证整体运行目标的可达性。

　　航空维修系统的运行具有军事和经济双重效益目标,必须对系统运行进行严格的检查监督。决策的失误、运行过程的失调和运行环节的疏漏,都会对作战任务的遂行、飞行安全和保障资源消耗产生负面影响。因此,必须强化系统运行的监督职能,健全监督制度,特别是对运行过程的质量安全监督,应当作为检查监督的重点。

复习思考题

1. 阐述航空维修管理体制的内涵及其特性。
2. 阐述空军航空维修管理体制的概念内涵。
3. 剖析影响空军航空维修管理体制的因素及其变化。
4. 阐述外军航空维修管理体制的特点。
5. 比较分析我军与外军航空维修管理体制的差异。
6. 分析空军航空维修管理运行机制的作用。

第3章 航空维修工程基础知识

【本章提要】

◆ 可靠性维修性保障性测试性安全性是装备的固有属性,是设计出来的,制造出来的,管理出来的,对航空装备作战效能具有重要的影响作用。

◆ 可靠性是衡量装备技术性能稳定性的一种属性,表征的是装备工作时不发生故障或少出故障的能力特性,是航空维修的前提基础。

◆ 维修性是衡量维修时便捷高效的一种属性,表征的是航空装备易于维修、便于维修的能力特性,是影响航空维修效率效益的重要因素。

◆ 测试性是衡量装备状态确定并隔离故障的一种属性,表征的是快速诊断装备状态并隔离故障的能力特性。

◆ 保障性是衡量装备可保障、能保障的一种属性,表征的是装备战备完好的能力特性,直接影响到装备完好可用。

◆ 安全性是指装备所具有的不导致人员伤亡、系统毁坏、重大财产损失或不危及人员健康和环境的能力。

可靠性、维修性、测试性、保障性和安全性是航空装备的固有属性,任何装备不但要求具备卓越的战术技术性能,而且还要求经久耐用,易于维修,利于保障,使装备具备满意的作战效能。随着航空装备智能化、信息化、体系化程度的提高,其对装备作战使用的影响作用越来越大。为了可靠安全地保障航空装备作战使用,必须高度重视可靠性、维修性、测试性、保障性和安全性工作,这是做好航空维修管理工作的前提基础,也是开展航空维修管理工作必须具备的知识素养。

3.1 可靠性基础知识

3.1.1 可靠性基本概念

1. 可靠性的定义

可靠性是指产品在规定的条件下和规定的时间内,完成规定功能的能力。这里的产品泛指任何可以单独研究对象的元器件、零部件、组件、设备、分系统、系统,也可以是硬件、软件或者两者的组合。从可靠性定义可以看出,产品可靠性的高低,必须是在规定的条件下、规定的时间内、按完成规定功能的大小来衡量。如果离开了这3个"规定",就失去了衡量可靠性高低的前提。

(1)规定的条件。是指产品完成规定功能的约束条件,即产品所处的使用环境与维护条件。主要是指环境条件、负荷条件、使用维修条件和工作方式等。包括使用时的环境条件,如温度、湿度、振动、冲击、辐射;使用时的应力条件,维护方法,储存时的储存条件;以及使用时对操作人员技术等级的要求。不同的条件下,产品的可靠性是不同的。例如,同一型号飞机在我国中部平原地区和南部沿海地区飞行时,其表现出的可靠性就不一样,要研究可靠性必须指明产品使用时规定的条件是什么。

(2)规定的时间。规定的时间是指产品规定了的工作时间,是可靠性度量的依据。不同的规定时间内,产品的可靠性是不同的。因为随着时间的增长,产品出现故障的概率将增加,其可靠性会下降。另外,不同类型的产品,对应的时间单位也不同。例如,火箭发射装置,可靠性对应的时间以秒计;海底通信电缆则以年计。而且,这里的时间是广义的时间,可以是日历时间(年、月、日、时、分、秒),也可以是飞行小时(如飞机)、射击发数(如导弹发射筒)、循环次数、起落次数(如飞机起落架)、行驶里程(如车辆)等。

(3)规定的功能。是指产品规定了的必须具备的功能及其技术指标。规定功能一般在产品使用说明书、履历本等技术文件中予以明确。产品所要求的功能及其技术指标的高低,直接影响着产品可靠性指标的高低。例如,歼击机不仅要求能够顺利飞上天,而且还要能飞抵作战空域、搜索并锁定敌机、发射空空导弹、击毁敌机并安全返航。具备这些功能,除了要求歼击机的动力系统和飞控系统保持完好外,还要求通信导航、雷达、武器等任务系统之间协调工作。歼击机的规定功能是飞上天,还是要完成空战任务,所要求的飞机可靠性指标是不一样的。

当产品不能完成规定的功能时,就认为产品出故障了。故障是指产品不能执行规定功能的状态,也称为功能故障,因预防性维修或其他计划性活动或缺乏外部资源造成不能执行规定功能的情况除外。与故障相关的一个概念是失效,是指产品丧失完成规定功能的能力的事件。在实际应用中,特别是对硬件产品而言,故障与失效很难区分,一般统称故障。故障的表现形式称为故障模式,如短路、开路、参数漂移等。引起故障的物理的、化学的、生物的或其他的过程称为故障机理。

2. 可靠性的发展

为解决军用电子设备和复杂导弹系统的可靠性问题,20 世纪 50 年代开始,美国军方及工业界便有组织地开展可靠性研究。1952 年,美国国防部成立了一个由军方、工业部门和学术界组成的电子设备可靠性咨询组(advisory group of reliability of electronic equipment,AGREE),开始实施一个从设计、试验、生产到交付、储存和使用的全面的可靠性发展计划,并发表了《军用电子设备可靠性》的研究报告。20 世纪 60 年代,可靠性工程的研究,已从电子设备扩大到各种军用设备,进一步完善有关可靠性的军用标准,并把可靠性要求正式列为军用产品质量指标。70 年代,美军主战装备在使用过程中出现了故障频发、可靠性低、维修费用高涨的问题,引起美军高层的重视,成立了直属于三军联合后勤司令的可靠性、可用性和维修性(RAM)联合技术协调组,负责组织、协调国防部范围内的可靠性政策、标准、手册和重大研究课题。美国空军的 F - 16A 和海军的 F/A - 18A 战斗机、陆军的 Ml 主战坦克和英国皇家空军的"隼"式教练攻击机的研制体现了这些特点。80 年代,美国国防部颁发了第一个可靠性和维修性(R&M)条例,即 DoDD5000.40《可靠性和维修性》,规定了国防部装备采办的 R&M 政策和各部门的职责,并强调从装备研制开始就应开展 R&M 工作。1985 年 2 月，美国空军推行了《可靠性及维修性 2000 年（简称 R&M2000）行动计划》，其目标是到 2000 年美国空军飞机可靠性要提高一倍、维修工时减半。在 1991 年海湾战争中，美国空军的 R&M2000 行动计划收到了显著成效，F–16C/D 及 F–15E 战斗机的战备完好性（能执行任务率）都超过了 95%。90 年代，高加速寿命试验（HALT）、高加速应力筛选（HASS）、失效物理分析（PoF）、过程 FMEA 等实用技术的研究，在 F–22、F–35 战斗机及 M1A2 主战坦克等新装备研制中得到应用，取得了不错的效果。

进入 21 世纪，美国国防部发现近半数的采办项目在初始试验与验证过程中，作战效能未能满足要求，而且作战适用性差。为此，美国国防部一方面全面深入改革防务采办的政策、程序和方法；另一方面调整装备采办的可靠性政策，制订军民共用的可靠性标准。与此同时，以失效机理为基础的可靠性预计技术得到深入发展，以马里兰大学 CALCE 中心为代表的研究机构，开发了相应的可靠性工程辅助软件，并在 F–22 机载电子设备和欧洲 A400M 军用运输机的可靠性设计中得到应用。

我国可靠性工程起步于 20 世纪 60 年代，钱学森提出了"可靠性是设计出来的、生产出来的、管理出来的"著名论断。70 年代后期，我国空军面临可靠性先天缺陷集中暴露、大批飞机到寿或无寿命指标的严峻局面。以空军研究院张福泽院士为代表的研究人员开始着手进行乌米格 15 和米格 15 比斯两个大机群的定寿、延寿工程，产生了数千架飞机的经济价值。80 年代，为解决航空装备使用中的寿命短、故障多的问题，空军系统开展了现役航空装备定延寿和可靠性"补课"工作；1985 年，原国防科工委发布了《航空装备寿命和可靠性工作的暂行规定》，以指导航空装备定延寿和可靠性工作，同时，结合我国国情并吸取国外先进经验，组织制订了一系列关于可靠性的国家标准、国家军用标准和专业标准；1986 年，歼 10 飞机开始立项研制，是我军第一个全面系统地提出可靠性指标要求的机型。90 年代，我军对装备可靠性技术愈发重视，从"九五"计划开始，专门设置了可靠性共性技术研究领域，开展了以装备研发为背景的可靠性技术应用研究，取得了显著效益。进入 21 世纪，可靠性仿真、耐久性仿真、可靠性强化试验等一系列新技术、新方法在新一代装备研制过程中得到广泛应用，取得了非常显著的应用效果，有力支撑了装备可靠性研制工作。

3.1.2　可靠性的度量

用可靠性来衡量产品的质量，过去只是定性地分析，即可靠性是"好"还是"不好"这样模糊定性的标准，而没有定量的概念。自从可靠性工程诞生后，将可靠性数量化，把可靠性从定性分析提高到定量计算，使得可靠性工程得到迅速发展。当给可靠性以定量表示时，就可以在论证阶段，对产品可靠性提出明确的定量要求；根据这种要求，在设计和制造阶段，利用各种数学方法，计算和预计产品的可靠性；在使用与保障阶段，根据实际中的统计数据，分析评估产品的使用可靠性水平。

可靠性是一门与故障做斗争的学科。研究可靠性问题是从故障入手的，把寿命规定为产品从开始工作到故障的时间段。由于故障的发生是随机的，所以可以把寿命看作是一个随机变量，这样就可以从概率论的角度来研究可靠性的量化问题。

产品可靠性常用的度量方式有两类：一类是可靠性函数；另一类是可靠性参数。

1. 可靠性函数

1）可靠度函数与故障分布函数

可靠度是产品在规定的时间内和规定的条件下,完成规定功能的概率。由定义可知,产品的可靠度是规定的时间的函数。将产品的寿命记为 T,任意规定的时间记为 t,则产品在该时刻的可靠度记为 $R(t)$,表示"T 大于 t"这个事件发生的概率,即

$$R(t) = P(T > t) \tag{3-1}$$

上述事件的对立事件的概率,称为故障分布函数或累积分布函数,记为 $F(t)$,即

$$F(t) = P(T \leqslant t) \tag{3-2}$$

由于 $R(t)$ 和 $F(t)$ 是两个互为对立事件的概率,则有

$$R(t) + F(t) = 1 \tag{3-3}$$

$R(t)$、$F(t)$ 随时间 t 的变化关系,如图 3-1 所示。

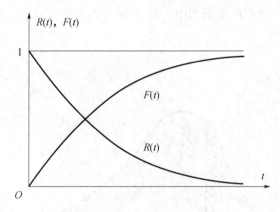

图 3-1　$R(t)$、$F(t)$ 随 t 的变化关系

由图 3-1 可知,$R(t)$ 越大,表明产品在 t 时间内完成规定功能的能力越强,产品越可靠;$R(t)$ 是非增函数,表示随产品使用时间增加可靠性降低。

由图 3-1 可知,$F(t)$ 越大,表明产品在 t 时间内发生故障的概率越大。$F(t)$ 是非减函数,即当产品工作时间增加时,其故障不可能减少,只可能不变或者增加。

2）任务可靠度函数

$R(t)$ 是从零时刻算起的,而在实际使用中,人们关心的是飞机、发动机等在执行任务过程中(如一次飞行)中某一段工作时间的可靠度,即已经工作了时间 t,再继续工作一段时间 Δt 的可靠度,则称从 t 时刻工作到 $t + \Delta t$ 时刻的条件可靠度为任务可靠度,记为 $R(t + \Delta t \,|\, t)$。由条件概率公式,有

$$R(t + \Delta t \,|\, t) = P(T > t + \Delta t \,|\, T > t) = \frac{R(t + \Delta t)}{R(t)} \tag{3-4}$$

【例 3.1】　已知某产品的寿命服从正态分布,其均值 $\mu = 8\mathrm{h}$,标准差 $\sigma = 2\mathrm{h}$,求该产品连续工作 5h 的可靠度;再工作 5h,求 10h 处的任务可靠度。

解　已知产品寿命服从正态分布,则其故障分布函数为 $F(t) = \Phi\left(\dfrac{t - \mu}{\sigma}\right)$,其可靠度函数为 $R(t) = 1 - \Phi\left(\dfrac{t - \mu}{\sigma}\right)$,则

$$R(5) = 1 - \Phi\left(\frac{5-8}{2}\right) = 1 - \Phi(-1.5) = \Phi(1.5) = 0.9332$$

$$R(10|5) = \frac{R(10)}{R(5)} = \frac{1 - \Phi(1)}{0.9332} = \frac{0.8413}{0.9332} = 0.9015$$

3）故障密度函数

产品在 t 时刻后的单位时间内发生故障的概率称为 t 时刻的故障密度函数或故障密度，记为 $f(t)$，可表示为

$$f(t) = \frac{\mathrm{d}F(t)}{\mathrm{d}t} \tag{3-5}$$

由式（3-5）可知，当 T 是一个连续随机变量，故障密度函数等于其故障分布函数的一阶导数。$f(t)$ 具有一般密度函数的性质：$\int_0^{+\infty} f(t)\mathrm{d}t = 1$（归一性）和 $f(t) \geq 0$（非负性）。

$f(t)$ 与 $R(t)$、$F(t)$ 之间的关系如图 3-2 所示。图中曲线 $f(t)$ 与横坐标之间的总面积为 1，即 $\int_0^{+\infty} f(t)\mathrm{d}t = 1$。

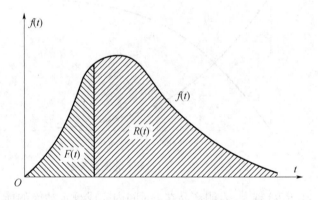

图 3-2 $f(t)$ 与 $R(t)$、$F(t)$ 关系图

4）故障率函数

已工作到 t 时刻的产品，在 t 时刻后单位时间内发生故障的概率称为该产品在时刻 t 的故障率，记为 $\lambda(t)$，可表示为

$$\lambda(t) = \frac{f(t)}{R(t)} \tag{3-6}$$

故障率是衡量产品可靠性的主要标志之一。故障率越低，产品可靠性越高。对于高可靠产品，其故障率的单位可采用 $10^{-9}/\mathrm{h}$，称为一个菲特（Fit）。

5）$\lambda(t)$ 与 $R(t)$、$F(t)$ 和 $f(t)$ 的关系

根据 $R(t)$、$F(t)$ 及 $f(t)$ 之间的关系，进一步可推得

$$\lambda(t) = \frac{F'(t)}{R(t)} = \frac{f(t)}{R(t)} = -\frac{R'(t)}{R(t)} \tag{3-7}$$

若已知产品的 $R(t)$、$F(t)$ 或 $f(t)$，则可求出 $\lambda(t)$，有

$$R(t) = \mathrm{e}^{-\int_0^t \lambda(t)\mathrm{d}t} \tag{3-8}$$

$$F(t) = 1 - R(t) = 1 - \mathrm{e}^{-\int_0^t \lambda(t)\mathrm{d}t} \tag{3-9}$$

$$f(t) = F'(t) = \lambda(t) e^{-\int_0^t \lambda(t) dt} \tag{3-10}$$

2. 可靠性参数

可靠性参数是描述系统可靠性的度量,它直接与战备完好性、任务成功、维修人力和保障资源有关。根据应用场合的不同,可分为使用参数和合同参数两类。使用参数主要反映装备使用需求的参数,而合同参数是在合同或研制任务书中用以表述订购方对装备可靠性要求的,并且是承制方在研制与生产过程中能够控制的参数。

除前面介绍的 $R(t)$、$\lambda(t)$ 等可靠性参数外,还有一些常用的可靠性参数,应根据装备类型、使用要求、验证方法等选择。在介绍这些可靠性参数时,涉及寿命单位这个概念。寿命单位(Life Unit)是指对装备使用持续期的度量单位,如飞行小时、起落次数、工作循环等。

(1)平均寿命。指产品寿命的平均值或数学期望,记为 θ。设产品的故障分布密度函数为 $f(t)$,则该产品的平均寿命,即寿命 T 的数学期望为

$$\theta = \int_0^\infty tf(t) dt \tag{3-11}$$

若已知产品的可靠度,则

$$\theta = \int_0^\infty R(t) dt \tag{3-12}$$

可修复产品的平均寿命称为平均故障间隔时间,记为 MTBF(Mean Time Between Failure),MTBF 是指在规定的条件下和规定的时间内,产品寿命单位总数与故障产品总数之比;不修产品的平均寿命又称平均故障前时间,记为 MTTF(Mean Time To Failure),MTTF 是指在规定的条件下和规定的时间内,产品寿命单位总数与故障产品总数之比。

若产品的故障密度函数为 $f(t) = \lambda e^{-\lambda t} (t \geq 0, \lambda > 0)$,则

$$\theta = \int_0^\infty t e^{-\lambda t} dt = \frac{1}{\lambda} \tag{3-13}$$

即故障率为常数时,产品的平均寿命与故障率互为倒数。

平均寿命表明产品平均能工作多长时间。从这个指标中人们可比较直观地了解某种产品的可靠性水平,也容易在可靠性水平上比较产品可靠性的高低,很多装备常用平均寿命来作为可靠性指标,如各种电子设备的平均故障间隔时间等。

(2)使用寿命。指产品使用到无论从技术上还是经济上考虑都不宜再使用,而必须大修或报废时的寿命单位数,如工作小时、起落次数等。

(3)储存寿命。指产品在规定的条件下能够满足规定要求的储存期限。

(4)总寿命。指在规定的条件下,产品从开始使用到规定报废的寿命单位数,如工作时间、循环次数或日历持续时间。

(5)首次大修期限。指在规定的条件下,产品从开始使用到首次大修的寿命单位数,也称首次翻修期限。

(6)大修间隔期。指在规定的条件下,产品两次相继大修间的寿命单位数。

(7)可靠寿命。指给定可靠度所对应的寿命单位数。不同的时刻,产品具有不同的可靠度,则对于一给定的可靠度 r,将对应一个工作时间 t_r,该时间就称为可靠寿命。

$$R(t_r) = r \tag{3-14}$$

对于指数分布,有 $e^{-\lambda t_r} = r$,则 $t_r = -\dfrac{\ln r}{\lambda}$。

特别地,可靠水平 $r = 0.5$ 时的可靠寿命 $t_{0.5}$ 称为中位寿命;可靠水平 $r = e^{-1}$ 的可靠寿命 $t_{e^{-1}}$ 称为特征寿命,记为 η,如图 3 - 3 所示。

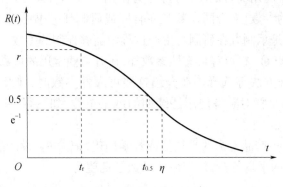

图 3 - 3　装备寿命示意图

(8)平均拆卸间隔时间(mean time between removals,MTBR)。指在规定的条件和规定的时间内,产品寿命单位总数与从该产品上拆下其组成部分的总次数之比。这是一个与保障资源有关的一种可靠性参数,其中不包括为便于其他维修活动或改进产品而进行的拆卸。

(9)平均严重故障间隔时间(mission time between critical failure,MTBCF)。指在规定的一系列任务剖面中,产品任务总时间与严重故障总数之比。这是一个是与装备任务有关的一种可靠性参数,对于不同的装备也能采用不同的任务时间单位表达,例如,对于飞机可采用严重故障间的飞行小时数;对于起落架,可采用严重故障间的飞行起落次数。

针对航空装备特点,结合 GJB 1909A—2009《装备可靠性维修性保障性要求论证》、GJB 451A—2005《可靠性维修性保障性术语》和 GJB 450A—2004《装备可靠性工作通用要求》,下面以军用飞机为例,给出其常用的可靠性参数、适用范围及验证方法,如表 3 - 1 所列。

表 3 - 1　军用飞机常用的可靠性参数

参数名称	适用范围						参数类型		验证方法
	装备系统	飞机整机	发动机	机载分系统	机载设备	零部件	使用参数	合同参数	
平均维修间隔时间	☆	☆					√	(√)	外场评估
平均故障间隔飞行小时		☆	○	○			√	(√)	外场评估
平均故障间隔时间	○	☆	☆	☆	☆			√	内场试验 外场评估
平均严重故障间隔时间		☆	☆	☆			√		内场试验 外场评估
任务可靠度		☆	☆	☆			√		外场试验 外场评估

参数名称	适用范围						参数类型		验证方法
	装备系统	飞机整机	发动机	机载分系统	机载设备	零部件	使用参数	合同参数	
平均故障前时间						○	√	(√)	外场试验 外场评估
无维修待命时间	☆						√	(√)	外场试验
空中停车率	○		☆				√		外场评估
提前换发率			☆				√		外场评估
总寿命	☆		☆		○	○	√	(√)	内场试验 外场评估
首次翻修期	☆		☆		○	○	√	(√)	外场评估

注:☆表示优先选用;○表示选用;√表示适用;(√)表示同时适用。

军用飞机常用可靠性参数计算方法如表3-2所列。

表3-2 军用飞机常用的可靠性参数计算方法

参数名称	统计计算方法
平均维修间隔时间	在规定条件下和规定时间内,产品的总工作时间与该产品计划维修和非计划维修事件总数之比
平均故障间隔飞行小时	在规定时间内,产品的总飞行时间与该时间内故障总数(地面工作和空中飞行期间所发生的所有故障)之比
平均故障间隔时间	在规定条件下和规定时间内,产品的总工作时间与该时间内故障总数之比
平均严重故障间隔时间	在规定的一系列任务剖面中,产品任务总时间与严重故障总数(影响任务和飞行安全的故障)之比
任务可靠度	按规定的任务剖面,成功完成任务次数与任务总次数之比
平均故障前时间	在规定时间内,每个被试产品的工作时间与发生故障的产品总数之比
无维修待命时间	在规定的使用条件下,飞机做好准备,能保持良好并处于待命状态而无需进行任务维修的持续时间
空中停车率	飞机或发动机在每千飞行小时中所发生的停车总次数
提前换发率	在发动机每千飞行小时中,由于故障造成提前更换发动机的次数
总寿命	在规定条件下,从开始使用到规定报废的工作时间、循环数和日历时间
首次翻修期	在规定条件下,从开始使用到首次翻修的工作时间、循环数和日历时间

3.1.3 典型系统可靠性分析

系统是具有特定功能,由相互间具有有机联系的许多单元所构成的一个有机整体。装备通常是一个由各分系统及元器件、零部件和软件组成的,能完成一定功能的有机整体,即装备就是一个系统。飞机及其推进系统、起落架系统、操纵系统、液压系统、电源系统等都可看成是一个系统。显然,系统各组成单元的可靠性对系统整体、对系统的可靠性是有影响的。系统是由各相互依赖相互作用的单元组成的,系统与单元是两个相对的概念,正如飞机这个系统,可以把飞机看成是一个系统,也可以把飞机看成是一个单元。看成单元时,是将其作为一个整体而没有去分析其内部的构成;看成系统时,则要考虑其内部的构成。因此,在讨论系统可靠性时,应从系统的角度研究各组成部分与系统的关系,建立系统可靠性与各个组成单元可靠性的关系,即建立系统可靠性模型,以便对系统进行定量的可靠性设计分析与评估。

系统可靠性模型是指可靠性框图及其数学模型。可靠性框图是表示系统与各单元功能状态之间的逻辑关系的图形。它是针对复杂产品的一个或一个以上的功能模式,用方框表示系统各组成部分的故障或它们的组合与系统故障的逻辑图。一般情况下,可靠性框图由方框和连线组成,方框代表系统的各组成单元,连线表示各单元之间的功能逻辑关系,所有连接方框的线段没有可靠性值,不代表与系统有关的导线和连接器。可靠性框图与工程上常用的系统图或系统框图是不同的,系统图表示的是系统与组成各要素之间的物理关系,而可靠性框图描述的是系统与要素之间的功能关系,表示系统为了完成预期的功能,哪些单元必须成功地工作。可靠性框图描述了单元故障与整个系统故障之间的关系,但这种表示只是定性的;可靠性数学模型表达了系统与组成单元之间的可靠性函数或参数之间关系。

系统可靠性取决于组成系统各单元的可靠性和各单元在系统中的相互关系。前面介绍的可靠性的量度,是把系统看成一个单元来考虑,下面在单元可靠性的基础上,进一步研究各组成单元与系统的相互关系,从而对典型系统可靠性进行定量分析。

1. 串联系统

系统的所有组成单元中任一单元的故障都会导致整个系统的故障,称为串联系统。串联模型是最常用和最简单的系统可靠性模型之一,既可用于基本可靠性建模,也可用于任务可靠性建模。

串联系统的可靠性框图如图 3 – 4 所示。

图 3 – 4 串联系统的可靠性框图

假设串联系统的寿命记为 T_S,各单元的寿命分别记为 $T_1, T_2, \cdots, T_n$,则有 $T_S = \min\{T_1, T_2, \cdots, T_n\}$,系统的可靠度函数表示为

$$
\begin{aligned}
R_S(t) &= P\{T_S > t\} = P\{\min(T_1, T_2, \cdots, T_n) > t\} \\
&= P\{T_1 > t, T_2 > t, \cdots T_n > t\} \\
&= \prod_{i=1}^{n} P\{T_i > t\} \\
&= \prod_{i=1}^{n} R_i(t)
\end{aligned}
\tag{3 – 15}
$$

由式(3 – 15)可知,串联系统中单元数目越多,其可靠度越小。

假设每个单元工作时间与系统工作时间都相同,当各单元的寿命分布均为指数分布时,系统的寿命也服从指数分布,即

$$R_{\mathrm{S}}(t) = \prod_{i=1}^{n} R_i(t) = \prod_{i=1}^{n} \mathrm{e}^{-\lambda_i t} = \mathrm{e}^{\left[-\left(\sum_{i=1}^{n}\lambda_i\right)t\right]} = \mathrm{e}^{(-\lambda_s t)} \qquad (3-16)$$

式中：λ_i 为第 i 单元的故障率；λ_s 为系统的故障率，等于各单元故障率之和。

串联系统的平均故障间隔时间（mean time between failure，MTBF）为

$$\mathrm{MTBF_s} = \frac{1}{\lambda_s} = \frac{1}{\displaystyle\sum_{i=1}^{n} \lambda_i} \qquad (3-17)$$

2. 并联系统

组成系统的所有单元都发生故障时，系统才发生故障，称为并联系统。并联模型是最简单的工作储备模型，用于任务可靠性建模。

并联系统的可靠性框图如图 3-5 所示。

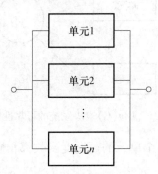

图 3-5　并联系统的可靠性框图

假设并联系统的寿命记为 T_{S}，各单元的寿命分别记为 $T_1, T_2, \cdots, T_n$，则有 $T_{\mathrm{S}} = \max\{T_1, T_2, \cdots, T_n\}$，系统的故障分布函数表示为

$$
\begin{aligned}
F_{\mathrm{S}}(t) &= P\{T_{\mathrm{S}} \leqslant t\} \\
&= P\{\max(T_1, T_2, \cdots, T_n) \leqslant t\} \\
&= P\{T_1 \leqslant t, T_2 \leqslant t, \cdots, T_n \leqslant t\} \\
&= \prod_{i=1}^{n} P\{T_i \leqslant t\} \\
&= \prod_{i=1}^{n} F_i(t)
\end{aligned}
\qquad (3-18)
$$

则并联系统的可靠度函数表示

$$R_{\mathrm{S}}(t) = 1 - \prod_{i=1}^{n} [1 - R_i(t)] \qquad (3-19)$$

在并联模型中，当系统各单元的寿命服从指数分布时，系统的寿命不再服从指数分布。对于最常用的两单元并联系统，有

$$R_{\mathrm{S}}(t) = 1 - \prod_{i=1}^{2} [1 - R_i(t)] = \mathrm{e}^{-\lambda_1 t} + \mathrm{e}^{-\lambda_2 t} - \mathrm{e}^{-(\lambda_1+\lambda_2)t} \qquad (3-20)$$

$$\lambda_{\mathrm{S}}(t) = \frac{\lambda_1 \mathrm{e}^{-\lambda_1 t} + \lambda_2 \mathrm{e}^{-\lambda_2 t} - (\lambda_1 + \lambda_2)\mathrm{e}^{-(\lambda_1+\lambda_2)t}}{\mathrm{e}^{-\lambda_1 t} + \mathrm{e}^{-\lambda_2 t} - \mathrm{e}^{-(\lambda_1+\lambda_2)t}} \qquad (3-21)$$

式中：λ_1 和 λ_2 分别为单元 1、2 的故障率；$\lambda_{\mathrm{S}}(t)$ 为系统的故障率，并不是常数。

此时并联系统的平均严重故障间隔时间为

$$\text{MTBCF}_\text{S} = \int_0^\infty R_\text{S}(t)\,\mathrm{d}t = \frac{1}{\lambda_1} + \frac{1}{\lambda_2} - \frac{1}{\lambda_1 + \lambda_2} \qquad (3-22)$$

3. 表决系统

组成系统的 n 个单元中,至少有 k 个单元正常工作($k = 1 \sim n$),则系统才能正常工作,这样的系统称为 $k/n(\text{G})$ 表决系统。它属于工作储备模型,可用于任务可靠性建模。

$k/n(\text{G})$ 表决系统的可靠性框图如图 $3-6$ 所示。

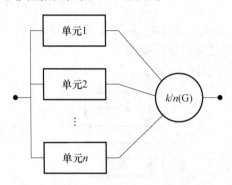

图 3 -6　$k/n(\text{G})$ 表决系统的可靠性框图

假设 $k/n(\text{G})$ 表决系统中 n 个单元的可靠度函数都相同,记为 $R(t)$,则系统的可靠度函数表示为

$$R_\text{S}(t) = \sum_{i=k}^n C_n^i \left[R(t)\right]^i \cdot \left[1 - R(t)\right]^{n-i} \qquad (3-23)$$

由式($3-23$)可得:当 $k = 1$ 时,则为并联模型;当 $k = n$ 时,则为串联模型。

当各单元寿命都服从同一指数分布时,即 $R(t) = \mathrm{e}^{-\lambda t}$,则此时系统的可靠度函数表示为

$$R_\text{S}(t) = \sum_{i=k}^n C_n^i \mathrm{e}^{-i\lambda t} \cdot (1 - \mathrm{e}^{-\lambda t})^{n-i} \qquad (3-24)$$

此时系统的 MTBCF 为

$$\text{MTBCF}_\text{S} = \int_0^\infty R_\text{S}(t)\,\mathrm{d}t = \sum_{i=k}^n \frac{1}{i\lambda} \qquad (3-25)$$

$2/3(\text{G})$ 表决系统是最为常用的多数表决系统,其可靠性框图如图 $3-7$ 所示。

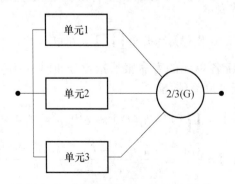

图 3 -7　$2/3(\text{G})$ 表决系统的可靠性框图

当各单元寿命都服从同一指数分布时,即 $R(t) = e^{-\lambda t}$,则此时系统的可靠度函数表示为

$$R_S(t) = 3e^{-2\lambda t} - 2e^{-3\lambda t} \tag{3-26}$$

此时系统的 MTBCF 为

$$\text{MTBCF}_S = \frac{1}{2\lambda} + \frac{1}{3\lambda} = \frac{5}{6\lambda} \tag{3-27}$$

【例 3.2】　某 20 管火箭炮,要求有 12 个定向器同时工作才能达到火力密度要求,所有定向器相同,且寿命服从 $\lambda = 0.00105/$发的指数分布,任务时间是 100 发,试求在任务期间内,该炮能正常工作的概率。

解　火箭炮系统可看作是一个 $K/N(G)$ 系统,其中 $K = 12, N = 20, \lambda = 0.00105/$发,$t = 100$ 发。

单元可靠度 $R(t) = e^{-\lambda t}$;$R(100) = e^{-0.00105 \times 100} = 0.9000$

系统可靠度 $R_S(t) = \sum_{i=12}^{20} C_{20}^i R^i(t) [1 - R(t)]^{20-i}$;$R_S(100) = 0.99991$

4. 网络系统

系统可靠性框图模型除了上述的串联、并联、n 中取 k 系统等典型结构外,还有一类不属于简单串并联的复杂系统,例如通信系统、电力输送系统、交通网络、电路网络等,这类系统可靠性的分析计算称为网络系统可靠性分析。一般网络系统可靠性的确定,大致有状态枚举法、概率图法、全概率分解法、最小路法、网络拓扑法、蒙特卡罗模拟法等,这里侧重介绍应用全概率分解法来计算简单网络系统的可靠度。

1) 网络系统可靠性定义与可靠性框图

设有两台发动机供应两套设备的电力,当发动机均完好时,两台发动机分别给每套设备供电,一旦有一台发动机故障,就通过开关由一台发动机给两台设备同时供电,这时系统的物理关系如图 3-8(a)所示;若系统当两台发动机或两套设备都不能工作时为故障,则其可靠性框图如图 3-8(b)所示;将各单元看成一条边或弧,单元之间的连接处看成点,则可靠性框图就变成了点和边(弧)所组成的图形,如图 3-8(c)所示。将系统的可靠性框图中单元看成边(弧),连接处看成点,且一个单元只对应一条边(弧),这种系统称为网络系统。

2) 全概率分解法

设事件 A,其划分为 $B_1, B_2, \cdots, B_n$,它们构成了事件 A 的完备事件组,根据概率论中的全概率公式,得

$$P(A) = P(B_1)P(A|B_1) + P(B_2)P(A|B_2) + \cdots + P(B_n)P(A|B_n) \tag{3-28}$$

仅考虑完好、故障两状态,这样可得到两状态的全概率公式

$$P(A) = P(A/B)P(B) + P(A/\bar{B})P(\bar{B})$$

在一般的可靠性分析中,一般只考虑两种状态完好或故障,而不考虑中间状态。对于一个部件,不是完好就是故障,合在一起是一个必然事件。因此,应用全概率公式,可以将非串并联复杂网络化简,经过反复化简最后可化为一般的串并联系统来计算其成功概率,这种方法称为全概率分解法。

对系统 A 的某一单元 x 进行分解,x 表示正常,$\bar{x}$ 表示故障,则

$$R_S = P(A/x)P(x) + P(A/\bar{x})P(\bar{x}) \qquad (3-29)$$

式中:$P(A|x)$ 为分解单元正常时系统 A 的可靠度;$P(A|\bar{x})$ 为分解单元故障时系统 A 的可靠度。

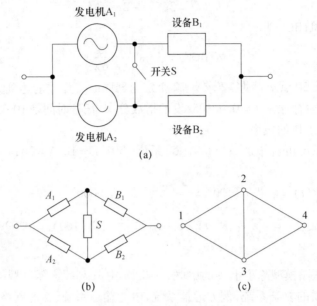

图 3-8　网络系统示意图

3)应用分析

现以桥式网络系统(图 3-8)为例,应用全概率分解法进行网络系统可靠性分析。图 3-8 的桥式网络系统,共有 5 个单元,单元 A、B、C、D、E 的可靠度分别为 0.7、0.8、0.6、0.7、0.9。选取单元 E 进行分解,则单元 E 正常工作时系统的网络图如图 3-9(a)所示,单元 E 故障时系统的网络图如图 3-9(b)所示。

图 3-9　网络系统的分解图

根据式(3-29),有

$$P(S/E)P(E) = (1 - 0.3 \times 0.4)(1 - 0.2 \times 0.3) = 0.8372$$

$$P(S/\bar{E})P(\bar{E}) = 1 - (1 - 0.7 \times 0.8)(1 - 0.6 \times 0.7) = 0.7448$$

所以,系统可靠度为:$R_S = P(S/E)P(E) + P(S/\bar{E})P(\bar{E}) = 0.81896$

3.1.4　航空装备外场可靠性数据统计分析

虽然航空装备在交付部署使用之前要经过一系列的试验,以检验其可靠性,但是真实的可靠性水平只有在实际的使用过程才能得到证实。在航空装备长期的使用过程中,随着装备质量性能、载荷条件、环境状况以及使用维修等诸多因素的影响,装备的技术状态可能发生变化,或者发生故障,因此,在装备使用和维修保障过程中,应该针对装备实际使用状况,收集和整理分析装备外场可靠性数据,系统地进行研究分析,以检验、控制与提高装备在使用中的可靠性,保障装备良好的战备完好性。

可靠性统计分析是利用概率论和数理统计的方法,通过对装备大量的故障数据的统计分析,对装备的可靠性状况、发生或可能发生的故障原因进行定性或定量的分析,确定出装备的故障模式和故障机理,以便及时采取有效措施确保装备可靠地工作。

1. 外场可靠性数据的特性

由于航空装备是在一种复杂、动态变化的环境中作战使用,在这一过程中,有些设备、机件可能在没有发生故障之前就提前拆卸,也可能有些设备、机件使用了一段时间后失去了监控,还有可能到统计分析时,有些设备、机件尚未出故障。因而,航空装备在外场使用中得到的可靠性数据具有随机截尾的特性,这是一种随机截尾试验。随机截尾试验是指截尾时间不相同的截尾试验,如图 3 - 10 所示。

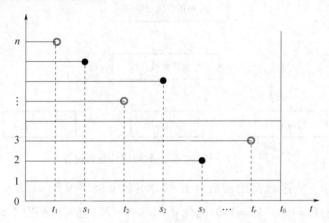

图 3 - 10　外场数据的随机截尾示意图

◎—样本故障;●—样本撤离;t_0—统计截止时间;$t_1,t_2,\cdots,t_r$—故障样本的故障时间;$s_1,s_2,\cdots$—撤离样本的撤离时间。

2. 外场可靠性数据统计分析的基本过程

航空装备外场可靠性数据统计分析过程如图 3 - 11 所示。

1）数据的收集、整理

在由航空装备外场使用得到的数据中,蕴含着装备使用和保障特性的大量信息,但未经处理和归纳时,是分散而不规则的。只有经过处理和归纳后,信息才能显示出来。处理数据的基本方法是列表和作图,如使用直方图,通过这些表和图就能够大体看出数据所代表的装备使用和保障特性。

【例 3.3】　某型液压泵 88 个故障时间（h）:75,61,51,91,91,125,127,52,147,95,140,179,95,140,179,95,140,99,155,112,187,114,149,141,136,152,75,148,73,175,125,153,102,63,128,64,126,60,123,127,33,106,127,147,39,169,44,105,93,48,140,102,91,76,140,80,108,10,14,76,14,75,151,45,82,43,64,89,86,65,87,126,141,106,115,88,87,88,69,68,28,47,102,92,109,190,100,12,110,115,125。试绘制其直方图。

解

（1）确定分组数。将 n 个数据分成 k 组:当 $n \leqslant 50$ 时,取 $k = 5 \sim 6$。当 $50 < n \leqslant 100$ 时,取 $k = 6 \sim 10$;当 $n > 100$ 时,取 $k = 10 \sim 20$。若 n 很大时,可根据斯特科经验公式计算。$k = 1 + 3.3\lg n$,今 $n = 88$,因此取 $k = 9$。

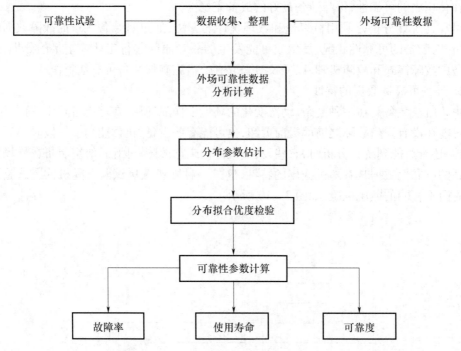

图 3 - 11　外场可靠性数据统计分析过程

（2）确定组距。应用数据组的极差 R 和分组数 k 确定组距 d。$R = \max\limits_{1 \le i \le n} \{x_i\} - \min\limits_{1 \le i \le n} \{x_i\}$；$d = R/k$。今 $R = 190 - 10 = 180$，因此 $d = 180/9 = 20$；也可以采用不等距分组。

（3）列表计算各组频数。统计各组频数，见表 3 - 3。

表 3 - 3　某型液压泵故障时间频数统计

组数	组距	频数 f_i
1	10 ~ 30	5
2	30 ~ 50	7
3	50 ~ 70	10
4	70 ~ 90	14
5	90 ~ 110	17
6	110 ~ 130	15
7	130 ~ 150	11
8	150 ~ 170	5
9	170 ~ 190	4

（4）绘制直方图。以纵坐标表示频数，横坐标表示各组组距（时间），各组频数为直方柱的高，即可得频数直方图，如图 3 - 12 所示。如果各个直方柱的高不是取频数 f_i，而是频率 f_i/n，便可得到频率直方图，频率直方图与频数直方图的形态完全相同。

正常型直方图具有"中间高，两边低，左右对称"的特征，它的形状像"山"字。因此，根据产品质量特性值的频数分布所画出来的直方图是正常型时，就可初步判断为生产过程是稳定的，或工序加工能力是充足的。

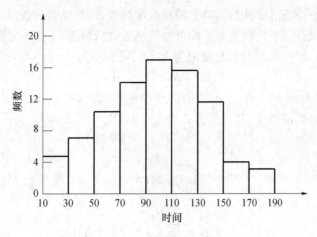

图 3 – 12 频数直方图

从图 3 – 12 可以直观地看出,该泵故障时间分布很可能具有正态分布的特性,因此,维修过程处于控制状态,也说明外场可靠性数据是同一母体,可正常使用。

应用直方图,可以判断出外场可靠性数据是否属于同一母体,是否存在问题,但若要分析原因,确定出存在的各种问题,需要应用因果分析图、散布图等。

2)外场可靠性数据分析

理论上,当知道了产品寿命的分布函数,便可计算出任意时刻的可靠度、任务可靠度和故障分布函数值。但工程上,由于产品的寿命分布函数一般是未知的,因此只能用大量实验中事件频数来近似表示其概率。那么,从工程估算的角度,近似给出的可靠度称为经验可靠性函数值。

假设现有一批 N 个不可修产品,从 0 时刻开始使用,随着时间的延长,不断有产品发生故障,到 t 时刻已经有 $N_f(t)$ 个产品发生故障,此时残余 $N_s(t)$ 个产品处于完好;再继续使用到 $t + \Delta t$ 时刻,残存 $N_s(t + \Delta t)$ 个产品处于完好,则该批产品在 t 时刻的经验可靠度记为 $\hat{R}(t)$、经验故障分布函数值记为 $\hat{F}(t)$,分别表示为

$$\hat{R}(t) = \frac{N_s(t)}{N} \tag{3 – 30}$$

$$\hat{F}(t) = \frac{N_f(t)}{N} \tag{3 – 31}$$

t 时刻的经验故障密度的估算公式为

$$\hat{f}(t) = \frac{\Delta N_f(t)}{N \cdot \Delta t} \tag{3 – 32}$$

式中:$\Delta N_f(t)$ 为 t 时刻后 Δt 内的故障数。

t 时刻的经验故障率的估算公式为

$$\hat{\lambda}(t) = \frac{\Delta N_f(t)}{\overline{N}_s(t) \cdot \Delta t} \tag{3 – 33}$$

式中:$\overline{N}_s(t)$ 为 t 时刻与 $t + \Delta t$ 时刻的平均残存数,可表示为

$$\overline{N}_s(t) = \frac{N_s(t) + N_s(t + \Delta t)}{2} \tag{3 – 34}$$

由于航空装备外场可靠性数据具有随机截尾特性,进行经验分析时,一般可采用残存比率法、平均残存数法、平均秩法对经验可靠性函数进行修正,下面主要介绍残存比率法。

假设产品在 t_i 时刻的经验可靠度记为 $R(t_i)$,可表示为

$$R(t_i) = R(t_{i-1}) \cdot S(t_i) \tag{3-35}$$

式中:$S(t_i)$ 为产品在时间区间 (t_{i-1}, t_i) 内的残存概率,表示在 t_{i-1} 时刻完好的产品继续工作到 t_i 时刻尚未故障的概率,其计算公式为

$$S(t_i) = \frac{N_s(t_{i-1}) - \Delta N_f(t_i)}{N_s(t_{i-1})} \tag{3-36}$$

式中:$\Delta N_f(t_i)$ 为产品在 (t_{i-1}, t_i) 时间内故障数;$N_s(t_{i-1})$ 为产品在 t_{i-1} 时刻继续受试的样品数,可表示为

$$N_s(t_{i-1}) = N - \sum_{j=1}^{i-1} \left[\Delta N_f(t_j) + \Delta k(t_j) \right] \tag{3-37}$$

式中:N 为样品总数;$\Delta k(t_j)$ 为在 (t_{j-1}, t_j) 时间内删除的样品数。

【例3.4】 某机载设备在外场使用中的情况记录如表3-4所列,试用残存比率法计算该设备的经验可靠度。

表3-4 某机载设备外场使用情况

序号	1	2	3	4	5	6	7
时间区间/h	0~100	100~200	200~300	300~400	400~500	500~600	600~700
产品删除数	7	20	17	25	21	29	13
产品故障数	3	13	6	6	2	5	1

解 根据残存比率法公式,计算结果如表3-5所列。

表3-5 经验可靠度的计算结果

序号	t_i	$\Delta N_f(t_i)$	$\Delta k(t_i)$	$N_s(t_i)$	$S(t_i)$	$R(t_i)$	$F(t_i)$
0	0			168	1	1	0
1	100	3	7	158	0.9821	0.9821	0.0179
2	200	13	20	125	0.9177	0.9013	0.0987
3	300	6	17	102	0.952	0.8580	0.142
4	400	6	25	71	0.9412	0.8076	0.1924
5	500	2	21	48	0.9718	0.7848	0.2152
6	600	5	29	14	0.8958	0.7030	0.297
7	700	1	13	0	0.9286	0.6528	0.3472

3)分布参数估计

在产品寿命分布类型已知的情况下,可靠性统计分析的主要任务就是根据样本来估计总体的分布参数。可靠性分布参数的估计分为参数的点估计和区间估计。

(1)点估计。对于寿命服从指数分布的航空电子设备,其密度函数为

$$f(t) = \lambda e^{-\lambda t} \tag{3-38}$$

式中:待估参数为 λ 或者 $\theta = \frac{1}{\lambda}$。

将设备的平均故障间隔时间 MTBF 记为 θ(此时 $\theta = \dfrac{1}{\lambda}$),其点估计公式为

$$\hat{\theta} = \frac{T}{r} \qquad (3-39)$$

式中:r 为观察到的故障总数;T 为截止统计时刻设备的总工作时间,其计算公式为

$$T = \Phi \cdot \left(\sum_{j=1}^{r} t_j + \sum_{k=1}^{s} t_k \right) \qquad (3-40)$$

式中:Φ 为设备在飞机上的运行比;t_j 为第 $j(j=1,2,\cdots,r)$ 次观察到设备故障时,对应的设备装机飞行时间;t_k 为第 $k(k=1,2,\cdots,s)$ 次观察到设备截尾时,对应的设备装机飞行时间;s 为观察到的截尾设备总数(包括非故障中途拆卸的设备),则有

$$\begin{cases} r + s = N \\ N = l_0 \cdot n \end{cases} \qquad (3-41)$$

式中:N 为设备总数;n 为飞机总架数;l_0 为该设备的单机安装数。

【例 3.5】　已知现有某型号油泵共 34 个,其规定的翻修时限为 200h,在达到翻修时限前故障了 12 个油泵,故障时间为 7、32、39、57、83、97、102、112、143、155、170、195h,还有 5 个油泵非故障提前拆卸,拆卸时间为 74、85、103、110、180h,试估计其平均寿命 θ。

解　故障总数 $r=12$,观察到的截尾总数 $s=22$(非故障中途拆卸 5 个),由式(3.39)、式(3.40)可知:

$$\hat{\theta} = \frac{\sum\limits_{j=1}^{r} t_j + \sum\limits_{k=1}^{s} t_k}{r} = \frac{\sum\limits_{j=1}^{12} t_j + \sum\limits_{k=1}^{22} t_k}{r} = \frac{1182 + 3952}{12} = 427.8\text{h}$$

(2)区间估计。航空装备外场统计的使用与故障数据类似于有替换定时截尾试验数据,其区间估计公式如下:

θ 的双侧置信区间为

$$\begin{cases} \theta_{\text{L}} = \dfrac{2T}{\chi^2_{\alpha/2}(2r+2)} \\[3mm] \theta_{\text{U}} = \dfrac{2T}{\chi^2_{1-\alpha/2}(2r)} \end{cases} \qquad (3-42)$$

式中:θ_{L}、θ_{U} 分别为置信下限和置信上限;$1-\alpha$ 为置信度。

θ 的单侧置信下限为

$$\theta_{\text{L}} = \frac{2T}{\chi^2_{\alpha}(2r+2)} \qquad (3-43)$$

【例 3.6】　现有某型飞机油箱增压泵 43 个,每个观察 300h,观察过程中共发生 7 个故障,假设该型增压泵服从指数分布,求该泵在 90% 置信度下平均寿命的双侧置信区间。

解　由式(3.42),可知:

$$\begin{cases} \theta_{\text{L}} = \dfrac{2T}{\chi^2_{\alpha/2}(2r+2)} = \dfrac{2 \times 43 \times 300}{\chi^2_{0.05}(16)} = 981 \\[3mm] \theta_{\text{U}} = \dfrac{2T}{\chi^2_{1-\alpha/2}(2r)} = \dfrac{2 \times 43 \times 300}{\chi^2_{0.95}(14)} = 3927 \end{cases}$$

则该泵在 90% 置信度下平均寿命的双侧置信区间为(981,3927)h。

4）假设分布检验

前面介绍了在掌握总体分布情况下根据样本值确定分布参数的估计值，这是统计推断的一个重要问题，统计推断的另一个重要问题是如何根据样本信息来判断总体分布是否具有指定的特征。在前面计算可靠性分布参数估计时，是在假设已知其分布的类型如指数分布、正态分布、威布尔分布等作为前提的，这种假设是否正确、合理，需要利用样本信息进行分析判断，这类问题称为假设检验。

假设检验，是指在总体上作某种假设，并从总体随机地抽取一个子样，用它检验该假设是否成立。在总体上作假设可以分成两类：一是对总体的数字特征作一项假设，如已知样本来自正态总体，问是否有理由说它来自均值为 μ_0 的正态主体？这一类问题称为参数假设检验；二是对总体分布作某项假设，用总体种子样来检验此项假设是否成立，这一类假设称为分布假设检验。例如，假设故障总体分布是指数分布，用总体中子样检验此项假设是否成立，这是主要讨论故障分布的假设检验。

故障分布的假设检验一般有以下步骤：

（1）对总体 X 提出假设 H_0，有时还需要提出备择假设 H_1。

（2）选取适当的显著性水平 α（$\alpha = 0.05$ 或 0.1）。

（3）确定检验用的统计量 U，在原假设 H_0 成立的前提下确定其概率分布。

（4）确定拒绝域。

（5）依据样本观察值确定接受还是拒绝原假设 H_0。

假设检验与参数区间估计之间有着密切的联系。首先，参数区间估计中假设参数是未知的，需要用子样对它进行估计，而假设检验对参数值作了假设，认为它是已知的，用子样对假设作检验。从某种意义上而言，假设检验是参数区间估计的反面。另外，假设检验的统计量的选取与区间估计相应问题中用到的函数形式有时是一致的，例如，对方差已知的正态总体而言，利用函数 $\dfrac{\bar{x} - \mu}{\sigma/\sqrt{n}}$ 作总体均值的区间估计，而用统计量 $\dfrac{\bar{x} - \mu_0}{\sigma/\sqrt{n}}$ 来检验总体均值的假设 $H_0 : \mu = \mu_0$。

故障分布假设检验常用的方法有 χ^2 检验法、K-S 检验法等。χ^2 检验法适用于大样本的子样，一般要求样本量大于 50。限于篇幅，这里就不再赘述。

通过外场可靠性数据统计分析，得到了某一设备的故障分布函数，据此可进行该设备的可靠性特征参数的分析计算。

3.1.5 航空装备可靠性管理

航空装备可靠性管理要点一般包括：制订可靠性计划和工作计划，对承制方、转承制方和供应方的监督与控制，可靠性评审，故障报告、分析和纠正措施系统建立，以及可靠性增长管理等。

为了保证以最少的资源来满足用户对装备可靠性的要求，在产品寿命周期的不同阶段要进行不同的可靠性工作。管理者只有在了解这些工作的基础上，才能抓住重点，有针对性地开展可靠性的各项管理职能。航空装备寿命周期过程可靠性管理的主要任务如下：论证阶段的主要任务是提出产品的可靠性定量、定性要求；方案阶段的主要任务是确定产品的可靠性方案和相应的保证措施；工程研制阶段的主要任务是按计划开展可靠性设计、分析和试验工作。生产阶段的主要任务是保证产品在批量生产中的可靠性;使用阶段的主要任务是保持和发挥产品的固有可靠性水平。

其中,使用阶段的可靠性管理内容如下:

(1)对承制方在装备保证期内发生的故障和设计缺陷进行的分析与改进工作实施监控。

(2)按规定的渠道及时反馈使用、维修、保障和储存中的可靠性信息。

(3)收集使用、维修、保障及储存数据,继续完成定型时尚未完成的系统可靠性指标的验证工作,反馈修改、补充故障判据及控制措施的信息。

(4)装备部署的初期(2 年左右)和中期(5 年左右)等,适时对现役装备使用期间的可靠性大纲进行评价,并提出改进的建议。

(5)对已生产定型并投入使用的装备,根据装备发展的需要并按照上级机关要求,适时开展可靠性增长工作。

3.2　维修性基础知识

3.2.1　维修性基本概念

1. 维修性的定义

维修性是指产品在规定的条件下和规定的时间内,按照规定的程序和方法进行维修时,保持或恢复其规定状态的能力。从维修性定义可以看出,产品维修性的好坏,离不开四个“规定”,即:

(1)规定的条件。维修时所具备的条件会影响维修工作的质量、完成维修工作所需的时间及维修费用。这里的“条件”,主要是指进行维修的不同的处所(维修级别)、不同素质的维修人员和不同水平的维修设施与设备等所构成的实施维修的条件,也涉及与之相关联的环境条件(如战时或平时)。

(2)规定的时间。指对直接完成维修工作需用时间所规定的限度,是衡量产品维修性好坏的主要度量尺度。

(3)规定的程序和方法。针对同一故障,以不同的程序和方法进行维修,完成维修工作所需时间会有所不同。按规定的程序和方法进行维修,反映了一种力图使维修时间尽可能地缩短的要求,即要采用经过优化的(或合理化的)维修操作过程。同时也只有基于同一操作过程进行维修,才能对产品不同设计方案的维修性优劣做权衡比较。

(4)规定的状态。该项内容明确了产品通过维修所应保持的(未出现故障)的或应恢复到的(出现故障后)功能状态。根据不同的使用条件,所规定的状态既可以是完好如新的全功能状态,也可能是某种降低了要求的部分功能状态。

2. 维修性的发展

20 世纪 50 年代,随着军用电子设备复杂性的提高,装备的维修工作量大、费用高,引起了美国军方的重视。60 年代,美国国防部先后颁发了 MIL – STD – 470《维修性大纲要求》、MIL – STD –471《维修性验证、演示和评估》和 MIL – HDBK – 472《维修性预计》3 个维修性文件,标志着维修性已成为一门独立的学科,与可靠性并驾齐驱。80 年代,维修性设计与分析逐步实现 CAD 化,维修性设计与分析 CAD 综合分析软件广泛用于 F – 16 战斗机、M1 坦克等装备的研制与改进改型中。20 世纪 90 年代中期至 21 世纪初,随着计算机和仿真建模技术的快速发展,为维修性工程与仿真技术相结合提供了可能。维修性设计与仿真采用现代计算机仿真和虚拟现实(virtual reality,VR)技术,实现了无纸化设计,缩短了设计周期,并应用于 CNV - 21 核动力航空母舰、F - 35 战斗机等新装备研制中。

我国从 20 世纪 70 年代末开始从国外引进维修科学。进入 80 年代后,由于自上而下的观念逐渐转变,特别是几次局部战争提供的深刻启示,使人们认识到提高装备维修性已成为迫切要求。1987 年,以军用飞机使用与维修经验为基础,制订出我国第一套维修性标准 GJB 312—1987《飞机维修品质规范》,结合美军标 MIL - STD - 470,编制了 GJB 368—1987《航空维修性通用规范》,推动了装备维修性工程的研究与应用。90 年代,研究人员总结标准的贯彻实施经验,编著了《维修性工程》,标志着已经初步形成了国内维修性工程的理论与方法体系。21 世纪初,研究人员运用虚拟仿真技术,来研究虚拟维修仿真及其应用,取得了显著效益。

3.2.2 维修性的度量

产品维修性常用的度量方式有两类:一类是维修性函数;另一类是维修性参数。

1. 维修性函数

(1)维修度函数。在维修性定义里,变量是维修时间。维修时间受故障或失常情况不同而异,是一个随机变量。设某一可修产品发生故障后修复到完好状态的时间记为 τ,τ 是一个随机变量。

维修度是可修产品在规定的时间内和规定的条件下,按规定的程序和方法进行维修时,保持或修复到完成状态的概率。

设 $t = 0$ 时刻产品发生故障,维修到 t 时刻的维修度记为 $M(t)$,表示为

$$M(t) = P(\tau \leqslant t) \tag{3-44}$$

(2)维修密度函数。设维修度函数 $M(t)$ 连续可微,定义维修度函数的导数为维修密度记为 $m(t)$,表示为

$$m(t) = \frac{\mathrm{d}M(t)}{\mathrm{d}t} \tag{3-45}$$

(3)修复率函数。产品在 $t = 0$ 时刻发生故障,经过 $(0, t]$ 时间的修理后,尚未修复的产品在 t 到 $t + \Delta t$ 的单位时间内完成修复的条件概率称为瞬时修复率,简称修复率,记为 $\mu(t)$,表示为

$$\mu(t) = \frac{m(t)}{1 - M(t)} \tag{3-46}$$

当维修时间服从指数分布时,此时 $\mu(t) = \mu$,则

$$M(t) = 1 - \exp(-\mu t) \tag{3-47}$$

$$m(t) = \mu\exp(-\mu t) \tag{3-48}$$

【例 3.7】 某机件的修复率 $\mu = 0.162/h$,试求维修时间为 1、2、10h 的维修度。

解 由式(3.47),计算,得

$$M(1) = 1 - \exp(-0.162) = 0.15$$

$$M(2) = 1 - \exp(-0.162 \times 2) = 0.28$$

$$M(10) = 1 - \exp(-0.162 \times 10) = 0.80$$

则维修 1、2、10h 的维修度分别为 0.15、0.28、0.80。

2. 维修性参数

针对航空装备技术特点,结合 GJB 1909A《装备可靠性维修性保障性要求论证》、GJB 451A《可靠性维修性保障性术语》和 GJB 368B《航空维修性工作通用要求》中维修性参数分类情况,将各种维修性参数大致分为维修时间参数、维修工时参数、维修任务参数和维修费用参数。常用的维修性参数及其统计计算方法如表 3-6 所列。

表 3-6 常用的维修性参数及其统计计算方法

类别	维修性参数	统计计算方法
维修时间参数	平均修复时间	在规定的条件下和规定的期间内,产品在规定的维修级别上,修复性维修总时间与该级别上被修复产品的故障总数之比
	平均预防性维修时间	在规定的条件下和规定的期间内,产品在规定的维修级别上,预防性维修总时间与预防性维修总次数之比
	重要零部件平均更换时间	在规定的条件下,为接近、拆卸和检查重要部件并使其达到可使用状态所需的时间
	系统平均恢复时间	在规定的条件下和规定的期间内,由不能工作事件引起的系统修复性维修总时间(不包括离开系统的维修时间和卸下部件的修理时间)与不能工作事件总数之比
	平均维护时间	产品总维护时间与维护次数之比
	最大修复时间	产品达到规定维修度所需的修复时间
	更换发动机时间	在具有规定技术水平的规定数量的人员参加下,为接近、拆装和检查发动机,并使飞机达到可用状态所需的时间
维修工时参数	维修工时率	在规定的条件下和规定的期间内,产品直接维修工时总数与该产品寿命单位总数之比
	每飞行小时的直接维修工时	在规定的条件下和规定的期间内,飞机和设备的外场级预防性维修和修复性维修工时总数与总飞行小时数之比
维修任务性参数	平均恢复功能用的任务时间	在规定的任务剖面和规定的维修条件下,装备严重故障的总修复性维修时间与严重故障总数之比
	重构时间	系统故障或损伤后,重新构成能完成其功能的系统所需的时间
维修费用参数	每飞行小时的直接维修费	在规定的条件下和规定的期间内,飞机和设备的外场级维修费用与总飞行小时数之比
	每飞行小时的维修器材费	在规定的条件下和规定的期间内,飞机和设备的外场级器材维修费用与总飞行小时数之比

3.2.3 航空维修性统计分析

理论上,当知道了产品维修时间的分布函数,便可计算出任意时刻的维修度。但工程上,由于产品的维修时间的分布函数一般是未知的,这时只能用大量实验中事件频数来近似表示其概率。从工程估算的角度,近似给出的维修度称为经验维修度。

如果维修的是 N 件产品,设在 $t=0$ 时均未处于故障状态,经过时间 t 的维修后,在 t

时刻的累积修复数记为 $N_r(t)$，则 t 时刻的经验维修度记为 $\hat{M}(t)$，表示为

$$\hat{M}(t) = \frac{N_r(t)}{N} \qquad (3-49)$$

t 时刻的经验维修密度的估算公式为

$$\hat{m}(t) = \frac{\Delta N_r(t)}{N \cdot \Delta t} \qquad (3-50)$$

t 时刻的经验修复率的估算公式为

$$\hat{\mu}(t) = \frac{\Delta N_r(t)}{\overline{N}_r(t) \cdot \Delta t} \qquad (3-51)$$

式中：$\overline{N}_r(t)$ 为 t 时刻与 $t + \Delta t$ 时刻的平均修复数，可表示为

$$\overline{N}_s(t) = \frac{N_r(t) + N_r(t + \Delta t)}{2} \qquad (3-52)$$

【例 3.8】 已知现有某批次共计 100 台机载电子战系统发射机近 5 年的返厂修理清单，按每 100h 修复时间统计发射机的修复数如表 3 – 7 所列，试求该批次的经验维修度、维修密度和修复率。

表 3 – 7　发射机返厂修理情况

修复时间	0	100	200	300	400	500	600	700	800	900	1000
累计修复数	0	26	45	60	70	78	83	88	91	93	95

解　由式(3 – 49) ~ 式(3 – 52)，计算出经验维修度、维修密度和修复率如表 3 – 8 所列。

表 3 – 8　发射机经验维修度、维修密度和修复率

t/h	0	100	200	300	400	500	600	700	800	900	1000
$N_r(t)$	0	26	45	60	70	78	83	88	91	93	95
$\Delta N_r(t)$	26	19	15	10	8	5	5	3	2	2	—
$\overline{N}_s(t)$	87	64.5	47.5	35	26	19.5	14.5	10.5	8	6	—
$\hat{M}(t)$	0	0.26	0.45	0.60	0.70	0.78	0.83	0.88	0.91	0.93	0.95
$\hat{m}(t)$	2.6	1.9	1.5	1.0	0.8	0.5	0.5	0.3	0.2	0.2	—
$\hat{\mu}(t)$	3.0	3.0	3.2	2.9	3.1	2.6	3.5	2.9	2.5	3.3	—

3.2.4　航空装备维修性管理

装备维修性管理要点：制订维修性计划和工作计划，对承制方、转承制方和供应方的监督与控制，维修性评审，维修性数据收集、分析和纠正措施系统建立，维修性增长管理等。

在使用阶段，航空装备重点开展的维修性管理内容如下：

（1）对承制方在装备保证期内发生的维修性设计缺陷进行的分析与改进工作实施监控。

（2）组织使用单位按规定的使用、维修和保障等技术文件的要求，正确使用、保管和维修装备。

（3）及时收集装备使用过程中的维修保障的适应情况，对发现的问题进行分析，采取纠正措施并及时提出修改建议；按规定的渠道及时反馈使用、维修、保障和储存中的维修性信息。

（4）收集使用、维修、保障及储存数据，继续完成定型时尚未完成的系统维修性指标的验证工作。

（5）装备部署的初期和中期等，适时对现役装备使用期间的维修性大纲进行评价，并提出改进建议。

（6）对已生产定型并投入使用的装备，根据装备发展的需要并按照上级机关要求，适时开展维修性增长工作，改进操作使用的方法步骤，提高人员的管理水平和技术水平，改进维修规程和方法，选择或研制更实用的维修设施、设备和工具，实施改进性维修和技术革新等。

3.3 测试性基础知识

3.3.1 测试性基本概念

1. 测试性的定义

测试性是指产品能及时准确地确定其状态（可工作、不可工作或性能下降程度）并隔离其内部故障的一种设计特性。上述定义包含的基本内容如下：

（1）设计特性。测试性是一种设计特性，是需要在产品的设计中予以考虑并实现的特性，因此提高测试性的重点是改进产品的设计，从而提高产品自诊断和外部诊断能力，以便有效地确定产品状态和隔离故障。由于在测试性的定义中没有限定所采用的技术方法，因此产品的设计应该面向具体的使用需求来开展。针对不同的使用需求，相同的设计特性所对应的测试性表现并不相同。

（2）状态确定能力。测试性的目标之一是能够确定出产品的状态（或者运行状态）。定义中对状态的可能情况进行了简单的描述，如可工作、性能下降、不可工作等，但并不限于这些类别。

（3）故障隔离能力。测试性的目标之二是对产品的内部故障进行隔离。故障隔离需要将故障确定到产品内部的可更换单元上。

（4）效率高。测试性应该实现高效率的状态确定和故障隔离，具有及时、准确和费效等约束内容。

（5）适用于电气、电子、机械和软件。测试性设计不仅适用于电子产品，还可以用于电气、机械、软件等产品及其组合产品。

2. 测试性的发展

20 世纪 70 年代，随着半导体集成电路及数字技术的迅速发展，军用电子设备的设计及维修任务产生了很大变化，设备自测试、机内测试（BIT）、故障诊断的概念及重要性引起设备设计师及维修性工程师的关注，设备维修工作的重点已从过去的拆卸及更换转到故障检测和隔离。20 世纪 80 年代，美国国防部颁发了 MIL - STD - 2165《电子系统及设备的测试性大纲》，规定了电子系统及设备各研制阶段中应实施的测试性分析、设计及验证的要求和实施方法。该标准的颁发标志着测试性已成为一门与可靠性、维修性并列的学科。20 世纪 80 年代中期以后,为解决现役装备存在的诊断能力差、机内测试虚警率高等问题,美英等国相继开展综合诊断及人工智能技术应用的研究,并在 F-22、轰炸机 B-2、陆军的倾斜转子旋翼机 V-22 及 M1 坦克的改型中得到应用。90 年代,美国国防部颁发了 MIL-STD 1814《综合诊断》军用标准,后来修订为 MIL-HDBK-1814《综合诊断》军用手册,用于指导新一代武器系统提高战备完好性、降低使用和保障费用。进入 21 世纪,预测与健康管理(PHM)技术得到快速发展,并在美军 F-35、海军"朱姆沃特"级新型导弹驱逐舰 DDG1000、陆军未来作战系统(FCS)和重型高机动战术运输车 HEMTT 等装备得到应用,成为国外新一代装备研制的一项关键技术,是提高复杂系统 RMS 水平和降低寿命周期费用的一种非常有前途的军民两用技术。PHM 技术大大推动了 RMS 学科的深入发展,促进了自主式保障系统、智能维修技术和先导式维修技术等在新一代装备中的应用。

3.3.2　测试性的度量

测试性一般只用测试性参数及指标来度量。常见的测试性参数的含义和计算方法如表 3-9 所列。

表 3-9　常用的测试性参数及其统计计算方法

参数	统计计算方法
故障检测率	在规定的时间内,用规定的方法正确检测到的故障数与被测单元发生的故障总数之比
严重故障检测率	在规定的时间内,用规定的方法,正确检测到的严重故障数与被测单元发生的严重故障总数之比
故障隔离率	在规定的时间内,用规定的方法正确隔离到不大于规定的可更换单元数的故障数与同一时间内检测到的故障数之比
虚警率	在规定的工作时间,发生的虚警数与同一时间内的故障指示总数之比
平均虚警间隔时间	在规定工作时间内产品运行总时间与虚警总次数之比
平均故障检测时间	从开始故障检测到给出故障指示所经历时间的平均值
平均故障隔离时间	从开始隔离故障到完成故障隔离所经历时间的平均值

3.3.3　航空装备故障预测与健康管理

目前还没有关于预测与健康管理(prognostic and health management,PHM)的严格定义,通常认为,PHM 是指利用尽可能少的传感器采集系统的各种数据信息,借助各种智能推理算法来诊断系统自身的健康状态,在系统故障发生前对其进行预测,并结合各种可利用的资源信息提供一系列的维修保障措施以实现系统的视情维修。

PHM 最早出现在 1997 年,是伴随着 F-35 战斗机的研制需求而形成的一种综合健康管理模式。PHM 系统借助分层的智能推理及软件,并利用很少甚至不使用特殊传感器,就能预计、检测并隔离飞机上的故障。军用飞机引入 PHM 不是为了直接消除故障,而是为了了解和预报故障何时发生,或在出现始料未及的故障时触发维修活动。

PHM 在航空装备中的应用,可完成的主要功能如下:

(1)提高安全性。PHM 系统的预测能力对提高安全性是显而易见的。对于任务关键部件或可能引起二次损伤的非基本分系统,即使在故障前几分钟给出告警,就对提高飞行安全非常有用。相反,对于安全关键产品(如发动机)即将发生失效的告警时间的最小准则是必须允许飞机能安全返回着陆。

(2)提高出动架次率。PHM 使武器系统的作战能力能够充分发挥,并可以预计和延期维修活动,从而可以提高出动架次率。

(3)触发自主式保障功能。整个自主式保障链开始于飞机 PHM 系统预计或诊断事件,这些事件要求给予后勤响应。

(4)降低寿命周期费用。武器系统 PHM 策略是降低 F-35 的寿命周期费用的关键。PHM 可以消除虚警、不必要的拆卸和不能复现指示。可以开发和融合所有可获得的数据资源来将故障隔离到单个 LRU(line replaceable unit)和 LRM(line replaceable module),以缩短修理时间。

(5)缩小后勤规模。PHM 可以在减少测试和保障设备、减少人力和减少备件三方面发挥作用,使 F-35 的后勤规模缩小。

(6)触发系统重构以取得任务可靠性。PHM 在那些具有某一分系统或部件的准确功能知识区域,可以保证武器系统选择其任务的最佳构型。

(7)代替计划维修的视情维修。PHM 便于消除计划维修,代之以满足 F-35 的使用与保障费用目标所需的视情维修。

(8)提供先进的机上诊断和测试性。PHM 通过利用可用数据提供对系统当前和未来状态的准确、及时的分析,从而减少所需的技能性装置,降低了维修人员的训练费用。

3.4　保障性基础知识

3.4.1　保障性基本概念

1. 保障性的定义

保障性是指装备的设计特性和计划的保障资源能满足平时战备和战时使用要求的能力。该定义中共涉及了 5 个方面的概念,即装备、平时战备要求、战时使用要求、装备的设计特性与计划的保障资源。

(1)装备。这里的"装备"应该是装备系统的范畴,不仅包括实施作战行动的主战装备,还包括保障作战行动的保障装备、设备、器材、弹药等。主战装备本身并不具备持续的作战能力,还必须依靠由保障装备、设备、器材、弹药和人员等资源通过有机的管理所形成的保障系统,即保障资源的有机组合,从而对主战装备提供及时有效的保障。装备要完成规定的作战与使用功能,就必须依靠与主战装备相匹配的保障系统,二者有机组合起来才能形成装备系统。装备在投入使用后能否尽快形成保障能力,本质上取决于装备系统的保障特性,既要求主装备本身具有便于保障的设计特性,又要求保障系统具有能够对主装备实施及时有效保障的特性。

(2)平时战备要求。战备是指"为应付可能发生的战争或突发事件而在平时进行的准备与戒备",这些准备与戒备包括训练、战备值班等。平时战备要求经常用战备完好性来衡量。战备完好性是指装备在使用环境条件下处于能执行任务的完好状态的程度或能力。战备完好性强调的是装备完好能力,即计划的保障资源能使装备随时执行任务的能力。

(3)战时使用要求。战时使用是指作战任务对装备的使用要求,包括作战期间装备执行作战相关任务以及作战演习。战时使用要求经常用任务持续性来衡量。任务持续性是指装备能够持久使用的能力,强调的是装备战时作战(含演习)任务的持续能力,即计划的保障资源能保证装备达到要求的出动强度(如出动率)或任务次数的持续时间。如果给定出动强度或任务次数的持续时间,则该要求指的是需要计划多少保障资源。

(4)装备的设计特性。保障性定义中所涉及的设计特性,是指与装备使用和保障相关的、由设计赋予装备的固定属性。总体上,可将装备保障设计特性分成两类:一类是与装备使用有关的使用保障特性,用于度量维持装备正常使用功能的保障特性,主要包括使用保障及时性、保障资源的可部署性、装备的可运输性等;另一类是与装备故障有关的维修保障特性,主要包括可靠性、维修性、测试性等。

(5)计划的保障资源。计划的保障资源,指的是规划好的保障资源配置,具体包括保障装备所需的人力人员、备品备件、工具和设备、训练器材、技术资料、保障设施、装备嵌入式计算机系统所需的专用保障资源(如软、硬件系统)以及包装、装卸、储存和运输装备所需的特殊资源等内容。

从以上可以看出,保障性是装备系统的固有属性,是关于装备满足以下两方面要求能力的表征:既能满足平时战备完好性的要求,也能满足战时持续使用的要求。这表明,保障性所表征的是装备整体的综合特性,比可靠性、维修性、测试性等特性考虑问题的层次要高、范围要广。

2. 保障性的发展

1964 年,美国国防部发布指令 DoDD4100. 35《系统与设备综合后勤保障研制》,首次提出综合后勤保障(integrated logistics support,ILS)的概念以及装备寿命周期中的综合后勤保障问题。1971 年,美国国防部颁布了 DoDD5000. 1《重要武器系统采办》,明确提出了将费用作为主要设计参数之一,要求使用和保障费用指标与武器系统性能指标处于同等重要的地位。20 世纪 80 年代,美国军方认识到保障性问题不仅需要通过分析与设计来解决,更要从管理入手,全面解决。1983 年,美国国防部颁发了 DoDD5000. 39《系统和设备综合后勤保障的采办和管理》,规定了保障性应与性能、进度和费用同等对待。90 年代,美国国防部废除了 DoDD5000. 39,将综合后勤保障纳入国防部指示 DoDD5000. 2《防务采办管理政策和程序》,确定将综合后勤保障作为装备采办工作的一个不可分割的组成部分。1997 年 5 月,美国国防部颁布的 MIL – HDBK – 502《采办后勤》将综合后勤保障改为采办后勤,强调保障性的重要性,明确保障性是性能要求的一部分,保障性分析是系统工程过程的一个不可缺少的部分。采办后勤的内容要比综合后勤保障的内容更突出系统工程过程。进入 21 世纪以来,美军全面开展新一轮的采办改革,推行基于性能的后勤(performance based logistics,PBL)策略,以降低使用和保障费用,缩短研制周期,进一步突出了装备保障性的地位。在吸取海湾战争和伊拉克战争等局部战争的经验教训后,美军在 CNV – 21 核动力航空母舰、未来战斗系统(future combat systems,FCS)和 F – 35 战斗机等新一代装备的研制中,都将提高保障性作为提高装备战斗力、降低寿命周期费用的主要措施,并通过推行 PBL 策略,采用远程维修和保障、预测与健康管理(PHM)、基于状态的维修(condition based maintenance,CBM)、综合维修信息系统和便携式维修辅助设备等信息化的维修保障技术,来降低装备服役后的使用和保障费用。

我国于 1988 年开始引入综合后勤保障,从 20 世纪 90 年代开始,在充分消化、吸收和借鉴国外经验的基础上,结合我国实际,陆续制订并颁布有关综合保障的国家军用标准,先后制订并颁布了 GJB1371《装备保障性分析》、GJB3872《装备综合保障通用要求》、GJB3837《装备保障性分析记录》、GJB1378《装备预防性维修大纲制订要求与方法》等军用标准。从 20 世纪 90 年代中期开始,有关主管部门就从多种渠道提供经费支持相关单位开展装备综合保障领域的预先研究和技术方法研究项目。进入 21 世纪,为推动我国装备保障性工程的应用,各大军工集团,特别是中航工业集团所属的飞机设计所,都增设了综合保障室,专门开展装备保障性设计分析,以推动先进保障理念及保障性设计分析技术在型号研制中的应用。

3.4.2　保障性的度量

保障性一般只用保障性参数及指标来度量。不同种类的装备有不同的保障性参数,应根据装备功能与任务的特点、工作方式、使用要求、维修方案及考核与验证的方法选择适用的参数。以军用飞机为例,其常用的保障性参数及统计计算方法如表 3 - 10 所列。

表 3 - 10　军用飞机常用的保障性参数及其统计计算方法

类型	参数名称	统计计算方法
综合	使用可用度	产品能工作时间与能工作时间、不能工作时间的和之比
	出动架次率	飞机在规定的使用及维修保障方案下,每架飞机每天能够出动的次数
	再次出动准备时间	在规定的保障条件下,为保证飞机连续出动,在其着陆后装备再次出动所需的时间
保障系统	平均保障延误时间	由于保障资源补给或管理原因未能及时对装备进行维修所延迟的时间的平均值
	保障设备利用率	在规定的时间周期内,实际使用的保障设备数量与该级别实际拥有的保障设备总数之比
	保障设备满足率	规定周期时间内,在提出需求时能提供使用的保障设备之和与需求的保障设备总数之比
	备件利用率	在规定的时间周期内,实际使用的备件数量与该级别实际拥有的备件总数之比
	备件满足率	在规定的时间周期内,在提出的需求时能提供的备件数之和与需求的备件总数之比

在这些保障性参数中,使用可用度是一个非常重要的参数,是仅与能工作时间和不能工作时间有关的一种可用度。

可用度是可用性的概率度量。可用性是指装备在任一随机时刻需要和开始执行任务时,处于可工作或可使用状态的程度。可用度可分为瞬时可用度、稳态可用度、平均可用度和使用可用度。

1. 瞬时可用度

装备在规定的使用条件下,由 $t = 0$ 时处于完好状态,到任意时刻 t 仍处于完好状态的概率,称为瞬时可用度,记为 $A(t)$。

假设装备只有两种状态,即

$$X(t) = \begin{cases} 1 & (t\text{ 时刻完好}) \\ 0 & (t\text{ 时刻故障}) \end{cases} \tag{3-53}$$

则装备在时刻 t 的瞬时可用度为

$$A(t) = P\{X(t) = 1\} \tag{3-54}$$

对于不可修复产品,有 $A(t) = R(t) = P\{X(t) = 1\}$。

对于不可修复产品,因为经过维修,提高了装备完好状态的概率,所以 $A(t) \geqslant R(t)$。

建设装备只有两种状态,即在任意时刻 t 为完好状态(用 N 表示)或故障状态(F)。应用马尔可夫状态转移来说明系统的状态变化,如图 3-13 所示。

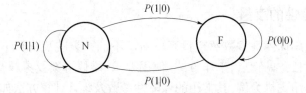

图 3-13　马尔可夫状态转移示意图

从 N 状态出发的箭头,有两个:一是箭头从 N 出发,指向状态 F,表示系统由原来的完好状态,经过时间间隔 Δt 以后,转移到故障状态;另一个箭头是从 N 出发又回到 N 状态,表示系统经过时间间隔 Δt 以后,系统仍处于完好状态。相应地,从 F 状态出发的箭头,也有两个,它们分别表示系统出故障后,系统修复与未修复这两个事件。在这种系统状态转移中,起作用的只是系统目前所处于的状态,而在这之前的状态对这次状态转移没有任何影响,这种转移图称为马尔可夫状态转移图。

设系统由完好到故障和由故障到完好的时间,均服从指数分布,故障率和修复率分别为 λ 和 μ,由式(3-53),定义下述条件概率为

$$P[X(t+\Delta t) = 0 \,|\, X(t) = 1] = P(0|1);$$
$$P[X(t+\Delta t) = 1 \,|\, X(t) = 1] = P(1|1);$$
$$P[X(t+\Delta t) = 1 \,|\, X(t) = 0] = P(1|0);$$
$$P[X(t+\Delta t) = 0 \,|\, X(t) = 0] = P(0|0);$$

则

$$P(1|1) = R(\Delta t) = \mathrm{e}^{-\lambda\Delta t} = 1 - \lambda\Delta t + o(\Delta t);$$
$$P(0|1) = 1 - R(\Delta t) = \lambda\Delta t + o(\Delta t);$$
$$P(1|0) = M(\Delta t) = 1 - \mathrm{e}^{-\mu\Delta t} = \mu\Delta t + o(\Delta t);$$
$$P(0|0) = 1 - \mu\Delta t + o(\Delta t);$$

应用全概率公式,有

$$P\{X(t+\Delta t) = 1\} = P\{X(t) = 0\}P\{X(t+\Delta t) = 1 \,|\, X(t) = 0\}$$
$$+ P\{X(t) = 1\}P\{X(t+\Delta t) = 1 \,|\, X(t) = 1\}$$
$$A(t+\Delta t) = [1 - A(t)]\mu\Delta t + A(t)[1 - \lambda\Delta t] + o(\Delta t)$$

即

$$\lim_{\Delta t \to 0} \frac{A(+ \rho \Delta t) - A(t)}{\Delta t} = -(\lambda + \mu)A(t) + \mu$$

故

$$A'(t) = -(\lambda + \mu)A(t) + \mu \tag{3-55}$$

初始时刻 $t = 0$，系统处于完好状态，即 $A(0) = 1$，则由式(3.55)，得

$$A(t) = \frac{\mu}{\lambda + \mu} + \frac{\lambda}{\lambda + \mu} e^{-(\lambda + \mu)t} \tag{3-56}$$

若为不可修复系统，上式中 $\mu = 0$，有

$$A(t) = e^{-\lambda t} = R(t)$$

表示这时系统的可用度不受维修的影响，它与系统可靠度相等。

若系统为可修复系统，按式(3-56)，可得 $A(t)$ 随 t 的变化曲线。$A(t)$ 为一单调减小函数，当 $t \to \infty$ 时，趋于最小值 $\dfrac{\mu}{\lambda + \mu}$。因此，对于可修复系统有 $A(t) \geqslant R(t)$。

2. 稳态可用度

如果瞬时可用度 $A'(t)$ 有极限，即

$$A_\infty = \lim_{\Delta t \to 0} A(t) \tag{3-57}$$

则称 $A(t)$ 的极限值 A 为稳态可用度，记为 A_∞。

如果维修时间、故障时间均服从正态分布，由式(3-56)得

$$A = \lim_{t \to \infty} A(t) = \frac{\mu}{\lambda + \mu} = \frac{\dfrac{1}{\lambda}}{\dfrac{1}{\lambda} + \dfrac{1}{\mu}} = \frac{\text{MTTF}}{\text{MTTF} + \text{MTTR}} \tag{3-58}$$

式(3-58)仅适用于时间分布为指数分布的情形。如果是一般分布，利用更新理论，可得到稳态可用度的计算公式为

$$A = \frac{\text{MTTF}}{\text{MTTF} + \text{MTTR}} = \frac{1}{1 + \alpha} \tag{3-59}$$

式中：$\alpha = \dfrac{\text{MTTR}}{\text{MTTF}} = \dfrac{\lambda}{\mu}$，称为维修时间比。

由式(3-59)可见，稳态可用度只取决于故障率(或 MTTF)和修复率(或 MTTR)的比值。图 3-14 所示为维修时间比为 1:4 的可用度曲线。由图可见，当时间超过 0.5MTTF 以后可用度很快趋于某一稳定值。

有时稳态可用度采用下式来计算：

$$A = \frac{\text{MUT}}{\text{MUT} + \text{MDT}} \tag{3-60}$$

式中：MUT 为平均可用时间(平均能工作时间)；MDT 为平均停用时间(平均不能工作时间)。

3. 平均可用度

装备在一段时间 $(0, t]$ 内瞬时可用度的平均值称为平均可用度，记为 $\bar{A}(t)$。

$$\bar{A}(t) = \frac{1}{\lambda} \int_0^t A(t) \, \mathrm{d}t \tag{3-61}$$

4. 使用可用度

停用时间除维修时间(包括修复维修与预防性维修时间)外，还包括行政延误时间、

供应延误时间等,可用时间除任务时间外,还包括待命时间,这时的可用度称为使用可用度,记为 A_0。

$$A_0 = \frac{任务时间 + 待命时间}{任务时间 + 待命时间 + 序用时间} = \frac{OT + ST}{OT + ST + FT + PT + CT + DT} \quad (3-62)$$

式中:OT 为使用时间;ST 为待命时间;FT 为飞行时间;PT 为预防性维修时间;CT 为修复性维修时间;DT 为延误时间。

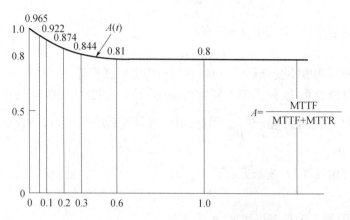

图 3 – 14 维修时间为 1∶4 的可用度曲线

使用可用度充分体现了装备的战备完好性水平与装备的可靠性水平、维修性水平及规划的保障资源的满足与适用程度之间的关系。使用可用度的量值,一般是根据作战与使用要求,比较同类装备的使用水平而提出。这个量值从装备论证阶段就应初步制订,方案阶段逐步明确,工程研制阶段前要与其他与保障性有关的参数协调后确定。

【例 3.9】 已知某产品寿命服从指数分布,其平均寿命为 1000h;维修时间服从正态分布,平均修复时间为 10h,修复时间标准偏差为 2h,试确定该产品的稳态可用度 A_∞。

解 由题意可知 MTTF = 1000h,MTTR = 10h,σ = 2h。

由于产品的寿命服从指数分布,维修时间服从正态分布,因而稳态可用度的计算公式不能应用式(3 – 58)来计算,而应采用一般分布的计算式(3 – 59)来计算,故

$$A_\infty = \frac{MTTF}{MTTF + MTTR} = \frac{1000}{1000 + 10} = 0.910$$

3.4.3 保障性分析

为了使装备设计得便于保障,并在部署后及时形成保障能力,必须在装备的研制过程中同步协调地考虑保障问题。它要求必须提出明确协调的保障性要求,以指导装备研制过程中综合保障工作的开展;要求尽早进行保障的规划工作,保证装备在使用过程中的保障工作尽可能少而且简单;要求保障资源与主装备必须协调匹配,品种与数量较少,尽可能通用并可为多种装备类型提供保障;要求在装备的使用过程中以最低的保障费用保证装备的完好。

上述目标都是通过在装备研制过程中同步开展保障性分析实现的。可见,保障性分析是装备系统工程过程的重要组成部分,是实现装备综合保障工作目标的重要分析性工具。常用的保障性分析技术如下:

1. FMECA

故障模式、影响及危害性分析(failure mode,effects and criticality analysis,FMECA)是在产品设计过程中,分析产品所有可能的故障模式及其可能产生的影响,并按每个故障模式产生影响的严重程度及其发生概率予以分类的一种归纳分析方法。FMECA 由故障模式、影响分析(FMEA)和危害性分析(CA)两部分组成。CA 是 FMEA 的补充和扩展,只有进行了 FMEA,才能进行 CA。

FMECA 广泛应用于装备综合保障工程领域,只要产品存在故障模式,就需要维修保障工作。在规划装备的维修保障时,FMECA 主要用于:①确定修复性维修工作任务;②确定预防性维修工作任务;③为确定保障资源要求提供输入信息。

2. RCMA

以可靠性为中心的维修分析(reliability centered maintenance analysis,RCMA)是按照以最经济的维修资源消耗来保持装备固有可靠性和安全性的原则,应用逻辑决断的方法确定装备预防性维修要求的过程。RCMA 的目的是通过确定适用而有效的预防性维修工作,以最经济的资源消耗来保持和恢复装备的安全性和可靠性的固有水平,并在必要时提供改进设计所需的信息。

在保障性设计分析中,通过 RCMA 可以确定装备预防性维修工作的项目和要求,装备的预防性维修要求一般包括需要进行预防性维修的产品、预防性维修工作的类型及简要说明、预防性维修工作的间隔期和维修级别的建议。装备的预防性维修要求是编制其他技术文件,如维修工作卡、维修技术规程和准备维修资源的依据。

3. LORA

修理级别分析(level of repair analysis,LORA)是在装备设计、研制阶段根据装备修理的约定层次与修理级别的关系,分析确定装备中的产品(如设备、组件、零部件等)故障或损坏时是报废或是修理,如需要修理则确定应在哪一个修理级别机构(保障站点)中完成修理工作为最佳的过程。

修理级别分析作为保障性分析的一种重要的分析方法,不仅直接确定了装备各组成部分的修理或报废地点,而且还为确定修理装备的各修理级别的机构所需配备的保障设备、备件、人员与技术水平及训练等要求提供信息。在装备设计、研制阶段,修理级别分析主要用于制订各种有效的、最经济的备选维修方案,并影响装备设计,如设计装备的修理约定层次,产品设计成可修复件或是不修件(弃件),对于不修复件应当设计成简单与造价低廉;对于可修复件应设计成便于故障检测、隔离、拆换与修理。在使用阶段,则主要用于完善和修正现有的维修保障制度,提出改进建议,以降低装备的使用与保障费用。

4. OMTA

使用与维修工作分析(operational and maintenance task analysis,OMTA)是保障性分析的重要组成部分,也是保障性分析中工作量最大的一项。它是在装备的研制过程中,将保障装备的使用与维修工作区分为各种工作类型和分解为作业步骤而进行的详细分析,以确定各项保障工作所需的资源要求,如工作频率、工作间隔、工作时间,需要的备件、保障设备、保障设施、技术手册,各修理级别所需的人员数量、维修工时及技能等要求。

OMTA 关系到装备交付部队使用时,能否及时、经济有效地建立保障系统,并以最经济的资源消耗提供所需的保障,实现预期的保障性目标的重要工作。

装备使用与维修保障是一系列满足装备使用任务与维修需求且具有一定逻辑和时序关系的保障工作项目(活动)的有机组合。因此,OMTA 主要包含两方面内容:一是维修工作分析,即分析确定保障活动的资源需求,包括开展各项使用保障活动与维修保障活动所需的资源,如工具、设备/设施、人力人员、技术资料等;二是使用工作分析,即设计确定保障活动的时序关系和逻辑关系,包括开展各项使用保障活动与维修保障活动的时机、工序、步骤等。

3.4.4 航空装备保障性管理

航空装备保障性管理要点一般包括制订综合保障计划和工作计划,对承制方、转承制方和供应方的监督与控制,以及综合保障评审等。

在使用阶段,航空装备重点开展的保障性管理内容如下:

(1)对装备保障系统在运行过程中出现的问题进行的分析与优化。

(2)督促使用部门根据综合保障建议书,制作维护工作卡片,开展以可靠性为中心的维修工作,提高使用维护人员素质。

(3)根据维修大纲、储存、运输和包装等有关规定,制订维修、储存、运输和包装等工作的具体实施办法。

(4)及时收集装备使用过程中的维修保障的适应情况,对发现的问题进行分析,采取纠正措施并及时提出修改建议;按规定的渠道及时反馈使用、维修、保障和储存中的保障性信息。

(5)收集使用、维修、保障及储存数据,继续完成定型时尚未完成的系统保障性指标的验证工作。

(6)适时对现役装备使用期间的综合保障大纲进行评价,并提出改进的建议。

3.5 安全性基础知识

3.5.1 安全性基本概念

1. 安全性的定义

安全性是指产品所具有的不导致人员伤亡、系统毁坏、重大财产损失或不危及人员健康和环境的能力。安全性与可靠性、维修性和保障性等密切相关,是各种装备必须满足的首要设计要求,是通过设计赋予的装备属性。

2. 安全性的发展

20 世纪 20 年代初至 50 年代中期,安全性工程处于事故调查与预防阶段。50 年代后期至 70 年代后期,推行系统安全大纲。1969 年 7 月,美国国防部制订了军用标准 MIL – STD – 882"系统及其有关的分系统、设备的系统安全大纲要求",规定了系统安全管理、设计、分析和评价的基本要求,作为国防部范围内装备研制必须遵循的文件,广泛用于美军的各种装备的研制中。80 年代至 90 年代中期,开展综合预防工作。系统安全大纲的全面实施,使装备的安全性水平有了显著的提高,灾难事故率不断下降。90 年代后期至 21

世纪初,全面采用信息技术。通过综合开展事故的预防工作,装备的安全性水平有了明显的提高,2006 年美国空军飞机的灾难性(A 等)事故率降到 0.9 次/10^5 飞行小时,年损失飞机 8 架。为了进一步提高现代装备的安全性,美国国防部于 2004 年发布了 MIL – STD – 882E,以弥补采办改革中颁发的 MIL – STD – 882D 因取消系统安全工作项目所造成的可操作性差的缺陷。

我国装备的安全性工作是在借鉴外军先进经验基础上开展的。在参考美军标 MIL – STD – 882 的基础上,有关部门颁布了 GJB 900《系统安全性通用大纲》,规范了装备系统在研制、生产、运行和维修过程中的安全性工作,并配套颁发国家军用标准 GJB/Z 99《系统安全工程手册》。对于各类装备如飞机、导弹、装甲车辆以及火工品等均制订了专用的安全性相关标准。例如,GJB 3210《飞机坠撞安全性要求》,GJB 4043《战略导弹安全规则》,GJB 1437《军用汽车安全性要求》,GJB 2001《火工品包装、运输、储存安全要求》,GJB 844.16《潜艇核动力装置运行安全规定正常运行安全要求》,GJB 3952《舰船电气安全通用要求》,GJB 620《潜艇应急救生装置配置要求》等。这些标准明确了安全性要求,规范了安全性工作流程,对提高装备安全性水平发挥了重要作用。但同时也应该看到,我国装备研制过程中较少系统性开展安全性工作,导致一些装备存在安全性先天缺陷。因此,安全性工程仍需大力推广。

3.5.2　安全性的度量

安全性一般用安全性参数及指标来度量。常见的安全性参数的含义和计算方法如表 3 – 11 所列。

表 3 – 11　常用的安全性参数及其统计计算方法

参数	统计计算方法
事故率	在规定的条件下和规定的时间内,系统的事故总次数与寿命单位总数之比
严重飞行事故万时率	一个建制单位在一定期间内所有飞机或直升机的总计飞行时间中,平均每飞行 1 万小时所发生的严重飞行事故的次数
安全可靠度	在规定的条件下和规定的时间内,在装备执行任务过程不发生由于设备或附件故障造成的灾难性事故的概率
损失率	在规定条件下和规定时间内,系统的灾难性事故总次数与寿命单位总数之比

3.5.3　安全性分析

1. 目的与作用

安全性分析是指通过对系统进行深入、细致地分析,检查系统或设备在每种使用模式中的工作状态,确定潜在的危险,预计这些危险对人员伤害、设备损坏或环境破坏的严重性和可能性,为确定消除或减少危险的方法(包括改进系统设计或改变系统运行程序)提供依据,以便能够避免事故的发生,或者尽量减少事故发生的可能性或降低事故有害影响的程度。

安全性分析的主要目的在于识别危险,评价事故风险,以便在装备寿命周期的各个阶段中能够消除或控制这些危险。提高装备的安全性,使其不发生或少发生事故,其前提条件是预先识别系统可能存在的危险,全面掌握其特点,明确其对安全性影响的程度。在系统寿命周期各个阶段开展安全性分析的作用主要体现在以下几个方面:

(1)识别产品中所有可能存在的危险。

(2)确定系统设计的不安全状态以及与危险有关的系统接口。

(3)分析危险引发事故的原因、过程和后果。

(4)结合已采取的安全性措施,评价危险导致事故的可能性、严重性和事故风险。

(5)依据预先确定的规则划分危险类别,确定安全性关键项目和残余风险。

(6)提出分析结论和评价意见,为后续安全性设计、验证、评价和工程决策活动提供参考和依据。

(7)分析结果可支持安全性验证工作。

2. 分析流程

安全性分析是基于系统工程的原理和方法,识别、分析装备中存在的危险因素,并根据实际需要对其进行定性、定量描述的工作过程。通过这个过程,可以充分了解、识别系统中存在的危险,估计事故发生的概率和可能产生伤害及损失的严重程度,为确定出哪种危险能够通过修改系统设计或改变控制系统运行程序来进行预防提供依据。

为保证装备满足预期的安全性要求,在研制过程中应开展安全性分析工作。安全性分析应从装备研制阶段早期开始并贯穿整个寿命周期。在不同阶段,由于可获取的数据及信息的不同,安全性分析的重点也有所不同。通常在论证阶段和方案阶段初期,安全性分析重点在于考察装备的固有危险特性,即识别分析第一类危险源;在方案阶段后期和工程研制阶段,安全性分析的重点是第二类危险源,对故障、接口以及产品使用操作等有关的危险进行全面分析和综合评价。安全性分析基本流程如图 3 – 15 所示,主要工作要点如下:

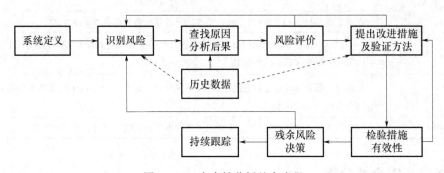

图 3 – 15 安全性分析基本流程

(1)定义系统边界和组成部分,明确系统的任务要求和技术特性,包括任务阶段、工作方式、使用环境以及人员安排等。

(2)识别系统中所有潜在危险,分析造成危险的原因、可能的后果以及各种危险之间的关系。

(3)对危险进行排序,按照预先规定的准则进行风险评价。

(4)提出消除或控制危险的安全性措施。

(5)提出安全性的验证方法和时机。

(6)结合提出的安全性措施,评价系统事故风险降低的程度,检验措施的有效性。

（7）分析残余风险,通过决策确认风险是否达到可接受的程度。

（8）对系统中的危险和残余风险持续跟踪。

3. 分析方法

安全性分析方法包括定性分析和定量分析。

定性分析用于检查、分析和确定可能存在的危险、危险可能造成的事故,以及可能的影响和防护措施。常用的定性分析方法包括:故障危险分析、功能危险分析、故障模式影响分析、故障树分析、潜在通路分析、事件树分析、意外事件分析、区域安全性分析、接口分析、电路逻辑分析、环境因素分析等。除了上述分析方法外,在对具体系统进行各类危险分析时,根据需要还可采用表格危险分析法、标示法、立体模型法等作为辅助分析方法。

定量分析用于检查、分析并确定具体危险、事故影响及其可能发生的概率,比较装备采用安全措施或更改设计方案后概率的变化。目前,定量分析主要用于比较和判断不同方案的系统所达到的安全性水平,作为对有关安全性更改方案决策的基础。定量分析必须以定性分析作为依据,常用的定量分析方法包括:故障模式影响及危害性分析、故障树分析等。为了能准确估算装备可能发生事故的概率,比较有效的方法是概率风险评价法。

目前,对装备安全性进行定量分析往往存在较大困难,其问题不是分析方法本身,而是由于缺乏可用的安全性数据。当前可能获得的有效的定量数据只是电子元器件的失效率数据,各种大的机械、机电设备的故障率数据很少,而且由于环境条件、维修工作等产生的影响,数据的可靠程度差;此外,有关人为差错、环境因素和设备的危险特性的数据更少,更不可靠。因此,定量分析方法在实际工程中的应用受到了局限。

在具体的安全性分析中,可根据被分析对象的特点,选择一种或几种分析方法组合已满足所规定的分析要求,在选择方法时,应考虑下列两条准则:

（1）分析应当尽量广泛,确保尽可能多地、有效地识别和评价所有的危险。

（2）对每种危险的分析应尽可能彻底和准确。

3.5.4　航空装备安全性评价

航空装备在开展安全性评价时,常用的方法有风险评价和安全性综合评价两种方法。

1. 风险评价

风险评价是根据危险事件发生的可能性及其后果严重性评定航空装备的预计损失和采取措施有效性的一种安全性评价方法。风险评价过程由风险分析和风险评定两部分组成,前者包括风险鉴别和风险估算,后者包括风险处理和风险接受。常用的风险评价方法有风险评价指数法、总风险暴露指数法、基于可靠性工程的概率风险评价法、火灾爆炸指数法。具体风险评价方法的详细内容可参阅 GJB/Z 99《航空装备安全工程手册》。

2. 综合评价

综合评价法是汇集所有的安全性工作的报告和有关资料,根据这些资料对航空装备中残留危险的风险进行综合分析和评审并做出评价结论。综合评价的主要内容包括:

（1）对风险评价的方法和准则的评价。包括风险评价所用的方法和危险严重性、危险可能性分级所用的准则,以及这些方法与准则所依据的前提,包括订购方规定的风险可接受水平。

（2）对航空装备及其使用说明的评价。包括对航空装备所用的各种规程的说明,注意航空装备中与各种使用规程有关的安全特性、控制和应遵守的程序；对保证安全使用所需的专门规程包括应急规程的说明；对安全使用、维修和退役所要求的防护设备、使用环境和具体的人员技能等级的说明。

（3）对安全性数据的评价。所有与航空装备研制有关的安全性数据，包括常见各类危险的、相似航空装备的、承制方和转承制方在研制中所提供的安全性数据，以及各种武器或爆炸性产品、辐射源使用危险区和靶场的安全性数据。

（4）对与安全性有关的分析与试验结果的评价。包括在设计中和在评价中进行的所有与安全性有关的分析与试验结果、全部主要危险及其纠正措施的清单，以及这些纠正措施的有效性。

（5）对危险物与危险器材的数据和资料的评价。航空装备及其设备中所产生的危险物或所应用的危险器材的数据和资料，包括它们的种类、数量和潜在的危险，以及在使用、包装、装卸、储存、运输和退役时所需的安全防护措施和规程。

复习思考题

1. 常见的可靠性参数有哪些？军用飞机整机级可靠性参数如何选取？
2. 航空装备可靠性、维修性管理的要点有哪些？
3. 在航空装备中应用 PHM 可以完成哪些主要功能？
4. $\lambda(t)$ 与 $f(t)$ 有何异同？
5. 保障性与可靠性、维修性、测试性有何不同？
6. 阐述测试与测试性、诊断与综合诊断的区别与联系。
7. 常用的测试性指标有哪些？
8. 常用的安全性定性分析方法有哪些？
9. 试举例说明故障率 $\lambda = 15\text{fit}$、300015fit 的含义。

10. 设某产品的故障率函数为 $\lambda(t) = \frac{1}{\sigma}e^{\frac{t-\mu}{\sigma}}$（$-\infty < t < +\infty, \sigma > 0$），试求该产品的可靠度 $f(t)$ 和故障分布函数 $F(t)$。

11. 已知某不可修复产品的可靠度函数 $R(t) = e^{-\lambda t}$，λ 为常数，求该产品的故障分布函数 $F(t)$、故障分布密度函数 $f(t)$、故障率函数 $\lambda(t)$、平均寿命 θ。

12. 已知某部件的故障率是 $10^{-3}/\text{h}$，平均修复时间为 20h（维修时间服从指数分布），试计算 10h 和 1000h 的可靠度、维修度。

13. 某装备的平均寿命为 3000h，其连续工作 3000h 和 9000h 的可靠度是多少？要达到 $r = 0.9$ 的可靠寿命是多少？其中位寿命是多少？

14. 飞机有 3 台发动机，至少需两台发动机正常才能安全飞行和起落，假设飞机事故仅由发动机引起，并假设发动机的寿命服从指数分布，并且 MTBF = 200h，求飞机飞行 2h 和 10h 的可靠度。

15. 某装备有信号处理印制板插件 20 件，每块失效率 $\lambda = 10^{-5}$ 次/h，在 2 年保障期内的维修方案为：印制版后送基地及周期时间为 6 个月，按每月 30 天，每天工作 24h，求在保障概率大于等于 95% 条件下，需备多少件印制板插件才能满足要求。

16. 试求下图所示系统 1、2 之间的可靠度。

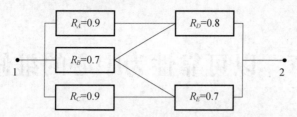

17. 由 n 个相同单元组成的并联系统,若每个单元的故障率均为 λ,求该系统的 MTTF。

18. 试计算下图所示的系统可靠度。

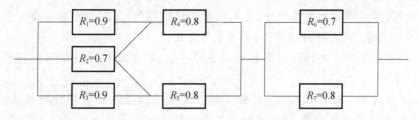

19. 计算下图所示的系统可靠度。

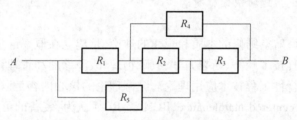

20. 某直升机进行改进性维修试验,即针对试验过程中出现的故障模式,不断采取改进措施,试验的故障时刻(h) 为:12,70,105,141,172,191,245,300,340,410,490;试验终止时刻 $t_0 = 500\mathrm{h}$,求终止试验时的平均寿命和故障率。

第4章 以可靠性为中心的维修理论

【本章提要】

◆ 理论是先导,建立在科学理论基石上的航空维修管理才可能是有效的。

◆ 以可靠性为中心的维修理论,是现代维修理论的核心,对于保证装备使用安全、合理减少维修工作量、提高维修经济性,具有重要作用。

◆ 以可靠性为中心的维修可理解为一种理念、一种方法和一种维修管理模式,其核心是可靠性和故障后果。

◆ 以可靠性为中心的维修理论,其核心价值是提供了一种合理确定维修大纲的方法,其基本思路是按故障后果,并按做维修工作既要技术可行又要值得做对所需开展预防性维修工作的项目进行逻辑决断分析。

维修理论是研究航空维修的本质和规律的理论,是建立在概率论与数理统计、可靠性工程、系统工程、工程技术经济、断裂力学、故障物理、故障诊断和管理科学等现代科学、技术基础上的一门综合性工程技术应用理论。维修理论的核心内容是以可靠性为中心的维修理论(reliability‑centered maintenance,RCM)。RCM 认为,装备的可靠性既是确定维修需求的依据又是维修工作的归宿,维修工作必须围绕装备可靠性需求来做工作,一切维修活动,归根到底都是为了保持、恢复装备的固有可靠性。

4.1 以可靠性为中心维修理论的形成与发展

4.1.1 以可靠性为中心维修理论的形成

1. 传统的维修观念

18 世纪末,蒸汽机、车床等的大量使用,需要有维修人员在工作现场随时应付可能发生的故障和由此引起的生产事故,机器设备实行"不坏不修,坏了才修"的事后维修。20 世纪初,流水生产线出现,某一工序发生故障,造成停机,会迫使全线停工。为了使生产不致中断,1925 年美国首先实行预防性的定时维修,事先采取适当的维修活动,主动防患于未然,以预防故障和事故的发生。这种定时维修,在减少事故和停机损失上明显优于"不坏不修,坏了才修"的事后维修,迅速传遍世界各地,在设备维修中占据了统治地位。飞机和火车是最早实行定时维修的装备,以求保障安全。

定时维修观念认为:机件工作会磨损—磨损出故障—故障危及安全,到使用寿命必须翻修,翻修得越彻底就越安全,维修工作做得越多就越可靠。

我国空军建军初期,也实行定时维修。采取"多做工作勤检查""宁可多辛苦,求得更保险"的办法。出一次严重事故,就发一次技术通报,增加补充检查项目,使得维修工作量越来越大,检查周期越来越短。这种过剩的维修,不仅影响出勤,加大资源消耗,而且故障未见减少,危及飞行安全。

2. 以可靠性为中心维修理论的产生

1959 年,美国联合航空公司针对过剩维修提出了"维修效果到底如何"的问题,1960年美国联邦航空局与联合航空公司组成维修指导小组(maintenance steering group,MSG)开始研究这个问题,两年后,1961 年 11 月 7 日颁布了《联邦航空局/航空工业可靠性大纲》(FAA/Industry Reliability Program)。该大纲指出:"过去人们过分强调控制拆修间隔期以达到满意的可靠性水平,然而经过深入研究后深信,可靠性和拆修间隔期的控制并无必然的直接联系。因此,这两个问题需要分别考虑"。联合航空公司的赫西和托马斯在研究报告中陈述:"根据联合航空公司对多种机件使用经验的分析,其结果差不多总是和浴盆曲线的简单图形相矛盾。耗损特性往往不存在""在一开始为新型飞机的机件预定的翻修时限来表示的有用寿命,往往和以后的实际使用经验有很大差别"。他们对发动机附件、电子、液压、空气调节等机件的 4 个系统研究结果指出:"这些机件显示了早期故障后,接着出现均衡的故障率,但并未出现耗损"。大多数设备定时翻修对控制可靠性是毫无作用的,即不存在一个"正确"的翻修时限,其结论是:"固执地遵守翻修时限概念将引起早期故障增加,在一个机件翻修之后的一个短时间内不能防止故障的发生;使本来有较高翻修时限的某些设备不能充分发挥其使用潜力;并妨碍对机件在较长的总使用时间情况下进行可靠性的探索。如果一个机件无耗损,就应该留在飞机上直到发生故障才更换"。这是对传统定时维修观念的挑战。

随后,1961 年 11 月开始对航空发动机进行改革试验,1963 年 2 月又在 DC-8 飞机和B-720 飞机上进行试验,发现尽管翻修时限不断延长,但可靠性却未见下降。1964 年 12月,联邦航空局发出 AC120-17 通报,"允许使用单位在制订自己的维修控制上有最大的灵活性"。1965 年 1 月,联合航空公司按 AC120-17 通报要求进行"涡轮喷气发动机可靠性大纲"试验,效果明显。1965 年首次出现了"逻辑决断图"。

1968 年出现"MSG-1 手册:维修的鉴定与大纲的制订",首次提出定时、视情和状态监控 3 种维修方式,用于制订 B-747 飞机预防性大纲,这是以可靠性为中心的维修实际应用的第一次尝试,并获得了成功。例如,对该型飞机每飞行两万小时所做的结构大检查只需 6.6 万工时,而按照传统方法,对于一架小得多的不怎么复杂的 DC-8 飞机,进行相同的结构检查需要 400 万工时,相差 60 倍。

1970 年形成的"航空公司/制造公司的维修大纲制订书 MSG-2",用于制订洛克希德L-1011 和道格拉斯 DC-10 飞机的初始维修大纲,结果很成功。经济上得益于这种方法的例子是,按传统的维修大纲,需要对 DC-8 飞机的 339 个机件进行定时拆修,而基于MSG-2 的 DC-10 飞机维修大纲中只有 7 个这样的机件,甚至涡轮喷气发动机也不属于定时拆修的机件。这样不仅大大节省了劳动力和降低了器材备件的费用,而且使送厂拆修所需的备份发动机库存量减少了 50% 以上。这种费用的降低是在不降低可靠性的前提下达到的。1972 年欧洲编写了一个类似的文件(European MSG-2,EMSG-2)作为空中客车 A-300 及协和式飞机的初始维修大纲的依据。1974 年,美国陆海空三军推广MSG-2。1974 年,苏联民航飞机采用 3 种维修方式。

4.1.2　以可靠性为中心维修理论的发展

1978 年，美国联合航空公司诺兰等受国防部的委托发表了《以可靠性为中心的维修》专著，该专著对故障的形成、故障的后果和预防性维修工作的作用进行了开拓性地分析，首次采用自上（系统）而下（部件）的方法分析故障的影响，严格区别安全性与经济性的界限，提出了多重故障的概念，用 4 种工作类型（定时拆修、定时报废、视情维修、隐患检测）替代 3 种维修方式（定时、视情、状态监控），重新建立逻辑决断图，使以可靠性为中心的维修理论又向前迈进了一大步，从此人们把制订预防性维修大纲的逻辑决断分析方法统称为 RCM。1980 年，西方民航界吸收了 RCM 法的优点，将"MSG - 2"修改为"MSG - 3"，用于 B - 757、B - 767 飞机。

从 20 世纪 70 年代末开始，我国空军创导维修理论的研究，指导维修改革，由单一的定时改为定时与视情相结合的维修方式，延长歼六等 6 种飞机翻修时限，取消 50h 定检制度，效果显著，随后总部推广全军。1983 年空军首次确立以可靠性为中心的维修思想。

1984 年，美国国防部发布指令 DoD D4151.16《国防设备维修大纲》，规定三军贯彻 RCM。1985 年，美国空军颁发 MIL - STD - 1843（USAF）《飞机、发动机及设备以可靠性为中心的维修》。1986 年，美国海军颁发 MIL - STD - 2173（AS）《海军飞机、武器系统和保障设备以可靠性为中心的维修要求》。

1988 年，发布 MSG - 3 修改 1，1993 年发布 MSG - 3 修改 2。1990 年 9 月，在诺兰的指导下，英国阿兰德维修咨询有限公司莫布雷在 RCM 和"MSG - 3 修改 1"的基础上，结合民用设备的实际情况，提出了"RCM2"，10 余年来为 40 多个国家的 1200 多家大中型企业成功地进行了以可靠性为中心维修的咨询、培训和推广应用工作，已在许多国家的钢铁、电力、铁路、汽车、海洋石油、核工业、建筑、供水、食品、造纸、卷烟及药品等行业广泛应用。

1989 年，我国发布了航空工业标准 HB 6211《飞机、发动机及设备以可靠性为中心维修大纲的制订》，并运用于轰炸机和教练机维修大纲的制订。1992 年总后勤部、国防科工委发布了国家军用标准 GJB1378《装备预防性维修大纲的制订要求与方法》，并于 1994 年 3 月颁布了该标准的《实施指南》，指导各类装备维修大纲的制订。

1999 年国际电工委员会首次发布以可靠性为中心的国际标准：IEC 60300 - 3 - 11《应用指南——以可靠性为中心的维修》，它是基于 MSG - 3 而制订的。1999 年汽车工程师学会也发布以可靠性为中心维修的民用标准 SAE JA1O11《以可靠性为中心维修程序评价准则》。

2001 年，我国海军装备部完成《维修理论及其应用研究》项目，深入贯彻 RCM。2002 年，我国空军装备部制订《推进空军装备科学维修三年规划》。2003 年总装备部通保部对陆军地面雷达等十余种装备推广应用 RCM。

自从 20 世纪 60 年代美国民航界首先创立以可靠性为中心的维修理论以来，经历了怀疑、试验、肯定、推广的过程，40 余年来在指导维修实践的过程中，该理论不断得到完善和发展。目前，这一理论在指导机械、机电、电器和电子等各类航空维修上效果显著。

4.1.3　以可靠性为中心维修理论的重要作用

1. 有效保证装备的使用安全

以可靠性为中心的维修把安全性和环境性要求放在首位，与传统的预防性维修通过

"多做工作,勤检查"来杜绝可能出现的各种故障具有根本性的不同,它不是根据故障而是根据故障后果来确定预防性维修工作,因而能辩证地对待定时维修,科学地规定安全寿命,有效地监控装备使用状态,运用先进的维修技术,采取合理的维修措施,高效地保证装备的使用安全。20 世纪 50 年代,美国民航大型运输机每百万次飞行的事故约 60 起,其中 2/3 的事故是因机件故障引起的;到 2000 年,每百万次飞行的事故约 2 起,其中 1/6 的事故是因机件故障引起的。可见,以可靠性为中心的维修已使大型运输机成为最安全的交通工具。

2. 大幅度减少维修工作量,提高装备的利用率和出勤率

以可靠性为中心的维修是根据故障的后果以及既技术可行又值得做时才做预防性维修工作的,消除了那些不必要的或起副作用的维修工作,增加了那些被人们忽视的而必须做的维修工作,有效地克服了传统预防性维修工作"维修过度"或"维修不足"的不足,做到"维修适度",提高了维修的针对性和适用性。40 余年来,民用飞机实行了以可靠性为中心的维修,使飞机维修间隔期增长 10 倍以上,维修工作量减少到原来的 1/10 以下,从而明显提高了装备的利用率和出勤率。

3. 显著改善维修的经济性

由于大幅度地减少了预防性维修的工作量和维修工时,节省了人力费用和器材备件费用,停用时间减少,可用时间增长,从而显著改善维修的经济性。

4.2　以可靠性为中心维修理论的主要内容

以可靠性为中心的维修理论(RCM),是一种用于确定为确保任一装备在其运行环境下保持实现其设计功能状态所必需的活动的方法,是为了保持和恢复装备固有的可靠性水平,根据装备的可靠性制订具体的维修策略。以可靠性为中心的维修理论的诞生及其广泛应用,实现了航空维修从经验维修向科学维修的深刻转变,显著提升了航空维修质量效益。与传统维修相比,以可靠性为中心维修的主要思想理论观点体现在以下几个方面。

4.2.1　辩证地对待定时维修

传统的定时维修观念认为,装备老,故障就多,故障主要是耗损造成的,故障的发生与使用时间有关,达到一定使用寿命后故障率迅速上升,必须进行定时维修,以预防故障的发生。而以可靠性为中心的维修理论认为,对某些简单装备(指只有一种或很少几种故障模式能引起故障的装备)而言,例如具有金属疲劳或机械耗损的机件等,"装备老,故障就多"是对的,应按照某一使用时间或应力循环数来规定使用寿命,定时维修对预防故障是有用的,这与传统的认识是一致的。但对大多数的复杂装备(指具有多种故障模式能引起故障的装备)而言,如飞机及其各分系统、设备等,装备老,故障不见得就多;装备新,故障不见得就少,故障不全是由耗损造成的,许多故障的发生具有偶然性,故障的发生与使用时间的长短关系不大,不必规定使用寿命,定时维修对预防故障的作用甚微,相反,还会带来早期故障和人为差错故障,一些故障恰恰是因为预防故障所进行的维修工作引起的,结果增大了总的故障率。可是,传统维修观念仍然坚信有一个可以找到的并且不得超越的使用寿命,以为这样做能有效地控制故障。事实并非如此。现举例说明如下:

【例 4.1】 波音 737 飞机的 JT8D - 7 航空发动机经过 58432h 的使用统计,得到如表 4 - 1 所列的数据,试分析在 100 万飞行小时的使用期间内所规定的定时拆修寿命对拆修台数和损失剩余寿命的影响。

表 4 - 1　JT8D - 7 航空发动机使用统计数据

序号	规定拆修寿命/h	$\lambda(t)/(1/h)$	$R(t)$
1	1000	3.681×10^{-4}	0.692
2	2000	4.163×10^{-4}	0.420
3	3000	4.871×10^{-4}	0.170
4	不规定	5.522×10^{-4}	0.000

解　由表 4 - 1 数据得到图 4 - 1 所示的 $R(t)$ 曲线。

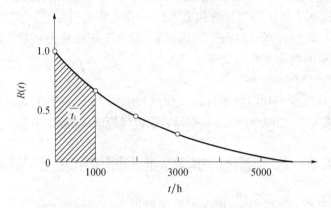

图 4 - 1　JT8D - 7 航空发动机 $R(t)$ 曲线

规定拆修寿命为 1000h 的发动机平均使用寿命为 $\bar{t}_1 = \int_0^{1000} R(t)\,\mathrm{d}t \approx 838(\mathrm{h})$;

不规定拆修寿命的发动机平均使用寿命为 $\bar{t}_2 = \int_0^{\infty} R(t)\,\mathrm{d}t \approx 1811(\mathrm{h})$;

损失的剩余寿命为 1811 - 838 = 973(h)。

规定拆修寿命为 1000h 的发动机每百万飞行小时的拆修总台数为 $100 \times 10000/838 = 1193.3$(台),其中故障拆修台数 = $3.681 \times 10^{-4} \times 10^6 = 368.1$(台),无故障台数 = 1193.3 - 368.1 = 825.2(台)。

同理,可求得规定拆修寿命为 2000h、3000h 及不规定拆修寿命时的各有关数据,计算结果如表 4 - 2 所列。

表 4 - 2　规定拆修寿命利弊分析

序号	规定拆修寿命 /h	发动机平均使用寿命/h	损失剩余寿命 /h	发动机每百万使用小时		
				拆修总台数	故障拆修数	无故障拆修数
1	1000	838	973	1193.3	368.1	825.2
2	2000	1393	418	717.9	416.3	301.6
3	3000	1685	126	593.5	487.1	106.4
4	不规定	1811	0	552.2	552.0	0

由表 4 - 2 可知,规定 1000h 拆修寿命与不规定拆修寿命相比较,故障台数由 368. 1 台上升至 552. 2 台,增加了 184. 1 故障台。但规定 1000h 拆修寿命并未防止故障的出现,仍然有 368. 1 台故障,对保证飞行安全来说,同样是不可接受的。由于规定拆修寿命,增加了 825. 2 台的拆修工作量,损失剩余寿命为 $973 \times 852. 5 = 802979. 6(h)$。从上述分析可以看到,定时拆修有如下缺点:

(1)在到达拆修寿命之前总有一定数量的装备出现故障,需要提前送厂修理,提前修理的数量一般为 30% ~40%,实际上,规定拆修寿命并不能防止故障的出现。

(2)在到达拆修寿命之后仍有相当数量的装备未出现故障,其寿命潜力未能充分发挥,如果送厂修理便造成浪费。

(3)经过拆修的装备不可避免地增加了早期故障和人为差错故障。

(4)由于大部分装备在未进入耗损期之前便拆下送厂修理,得不到耗损期的使用统计数据,不利于进一步改进和延长装备寿命。

对一些磨损、疲劳的机件,为控制其严重故障后果,规定一个安全寿命或经济寿命仍是必须的。早期飞机结构比较简单,装有活塞式发动机,飞机上的系统、机件大都是机械的、液压的或气动的,故障模式多为机械磨损和材料疲劳,因而故障的发生往往同使用时间有关,表现出集中于某个使用时间的趋势。又由于没有采用冗余技术,飞机的安全性与其各系统、机件的可靠性紧密相关,而可靠性与飞机的使用时间存在着因果关系。因此,必须通过按使用时间进行的预防性维修工作,即通过经常检查、定时维修和定时翻修来控制飞机的可靠性,预防性维修工作做得越多,飞机也就越可靠,翻修间隔期的长短是控制飞机可靠性的重要因素。这种传统的定时维修观念同早期飞机的发展水平和当时的维修条件是相适应的,对保证飞行安全和完成飞行任务曾经起到了应有的作用,因此其合理的部分作为 3 种维修方式之一的定时方式保存下来了,以可靠性为中心的维修理论是传统维修观念的继承和发展。

4. 2. 2　提出潜在故障概念,开展视情维修

潜在故障是即将发生功能故障的可鉴别的状态,功能故障(简称故障)是指机件丧失了规定的功能,如图 4 - 2 所示。

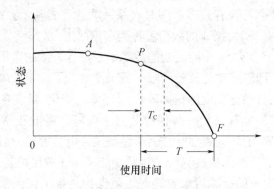

图 4 - 2　潜在故障示意图

以可靠性为中心维修理论提出潜在故障概念。首先,使机件或装备在潜在故障阶段就得到更换或修理,意味着能有效地防止功能故障的出现,达到使用安全性的目的;其次,

使机件或装备一直使用到临近功能故障的潜在故障状态才更换或修理,意味着几乎利用其全部有用寿命,达到使用经济性的目的。潜在故障概念的创立,正是现代维修理论的一个重要贡献。

视情维修是当装备或其机件有功能故障征兆时即进行拆卸维修的方式。潜在故障的确定为采用视情维修奠定了基础。采用视情维修的依据是多数机件的故障模式有一个发展过程,在机件尚未丧失其功能之前有征兆可寻,可根据某些物理状态或工作参数的变化来判断其功能故障即将发生。由于检测和诊断手段的不同,同一故障模式在功能故障之前可能有几个潜在故障点,应尽早检测出相应的潜在故障点,以达到避免出现功能故障的目的。

4.2.3 提出隐蔽功能故障与多重故障概念,控制故障风险概率

隐蔽功能故障是正常使用设备的人员不能发现的功能故障。多重故障是指由连续发生的两个或两个以上独立故障所组成的故障事件,它可能造成其中任一故障不能单独引起的后果。多重故障与隐蔽功能故障有着密切的关系,如果隐蔽功能故障没有及时被发现和排除,就会造成多重故障的可能性,产生严重的后果。下面以由在用泵 A 和备用泵 B 组成的供油系统(图 4 – 3)为例来解释隐蔽功能故障和多重故障的含义。

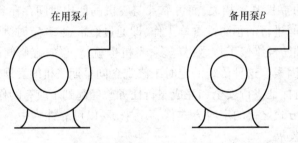

图 4 – 3　用以解释隐蔽功能故障与多重故障的示意图

如果备用泵 B 发生了故障,在正常情况下,在用泵 A 会继续工作,所以不会意识到泵 B 已发生了故障。泵 B 显示出的隐蔽功能有两个特征:一是该泵的故障本身在正常情况下对正常使用泵的人员是不明显的;二是直到泵 A 发生了故障,或者有人定期检查泵 B 是否处于工作状态时,才会发现有故障。即只有泵 A 发生了故障,泵 B 的故障才会产生后果。当泵 B 处于故障状态时,泵 A 的故障就称为多重故障。

由此说明这样一个事实,一个隐蔽功能故障本身没有直接的后果,但具有能增大多重故障风险的间接后果,即隐蔽功能故障的唯一后果是增大了多重故障的概率。

随着装备现代化、自动化程度的提高及使用环境的变化,对装备安全性、环境性和可靠性的要求也更严格,为此常采用一些保护装置来保障装备的正常运转,如各种备用系统、冗余构件、急救装置、消防装置、救生阀、应急备用发电装置等,而且采用这类保护装置的趋势还在继续增长。这类保护装置(泵 B)的功能是保证被保护装备(泵 A)的故障后果比未采用保护措施情况下的故障后果要轻。当被保护装备工作正常时,保护装置的隐蔽功能故障并没有直接的后果。因此,隐蔽功能故障常常容易被忽视,不注意检查,不能及时发现已存在的问题。但是,一旦被保护装备也有故障时,就会出现多重故障,甚至可能造成严重的后果。

【例 4.2】 某动力装置(被保护装备)及其灭火系统(保护装置)正常工作的概率均为 0.99,试问其多重故障的概率是多少? 若灭火系统有隐蔽功能故障且未排除,其多重故障的概率又是多少?

解 假设 $A(\bar{A})$ 为被保护装备的正常工作(故障)事件,$B(\bar{B})$ 为保护装置的正常工作(故障)事件,$P(\bar{A})$ 为被保护装备的故障事件的概率,$P(\bar{B})$ 为保护装置的故障事件的概率,$P(\bar{A}\bar{B})$ 为多重故障事件的概率。

当 A,B 两个事件相互独立时,$P(\bar{A}\bar{B}) = P(\bar{A})P(\bar{B})$,则 $P(\bar{A}) = P(\bar{B}) = 1 - 0.99 = 0.01$。故多重故障概率为 $P(\bar{A}\bar{B}) = P(\bar{A})P(\bar{B}) = 0.01 \times 0.01 = 0.0001$。当灭火系统有隐蔽功能故障而未被排除时,$P(\bar{B}) = 1$,故多重故障概率 $P(\bar{A}\bar{B}) = P(\bar{A})P(\bar{B}) = 0.01 \times 1 = 0.01$,即多重故障的概率由原来的万分之一上升到了百分之一。由此可见,及时检查并排除保护装置的隐蔽功能故障是预防多重故障严重后果的必要措施。如果能保证保护装置的隐蔽功能不处于故障状态,那么即使被保护装备功能发生故障,多重故障也不会发生。例如,图 4-3 中的泵 A 发生故障时,如果泵 B 随时处于备用状态,有 100% 的可用度,即泵 B 总是可以替代泵 A 的工作,那么从理论上讲,多重故障就不会发生。因此,加大对隐蔽功能故障的检测频率,一旦发现有隐蔽功能故障就及时排除,保证泵 B 有较高的可用度,从而防止多重故障的发生,至少可以将多重故障概率降低到一个可以接受的水平。

有时维修工作难以保证所要求的可用度,为了把多重故障的概率降低到一个可以接受的水平,只有从设计上采取必要的措施,如更改设计,用明显功能代替隐蔽功能,或者并联一个甚至几个隐蔽功能,虽然仍是隐蔽功能的,但可以降低多重故障的概率。

4.2.4 　区分不同的故障后果,采取不同的对策

故障一旦发生,有的会造成装备毁坏,人员伤亡,或环境严重污染;有的只是更换故障件所花费的费用,影响不大,人们关心故障的实质是它所产生的后果。因此,预防故障的根本目的不仅限于预防故障本身,而且在于避免或降低故障的后果。要不要进行预防性维修工作,不是受某一种故障出现的频率所支配,而是由其故障后果的严重程度所支配的。

1978 年,诺兰发表的 RCM 逻辑决断法将故障后果分为安全性(环境性)、隐蔽性、使用性和非使用性 4 种。

(1)安全性和环境性后果。安全性后果是指故障影响人员伤亡、装备严重损坏的后果;环境性后果是指故障导致违反国家环境保护要求的后果。

(2)隐蔽性后果。隐蔽性后果是指隐蔽功能故障所引起的多重故障所造成的后果。

(3)使用性后果(经济性的)。使用性后果是指故障影响装备的使用能力或生产能力的后果。这种后果最终体现在经济上,如延误航班所造成的经济损失加上修理费用。

(4)非使用性后果(经济性的)。非使用性后果是指故障不影响装备的安全、环境保护要求以及使用,只涉及修复性维修费用的后果。这种后果也体现在经济性上。

1992 年的国家军用标准《装备预防性维修大纲的制订要求与方法》(GJB1378)从明显功能故障和隐蔽功能故障两方面,将严重故障后果分为安全性后果、任务性后果、经济性后果、隐蔽安全性后果、隐蔽任务性后果和隐蔽经济性后果 6 种。

针对不同的故障后果,采取不同的对策。如果故障后果严重,则需竭尽全力防止发

生,至少将故障风险降低到可以接受的水平,否则更改设计;如果故障影响甚微,除了日常清洁、润滑之外,不必采取任何措施,直到故障出现以后再来排除即可。

以可靠性为中心的维修总是在最保守的水平上评估安全性后果的。事实上,一些对安全和环境有威胁的故障,不一定每次都有这样的后果。但是,问题不在于是否必然有这样的后果,而在于是否可能有这样的后果。如果没有确凿的证据证明故障对安全和环境没有影响,应先暂定它对安全和环境有影响。

4.2.5　科学评价预防性维修的作用

传统维修观念认为,如果装备的固有可靠性水平有某些不足之处,只要认真做好预防性维修工作,总是可以得到弥补的。而以可靠性为中心的维修理论认为,装备的固有可靠性是设计和制造时赋予装备本身的一种内在的固有属性,是在装备设计和制造时就确定了的一种属性。固有可靠性包括装备的故障模式和故障后果的状况,平均故障间隔时间或故障率的大小,故障察觉的明显性和隐蔽性,抗故障能力及下降速率,安全寿命的长短,预防性维修费用和修复性维修费用的高低等固有属性。装备本身作为维修对象,其固有可靠性是维修的客观基础,对维修工作的效率和效益具有决定性意义。固有可靠性水平是有效的预防性维修工作所能期望达到的最高水平。有效的预防性维修工作能够以最经济的资源消耗达到装备的固有可靠性水平,或者防止固有可靠性水平的降低。维修不可能把可靠性提高到固有可靠性水平之上,不能弥补装备固有可靠性的不足,最高只能接近或达到装备的固有可靠性水平。没有一种维修能使可靠性超出设计时所赋予的固有水平,要想超过这个水平,只有重新设计,或者实施改进性维修。

各种故障的后果是装备固有可靠性的属性,预防性维修虽然能够预防故障出现的次数,从而降低故障发生的频率或概率,但不能改变故障的后果。故障后果的改变,不决定于维修而决定于设计。只有通过设计,才能改变故障的后果。例如,采用冗余技术或损伤容限设计,使其不再具有安全性的后果;也可通过设计,增加安全装置,把故障发生的概率降低到一个可以接受的水平。对具有隐蔽性后果的故障,通过设计,例如用明显功能代替隐蔽功能,使其不再具有隐蔽性的后果;也可通过设计,并联一个甚至几个隐蔽功能,虽然仍是隐蔽性的,但可以把多重故障概率降低到一个可以接受的水平。对具有使用性后果的故障,通过设计,也可将其改变为可以接受的经济性后果。

4.2.6　确定预防性维修工作的基本思路

以可靠性为中心的维修理论确定预防性维修工作的基本思路是按故障的不同后果,并按做维修工作既要技术可行又要值得做的办法来确定预防性维修工作的,如表4-3所列。

表4-3　确定预防性维修工作与更改设计的基本思路

技术可行又值得做	安全性(环境性)后果	隐蔽性后果	使用性后果	非使用性后果
是	预防性维修	预防性维修	预防性维修	预防性维修
否	必须更改设计	更改设计	也许需要更改设计	也许宜于更改设计

"技术可行""值得做"具有特定含义。"技术可行"是指该类维修工作与装备或机件

的固有可靠性特性是适应的;"值得做"是指该类维修工作能够产生相应的效果。

"技术可行"分为定时维修、视情维修和隐患检测3种情况:

(1)定时维修的技术可行。

① 装备或机件必须有可确定的耗损期。

② 装备或机件的大部分能工作到该耗损期。

③ 通过定时维修能够将装备或机件修复到规定的状态。

(2)视情维修的技术可行。

① 装备或机件功能的退化必须是可探测的。

② 装备或机件必须存在一个可定义的潜在故障状态。

③ 装备或机件在从潜在故障发展到功能故障之间必须经历一段较长的时间。

(3)隐患检测的技术可行。隐患检测的技术可行是指能否确定隐蔽功能故障的发生。

"值得做"也分3种情况:

(1)对安全性后果、环境性后果和隐蔽性后果,要求能将发生故障或多重故障的概率降低到规定的、可接受的水平。

(2)对使用性后果,要求预防性维修费用低于使用性后果的损失费用加修理费用。

(3)对非使用性后果,要求预防性维修费用低于修理费用。

故障后果是确定预防性维修工作的一个重要依据。对于具有安全性和环境性后果或隐蔽性后果的故障,只有当预防性维修工作技术可行并且又能把这种故障发生的概率降低到一个可以接受的水平时,才需要做预防性维修工作;否则,就必须更改设计。对于具有使用性后果的故障,只有当预防性维修费用低于使用性后果所造成的损失费用加上排除故障费用时,才需要做预防性维修工作;否则,就不必做预防性维修工作,也许需要更改设计。对于具有非使用性后果的故障,只有当预防性维修费用低于修理费用时,才需要做预防性维修工作;否则,就不必做预防性维修工作,也许宜于更改设计。而对于一些后果甚微或后果可以容忍的故障,除了日常清洁、润滑之外,不必采取任何预防措施,让这些机件一直工作到发生故障之后才做修复性维修(事后维修)工作。这时唯一的代价只是排除故障所需的费用,而机件的使用寿命可以得到充分地利用。也就是说,不是根据故障而是根据故障的后果来确定预防性维修工作的,这比预防故障本身更为重要。这就使得不做预防性维修工作的机件数目远远大于需要做预防性维修工作的机件数目。例如,现代飞机的几万件机件中往往只有几百件需要做预防性维修工作,使日常维修工作量大幅度地减少,从而提高了预防性维修工作的针对性、经济性和安全性。

4.2.7　预防性维修大纲的制订与完善

预防性维修大纲是预防性维修要求的汇总文件,一般包括进行预防性维修工作的产品(项目)、维修方式(维修工作类型)、间隔期及维修级别等。飞机还包括结构项目的检查等级、间隔期及维修级别等,作为编制其他维修技术文件(如维修技术规程或维修规程、修理工艺规程、维修工作卡)和准备维修资源(如器材备件、测试设备、人员数量和技术等级等)的依据。

初始的预防性维修大纲由承制方制订,在论证阶段订购方应提出减少或便于维修的设计要求,提出预定的维修间隔期等;在方案阶段开始进行系统级的以可靠性为中心的维修分析;在工程研制阶段,全面展开以可靠性为中心的维修分析,形成初始的维修大纲,并经过鉴定和审批。在生产和使用阶段,订购方与承制方共同协作,根据统计资料不断修订与完善大纲。

目前,结构的故障仍属隐蔽功能故障,对操作人员是不明显的,必须进行预防性维修。适用于结构项目预防性维修的工作类型只有两种,即视情检查和对安全寿命结构项目的定时报废。视情检查按一定间隔期进行,分为一般目视检查、详细目视检查和无损检测三级。

4.3　以可靠性为中心的维修分析

以可靠性为中心的维修分析(reliability – centered maintenance analysis,RCMA)是按照以最少的维修资源消耗保持装备固有可靠性和安全性的原则,应用逻辑决断的方法确定预防性维修分析要求的过程,是一项需要反复迭代进行的工作,RCMA 的目的是通过确定适用且有效的预防性维修工作,以最少的资源消耗保持和恢复装备的安全性和可靠性的固有水平,并在必要时提供改进设计所需的信息。

根据 RCM 理论,RCMA 主要包括以下三部分内容:

(1)系统和设备以可靠性为中心的维修分析。系统和设备 RCMA 用于确定系统和设备的预防性维修项目、预防性维修工作类型、维修间隔期和维修级别,适用于各种类型的系统和设备预防性维修大纲的制订,具有通用性。

(2)结构以可靠性为中心的维修分析。结构 RCMA 用于确定结构项目的检查等级、检查间隔期和维修级别,适用于大型复杂设备的结构部分,此处所指的结构包括各承受载荷的结构项目。

(3)区域检查分析。区域检查分析用于确定区域检查的要求,如检查非重要项目的损伤,检查由邻近项目故障所引起的损伤,适用于需要划分区域进行检查的大型装备。

4.3.1　系统和设备以可靠性为中心的维修分析

在全寿命过程各阶段或各种不同类型装备,应用 RCMA 时,尽管有所不同或有不同的侧重点,但大都包含有如下基本步骤:

(1)确定重要功能产品。

(2)故障模式和影响分析。

(3)应用逻辑决断图确定预防性维修工作类型。

(4)确定预防性维修工作的频率或间隔期。

(5)提出预防性维修工作的维修级别的建议。

(6)进行维修间隔期探索。

其中,前三步是不可缺少的步骤,后两步则根据具体应用要求,有所取舍或侧重。

1. 重要功能产品的确定

进行 RCMA 时并非对所有的产品进行分析,只对产生严重故障后果的重要功能项目(functionally significant item,FSI)作详细的 RCMA。FSI 是指其故障会有下列后果之一的产品或项目：可能影响装备的使用安全；可能影响任务的完成；可能导致重大的经济损失；隐蔽功能故障与其他故障的综合可能导致上述后果；可能有二次性后果导致上述一项或多项后果。

（1）确定 FSI 的过程与方法。确定 FSI 的过程是一个比较粗略、快速且偏于保守的分析过程，不需要进行非常深入的分析。具体方法如下：将功能系统分解为分系统、组件、部件直至零件；沿着系统、分系统、组件的次序，自上而下按故障后果进行分析确定 FSI，直至产品的故障后果不再是严重时为止，低于该产品层次的都是非重要功能产品 NFSI（non-functionally significant item，NFSI）。

FSI 的确定主要依靠工程技术人员的经验和判断力，不需进行 FMEA。当然，如果在此之前已进行了 FMEA（或 FMECA），则可直接引用其分析结果来确定 FSI。对于某些产品，如果其故障后果不能肯定时，应保守地划为 FSI。对于隐蔽功能产品，由于其故障对操作人员不明显，可能产生严重后果，因此，通常将其都作为 FSI。

（2）确定 FSI 的技术关键。在 FSI 确定过程中，应选择适宜的层次划分 FSI 和 NFSI。所选层次必须要低到足以保证不会有功能和重要的故障被漏掉，但又要高到功能丧失时对装备整体会有影响，不会漏掉系统或组件间内部某些产品相互作用而引起的故障。FSI 和 NFSI 可依据这样几条标准来判断：包含有 FSI 的任何产品，其本身也是 FSI；任何 NFSI 都包含在它以上的 FSI 之中；包含在 NFSI 内的任何产品，也是 NFSI。

2. 故障模式和影响分析

对每个 FSI 进行故障模式和影响分析，进一步明确其故障模式及后果。为维修任务确定提供信息，针对不同的故障模式及影响采取不同的维修工作类型和维修保障措施。

故障模式和影响分析一般包括以下步骤：

（1）系统定义。系统定义是故障模式和影响分析的第一步，其目的是使分析人员有针对性地对被分析产品在给定任务下进行所有故障模式、原因和影响分析。完整的系统定义可概括为产品约定层次划分、产品功能分析、绘制产品功能框图和制订编码体系四部分。

（2）故障模式分析。故障模式是故障的表现形式，如短路、开路、断裂、过渡耗损等。一般在研究产品的故障模式时，往往从现象入手，进而通过现象（故障模式）找出故障原因。故障模式分析要点包括：

① 应区分功能故障和潜在故障。

② 当产品具有多种功能时，应找出该产品每个功能的全部可能的故障模式。

③ 复杂产品一般具有多种任务功能，因此应找出该产品在每一个任务剖面下每一个任务阶段中可能的故障模式。

（3）故障原因分析。故障原因分析的目的是找出每个引起故障的与设计、制造、使用和维修等的因素（故障原因），进而采取有效的改进和补偿措施，防止或减少故障发生的可能性。

产品故障的原因可能是由产品自身引起故障的物理的、化学的、生物的或其他的过程（故障机理）直接导致的，也可能是由外部因素（如设计、制造、试验、测试、装配、运输、使用、维修、环境和人的因素等）间接导致的。因此，分析人员应该确定并说明与对应故障模式有关的各种原因。

故障原因分析的要点如下：

① 从产品或相似产品的功能及组成等自身因素和外部因素综合分析故障原因。

② 正确区分故障模式与故障原因。故障模式一般是可观察到的故障的表现形式，而产生故障的直接或间接原因是由产品自身因素或外部因素所致的。

③ 应考虑产品相邻约定层次的关系。因下一约定层次的故障模式往往是上一约定层次的故障原因。因此，在进行故障原因分析时，往往可从下一个或再下一个约定层次故障模式去寻找。

④ 对冗余或备份系统，应特别注意不同产品由共同的原因所引起的共因故障，或者由共同的模式所引起的共模故障。

（4）故障影响分析。故障影响是故障模式对产品的使用、功能或状态所导致的结果。这些结果指对产品与人的安全、使用、任务功能、环境、经济等各方面的综合后果。故障影响分析的目的是找出产品的每个可能的故障模式所产生的影响，并对其结果的严重程度进行分析。

故障影响的级别按约定层次进行划分，其形式有多种，一般是同三级故障影响，即局部影响、高一层次影响和最终影响。

（5）故障检测方法分析。故障检测方法分析的目的是为产品的可靠性设计、维修性设计、测试性设计、保障性分析等提供依据，也为制订设计改进和使用补偿措施提供依据。

故障检测方法分析的要点包括：

① 针对每个故障模式、原因、影响及其严重程度等因素，综合分析检测该故障模式的可检测性，以及检测的方法、手段或工具。

② 根据需要，增加必要的检测点，以区分是哪一个故障模式引起的产品发生故障。

③ 从可靠性或安全性出发，及时对冗余系统的每一个组成部分进行故障检测，并及时维护，以保持或恢复冗余系统的固有可靠性或安全性。

（6）使用补偿措施分析。使用补偿措施分析的目的是针对每一个故障模式的影响，来确定在使用方面采取的哪些措施，可消除或减轻故障的影响，进而提高产品的可靠性。

为了尽量避免或预防故障的发生，在使用和维护规程中规定了使用维护措施。一旦出现某故障，操作人员应采取最恰当的补救措施。分析人员要认真进行调查研究，综合多方意见，提出在使用方面的有效补偿措施，以保证产品的可靠性和安全性。

3. 预防性维修工作类型的确定与逻辑决断分析

在以可靠性为中心维修的逻辑决断分析法中有 4 种基本的维修工作，即定时拆修、定时报废、视情维修和隐患检测。此外，还有一种综合性工作，即实施上述 4 种维修类型中的两种或两种以上的预防性维修工作。通过回答逻辑决断图中的一系列问题，即可决断出技术上可行且值得做的维修工作类型，否则应考虑更改设计方案。每个重要功能产品的每种故障模式，都必须进行逻辑决断分析。

重要功能产品的逻辑决断分析是系统以可靠性为中心的维修分析的核心内容，是应用逻辑决断图来确定各重要功能产品需做的预防性维修工作或其他处置。逻辑决断图由一系列的方框和矢线组成，如图 4-4 所示。带问号的是逻辑决断（是或否）方框，不带问号的是输出结果，指出选择的维修方式或维修工作类型，矢线指出流程方向或输出。决断的流程始于决断图的顶部，然后由对问题的回答"是"或"否"确定流程的方向。

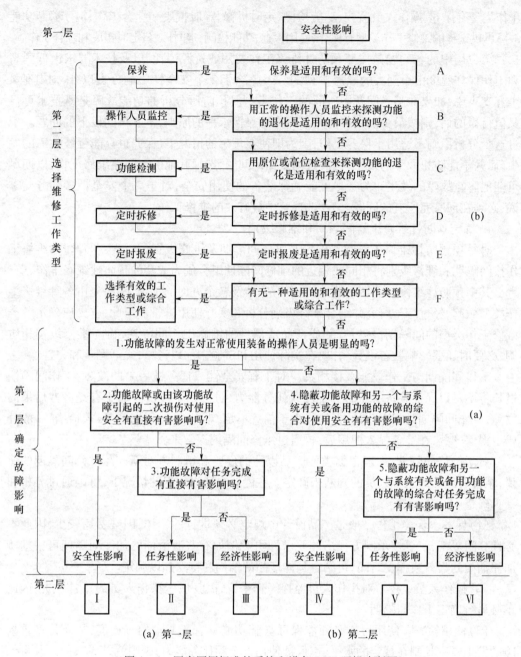

图 4 - 4　国家军用标准的系统和设备 RCM 逻辑决断图

图 4 - 4 是国家军用标准的系统和设备 RCM 逻辑决断图。该决断图分为两层：

第一层(问题 1 ~ 5)：确定各功能故障的影响类型。根据 FMEA 结果,对每个重要功能产品的每个故障模式进行逻辑决断,确定其故障影响类型。将功能故障的影响分为明显的安全性、任务性、经济性和隐蔽的安全性、任务性和经济性 6 种。问题 2 提到的对使用安全的直接影响指故障或由引起的二次损伤直接导致危害安全的事故发生,而不是与其他故障的结合才会导致危害安全的事故发生。

第二层(问题 A ~ F 或 A ~ E)：选择维修工作类型。对于明显功能故障可供选择的维修工作类型有保养、操作人员监控、功能检测、定时拆修、定时报废和综合工作;对于隐蔽功能故障可供选择的维修工作类型有保养、使用检查、功能检测、定时拆修、定时报废和综合工作。

第二层中的各问题是按照预防性维修工作费用或资源消耗,以及技术要求由低到高和工作保守程度由小到大的顺序排列的。因此除了 2 个安全性影响分支以外,对其他 4 个分支来说,如果在某一问题中所问的工作类型对预防所分析的功能故障是既技术可行又值得做的话,则按最少费用保持产品固有可靠性水平的原则,不必再问以下的问题。不过这个分析原则不适用于保养工作,因为即使在理想的情况下,保养也只能延缓故障的发生,而并不能防止故障的发生,仍需再问下面的问题,选择其他的预防性维修工作,以期尽可能地防止故障的发生。为了尽可能确保装备的使用安全,对于 2 个安全性影响分支来说,必须在回答完所有的问题之后,选择其中最有效的维修工作。

4. 确定预防性维修工作间隔期和维修级别

对每项预防性维修工作都要确定其维修间隔期及维修级别,并把各项预防性维修工作按间隔期和维修级别将相同或相近的维修间隔期组合成为成套的预防性维修工作。

其中预防性维修间隔期的确定比较复杂,涉及各个方面的工作,一般先由各种维修工作类型做起,经过综合研究并结合维修级别分析和实际使用进行。因此,首先应确定各类维修工作类型的间隔期,然后合并成产品或部件的维修工作间隔期,再与维修级别相协调,必要时还要影响装备设计,并要在实际使用和试验中加以考核,逐渐调整和完善。

工作间隔期与工作效能直接相关。对于有安全性或任务性后果的故障,工作间隔期过长将不足以保证装备所需的安全性或任务能力,过短则不经济。对于有经济性后果的故障,工作间隔期是很重要的;但往往由于信息不足,难以从一开始就定得很恰当,一般开始定得保守些,在装备投入使用后,再通过维修间隔期探索来做调整。

对于维修间隔期,一般根据类似产品以往的经验和承制方对新产品维修间隔期的建议,结合有经验的工程人员的判断来确定。在能获得适当数据的情况下,可以通过分析和计算确定。

(1)保养。保养工作一般是产品设计中规定必须进行的工作,因其费用较少,因此不必计算间隔期,只要按承制方提出的要求即可。例如有些润滑油的加注间隔期可根据所加注油类的失效或挥发时间,再结合具体产品的结构和特点加以确定。

(2)操作人员监控。对操作人员监控工作来说,因其属于操作人员的正常职责,因此不必另行确定工作间隔期。

(3)使用检查。使用检查必须能保证隐蔽功能具有所要求的可用度,从而将多重故障的发生概率控制在规定的水平,以保证使用安全和任务能力,否则就是无效的。其可保证的产品可用度可按产品在使用检查工作的控制间隔期中的平均水平来衡量。假设产品的瞬态可用度为 $A(t)$,检查间隔期为 T_c,则平均可用度 $\bar{A}$ 为

$$\bar{A} = \frac{1}{T_c} \int_0^{T_c} A(t)\,\mathrm{d}t \qquad\qquad (4-1)$$

由于在检查期内不进行修理,故产品的瞬态可用度 $A(t)$ 也就是瞬态可靠度 $R(t)$,所以式(4-1)变为

$$\bar{A} = \frac{1}{T_c} \int_0^{T_c} R(t)\,\mathrm{d}t \qquad\qquad (4-2)$$

$\overline{A}$ 的近似值可计算为

$$\overline{A} \approx \frac{1}{2}\left[1 + R(T_c)\right] \tag{4-3}$$

若故障时间服从指数分布,故障率为 λ,则由式(4-3)可得

$$\overline{A} = \frac{1}{\lambda T_c}\left[1 - e^{-\lambda T_c}\right] \tag{4-4}$$

从式(4-4)可见,若要求 $\overline{A}$ 越大,则 T_c 越小。给出 $\overline{A}$ 则可推出 T_c,当然,实际应用中还要看计算得出的 T_c 是否可行。

以上讨论是针对安全性影响和装备的任务性影响而言的,对于经济性影响和民用产品的任务性影响而言,使用检查必须有经济效果,即做该项工作的费用应少于故障所带来的损失。此时有效性可用效益比 K_{ca} 衡量,计算公式为

$$K_{ca} = \frac{C_{pm} + C_{spm}}{C_{fl} + C_{scm}} \tag{4-5}$$

式中: C_{pm} 为进行预防性维修工作的直接费用; C_{spm} 为进行预防性维修工作所需的保障费用; C_{fl} 为故障造成的损失; C_{scm} 为进行修复性维修工作所需的保障费用。

以上费用均为产品在寿命期内的总费用。

若忽略式(4-5)中的保障费用的影响,则预防性维修工作的经济效益比 K_{cb} 为

$$K_{cb} = \frac{C_{pm}}{C_{fl}} \tag{4-6}$$

若某一使用检查的 K_{ca} 或 K_{cb} 大于 1 或计算所得的检查间隔期太短以至于不可执行,则可认为该项检查是无效的,需要进一步分析改进。当各项费用数据比较齐全时,可按式(4-5)计算 T_c。若无完整的费用数据,则也可按所要求的产品可用度(小于安全性影响的要求)按式(4-1)、式(4-2)、式(4-3)或式(4-4)来计算 T_c。

(4)功能检测。对于安全性影响和装备任务性影响来说,功能检测必须能够将因单个故障发生而导致多重故障发生的概率控制在可接受的水平之内,以确保使用安全和任务能力。若规定的故障概率的可接受值为 P_{ac},一次检测能检出的潜在故障的概率为 P,则在 T 期间内要检查的次数 n 可确定为

$$P_{ac} = (1 - P)^n \tag{4-7}$$

或

$$n = \frac{\log P_{ac}}{\log(1 - P)} \tag{4-8}$$

功能检测的时间 T_c 为

$$T_c = \frac{T}{n} \tag{4-9}$$

式中: T 为从潜在故障发展到功能故障之间的时间。

对于经济性影响和民用产品的任务性影响来说,若有各项费用的数据,则可按式(4-5)或式(4-6)来计算工作间隔期。若费用数据不全,则可按所要求的故障发生概率的可接受值(大于安全性影响的要求)按式(4-8)和式(4-9)来计算。

(5)定时拆修和定时报废。对安全性影响和装备的任务性影响来说,为了确保在工作间隔期 T_c 内的故障发生概率位于所规定的可接受水平之内, T_c 应短于产品的平均耗损

期 T_w,并按产品耗损期 T_w 的分布和 T_c 内的故障发生概率的可接受水平 P_{ac} 来确定。对于安全性故障来说,一般 P_{ac} 的值应小于 0.1%。装备的任务性故障应同样严格或略松一些。

对于经济性影响和民用产品的任务性影响来说,若费用数据齐全,则可按式(4-5)和式(4-6)确定 T_c。否则,也可考虑按 T_c 内的故障概率的可接受水平来确定 T_c。

5. 维修间隔期探索

新装备投入使用后,应进行维修间隔期探索,即通过分析使用与维修数据、研制试验与技术手册提供的信息,确定装备的可靠性与使用时间的关系,必要时应调整装备的预防性维修工作类型及其间隔期,使得装备的预防性维修大纲不断完善、合理。

4.3.2 结构以可靠性为中心维修分析

结构以可靠性为中心维修分析的基本步骤包括:

(1)确定重要结构项目。

(2)进行故障模式和影响分析。

(3)应用逻辑决断图确定预防性维修要求。

(4)损伤评级并确定检查要求。

(5)确定维修级别,一般应将检查工作确定在耗费最少的维修级别上。

1. 确定重要结构项目

按故障后果将结构项目划分为重要结构项目(structural significant item, SSI)和非重要结构项目(non-structural significant item, NSSI)。凡损伤会使装备削弱到对安全或使用产生有害影响的结构项目应为 SSI,其余为 NSSI。对重要结构项目需要通过评级确定检查要求,对 NSSI 不需要评级,只需按以往经验或研制方的建议确定适当的检查。

SSI 的确定按结构的层次自上而下地进行,在每一层次上综合考虑故障后果、设计原理、环境损伤和偶然损伤的敏感性、结构分解检查数据等,凡是故障会对使用安全产生有害影响的项目,安全寿命或单途径传力损伤容限项目,以及在腐蚀性大的环境下使用的或易产生环境及偶然损伤的项目,都是 SSI,按照这种方法分析,直到下一层次的项目不再重要为止。

2. 进行故障模式和影响分析

对每个 SSI 进行故障模式和影响分析,分析时应考虑其所有功能及其可能产生的故障模式。

3. 应用逻辑决断图确定预防性维修要求

决断时应考虑的因素:

(1)材料的特性,特别是复合材料和其他新材料。

(2)损伤的种类,是疲劳损伤、环境损伤还是偶然损伤。

(3)SSI 对每种损伤的敏感性和探测及时性。

(4)SSI 的故障模式和影响分析结果,包括:损伤对安全或任务的影响程度,多部位丛生的疲劳损伤,以及由结构项目的功能故障与系统和设备产品的相互作用所引起的对装备使用特性的影响。

(5)检查等级,分为一般目视检查、详细目视检查和无损检测三级,其中一般目视检查是指对明显损伤的目视检查,详细目视检查是对细微损伤的细致目视检查,可能需要适当的辅助检查工具。

（6）影响检查工作有效性的因素，包括：重要结构项目的位置及可达性，可检损伤尺寸及损伤扩展速率，待检的装备数量和装备的使用时间以及首翻期、检查的间隔期。首翻期是从结构项目投入使用或储存到应做首次检查的时间，检查间隔期是首次检查后重复进行检查的间隔时间。

4. 损伤评级并确定检查要求

每个 SSI 都要进行损伤严重程度的损伤评级。评定该项目对损伤的敏感性和探测及时性的级号，以便按级号大小来确定相应的检查要求。通常级号小表示损伤影响大，检查要求高。

评定时要采用一定的评级系统。评级系统是按照一定的准则用评分的方法把各类损伤对结构项目的影响程度量化的一套程序。国家军用标准 GJB1378 附录 D 中推荐了一种评级系统，订购方与承制方可协商选用某种评级系统，但要考虑尽可能选用与承制方的设计方法相适应的评级系统。结构检查的主要目的是及时检出损伤，应按 SSI 对各种损伤的评级结果确定相应的检查要求，包括所需的检查等级、首翻期和检查间隔期。检查等级分为一般目视检查、详细目视检查和无损检测。对级号较大且损伤有外部迹象的结构项目，可选一般目视检查；对级号较小的 SSI，可以考虑做详细目视检查；对一些特定部位、隐蔽的或已知的出过问题的项目一般用无损检测。

5. 维修间隔期探索

主要是通过领先使用计划进行，分为对疲劳损伤的领先使用和计划相对环境损伤的领先使用计划两种。领先使用装备应为使用时间超过某一数值的装备。

（1）对疲劳损伤的领先使用计划。领先使用计划的目的在于提高对疲劳损伤的检出概率，包括领先使用装备的条件、数量、要做检查的重要结构项目、首翻期和间隔期。

（2）对环境损伤的领先使用计划。用于确定最佳的详细目视检查或无损检测期限，包括领先使用装备的条件、数量、初定的首翻期与间隔期以及检查期限的调整幅度，只要可行，应在同一装备上进行对疲劳损伤和环境损伤的领先使用。

复习思考题

1. 简述维修理论的含义。
2. 简要概括以可靠性为中心维修理论的主要内容。
3. 分析现代维修理论与传统维修理论的主要区别。
4. 简要概述维修理论的发展概况。
5. 对系统和设备以可靠性为中心的维修分析为例，说明以可靠性为中心的维修分析的基本过程和主要内容。
6. 什么是预防性维修大纲？预防性维修性大纲的主要内容有哪些？
7. 简要说明制订预防性维修性大纲的方法。
8. 从装备寿命周期过程出发，试说明预防性维修性大纲制订的基本过程。

第5章 航空维修管理理论

【本章提要】

◆ 航空维修是一项复杂的系统工程活动,必须从系统的角度来认识和开展航空维修管理活动。

◆ 航空维修不仅需要"后天"的精心维修,更取决于"先天"的科学设计,先天不足,后患无穷,航空维修需要实施全系统全寿命管理,即全系统管理、全寿命管理和全费用管理。

◆ 航空维修精细化管理,是按照"物有标准、事有流程、管有系统、人有责任"的目标原则,对航空维修实施科学管理的实践活动。

◆ 流程是一组活动的逻辑组合,流程管理是以流程为中心,以提高组织绩效为目标的管理方法。

科学技术的推动和使用需求的牵引,有力地促进了航空维修的发展,使航空维修从一种复杂的技艺性活动逐步发展为一种技术与管理相融合的综合性工程技术和管理活动,确立起了航空维修的系统观,并随着装备全系统全寿命管理理论研究和实践的深入,全系统全寿命、精细化、精益化等先进管理理论在航空维修领域得到了快速发展和广泛应用,提高了航空维修保障质量效益。

5.1 航空维修系统

20 世纪 70 年代以来,随着装备系统结构的复杂化、使用和维修保障的规模化,系统工程的价值和作用才逐渐被认识,推动了航空维修改革,在航空维修改革实践中逐步树立起了维修的系统观。

5.1.1 系统与系统工程

1. 系统

系统是具有特定功能,由相互间具有有机联系的许多要素所构成的一个有机整体,每一要素可以称为单元,也可以称为子系统,而且它又是另一更大系统的组成部分。例如,发动机是由燃油、控制等子系统组成的,而发动机本身又是飞机这个大系统的一个分系统。

2. 系统工程

系统工程是一门新兴的边缘交叉学科,尚处于发展阶段,还不成熟,至今还没有统一的定义。简单而言,系统工程是追求系统优化的一门科学。

美国学者斯纳指出:"系统工程认为,虽然每个系统都是由许多不同的特殊功能部分所组成,而这些功能部分之间又存在着相互关系,但是每一个系统都是完整的整体,每一个系统都要有一个或若干个目标。系统工程则是按照各个部门进行权衡,全面求得最优解的方法,并使各组成部分能够最大程度地相互适应"。日本工业标准规定,"系统工程是为了更好地达到系统目标,而对系统的构成要素、组织结构、信息流动和控制极值等进行分析与设计的技术"。《中国大百科全书·自动控制与系统工程》卷指出:系统工程是从整体出发,合理开发、设计、实施和运用系统的工程技术。它是系统科学中直接改造世界的工程技术。

简言之,系统工程既是一个技术过程,又是一个管理过程,是系统形成的有序过程。为了成功地实现系统之最优化目标,需要从系统整体出发,综合自然科学、社会科学等领域中某些思想、理论、方法和技术等,在系统寿命周期内,应用定量与定性分析相结合的方法,对系统的构成要素、组织结构、信息沟通和反馈控制等进行设计分析。因此,系统工程是为实现系统优化目标而采取的各种组织管理技术的总称,是一种方法论。正如钱学森所指出的那样:"系统工程是组织管理系统的规划、研究、设计、制造、试验和使用的科学方法""系统工程是一门组织管理的技术"。

5.1.2　航空维修系统及其特性

1. 航空维修系统的概念

航空维修的基本目标是以最经济的资源消耗保持、恢复和改善装备的可靠性和安全性,最大限度地保障装备作战使用等各项任务的遂行,即航空维修的价值形成于维修及其相关活动过程中,最终体现在装备作战使用任务的完成上。航空维修的保障特性和维修最终目标的唯一性,要求人们从系统的角度来观察航空维修。从维修对象来看,装备是一种高新技术密集、系统结构复杂的大系统,装备的有效运行建立在系统整体性能稳定、可靠的基础上,必须从系统整体的角度来认识装备。从维修环境来看,航空维修是在一种复杂、多变和恶劣的环境中开展的,这些环境因素直接影响到维修工作的效率和维修质量,要求人们综合考虑这些环境因素对维修的影响,以降低不确定性因素,提高维修效率和效益。从维修活动来看,涉及不同层次、不同种类的维修活动,如外场不同专业的维修、不同级别的修理、器材备件的供应保障、维修人员的培训、维修改革、维修活动的组织管理等,只有将这些活动构成一个相互影响、相互作用的有机整体,才能高效地达成航空维修目标。因此,必须抛弃过去那种从孤立的、局部的角度来认识和理解航空维修的思想观念,而树立有机联系、系统整体的观点来认识和观察航空维修的思想观念,逐步树立和深化航空维修系统的观念。

2. 航空维修系统的特性

与一般系统一样,航空维修系统具有一般系统的基本特性,只有不断深化对航空维修系统特性的认识,才能更准确地把握和揭示航空维修系统的本质规律,推动航空维修系统持续健康发展。

(1)整体性。是指系统是一个有机整体,系统中具有独立功能的系统要素以及要素间的相互关系应根据逻辑统一性的要求,协调存在于系统整体之中。这意味着任何一个要素不能离开整体去研究,要素间的关系也不能脱离整体的协调去考虑。

航空维修作为一个有机整体,系统中的任何一种活动都要考虑它对维修工作的作用和关系,研究其必要性和技术可行性,不能脱离系统整体来考虑;系统中的任何一级组织或部门都要从系统使命出发,考虑问题必须服从和服务于维修系统的总体目的和维修系统的综合效益。维修系统的整体性表明,维修系统的优化首先是系统整体的优化,系统构成要素和要素之间的相互关系应该服从系统整体目标优化的要求。维修活动必须在系统整体功能的基础上而展开,这些活动应构成维修系统整体的有机活动,以保障系统整体的高效运转。

(2)集合性。集合的概念就是把具有某种属性的要素(或因素)看成一个整体,从而形成一个集合,系统的集合性就是这种特性的反映。系统的集合性表明,系统是由两个或两个以上的可以相互区别的要素所组成的,这些要素可以是具体的物质,也可以是抽象的或非物质的软件、组织等,但它们应构成一个有机的整体。

作为一个有机整体,系统的集合性要求解决系统组成的合理性和科学性问题,系统要素应是一个不能多,一个不能少,凡是具有航空维修功能的各要素都应汇集到航空维修系统中,形成一种要素完备的有机体,以保障航空维修目标和任务的实现和完成。

(3)相关性。相关性是指系统构成的各要素之间相互联系、相互作用的特性。相关性说明系统构成不仅应是完备的,而且应是有机联系和精干高效的。

从系统的观点来看,航空维修涉及采办、使用、外场维修、大修、保障、维修训练、维修科学研究等过程活动,需要开展计划、组织、指挥、控制、领导等组织管理活动,这些过程和职能活动都是相互依存、相互作用的,其中任何一项活动的开展都会直接影响到系统功能的输出。系统的相关性要求,系统要素之间应建立合理的、协调和高效的关系,最大限度地消除要素之间的冲突和干扰,实现"1+1>2"的系统放大功能。

(4)目的性。是指系统的构建和运行都是为了达到一定的目的,而且目的一般是多维度、多层次的,有时甚至是矛盾的。目的性要求对系统目的进行系统规划和有效控制。

系统的目的性,首先要求对航空维修系统整体的目的即系统的输出进行科学的界定,其次应使维修系统各层次系统要求赋予明确的目的,最终构成一个结构合理、层次分明、精干高效的系统。系统的目的性,在于进一步确认系统存在的价值和使命,明确系统功能,增强系统的有效性。

(5)环境适应性。是指任何一个系统都存在于一定的环境,它必然要与外部环境产生物质的、能量的和信息的交换,外部环境的变化必然会引起系统内部各要素之间的变化,系统只有与环境相适应,才具有生命力,才具有可持续发展的动力。

航空维修系统不是一个孤立的系统,它存在于军事系统和装备等大系统之中,受到装备、作战使用样式和后勤保障等多个系统的制约和影响,因此,航空维修环境具有较强的不确定性和复杂性,航空维修系统必须具有环境敏感性和对外部环境变化的快速响应能力。只有这样,航空维修系统才能实现系统目标。航空维修系统的环境适应性,为进一步优化航空维修系统提供了更为宽阔的视野。

5.1.3 航空维修系统过程与活动分析

航空维修系统,和一般系统一样,输入在系统过程的作用下输出一定的系统功能,系统过程可用一个 IDEF0 图来描述,如图 5-1 所示。集成计算机辅助制造定义(integrated computer – aided manufacturing definition,IDEF0)是一个功能模型标准,始创于 1981 年,用途是定义生产过程。IDEF0 是一个标准过程定义图示,用于描述航空维修系统过程相关活动。该图描述了航空维修过程的控制、输入、输出和机制,刻画了将输入转变为输出这一过程的所有活动:过程控制,过程输入,过程输出,过程机制。图中 IWSDB(integrated weapon system database)是指综合武器系统数据库。

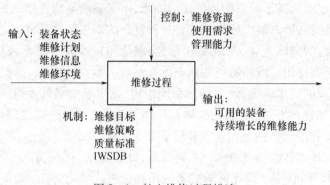

图 5 - 1　航空维修过程描述

1. 过程控制

维修资源、使用需求和维修管理能力等直接约束着航空维修过程活动。维修资源涉及人、财、物、时间、信息等,维修资源的有限性决定了航空维修实施科学管理的必要性,目的是降低维修过程的不确定性。使用需求直接牵引着维修过程活动,需求的不明确往往使维修过程活动处于无序和低效状态。维修管理能力直接影响维修过程活动的有效性和维修资源利用的合理性。维修过程控制的作用就在于最大限度地保持维修资源的可视性、使用需求的可控性以及维修活动的可操作性。

2. 过程输入

航空维修系统是一种保持、恢复和改善装备可靠性和安全性的过程活动,这种过程活动的输入主要有装备状态、维修计划、维修信息和维修环境等。装备是维修系统作用的对象,过程活动的实施必须了解和掌握装备的技术状态;维修计划是维修系统过程活动开展的依据;维修信息(如装备的使用信息、故障模式、故障影响和故障后果等)明确了维修过程的工作重点;维修环境直接影响到维修过程活动效率。过程输入描绘了维修系统过程活动的基本场景。

3. 过程输出

处于可用状态的装备和持续改进的维修能力为航空维修系统过程活动的输出。航空维修的直接目标是要保障装备始终处于完好可用状态;最终目标是保持维修核心能力的持续发展,使航空维修系统能快速响应装备的作战和使用过程中的各种不确定性因素。

4. 过程机制

机制是为维修系统过程活动中提供的方法、技巧、工具或其他手段。维修目标、维修策略、质量标准和 IWSDB 是维修过程活动管理需要用到的机制。量化的维修目标,为过程活动提供正确的方向;维修策略有助于确定应对故障的值得做又技术可行的各种可选择维修方式;维修质量标准明确了维修系统过程活动量度的尺度和行为规则;IWSDB 是一个关于装备使用和维修保障各种信息的集成数据库,包含了航空维修过程所有的相关活动及其相关信息,为航空维修管理提供技术支撑和工作环境。

5.1.4 航空维修系统工程

1. 航空维修系统工程的概念

航空维修作为一种复杂系统,需要对一系列的过程活动进行统筹优化,实现以最经济的资源消耗最大限度地满足装备作战使用的需求,不仅要满足装备作战使用要求,同时还要讲究维修的经济性,所以航空维修系统是一种复杂的军事经济系统。随着科学技术、装备发展和维修环境的急剧变化,系统工程思想、理论和技术方法逐渐被引入航空维修领域,逐步形成了具有使用和维修特色的航空维修系统工程。

根据系统工程的基本认识,航空维修系统工程,是以航空维修系统为研究对象,应用系统工程的理论和技术方法,从系统整体目标出发,研究和解决航空维修理论和实践问题,以实现系统优化的综合性工程技术和科学方法。航空维修系统工程,着重研究和解决航空维修思想、方针、政策、维修法规、体制编制、维修方式、维修方法、质量控制、维修革新、维修人才培养等问题;以现代科学技术成果和先进技术为依托,统筹规划,系统分析,民主决策,合理配置,科学管理,充分发挥、调动维修系统各环节、各部门、各组成要素的潜力和主观能动性,使系统达到结构合理,技术先进,运行高效,综合效益最佳。

2. 航空维修系统工程的一般步骤和方法

航空维修系统工程,为科学分析和解决航空维修问题提供了一种方法论。航空维修系统工程,孕育于长期的航空维修工程和管理实践,因此系统工程的技术方法可应用于航空维修系统工程。目前,在有关系统工程分析和处理问题的诸多方法中,最具代表性的为美国贝尔电话研究中心霍尔(A. D. Hall)在1969年提出的三维结构,如图5-2所示。该图形象地概括了系统工程中的一般步骤与方法,为解决复杂的航空维修问题提供了一般性思路和技术途径。

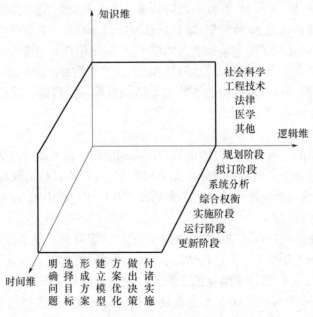

图5-2 系统工程霍尔三维结构

从装备寿命周期过程的角度来看,航空维修是该过程活动的一个有机组成部分,同时航空维修目标的达成也是一系列过程活动的结果,可以应用时间维来描述;从航空维修所面临的问题来看,航空维修具有复杂的军事经济活动特征,维修环境的不确定性,维修目标的多重性,维修管理的复杂性,需要一种比较系统的、规范的解决问题的方法和工具手段,可以应用逻辑维来描述。从航空维修系统过程活动的角度来看,航空维修涉及诸多的学科专业领域,不仅需要有关装备的设计理论和技术,同时还需要维修所需要的独特的专有技术和工艺、工具,还需要数学、经济学、行为科学、管理学等学科领域的知识,可以用知识维来描述。因此,霍尔的三维结构适用于航空维修系统工程。

(1)逻辑维。三维结构中的逻辑维也称思维过程,是指实施系统工程的每一个工作阶段所要经过的基本程序,一般包括 7 个阶段,即明确问题、选择目标、形成方案、建立模型、方案优化、作出决策、付诸实施。

① 明确问题。通过调查研究、收集整理数据资料,明确问题的历史、现状、趋势和本质,为解决系统问题提供依据和信息资料。

② 选择目标。根据问题,提出解决问题需要达到的目标和评价标准,为后续的备选方案的比较和评价提供标准和尺度。这一步骤也称为系统设计。

③ 形成方案。按照问题的性质和目标要求,探索并制订解决问题的可能的系统方案。这一步骤也称为系统综合。

④ 建立模型。建立模型对各备选方案进行综合分析,这一步骤也称为系统分析。

⑤ 方案优化。根据系统目标和评价标准,对各备选方案进行分析评估,给出各备选方案的优先排列顺序。这一步骤也称为系统选择。

⑥ 作出决策。根据备选方案评价的基本结论,综合考虑各种影响因素,从备选方案中选择一个或几个,或者对备选方案进行重新优化组合,确定试行方案。

⑦ 付诸实施。将决策所确定的备选方案付诸实施,并对实施过程进行监控,不断反馈或修正上述各个过程所出现的问题,准备进入新的系统工程阶段。

(2)时间维。是表示任何一项系统工程所必须进行的过程阶段,也称为工作阶段,按时间顺序划分,一般可划分成 7 个阶段:

① 规划阶段。根据系统目标拟定系统工程活动的方针、设想和规划。

② 拟定方案。提出具体计划方案。

③ 系统分析。对各种备选方案进行分析,确定优化方案。

④ 综合权衡。综合各种影响因素,运用定性与定量相结合的方法对优选方案进行综合评价和权衡。

⑤ 实施阶段。组织实施优选方案。

⑥ 运行阶段。系统按预期目标运行,或按预定的功能和用途提供服务,即输出阶段。

⑦ 更新阶段。改进、更新原有系统,不断改进系统效能。

(3)知识维。是指为完成上述各阶段的工作所需的各种知识和各种专业技术,这些知识可以分为工程技术、社会科学、法律、医学和其他。

3. 基于并行思想的航空维修系统工程

20 世纪 70 年代以来,随着装备复杂化程度的提高,出现了使用和保障费用高,战备完好率不断下降,装备不能尽快形成应有的战斗力等问题,特别是随着新军事变革的深入发展,装备作战样式、使用环境和维修保障需求发生了根本性变化,如何适应变化,高效地保障装备的作战使用,业已成为航空维修面临的重大现实问题,迫使人们对航空维修进行系统思考,认识到航空维修不仅需要"后天"的精心维修,更要依靠"先天"的科学设计;不仅需要系统分析和科学设计来解决装备质量等根本性问题,更需要从管理入手,实施有效的全系统全寿命的维修管理、全面解决。并行工程就是在这种背景下进入航空维修领域的。

并行工程(concurrent engineering,CE),是对产品及其相关过程包括设计、制造、使用和维修保障过程实行同步的综合设计的一种系统方法,已在装备领域发挥了重要作用。

1)并行工程的概念界定

与传统的串行工程模式相比,并行工程是以项目及其相关过程进行并行、一体化工作的一种系统化管理模式,业已成为实施装备全寿命管理的理论基础。

有关并行工程的定义很多,其中已被大多数人接受的是由维纳(Winner)在国防分析研究所 R-338 研究报告中给出的,即"并行工程是对产品及其相关过程(包括制造和保障过程)进行并行、一体化设计的一种系统化的工作模式,这种工作模式力图使开发者们从一开始就考虑整个产品寿命周期(从概念形成到产品的报废处理)中的所有关键因素(包括质量、成本、进度和用户需求)"。从中可以认识到,并行工程是一种管理模式,而不是具体的工作方法;并行工程要求在设计一开始就综合考虑装备寿命周期过程中的所有因素,旨在优化设计、制造和保障过程。

2)并行工程的基本原理

作为一种新的管理模式,CE 是对传统的串行模式的否定与创新,如图 5-3 所示。传统的串行模式是一种"抛过墙"的模式,以邻为壑,论证、设计、研制、试验、使用和维修等多个过程序贯进行,各过程之间相互分离,各职能部门各顾一摊,以局部要求和部门利益为中心,工作缺乏相互的沟通和协调,因而上游和下游、部门之间冲突不断,重新设计、返工、周期长、成本高等问题积重难返,难以快速响应使用要求。

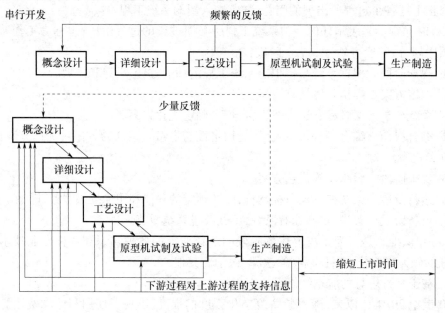

图 5-3　并行模式与串行模式的比较

CE 则打破了这种串行模式,按照系统观点组成综合产品组(integrated product team, IPT),以使用需求为牵引,注重统筹规划、早期决策,从更高的层次上对装备寿命周期过程进行重组和并行思考,在装备开发的早期(上游阶段)就尽可能地考虑使用(下游特性)及其相关过程(如制造、维修保障)的各种因素,在设计过程中就考虑并采取有效的措施解决装备生产性、装配性等制造过程中和维修、器材供应、人员训练等保障过程中的问题,通过装备寿命周期过程活动之间信息的共享与交换,既降低了冲突水平又显著改善了效率和效益。从中可以看出,CE 与传统串行工程的根本区别在于 CE 把装备寿命周期过程活动看成是一个有机整体和集成的过程并从全局优化的角度出发,对集成过程进行科学管理与有效控制,并利用各种先进的计算机辅助工具和信息化的产品数据管理技术手段对现有的产品开发过程进行不断地改造与提高。

3)并行工程的特点

并行工程具有下列主要特征:①以用户为中心;②并行开发产品和过程;③尽早进行并持续进行寿命周期规划;④具有最灵活的优化方法;⑤进行健壮设计,改进过程能力;⑥按事件安排进度计划;⑦多学科协同工作;⑧充分授权和分权;⑨拥有严密的管理手段;⑩主动标识与管理风险。根据上述特征和并行工程的原理,并行工程具有以下主要特点:

(1)并行性。并行工程的并行性特点是显而易见的。在产品设计一开始就考虑影响产品的所有因素,在产品设计期间并行地处理产品及其寿命周期过程中的问题,从而消除串行模式"抛过墙"综合症,但由于将以前不属于同一时间域的问题(如设计、制造及维修保障等相关问题)提前进行系统考虑,同时也增加了管理决策的复杂程度。

(2)集成性。并行工程的集成性也称综合,它包括产品集成、过程集成与信息集成。由于实行并行设计解决产品与过程的集成,需要集成机械、电子、电气、热力、空气动力、结构等传统工程学科和集成可靠性、维修性、安全性、生产性、质量、人素工程等诸多的专门工程学科知识,需要多学科人员的密切协作,这样采用传统的面对面的讨论与会议工作方式,已不能满足 CE 对信息的及时、准确、高效的要求,而需要建立一种信息集成环境,实现信息共享和资源的综合利用。因此,集成性(产品集成、过程集成与信息集成)是 CE 的本质特性和最高目标。

(3)综合产品组。实行并行工程需要改变传统的部门化或专业组开发人员组织,采用跨部门的、多专业的 IPT。IPT 是指由所有与装备设计、制造、使用和保障等有关的职能部门和专业的代表人员组成的一种并行工程小组,IPT 由承制方、使用方和订购方等多方人员组成,专业涉及论证、设计、制造、工艺、采购、质量保证、使用和维修保障等,克服了来自传统的职能管理习惯意识以及狭隘的部门利益观,促进各职能部门专业领域人员的密切合作,构建信息共享机制,共享知识和能力,保障 IPT 的有效运行。

(4)面向产品寿命周期过程的整体优化思想。并行工程以产品寿命周期过程的整体优化为目的。现代系统观点要求对产品及其相关过程的优化设计必须从产品寿命周期的思想出发,如从全寿命费用最低为准则考虑产品的费用问题。CE 正是通过集成地、并行地设计产品及过程,通过变革产品开发模式,使下游的过程活动(如工艺、生产、制造、装配、使用、维修保障等)尽早融入上游的过程活动,及时分析诸如质量、成本、生产性、保障性等问题,实现对资源的系统优化配置,保障产品的系统性能得以实现和优化。

4）并行工程与航空维修系统工程

航空维修系统工程的基本目标是通过应用先进的思想理论、技术方法和工具手段，从系统整体的角度来解决航空维修系统中的矛盾和问题，使航空维修活动效率高、效益好、效能佳。同时，随着竞争的压力和使用需求的变化，航空维修也面临着"转型"的选择和时代的考验，需要吸收新鲜的养分来充实自己。CE 作为一种先进的管理模式和管理思想，从技术和管理两个方面都提供了可供借鉴的东西，为航空维修系统工程活动创造了良好的平台。CE 对航空维修系统工程以及维修活动的影响和作用主要体现在以下几个方面：

（1）CE 以使用需求为牵引，始终从使用的角度出发，赋予了优良的维修品质和维修环境。

（2）CE 为推行装备全系统全寿命维修管理提供了理论和技术支持。

（3）CE 为航空维修系统工程构建了协同工作环境。

（4）CE 为航空维修系统工程活动提供了一种有效的组织管理模式——综合产品组。

5.2　航空维修全系统全寿命维修管理

全系统全寿命维修管理，从多维度、多视角对航空维修提供了技术和管理支持，为航空维修提供了良好的管理支撑。

5.2.1　全系统全寿命维修管理的基本概念

装备全系统全寿命维修管理，改变了传统的狭隘的航空维修管理观念，通过对航空维修系统化、综合化的管理，为高效实现航空维修目标提供了理论支持，其内涵主要体现为"三全"。

1. 全系统管理

传统的观念认为，航空维修只是维修组织对装备进行维护和修理的一种技术性作业活动。随着航空维修实践的深入和装备的发展，人们已逐步认识到，维修已成为包括装备自身在内的由相互作用、相互依赖的各个要素（包括人、财、物、信息等）和各个部分（包括各级维修、训练、科研以及物资器材供应保障等）所组成的具有共同目标和特定功能的有机整体，即航空维修是一种复杂的军事经济系统，航空维修已从一种技术性作业活动逐步转变为一种技术与管理相融合的综合性活动，更好地满足了日益增长的航空维修需求。

从系统的角度来看，一个完整的航空维修系统应包括在规定的工作环境下，使系统正常运行需要的各种要素，需要各部门的通力协作。按照综合保障工程理论，一个完整的系统应包括使系统的工作和保障可以达到自给所需的一切设备、有关的设施、器材、服务和人员，航空维修的有效运转必须依赖于以下几种要素，即维修规划、人员数量与技术等级、供应保障、保障装备、技术资料、训练和训练保障、计算机资源保障、保障设施、包装、装卸、储存及运输和设计接口，这是航空维修系统静态的要素组成。从系统要素构成来看，并不是具备了这几种要素，就是一个完整的维修系统，这只是航空维修系统的一个方面，更重要的是，如何使这些要素相互匹配，使这些要素在维修过程中发挥作用，这就需要采办机构、后勤保障机构、训练机构和科研机构等部门的协作支持，需要各级航空维修机构、不同维修专业的共同努力,而且,在维修过程中,航空维修还受到战争条件、装备状态、人员、物资、环境等许多不确定性因素的影响,需要对这些不确定性因素进行有效的控制和管理,因此,航空维修的多因素、多变动的活动特点及其复杂的相互制约的系统组成,要求从系统的角度来认识和管理航空维修,实施全系统的航空维修管理,即运用系统分析工具对航空维修系统及其相关过程活动、要素进行统一规划、全面协调和系统管理,以使系统规模适度、布局合理、结构优化、体系配套。

2. 全寿命管理

装备作为一种人造的实物系统,也有其产生、发展和衰亡的过程,这个过程由立项论证、设计、生产制造、使用维修到退役、报废等一系列过程活动所组成,也称为寿命周期过程。传统的维修观念把维修定位在使用阶段的技术性作业活动,而现代的维修观念认识到,航空维修是装备寿命周期过程活动的有机组成部分,维修特性是由论证设计所赋予,生产制造所形成,使用所体现。传统的维修由于缺乏对维修的过程认识,使维修处于一种被动的角色,对维修规律缺乏科学的认识,导致维修过剩或维修不足。因此,航空维修必须从设计上保证装备具有良好的维修品质,从管理上有效整合和优化配置维修保障资源,面向装备寿命周期过程,在装备部署使用的同时建立一个经济而有效的维修保障系统。建立在这种从过程角度的基础之上,逐步形成了全寿命维修管理。

全寿命维修管理,是指对装备从需求论证直到退役、报废处理的整个发展过程,以使用需求为牵引,对航空维修系统进行统筹规划和科学管理,通过有效整合维修资源以实现维修目标与责任的动态创造性活动过程,即对航空维修实施从“摇篮到坟墓”有效的连续管理过程。在论证和设计阶段,综合权衡和统筹考虑装备的性能、可靠性、维修性、保障性,系统规划维修保障计划和维修保障方案;在生产制造阶段,实施科学、严格的质量控制,生产制造出高质量的装备以及计划的、与装备匹配的各种维修保障资源(包括维修人员的培训等);在使用和维修保障阶段,在部署和使用装备的同时,充分发挥航空维修系统的作用,通过分析装备可靠性、维修性以及维修保障工作的数据资料,把握装备故障的规律特征,并持续改进维修保障系统,不断提高维修系统的效能;在退役(报废)阶段,通过对维修保障资源的综合评估,保留有效的维修保障资源,提出有关维修保障资源报废的技术性建议等。

对航空维修实施全寿命管理,改变了传统的“铁路警察各管一段”分散式维修管理模式,实现了航空维修的“前伸”和“后延”,保证了对装备质量和维修活动的连续的系统管理,使维修从被动转为主动,从后台走向前台,使维修生产力得到了根本的保障。

3. 全费用管理

由于传统的“重设计轻使用”“重性能轻效能”的观念,过去装备设计的重点是性能,结果导致了装备复杂性的增加而降低了其可靠性和维修性,造成了装备可靠性差、维修频繁,维修周期时间长,维修所需的人力、物力、财力日益增长;同时,由于装备管理部门缺乏系统管理意识,重效率而轻效益,只注重一次性的装备采购费用,缺乏对使用和维修保障费用这种继生费用的系统分析和科学管理,结果导致了使用和维修保障费用急剧增长,成为不堪重负的国防负担,已在一定程度上制约了装备的可持续发展。据美军统计,不同的装备在使用阶段历年所支出的维修费用之和,约为其采购费用的 3～20 倍,美军国防研制、采购、使用维修费之比在 1964 年为 1∶2.1∶1.6,1972 年为 1∶2.4∶2.8,1980 年达到

1 : 2.6 : 3.5。据国外的有关资料,各类装备的使用和维修保障费用,占其全寿命费用的比例为:战斗机 50% ~ 70%,坦克 80%,驱逐舰 60% ~ 75%。随着装备的更新换代,使用和维修保障费用更有逐年增长的趋势,因此对装备使用和维修保障费用必须实施科学管理,推行全费用管理。

全费用管理,又称为寿命周期费用管理。按照美国行政管理与预算局 A – 109 号通告规定,全费用是指重要武器系统在其预计的有效寿命期内,在设计、研制、生产、使用、维护和后勤保障方面已经或将要承担的、直接和间接的、经常性和一次性的费用以及其他有关的费用之总和。全费用管理,是从全系统、全寿命来实施装备管理的一种系统管理方法,是从系统的角度,对装备寿命周期过程中不同阶段、不同类别的费用进行识别、量化和评价,以建立费用间的相互关系和确定各类别费用对总费用的影响,从而为装备的费用设计和经济性决策提供依据,指导和改进航空维修管理,在装备寿命周期过程以最经济的资源消耗达成航空维修使命。

全费用管理,反映了装备使用和维修保障费用管理的客观需求。第一,全费用管理改变了传统的维修是一种消耗性活动的偏见,维修也是一种高回报的投资;第二,全费用管理指出了寿命周期费用的先天性,即寿命全费用管理必须从设计入手;第三,全费用管理树立了费用管理的系统观,只有从全系统全寿命的角度对装备的使用和维修保障费用进行系统规划和科学管理,在装备决策论证和研制阶段就综合考虑维修问题,降低装备在使用阶段的维修保障费用,使所研制的装备不仅能买得起,而且能养得起,养得好。

5.2.2　全系统全寿命维修管理的主要观点

根据全系统全寿命维修管理的基本内涵,装备的性能水平是先天形成的,是设计出来的、生产出来的、管理出来的,因而必须从头抓起,对装备寿命周期过程实施科学管理,它在维修认识和实践上的主要作用体现在以下几个方面:

1. 装备的固有性能,是设计赋予的、生产制造形成的、使用和维修体现的

实施有效的航空维修,必须加强装备的可靠性、维修性、保障性、测试性等专业工程设计和管理工作。国外开展专业工程的实践经验表明,在装备整个寿命周期内,对系统性能影响最重要的阶段是设计制造阶段,如设计对可靠性的影响程度大约占 40%,制造占 10%,原材料的影响占 30%。由此可见,装备性能水平,主要取决于设计制造水平,因此当装备的固有性能水平不足时,根本的解决途径是要从源头抓起,即提高装备的可靠性、维修性、保障性分析、设计和生产制造水平和技术,这也赋予了使用维修保障部门新的职责,即装备使用和维修保障部门,要注重使用维修信息的收集和整理,重视维修经验的总结和推广,建立与设计生产制造部门良好的信息沟通和反馈渠道,充分发挥好桥梁作用,培养装备全系统全寿命管理的科学意识,全程参与和有效监控装备的寿命周期管理过程,从装备立项论证、方案设计开始,直至生产定型和部署使用的全过程,加强装备可靠性维修保障性等工作的监控管理,认真把好设计定型、试验鉴定、生产定型、质量控制、评估验收等重要环节,保障装备系统具有良好的战备完好性。

2. 装备的固有特性,是航空维修工作的出发点和落脚点

装备系统是维修的对象,装备有无故障、故障的性质和数量是客观存在,是第一性的;而维修主体(维修人员)对故障的认识是主观对客观的反映,是第二性的。维修主体只能

在准确判断故障和掌握故障规律的基础上,才能发挥自己的作用,收到应有的效果。因此,航空维修管理必须从客观出发,依据装备系统的固有特性和技术状况,尤其是装备系统使用的实际技术状况,只有这样才能做出正确的维修决策,制订科学的维修方针和维修制度,采取有效的维修措施,取得最佳的维修效果和维修效益。

维修方针政策,是维修思想的体现,是实施维修中应当遵循的各项原则。不同的飞机类型,不同的维修级别、不同的维修方式类型有不同的方针政策,但都是在对具体型号的装备进行系统分析后科学决断的。维修制度一般是指某型装备的具体维修内容、周期、工艺技术要求等方面的规定,通常以维修技术法规、技术文件的形式颁布执行。在国外以可靠性为中心的维修被用来作为制订具体的维修大纲、程序或维修方针政策的理论基础,在实践中收到了显著的效益。据报导,在美国民航公司中应用可靠性理论制订的维修大纲,在实践中使维修费用下降 30% 左右。我国空军部队,运用以可靠性为中心的维修思想,指导改革维修制度,在保证飞机安全和维修质量的基础上明显地提高了整体的维修效益。如某部试点改革歼六飞机维修制度后的统计表明,维修工时减少 67%,停飞架日减少 55.2%,飞机可用率提高 4.2%,误飞千次率下降 3.3‰。空军修理工厂在可靠性理论指导下,改革飞机翻修制度,实行了针对性修理方针,明显地提高了修理效率,取得了与全面翻修同样的效果,而整体经济效益则大有提高。

3. 保持、恢复和改善装备的固有性能,是航空维修工作的主要目标

装备的可靠性是装备设计制造所赋予的,在设计、生产定型后,便成为装备内在的固有可靠性。在装备使用中,维修是直接影响着装备固有可靠性的一个重要的积极因素,因此,保持、恢复和改善装备的可靠性,是组织实施航空维修的一个主要目标,是实现航空维修其他各项目标如安全性、可用性和经济性等的技术基础和前提条件。所以,必须抓住可靠性这个关键性的主要目标,全面地科学地安排维修系统的各项活动,这是维修管理一项经常性的中心任务,包括围绕实现可靠性要求,制订工作规划,明确各级部门的任务要求,加强各维修机构的维修作业的全面管理;建立以可靠性数据为主要内容的维修管理信息系统,以及时、准确和全面地掌握各型装备的技术状况和故障规律,并据此采取有效的技术措施;建立以部队、工厂质量控制室为基础的质量控制系统,以便对装备的可靠性状况,全面地进行监督和控制;在条件具备时,采用全面质量管理、目标管理等先进管理技术,调动系统各个方面的积极性和主观能动性,保障系统可靠性各项指标的具体落实等。

4. 实现装备的性能指标要求,是航空维修有关各部门的共同目标和任务

这不仅是航空维修机构的主要目标,而且是与维修有关的部门如维修训练、维修科研、维修器材订购和供应等的共同目标和任务。因此,航空维修有关部门必须从系统目标和需求出发,卓有成效地开展工作,在维修训练中应把可靠性理论、维修性理论、综合保障工程等作为专业基础理论之一来看待;在维修科研中同样应把它们作为科研项目的一重要技术指标来研究;至于在装备、器材以及地面保障设备的订购、研制、验收和供应保障中,更应严格执行各相关的技术标准和指标,保障装备、器材质量,并逐步提高其性能水平。

5. 采用先进管理技术和手段,实现航空维修管理现代化

管理技术,是对具体项目、内容进行管理的一些技法,科学有效的管理技术和手段,是管理工作的"倍增器"。采用现代先进管理技术和手段,是实现航空维修系统管理的必由

之路,是管理现代化的一个重要标志。随着现代管理科学的发展,各种先进的管理技术、方法、手段不断涌现,其基本特点是采用定量与定性相结合管理技术来提高维修管理的科学性,积极应用现代信息技术来改善维修管理的有效性。根据航空维修管理的特点和内容要求,维修管理技术可分为管理基础技术和系统管理技术两大类:航空维修管理基础技术,主要是统计分析技术(如概率论和数理统计等)和维修过程管理技术(如主次排列图法、ABC 分析图法、因果图法、直方图法、相关图法等);航空维修管理的系统管理技术,是以系统科学理论为指导,为实现一定的管理目标而采取的一些综合管理技术,如决策技术、预测技术、线性规划、统筹法、目标管理、全面质量管理,以及装备可靠性、维修性、经济性分析技术等。

5.2.3 全系统全寿命维修管理的技术方法

全系统全寿命维修管理,作为一种新的科学维修管理模式和管理原则,对于它的应用必须有具体的技术和方法支持。随着人们对全系统全寿命维修管理研究的深入和广泛应用,越来越多的支持全系统全寿命维修管理技术和方法将被研究和开发出来。从全系统全寿命管理需求出发,目前支持全系统全寿命维修管理的技术和方法主要有系统工程、并行工程、综合保障工程、寿命周期费用分析(LCC)、目标管理、质量功能部署(QFD)、故障模式及影响分析(FMEA)、统计过程控制(SPC)、持续采办与寿命周期保障(CALS)等。

1. 目标管理

全系统全寿命管理的核心是目标管理,是一种综合的以工作为中心和以人为中心的系统管理方式。目标管理认为:一个组织的"目的和任务,必须转化为目标",如果"一个领域没有特定的目标则这个领域必然会被忽视"。哈罗德·孔茨强调:"目标管理是用系统化方式把许多关键的管理活动集合起来,有意识地引导他们并高效地实现组织目标和个人目标"。由于装备是一种高新技术密集的系统,结构复杂,功能综合,需要统筹规划和综合权衡性能、进度、费用和维修保障等系统目标,因此,从装备论证设计始就必须确立明确的控制目标,然后在系统寿命周期过程中逐步修订和明确各阶段的性能、费用、进度和维修保障目标,并通过计划目标与实际结果的比较评审各阶段工作的绩效,利用目标让组织各成员参与制订目标,并在工作中实行自我控制,通过目标的激励作用来调动广大人员的积极性,确保装备开发、使用和维修保障目标的达成。

2. 寿命周期费用分析

全系统全寿命管理的先决条件是寿命周期费用分析,寿命周期费用分析是合理确定装备性能指标和费用控制目标的依据,也是装备寿命周期管理的基本手段。世界主要国家特别是美国十分重视费用的管理与控制,制订了一系列的政策法规,开发了相应的费用模型和管理技术,并建立了有效的执行机构和运行机制。1983 年 4 月,美国颁布了 DoDD4245.3 按费用设计(design to cost,DTC),要求设立费用目标,进行系统寿命周期费用分析与预计,据此进行系统的技术评审和实施寿命周期费用管理。1997 年,美国国防部在 DoD5000.2R 中提出了将费用作为独立变量(cost as independent variable,CAIV)的费用管理新概念,在装备性能和费用之间建立起了有机的联系,强调装备的经济可承受性,进一步提高了装备承制方、使用方在装备整个寿命周期过程进行费用控制的主动性,并建立了有效的费用控制机制。目前,主要装备都已建立了相应的寿命周期费用分析模型,积累了丰富的费用数据,为装备开展寿命周期费用分析奠定了良好的基础。

3. 信息技术

全系统全寿命管理的基础是信息技术的开发与综合利用。全系统全寿命管理是一种系统管理模式,需要对众多的管理要素、管理目标实施有效管理,必须实施团队管理。由于团队来自不同部门、不同专业学科领域,因此,为适应多专业的协同工作,必须建立一个对装备寿命周期过程进行集成管理的信息集成环境,以实现信息共享,改善资源的有效利用。并行工程的作用就在于构建一种装备集成管理环境。目前,美国等先进发达国家,加大了利用信息技术在装备寿命周期过程的应用和开发力度。在研制阶段,广泛采用 DFX、CAD、CAM、CAE、CAPP、ERP Ⅱ、MRP、PDM 等先进制造技术和管理技术。在使用和维修保障阶段,开发和应用了各类 MIS、DSS、IMIS、PMA、IETMS 等信息系统。在加强对装备寿命过程各阶段业务活动信息技术支持的基础上,进一步开发面向装备全系统全寿命管理的集成化管理信息系统 CALS 等,为装备科学维修提供完善、高效的信息支撑和管理支持。

4. 全面维修质量管理

全系统全寿命维修管理推行维修质量的全面管理,通过建立有效的质量管理体系,广泛利用现代科学技术成果来保证和改进装备质量,如质量功能部署(QFD)、故障模式及影响分析(FMEA)、田口(Tagushi)方法、质量统计过程控制(SPC)等。QFD 方法是一种结构化的系统设计规划方法,应用产品计划矩阵或质量屋(HOQ)反映用户的声音(voice of customer,VOC),准确定义用户的要求或需求,并将其转化为具体的产品特性,最大限度地满足装备用户需求;故障模式及影响分析,是一种有效的故障管理模式,其作用在于发现装备寿命周期过程中的薄弱环节,消除装备研制或使用过程中存在的弱点,降低管理的复杂性;田口方法,该方法目的在于优化设计中的基本参数,检测研制过程中可能影响产品质量的变量,增强产品设计方案的健壮性,减少测试的次数;统计过程控制,该方法目的在于解决装备寿命周期过程中装备质量之间一致性的问题。

5.3　航空维修精细化管理

“天下难事,必做于易;天下大事,必做于细”。细节决定成败,精细化管理是科学管理的必由之路,也是提升管理的变革之举。管理是战斗力的重要支撑,先进的管理是提升战斗力的倍增器。运用先进的管理思想理论,向管理要效率、要效益、要保障力,成为推动航空维修科学发展的一个重要课题,而精细化管理提供一种理论方法指导。

5.3.1　精细化管理的理论渊源

精细化管理源于现代企业管理,其理论思想与方法手段借鉴人类工业史上一切有价值的管理学成果,其中最为紧密的是泰勒的科学管理、戴明的为质量而管理、丰田的精益生产。在这条线上有一个共同的灵魂,那就是科学与效率。

1. 泰勒的科学管理

1911 年,泰勒发表了《科学管理原理》一书,这是世界上第一本精细化管理著作。科学管理理论包含:进行动作研究,确定操作规程和动作规范,确定劳动时间定额,完善科学的操作方法,以提高工效对工人进行科学的选择,培训工人使用标准的操作方法,使工人在岗位上成长;制订科学的工艺流程,使机器、设备、工艺、工具、材料、工作环境尽量标准化;实行计件工资,超额劳动,超额报酬,管理和劳动分离。泰勒的科学管理思想的核心问题就是效率问题,认为效率的实现是以人们基本态度和思维方式为基础的,用标准化、规范化管理代替经验管理,实现劳资双方利益一致。

第二次世界大战后,企业规模扩大,生产技术日趋复杂,产品更新换代周期缩短,生产协作要求更高。在泰勒提出的科学管理的基础上,决策理论、运筹学、系统工程等很多理论被引入经济管理领域,这些理论和方法以决策过程为着眼点,特别注重定量分析与数学的应用,以及系统结构与整体协调,逐渐形成了管理科学,使管理从经验走向科学。

2. 戴明的为质量而管理

美国耶鲁大学博士威廉·爱德华·戴明的观点是"为质量而管理",管理层要对出现的问题负90%的责任,必须明确理念和方向,并通过实践改善管理。他提出的"戴明环"(被称为PDCA循环)是全面质量管理所应遵循的科学程序,也是目前普遍采用的持续改进方法的理论依据,PDCA循环成为使任何一项活动有效进行的一种合乎逻辑的工作程序。P、D、C、A所代表的分别是:计划(Plan),是确定方针和目标以及制订活动计划;执行(Do),是具体运作,实现计划中的内容;检查(Check),是要总结执行计划的结果,分清对与错,明确效果,找出问题;处理(Action),是对总结检查的结果进行处理,对成功的经验加以肯定,并予以标准化,或制订作业指导书,便于遵循之后的工作,总结失败教训,以免重现。许多大型企业都将"戴明环"应用于各个业务的流程过程之中,即使在复杂繁多的业务流程下也会取得非常好的效果。

3. 丰田的精益生产

丰田生产方式(toyota production system,TPS),即精益生产,始于丰田佐吉,经丰田喜一郎,在大野耐一的主持下于20世纪40年代开展的"多品种,少批量"生产方式,目的在于"彻底杜绝企业内部各种浪费,以提高生产效率"。"准时化(JIT)和自动化(Jidoka)"是贯穿丰田生产方式的两大支柱。丰田生产方式经过美国MIT的沃迈克教授为首的学术界和企业的效仿和发展,到20世纪90年代中期,已经形成为一种新的管理观念——"精益思想"(Lean Thinking)。

(1)准时化。就是在通过流水作业装配一辆汽车的过程中,所需要的零部件在需要的时刻,以需要的数量,不多不少地送到生产线旁边。"均衡化生产"是丰田生产方式的一个重要条件。"看板"方式对于缩减工时、减少库存、消灭次品、防止再次发生故障起到巨大作用,是实现准时化的基本手段,也是"零库存"的起源,发展成为今天的"零伴随保障",其目的都是彻底找出无效劳动和浪费现象,通过着手消除浪费,创造价值。

(2)自动化。不是单纯的机械"自动化",而是包括人的因素的"自动化"。把物、机器和人的作用组合起来的过程称为"作业的组合",而这种组合集中起来的结晶就是"标准作业"。标准作业表包括周期时间、作业顺序和在制品数量3个要素。

5.3.2　精细化管理的内涵

精细化管理最早出现于20个世纪50年代日本和欧美的一些大型制造企业。目前,精细化管理已发展到很高的水平,出现了很多代表当今世界先进管理的方法,如六西格玛管理、6S 管理等。

精者,去粗也,不断提炼,精心筛选,从而找到解决问题的最佳方案;细者,入微也,究其根源,由粗及细,从而找到事物的内在联系和规律性。可见精细是一种意识、一种态度、一种理念、一种文化。精细化管理,是建立在常规管理的基础上,并将常规管理引向深入,将管理工作中做"精"做"细"的思想和作风,贯彻到组织所有管理环节的一种科学有效的管理模式。精细化管理突出强调将管理工作做精、做细。"精"为完美、精确、高品质之义,"细"为细节、周密、精致之义。"细"是精细化的必经途径,"精"是精细化的自然结果。"精"与"细"的有机统一,是管理者所追求的理想目标。

精细化管理作为一种管理体系,摒弃粗放式管理方式,以科学管理理论和方法为基础,以规范化为前提,系统化为保证,数据化为标准,信息化为手段,从宏观层面到微观层面,纵横交错地实施精细化的管理,以获得更高效率、更多效益和更强竞争力。

精细化管理的实质是精益理论 + 持续改进。精细化管理就是精益理论实施过程中的持续改进。我国精细化管理的权威人士汪中求认为:精细化管理是一种管理理念和管理技术,是通过规则的系统化和细化,运用程序化、标准化、数据化和信息化的手段,使组织管理各单元精确、高效、协同和持续运行。

精细化管理是过程管理,侧重控制职能,通过"五化"过程(简单化、流程化、标准化、数据化和信息化),实现 5 个细分(目标细分、流程细分、标准细分、任务细分、岗位细分),达到 5 个精确(精确决策、精确计划、精确控制、精确执行、精确考核)的一种科学管理模式。

航空维修精细化管理就是将精细化管理运用于航空维修保障工作,实现目标明确、流程优化、标准细实、数据可靠、制度完善,显著提高航空维修保障质量效益。

5.3.3　精细化管理的原则

根据精细化的概念内涵,精细化管理的原则主要有以下 4 项:

(1)数据化原则。一切以数据为依据,一切用数据说话。用数字化方法来描述目标、计划、运行状态,用数学工具总结、预测各项活动的规律,以更客观、准确、系统地安排作业和管理活动。

(2)操作性原则。精细化管理的直接目的是执行到位,因此,不但要制订规则,而且必须制订实施细则和检查细则,使执行和检查都具有良好的可操作性。

(3)底线原则。精细化到底细到什么程度,其底线是:可不可以再细分和需不需要再细分。

(4)交点原则。由于分工越来越细,必然带来事与事、岗位与岗位、部门与部门、单位与单位之间的交叉点和结合点。这些管理交点,很多时候成了无管理的盲点。将盲点变为关注点,就是交点原则。精细化管理的主体和工作重心是管理者,而不是执行者。执行不到位是因为管理不到位,精细化管理的重点是对执行的管理,通过管理的精细化,带动执行的精细化,发力点在抓落实。

5.3.4　精细化管理的方法

在组织实施层面,精、准、细、严贯穿于精细化管理的各个环节,既是精细化管理的特

征,也是精细化管理的核心思想。精细化管理的方法主要包括以下几个方面:

(1)细化。即是将整体任务或工作,逐层分解为不能再分或不必再分的工作单元。细化是精细化的基础和基本功。全面细化包括横向、纵向、衔接和责任4个方面。

(2)量化。即是标准和规则中,凡可用数字度量或表述的量和要求,均要直接量化;对模糊概念和模糊数量也要用隶属度予以量化。量化是更精确的细化,是数据化、精确性的基础。维修过程要量化,管理工作也要量化。

(3)流程化。即是将任务或工作,沿纵向分解为若干前后相连的工作单元,将作业过程细化为工序流程,并进行整合、优化。非生产作业的管理和服务工作也要流程化。

(4)标准化。即是作业操作和管理工作,都要有统一的规格标准、操作标准、质量标准、数量标准、时限标准,并且严格地执行标准。标准化是执行到位的前提。

(5)协同化。即是各个工作单元之间的输入输出匹配、协调、完美,链接优化,从而保证整个系统运行高效。

(6)严格化。即用严密的流程、规章对每项工作、每个环节进行监控,并用严厉的纪律和奖惩保障执行到位。

(7)实证化。即对重要的信息、数据,经统计分析、多方验证,去伪存真,使之准确真实。

(8)精益化。即精细化是一个渐进的持续过程,永不满足,持续改进、创新,追求更好,永无止境。

5.3.5　精细化管理的应用

虽然精细化管理发轫于20世纪50年代的日本和西方,但实际上精细化管理的思想理念和应用实践,早就扎根于我军的维修保障实践。为了保证维修质量和安全,在航空维修实践中,早已贯彻了精细化的思想理念,开展了精细化管理实践。如20世纪60年代总结推广的夏北浩检查法,以及近几年再次总结推广的新夏北浩检查法,持卡读卡操作,起飞线的专职、专项检验,试车程序,维修一线规范化管理等,都属于精细化管理的范畴,业已取得了显著的成效。

随着空军转型建设的加速推进,航空装备的更新换代,航空维修面临着严峻的挑战。虽然经过半个多世纪的发展,空军航空维修得到了长足发展,但某些粗放的管理痕迹还存在。维修作业管理中,计划不细,装备存在着一些无谓损耗,维修作业过程缺乏有效的监控;维修作业中,有法不依和执行不到位的问题还时有发生,有的甚至造成严重后果;等等。这些都可以归类到维修管理不够细、不够实、不到位。为进一步提高航空维修保障的综合效益,推动航空维修的科学发展,迫切需要借鉴精细化管理,用精细化管理夯实基础,提升保障力,为航空装备的作战使用提供有力保障。

纵观这几年空军航空维修保障改革创新实践,精细化管理已得到了初步应用,并取得了显著成效。其典型应用是在飞机定期维修中的应用。如空军某团的修理厂,将细化、量化管理和项目管理技术运用于飞机定期维修工作,优化定检工作流程,开发定检工作信息化管理系统软件,实施对定检工作的总体调控,加强对定检作业过程的动态监控,有效地提高了定检工作效率和质量,使定检工作管理向前迈进了一大步。首先对定检工作例行项目进行细化,分解为工作单元并加以量化,再以工作单元为单位,对其所需工时、工具和耗材(备件)、人员技术、工作质量进行量化。以此为基础,把每架次的定期检修都视为一个工作项目,根据其例行工作内容和外场要求增加的内容,制订相应的检修计划,使用项目管理软件排出工作流程图。根据流程图,分配维修资源,依次下达工作指令。通过工作卡片的运行,实现维修信息在作业现场的传递,使工作按计划实施。当遇有故障等临时情况时,由工作者上报专业队长,专业队长提出解决意见,填写非例行工作卡片,厂长审批后排入流程图,调整计划,由控制室下达指令,实施维修。在定检全过程中,工作者可通过网络及时了解总体进度,做好工作准备;管理者可以及时调控工作进程,使维修工作协调有序地进行。定检工作量化管理的实施,使工作流程得到优化,工作进程能够及时调整,工作项目衔接有序,大大提高了维修效率,300h 定检由原来的 10 个工作日缩短为 6.5 个工作日;由于实行了持证上岗和持卡操作,严格了操作规范,保证了全部定检工作内容和质量标准的落实,有效防止了维修差错,提高了检修质量,两年多来,完成飞机定检 50 多架次,出厂合格率均为 100%。

精细化管理虽然源于企业,但其基本理念、原则和方法是科学的、通用的,也是我们航空维修管理所需要的。对精细化管理的理论方法,可以学其核心和精华,将其"零缺陷"管理"民为军用",在思想上树立"零缺陷"意识,在管理上"去粗取精""由粗及细",用精心的态度、精细的方法,精细化的管理手段,实现操作上的"零缺陷",达到"零差错""零事故"的目标。因此,将精细化管理的思想内核吸纳、移植过来,用于改进空军航空维修管理,进一步优化维修内容、整合维修专业、创新保障模式、强化质量安全管理、合理配置维修资源,用精细化的管理推动航空维修科学发展。

虽然前面所阐述的修理厂的维修管理实践,还不是严格意义上的精细化管理,但属于精细化管理的范畴,并且取得了明显的成效。空军航空维修保障工作类型多样,组织管理模式有差异,但其维修对象和基本要求是相同的,将精细化管理应用于维修保障工作中,有必要也是可行的。

5.4　航空维修流程管理

流程管理作为一种新发展起来的管理理论,经过不断丰富、完善和创新,已逐渐被人们所认识并得到了广泛应用实践,空军航空维修是较早开展精细化管理应用实践的行业领域,但从实际情况来看,在理论研究和应用实践方面还处于起步阶段。

5.4.1　流程管理的形成与发展

流程管理理论诞生于 20 世纪 90 年代,被誉为管理领域的第三次革命(第一次是 19 世纪末泰勒提出的科学管理、第二次是 20 世纪五六十年代在美国和日本广泛应用的全面质量管理、第三次就是流程再造)。20 世纪 80 年代末,西方发达国家经济经过短暂的复苏后又重新跌入衰退状态,许多规模庞大的公司结构臃肿,工作效率低下,难于适应市场环境的变化,相继面临亏损和倒闭的危险。为了改变这种状况,美国麻省理工学院的迈克尔. 哈默教授(Michael Hammer)与 CSC index 顾问公司执行长官詹姆斯·钱皮(James Champy)在广泛深入企业进行调研的基础上,经过多年研究,于 1993 年联名出版了专著《企业再造—经营(工商业)革命宣言》一书。《企业再造》以福特、IBM、贝尔公司的案例及相关的成功经验,介绍企业如何进行自我改造,系统阐述了企业流程再造即 BPR(Business Process Reengineering,也译作流程重组)思想,提出再造企业的首要任务是流程重组。该书一经发行立即引起企业界和管理学界的广泛关注,连续 8 周被美国《时代》周刊评为全美最畅销书籍,BPR 理论随即成为席卷欧美等国的管理革命浪潮,成为具有划时代意义的企业管理理论。短短的两三年时间,约有七到八成的欧美企业被流程再造吸引,创造了一个有一个再造的神话。我国的海尔集团在 1999 年也开始以市场链为纽带进行业务流程再造,并取得巨大成功(当时海尔集团请美国麦肯锡管理咨询公司的精英团队进行流程设计,据说当时是以每个流程 5000 美元的价格,做了 2000 多个管理流程)。《企业再造》的核心理念是:摒弃自工业革命以来传承近 200 年的管理分工理论,打破金字塔状的组织结构,以业务流程为中心,重新设计企业的经营管理,以及运作方式,使企业更适应新的发展要求和环境变化。

流程管理在军事领域的正式应用,最早可追溯到 2006 年 5 月,美国国防部颁布《持续流程改进指南》,号召部队向世界顶级公司、企业学习业务流程再造的管理方法。2008 年 5 月,美国空军颁布《21 世纪精细化管理》,作为推行精细化管理的指导性文件,该文件相当一部分内容对空军各系统如何推行流程管理作了详细说明,这意味着美国空军推行精细化管理,也以流程管理为主导,并且成立了流程委员会,强制推行持续流程改进方法。空军航空维修系统最早推行流程管理,也可以追溯到 10 年以前的定检工作流程管理的探索和实践,2013 年空军在某单位以流程管理为核心内容,全面推行维修训练精细化管理试点,机务系统配套建立了相对完整的流程管理体系,成为我军装备系统推行流程管理实践先驱。

5.4.2 流程管理的内涵

1. 流程

流程管理的核心是流程,谈到流程,大家习惯上可能会说:"流程就是做事情的顺序"。这是一种对流程最简单、最直观的解释,但流程的内涵远不止"做事情的顺序"这么简单。国际标准化组织在 ISO9001 质量管理体系标准中给出流程的定义是:流程是一组将输入转化为输出的相互关联或相互作用的活动。从短短的 26 个字定义中,可以看出,流程包括 6 个要素,即:输入的资源、流程中的若干活动、各项活动之间的相互关系、输出的结果、流程对象和流程创造的价值,而狭义理解中"做事情的顺序"只是其中的"各项活动之间的关系"这一个要素。

从一般的角度来看,流程就是工作在跨部门、跨岗位之间流转获得增值的过程。一般说来,只要多个责任主体共有的目标性活动,其显性和隐性的流程必然是客观存在的。举个简单的例子,一架飞机做直接机务准备,从领受任务到完成准备,其间的一组有序的活动组合就是一个流程。在这个流程当中,机组成员要考虑的因素很多,如需要准备的工具设备和保障车辆等保障资源、各专业要完成的准备工作、各项准备工作的先后顺序和协调关系、飞行员对任务的特殊要求、飞机准备的质量和效率等。再如单位训练计划的执行也要有流程,需要考虑的因素有,训练资源的准备、单兵训练和分队训练等活动、各项训练工作的先后顺序和组织工作的协调关系、单位和官兵的现实状况、训练任务和任务完成情况等。作为机械师和中队主官在上述两个工作流程中分别扮演着主责人的角色,在运行流程时,必须综合考虑这些要素,处理好输入和输出的关系,协调好流程中各种活动的先后顺序和重要程度,才能满足流程对象的要求,才能保证流程输出获得甚至超出预想的目标结果,获得最大的价值。

分析流程六要素,可以看出流程具有以下特点:

(1)目标性。有明确的输出,即每个流程都有很明确的任务或目标。

(2)内在性。即它体现的是一些相互关联的事物和行为之间的关系。所有的事物和行为,都可以用这样的句式来描述,"输入的是什么资源,输出的是什么结果,中间的一些列活动是怎样的,为谁创造了怎样的价值"。

(3)整体性。至少有两个活动组成。流程顾名思义,有一个"流转"的意思隐含在里面。至少有两个活动,才能建立结构或关系,才能进行流转。

(4)动态性。从一个活动到另一个活动,不是静态的,是按照一定的时序关系徐徐展开的。

(5)层次性。组成流程的活动本身也可以是一个流程。流程是一个嵌套的概念,流程中若干活动也可以看作是"子流程",可以继续分解若干活动。

(6)结构性。流程的结构可以有多种表现形式,如串联、并联、反馈等。这些表现形式的不同,往往给流程的输出效果带来很大的影响。

2. 流程标准

流程管理所使用的"流程",不是简单的流程图,还包括对流程中各阶段不同工作节点的描述,用于界定责任主体、规范工作程序、量化工作标准、明确质量控制和风险控制等要素,这个描述通常用一个表格的形式给出,称为"标准表"或"节点信息表",流程图和标准表一同构成流程标准。

3. 流程管理

关于流程管理,当下比较流行和通用的定义是:一种以规范化的构造端到端的卓越业务流程为中心,以持续提高组织业务绩效为目的的系统化方法。这个定义是翻译过来的,从文字上比较难理解,简单地说,流程管理就是以流程为中心,以提高组织绩效为目标的管理方法。流程管理的定义是一个典型的操作性定位描述,综合考虑流程要素,可以将流程管理定义为:通过流程设计、流程优化和流程再造,确保资源调配合理、活动时序顺畅、活动路径优化,进而提高工作效率;通过量化活动绩效指标、适时开展流程效益评测,进而保证工作质量,最终达到满足流程对象要求的目的。

流程管理在实施过程中呈现出可复制、可继承、可量化、可调整等特点,是其得以广泛推广应用的客观依据,也因如此,流程管理成为破解许多管理难题的"灵丹妙药"。总结起来,推行流程管理的意义有以下几个方面:

(1)强化工作受控。流程明确了工作路径、节点负责人和相关文档记录,量化了绩效指标,按流程运行,不仅能保证工作质量符合目标要求,还能最大限度消除领导意志和执行人能力等因素影响,保证工作反应快捷和工作质量的相对稳定。

(2)提高工作效率。流程经过不断的完善和优化,一个成熟的流程,代表了一定条件或认知情况下,完成该项工作所能实现的最优路径。此外,流程对过程中的关键节点怎样决策、怎样流转、怎样规避和控制风险等都进行了明确,提高了决策效率,进而全面提高工作效率。

（3）实现管理复制。流程一旦适用，相同组织架构和管理目标的行业就可以直接使用，无需从头做起，其最大价值不仅可以复制形式，更重要的是连同标准方法一并复制，从而不仅能够保证工作质量的稳定性，还能够确保新进人员快速适应，迅速形成规模效益。从这个意义上说，流程管理常常被看作是行业文化的载体。在这个方面，麦当劳、肯德基这些巨无霸的连锁企业就是最好的例证。

（4）固化管理经验。流程管理具有可继承性，通过梳理流程、优化流程，及时将深刻的经验教训、优良的技巧方法、高效的管理技术等固化下来，落实到纸面上，固定到制度中，反映到流程图上。后续使用者，可以直接站在前人的肩膀上，站在管理高点新增创造点进去，从而持续提升管理效益。

（5）优化资源配置。流程管理强调优化资源配置，通过流程化把适量优质资源在准确时间投放到需要的地方，达到减少浪费，提高资源利用率和工作效益的目的。

部队管理与企业管理，在追求管理目标上有许多共性。因此，部队推行流程管理至少有以下几点明显的共性好处：一是能有效弥补职能管理的不足，提升单位战斗力；二是有利于转变凭经验办事的做法，使管理工作规范有序；三是有利于减少浪费，实现增效减耗，提升管理效益；四是有利于新任职和新上岗人员，迅速适应工作，缩短培训周期，并保证工作质量的稳定。

5.4.3 流程管理的主要内容

流程管理的中心是流程，因此流程管理的主要内容是围绕流程的设计、优化和再造。流程设计是基础，没有流程就谈不上优化和再造，流程管理就更无从谈起；流程优化是常态，它将伴随着组织的发展和环境、条件的变化而不断补充和完善；流程再造是变革，流程再造要解决的是影响和制约组织生存与发展的根本性问题，流程再造不宜多次进行。流程再造和流程优化没有先后顺序之分，流程运行发现问题就要进行优化，没有开展流程优化也可以对流程进行再造。流程的设计、优化和再造之间的关系可以用图 5-4 表示。

1. 流程设计

流程设计就是制订流程标准，最终构建一个由若干流程标准组成，能确保体系良好运行，并完成组织目标的流程标准体系，用流程以及流程的集合支撑起组织工作计划的展开和落实。构建流程标准体系，通常采取自上而下逐级展开的方式进行，制订出若干层级的流程标准。

1）流程设计的基本原则

流程设计是流程管理的基础环节，其主要原则如下：

（1）流程导向原则。流程导向原则是流程设计的首要原则，通俗地讲导向性就是要求流程的责任主体要明确，这样的流程执行力才更强，才能打破部门和岗位之间的壁垒，运行顺畅，提高效率。这一原则要求管理理念必须从传统的以任务或职能为中心转变为以流程为中心。一个工作流程的诸多活动单元，必然会涉及一个或多个部门或岗位，活动在组织结构中流转，要求明确流程的主责部门（岗位）以及各工作环节的责任主体。这就要求我们在设计流程前，要细致梳理部门（岗位）职责，设计工作流程时，要在弄清楚工作的输入、输出和流程活动的基础上，选择合适的人，分别负责整个流程和流程的各项活动，这样就是"以流程为中心"，而不是像现在起草一份文件那样，表明"发至某某部门"，剩下的事情就由"某某部门"来处理,这样的设计是"以职能为中心"。

(2)系统完整原则。成功的流程管理体系,要求组织内部的流程设计应具有系统性和完整性特点,具体地讲有以下 4 个方面的要求:一是要求流程体系要基本覆盖组织所有的程序性工作,在体系设计时要结合组织成员业务素质和现实需要等因素综合考虑;二是各种流程图的格式、体例、符号、标准要规范统一,要让组织成员容易理解和掌握;三是所有流程要逻辑清晰、层次分明、不堆砌、不模糊、不粘连,要利于执行;四是流程体系中的串行流程(相互衍生不同层级的流程)、并行流程(同层级不同工作的流程)之间不能有矛盾或冲突。

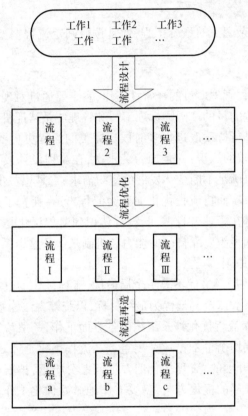

图 5 - 4 流程设计、流程优化与流程再造的关系

(3)易于调整原则。一般来说,流程一旦确定下来就应当是相对固定的,成为相当长一段时期内组织开展工作的依据和遵循,但是这并不意味着流程是封闭的、僵化的,在设计流程时必须为组织可能开展的阶段性重点工作或临时性工作预留开放性的接口。如部队经常参加重大演习演练任务,流程设计时就必须充分考虑这些因素,以便在需要时顺利实现流程的整合和对接。如在保障装设备管理的流程设计时,就要预留战备和机动装备管理的接口,以便一旦接受战训号令,能立即启动相关流程,或按照预有流程在预置端口实现快速对接,提高战训准备效率。

(4)实力相称原则。在体系设计时要结合组织成员业务素质和现实需要等因素综合考虑。流程管理考验的是组织的集体执行力,因此流程在设计时必须考虑组织的整体实力。重点在流程活动描述、行为标准定性和量化等方面,既要考虑充分发挥能力素质较高群体的创造力,释放他们的活力和思维,让他们有空间去想"我怎么做效果会更好";又要考虑能力素质一般的末端操作人员的理解能力,把步骤说清,把标准说细,让他们知道"我该做什么,怎么做"。也就是说,在设计流程时一定要充分考虑流程的应用主体,如果流程是在机务大队部"三室"之间运行的管理流程,就没有必要过于细化和量化,因为这些流程的责任主体是有一定工作经验、学习和理解能力较强的管理干部;而如果是直接机务准备的工作流程,他的执行对象是维修一线的人员,这些人大多是士官和战士,文化程度相对低一些,而飞机检查维护的标准也是定量的,那么在设计这类流程时,就要尽量表述细致,量化标准,便于操作。

2)流程设计的方法

流程设计是一项复杂庞大的系统工程,通常按照确定流程框架、绘制流程图、制订流程标准3个步骤执行。

2. 流程优化

流程优化是提高流程管理质量的经常性工作,它主要通过对现有流程的整合、调整等方式,达到提高管理效益的目的。国际标准编写和管理体系认证机构认为,流程优化不应是一次性行为,对流程进行持续改进很多时候比完美的流程更重要。很多组织在流程优化方面经常产生两个极端的认识:一是想一劳永逸,在流程设计或工作项目结束后,缺少对流程的持续改进,难以满足不断变化发展的组织需求;二是想一步到位对所有流程进行全面彻底地改进或重组,从而将流程优化演变为流程再造,耗费了过多的人力物力资源。两个误区的产生,根源都在管理者身上,既没有认识到流程优化是一个周而复始、持续改进的循环,也没有认识到组织要靠自己的能力和机制来保证这个循环的持续运作。

1)流程优化的基本原则

(1)系统优化原则。局部最优不等于全局最优,流程优化的过程应充分体现系统性,注重流程体系的系统优化,以全局最优为最终目标,以统筹方法为基本方法。

(2)均衡协调原则。流程优化涉及组织的各方面工作,一般说来,没有哪个组织的所有工作都是均衡的,强调均衡也不排斥突出重点。流程优化是针对组织运行尤其是流程体系运行存在的问题而开展的,流程优化前要把问题分析透,把薄弱环节掌握清,把整改措施梳理好,才能制订准确的优化方案,稳妥有序地做好优化工作,最终实现组织各方面工作协调可持续发展。

(3)简化集成原则。流程优化的核心要义是把复杂的问题简单化,研究表明,越简洁的流程效率越高,流程太复杂势必头绪繁多、枝蔓丛生,组织用于协调的实践和精力投放也会越多,耗费就越大,出错的概率也越高。我们在进行流程优化时说得最多的:"减少工作步骤、拉直工作走向",说的就是这个道理。当然,简化也要有度,要保证流程的完整性、系统性、突出重要环节的全面把控,要具体问题具体分析。

2)流程优化的主要方法

流程优化按照层次纵深的方法可以分3个层次进行:第一个层次是对组织的框架结构进行优化,通过梳理流程运行中责任不清、流转复杂等问题,适当调整组织的职能结构,确保责任主体清楚,提高执行力;第二个层次是对工作流程进行优化,解决流程运行中暴露程序繁琐、流转复杂、协调不畅等具体问题,进而提高工作效率;第三个层次是对工作标准进行优化,把细节做到极致,确保工作质量标准。

（1）优化组织架构。组织架构的优化实质上是依据流程来调整组织功能结构。优化组织架构的前提和基础是建立系统完整的流程体系，形成流程清单，依据流程体系的责任主体划分，从提高流程执行力的角度调整组织架构。"责任缺失"和"责任重叠"都是管理的大忌，最终都会导致组织事物没人管、没人问。借助流程清单这一直观的手段，能够快捷方便地找到组织中哪些职能部门协调得不好，哪些职能部门沟通得不顺畅，是否存在管理职能交叉、或者哪些资源分布不合理不科学等问题，从而有的放矢地对组织的职能结构进行优化。如机务大队保障装设备管理方面，最初成立保障装备管理中心时，我们抽调了部分人员成立了中心管理机构，兼职负责保障装备管理；保障装备管理流程体系建成后，在实际运行中，装备的检定、维修、保养等大部分工作由修理厂人员负责，在中心管理、具体工作的组织上，存在管理责任交叉、协调环节多等问题，综合考虑这些因素，在组织优化上，最终明确修理厂修理分队具体负责保障装备中心管理，在此基础上完善了相关制度，明确了相关流程的责任主体，流程运转更为顺畅，提高了保障装备管理的效益。

（2）优化工作流程。工作流程的优化包括流程体系的优化和具体流程的优化。流程体系的优化，是对体系中哪些流程该"放"，哪些该"控"、哪些该强化、哪些该弱化进行优化，也就是说，不是组织所有的工作都需要通过流程进行管控，一些责任主体明确、程序简单的工作是不需要流程的，对组织目标影响不大或不常涉及的边缘工作也不需要耗费太多资源去对其进行流程管理，要在流程优化时，对这样的流程进行划舍。具体流程的优化，准确地说是对工作流程图进行优化，流程图应尽可能地涵盖某项工作从输入到输出的所有关键环节（工作节点），同时保持图示简洁。通常要求，一项工作流程的活动节点大都保持在 10～20 个，太多就会显得庞杂，也会令执行的人感到困惑。判断一个环节是不是应该作为一个节点呈现在流程图上，一般看该环节是不是此项工作流程继续运行的必要条件。此外，流程各工作节点的走向也是影响工作流转效率的关键因素，科学合理的串行、并行、反馈关系也是工作流程优化的重点，对这些关系进行优化的前提是反复推演和实践总结，必要时应尽量合并相同责任主体连续的工作环节，不同责任主体并行的工作环节，应尽量放在同一阶段同步流转，尽量减少反馈环节的设置，这样优化后的流程运转顺畅，工作效率才能大幅提升。

（3）流程标准优化。每个流程图都要同步制订《流程标准表》（也称为流程节点信息表），流程图的意义在于规范工作输入、输出及其间各项活动的程序步骤，流程标准表则按照流程节点顺序逐一对节点工作内容、程序方法、操作规范、注意事项、技术标准、考核项目、风险控制等进行详细说明。有了流程图和标准表，即使是新进人员也能够按图索骥，快速进入角色。流程标准优化就是对流程标准表内容进行优化，是对各项工作操作层面的细化、量化和标准化。流程标准的优化来源于具体实践和流程执行者的持续反馈，涉及的范围广、细节多、更具体，流程标准的优化应该是管理体系经常组织的管理活动，但即便是微小改动也应进行必要的论证，优化后开展相关的培训和教育。

3. 流程再造

当内外环境发生变化，或者组织目标做出调整时，原有的流程标准体系不能满足组织建设和发展需要，需要进行结构性调整，对多数或全部流程标准进行重构或重新设计，这时就需要开展流程再造。

这里提到的流程再造与流程再造理论是不同的，这里的所说的流程再造是基于对已有流程的再建,而哈默的流程再造理论是运用流程管理方法对企业组织架构的再造。流程管理强调的是通过对输入及过程的控制实现最优的输出结果,如果流程中每个节点或阶段都做的不错,但是最终输出的结果却不能令人满意,那么这个流程就必然存在不合理的地方,反映出在进行流程设计过程中肯定还有被忽视的制约因素或潜在矛盾问题,当这样的问题严重影响流程输出结果,或者普遍性存在于流程体系范围内,但进行流程优化又难以得到有效整改时,就需要组织站在全局的高度,运用系统的观点和统筹方法,对流程进行重新审视和再造。

组织运行流程一段时期后,通常趋向保守,开展流程再造必然对组织及其成员的惯性思维和行为习惯产生一定的冲击。因此,流程再造的难点并不在于如何理解和设计流程,而在于如何让组织成员接受和执行这些变革,从而收获预期的效果。流程再造一般采取两种方法,即系统改造法和全新设计法,也可以选择两种方式相结合的方法实施再造。

1)系统改造法

系统改造法是基于对现有流程的辨析和理解,并在此基础上进行的全面系统地流程更新。系统改造的重点就是消除现有流程中非增值活动,调整核心增值活动,基本方法可以概括为 ESIA,即清除(Eliminate)、简化(Simply)、整合(Integrate)和自动化(Automate)。

清除即清除掉流程中所有的非增值步骤,一般来说组织中非增值活动主要表现在以下几个方面:等待(程序安排不合理导致的忙闲不均)、移交(频繁的文件、物资传递)、重复(标准不明确或操作不当导致的返工)以及把关环节设置不合理(过度的检验、监督与控制环节的设置)等。

简化就是使必要的活动尽可能地简单化。必要的活动并不是大项活动或核心工作,相反能够提升组织绩效的活动往往都集中在工作环节的末端,这些小问题、小领域的简化对提升组织绩效起着不可忽视的作用。如开展机务工作,要填写很多表单,是不是真的需要填那么多,表单的设计是不是需要那么复杂。如某型飞机换季卡片就有 30 多套,六七百页,而且每项工作后面都需要工作人和检验人签字,连专业员清洗飞机都要复查检验并签字。这样的卡片设计肯定是有问题的,而且在机务部队是普遍存在的,因此,按照简化的原则,该整合的整合,该简化的简化,并不是复杂就显得很专业。

整合主要指整合人员和工作,整合人员就是按流程对人员进行"打包",可以根据工作需要,为提高效益在不改变编制序列的前提下,将与流程有关的人员整合成流程团队,确保流程顺畅高效执行。如在搞"四项基础性建设"和"三项整治"时,都成立了专门的办公室,就是基于这个原则。整合工作就是把几项连贯、简单的任务赋权给一个人,进而减少组织工作中文件、信息、物资等资源的流转,并且可以减少发生错误的概率,提高工作质量和效率。

自动化强调要充分运用信息系统,能够自动流转的就尽量减少人为干预,如数据采集和传递,以及企业的流水线作业等。

2)全新设计法

全新设计法就是抛开现有流程,从根本上重新考虑组织开展的管理与业务工作方式、方法,提供组织绩效跃进式发展的可能性。全新设计大多在组织结构变革、组织目标变化等时机进行,全新设计对组织正常工作干扰大,需要管理层做出坚定的决心和进行充分的准备,通常按照流程分析—流程设计—流程检验的步骤实施,具体可参照流程设计方法开展。

总之,任何一个组织必须拥有一套适合组织构架、网络覆盖均匀、运行顺畅高效、输出可靠稳定的流程体系,而科学的流程设计、经常的流程优化和必要的流程再造是流程适用的根本保证,是流程管理的主要和核心工作。此外,无论是流程设计、流程再造,还是流程优化,都需要一个精英团队作为支撑,培养懂流程、懂管理的人才队伍是组织提升绩效的关键。

5.4.4 流程管理的应用

流程管理理论自诞生以来,逐渐成为众多企业关注的热点。实施流程管理,能够理顺工作关系,提高工作效率,改善资源配置,降低运行成本,通过流程管理来改善业绩已经成为企业管理者们的共同选择。部队是担负战斗任务的武装集团,部队管理职能和任务目标有着不同于地方企业的特殊性。因此,部队究竟需不需要推行流程管理、怎样推行流程管理,需要我们做出理性的判断与抉择。

1. 推行流程管理的必要性

一个组织在经过长期运行后,规模不断壮大,机构日益增加,而工作效率却不断下降,组织的活力与执行力逐渐衰退,这种现象在地方被称为"大企业病"。部队也不同程度地存在着类似的问题,归纳起来主要有以下几个方面的表现:

(1)管理层级多、分工过细。随着任务使命的不断演变和拓展,部队组织内部的管理层级越来越多,分工也越来越细,组织结构也越来越臃肿。在传统的树状组织结构下,所有部门及其成员按照职能进行区分,形成了明确的管理隶属关系,管理层的宏观控制也通过各种职能模块来实施。但一项工作或任务的展开,往往要经过多个部门、多个环节的处理,展开过程时间偏长,资源流转浪费现象明显,协调处理难度大,管理成本大大增加;同时,树状组织形态缺少部门之间的横向关联,工作的决策常常在部门之间和层级之间漫游,制约工作效率因素增多。

(2)部门壁垒,条块分割。在目前的管理体制下,各部门只关心本部门的工作,并以达到本级领导和上级部门满意为准。为了把各部门、各环节衔接起来,需要编制更多的管理人员用于信息存储、工作协调和过程监控。部门化管理加大了沟通成本,降低了信息传递效率,延长了组织的有效响应时间。另外,部门职能划分容易在组织中形成利益集团,部门之间壁垒分明,而我们的工作或任务经常涉及多个部门,一旦发生利益冲突,各部门都会有意无意地把组织的集体利益放到一边,更热衷于维护本部门的权益,推诿扯皮也就在所难免。

(3)文牍盛行,舍本求末。公文旅行、文牍主义是当前部队各级组织中常见的现象。在不少单位,对公文、报告、表格的检查、校对以及控制已经成为一项极其重要的基础工作,当面临汇报、检查等特殊时段,甚至被当作重于一切的"头等大事"和"压轴大戏"。大量的人力、物力投入其中,组织生存的真正目的反而显得不是很重要。另外,有时为了加强部队组织的"内部管理",还制订了大量的制度和审批手续,寄希望于以公文和制度来规范各项管理和业务工作。初衷虽好,但价值不高,过于繁琐的制度条文,反而分散了基层管理者的精力,不得不忙于"抓落实",工作被动,身不由己,降低了本人及部署的工作积极性和主动性,责任感和归属感也不同程度地被削弱;同时,层层设卡所造成的排队审批的现象也屡见不鲜,极大地降低了组织的运行效率。此外,这种多层审批会成为各管理层级和部门推卸责任的借口,都有责任就演变成了谁都没有责任,责任的无形缺失,必然会影响工作质量。

"大企业病"在平时也许看不出什么严重的危害,所有工作似乎都在"有条不紊"地逐级展开,然而一旦遇到突发状况,它的弊端就会暴露无遗。一方面,层级越多出错的概率就会越高,而且不同管理层级的错误往往会叠加放大,最终造成无法挽回的后果;另一方面,遇到需要在短时间内处置的突发状况,每个管理层级都要花费一定的时间上传下达,处置时间成倍增加,等到做出最终决策时,时机已经错过了。而流程管理就好比我们事先在组织中规定好了一个公式,公式中有变量有常量,各部门、人员、任务、状况是变量,工作关系是常量,无论变量如何变化,流程都会根据公式自动运行,在最短的时间内以最高的效率求得结果。

通过流程管理,淡化部门职能、强化目标意识,这些问题都能够得到有效解决。流程管理为部队带来的最直观的改进可以用3个词来概括,即快捷、高效、零缺陷。流程管理能够使组织的执行力大幅提升,从而极大地提高组织的响应速度;流程的展开是组织内部一系列相关职能部门配合的过程,使局限于纵向运行工作关系通过流程在横向上关联起来,部门和成员要对流程输出的结果负责,减少推诿扯皮,提高工作效率;通过科学的流程设计,使每个部门和个人都明确各自在流程中的责、权、利,相互之间由流程构成紧密的啮合关系,最大限度地减少人为因素对流程结果的干扰,保证流程零缺陷运行和工作结果稳定输出。

2. 实施流程管理的主要工作

部队作为武装集团,其相对稳定性决定了在实施流程管理上不宜进行突变式的改革,而应当通过试点,积极稳妥地逐步推开。具体实施内容可以从两个层面进入,一是根据流程需要调整组织结构,二是根据任务目标设计和完善工作流程。

(1)组织结构的调整与改革。组织结构的调整与改革主要涉及调整权责、调整管理跨度和协作关系,明确工作评价和鉴定机制,顺畅指挥控制程序等变革,其中最重要的是调整权责,科学的集权和分权是流程推行的基础,也是组织结构调整与改革的基础。考虑到基层部队的权限,机务大队在推行维修保障流程管理中涉及的组织结构调整与改革问题不是很多,主要集中在部门职能和岗位职责的适当调整,也就是前面提到的集权和分权问题,通过明确职能和职责,保证流程运行顺畅。以机务大队安全监察工作为例,现行体制下,安全监察只编配一师一员两个人,而从各级赋予任务和安全管理工作需要看,两个人是不够的,这样就需要机务大队整体考虑,从其他岗位调整适当人员充实到安全监察队伍中来,必要情况下还应明确质量控制与安全监察工作的具体负责人,以便划清机务大队质量控制与安全监察工作的界面,合理分配工作任务。像这样的情况还有,成立机务大队保障装备管理中心,编制上没有专职负责保障装备管理的岗位,但作为管理对象元素的重要部分,保障装备数量庞大、价值不菲,且直接影响维修保障工作,必须有一组人专门负责管理,这样就需要机务大队进行适当调整,设置必要的管理岗位,明确管理责任人和具体职能职责。在机务大队范围调整组织结构,一定要把握"明确主体、划清界面、减少交叉、适应流程"的原则。

(2)工作流程的设计与完善。航空维修工作的管理有着比较明显的特点,虽然点多面广,但总体来看规律性较强,即使外出驻训、执行任务或处置突发状况,一旦有了比较系统的管理流程,平战转换也就是流程条件的转换,从流程运行上差别不大,这样的特点正适合开展流程管理,也就是说一套完整的、系统的、适用的管理流程是机务部队推行流程管理的关键。落实到操作层面,部队管理工作中工作流程的设计与完善包括 3 个方面,即定流程、定标准、定方向。

定流程和定标准是流程设计范畴的工作,是部队推行流程管理的基础;定方向指的是组织选择什么途径完善流程,是选择流程优化还是选择流程再造,或是选择两种手段兼用,即对局部问题较多的流程进行再造,而对问题漏洞不多的流程进行常态的持续优化,现实情况看,多数单位选择两种手段兼用的更多些,而选择单纯的流程再造的比较少。

3. 航空维修保障管理流程标准的设计

流程管理在维修保障精细化管理中具有基础性、全局性和主导性的地位。部队推行流程管理的前提和基础,就要设计一套完整的(全面覆盖机务工作)、系统的(相互关联层次清楚)、适用的(特点适合管用好用)流程标准。若干个流程构成流程体系,而流程通常由流程图、节点信息(流程标准表)和操作卡片构成。流程设计是一项复杂庞大的系统工程,通常按照确定流程框架、绘制流程图、制订流程标准 3 个步骤进行。

(1)确定流程框架。确定流程框架,通俗地讲就是研究确定具体需要制订哪些工作流程标准。流程框架的确定要紧紧围绕任务目标,根据工作需要,事先明确流程框架构建的原则,自上而下梳理出流程的脉络,形成流程清单,必要时要绘制流程总图参照外军、民航和地方企业流程体系构建的原则和经验看,流程不是越多越好,而是越少越好。首先,流程必须是在跨部门、跨岗位间流转的工作程序;其次,关键重要和直接影响任务目标的工作才需要编制流程;再次,容易发生偏差需要进行持续协调和监管的工作需要制订流程。通常采取自上而下辐射的方式进行梳理分析:首先,依据单位任务属性,将与任务目标作用最直接的机务工作流程作为高级(一级或核心)流程;其次,梳理对核心工作起保障或支撑的其他相关工作,确定下一级(支持或二级)流程,以此类推,逐层拓展,形成一个金字塔形的流程管理体系。在此期间,识别、整理重复和交叉的流程是十分必要的,流程相近的可以合并,节点重复的可以简化。

机务大队的流程层级通常不超过 4 级,流程数量一般不超过 60 个。以 GAMECO 广州飞机维修工程有限公司为例,体系文件明确的流程不超过 100 个,而 GAMECO 涉及的业务范畴要远大于机务大队。综合考虑和从以往试点单位经验看,机务大队编制的流程标准通常不应超过 60 个。

以某型歼击机部队为例,部队核心任务的飞行训练,对应机务大队的核心工作就应该是"飞行保障",那么飞行保障组织管理流程就应该是本单位的一级(核心)工作流程,外场维修、定期检修、质量控制、保障装设备管理、人员训练等作为直接支撑飞行保障的工作,就要制订相关的二级(支持)流程;其中的定期检修工作,如飞机 300h 定检、更换发动机工作等,组织管理程序复杂,涉及专业岗位多,也需要制订工作流程,因此需要制订相应的三级流程。

(2)绘制流程图。绘制流程图,通常按照定端点、明节点、绘图形 3 个步骤进行:一是定端点。依据制度规定和工作本身的逻辑确定工作起点和终点,即流程输入和输出端。输入、输出两个端点工作必须同为一个责任主体,通常为流程的主责部门或岗位。二是明节点。按照"完全穷尽,相互独立"原则划分为若干工作阶段,每个工作阶段对应的就是一个工作节点,所有工作节点叠加覆盖输入到输出端之间的全部工作内容。节点与节点之间的工作内容相互独立、边界清晰。节点确定后,分析节点工作内容,梳理节点涉及的部门或岗位,确定节点责任主体。三是绘图形。利用微软 Visio 软件,依照 GB1526－89 标准规范(《信息处理—数据流程图、程序流程图、系统流程图、程序网络图和信息资源图的文件编制符号及约定》,国家关于绘制各类流程图的标准明确了在流程图中使用的各类节点、连线等符号规范)通过绘制流程图,将流程中各阶段工作之间内在串行、并行、反馈的关系直观地反映出来。

按照 GB 1526 流程图绘制规范要求,工作流程图中表示“处理”即执行一个或者一组操作的节点框图,应用矩形图表示,并用概括的文字描述节点主要工作,节点名称通常不超过 4 个字。表示判断(审核、检验、批准等)的工作节点通常用菱形框图和节点名称表示,该工作节点每次执行中只能有一个入口,可以有多个出口,但在每次执行中有且只能有一个出口输出信息。出于绘图简洁美观考虑,并行且责任主体相邻的工作节点可以合并。流程图中的开始和结束节点,用椭圆图形表示,从实际工作运行情况看不具备实质意义,通常开始节点相邻的下方和结束节点相邻上方应有具体的工作节点。图 5－5 所示为某部机务人员上岗训练组织管理流程图。

该流程图是一个二维流程图,纵坐标自上而下为流程顺序,横坐标为流程涉及的责任部门或岗位。每个工作节点对应的节点坐标由横坐标编号(A～D)和纵坐标编号(1～14)组合唯一确定(如训练准备节点的坐标为 B4)。从流程图中能够看到,上岗训练的主责部门为机务大队维修与训练管理室,上岗训练工作大致经过 11 个阶段和 15 工作节点的串、并、反馈关系后完成,由维修与训练管理室领受任务、发出指令,任务完成后收集情况,总结归档,完成对该项工作的闭环控制。

流程图中还包括图题和图尾信息,图题信息包括:部门名称、流程名称、编号和概要;图尾信息包括:单位名称、编制单位和签发人等。部门名称应填写该流程的适用部门,如上岗训练组织管理流程的适用部门为机务大队,而部附件检修组织管理流程的适用部门为修理厂;单位名称通常填写旅(团)部队名称。

(3)制订流程标准。流程图中每个节点都应该有相应的节点信息,用来描述该流程环节的工作内容、责任主体、工作开展的程序方法,明确工作要求、质量标准和质量控制措施等,必要的节点,还应针对潜在的风险源,明确风险控制措施和要求,全部的节点信息构成流程标准。流程标准是对流程图中工作节点的具体说明,标准表中的“节点”与流程图中各个节点一一对应,对各个节点的工作由谁来干、干什么、怎么干等逐一进行明确,是流程运行的核心。表 5－1 是某一工作流程的流程标准表样例。

“程序方法”是该节点工作具体落实手段方法和组织实施程序等,“工作要求”是落实工作的标准,工作标准能量化的应量化,不能量化或不宜量化的指标要尽可能用清晰的描述给出定性要求;“质量控制”是对工作质量的控制,即通过检查、检验、考核、留存工作记录信息等手段保证工作内容按要求落实到位;“风险控制”是针对流程关键节点中存在的对工作结果可能产生较大影响的“风险”或“隐患”的控制,这里的“风险”可能是显性的,也可能是隐性的,可能是客观存在的也可能是“概率存在”的,“风险控制”栏中要明确风险点和控制风险的措施,控制措施应明确责任主体和具体手段。风险控制项不是每个节点都要有,为提高流程运行效率,风险控制项目的数量通常不超过节点数量的 20%。流程标准中的语言要简洁、易懂,更要准确、明确、便于执行。

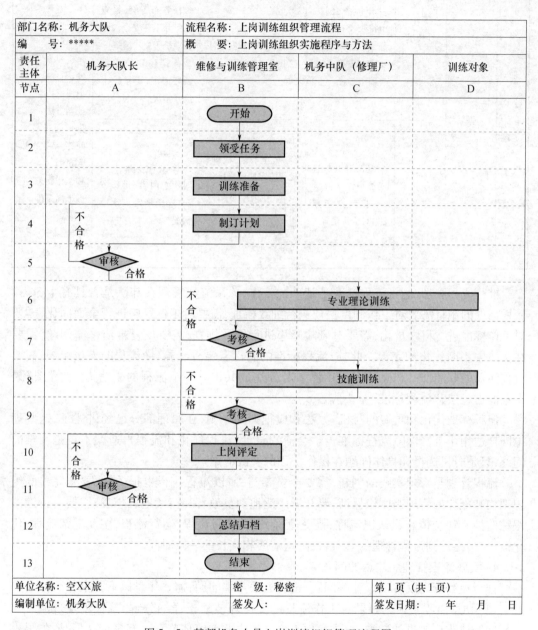

部门名称：机务大队		流程名称：上岗训练组织管理流程		
编　　号：*****		概　　要：上岗训练组织实施程序与方法		
责任主体	机务大队长	维修与训练管理室	机务中队（修理厂）	训练对象
节点	A	B	C	D
1		开始		
2		领受任务		
3		训练准备		
4	不合格	制订计划		
5	审核 合格			
6	不合格		专业理论训练	
7		考核 合格		
8	不合格		技能训练	
9		考核 合格		
10	不合格	上岗评定		
11	审核 合格			
12		总结归档		
13		结束		
单位名称：空XX旅		密　级：秘密	第1页（共1页）	
编制单位：机务大队		签发人：	签发日期：　　年　　月　　日	

图 5 – 5　某部机务人员上岗训练组织管理流程图

表5－1　流程标准表样例

节点	责任主体	工作内容	程序方法	工作要求	质量控制	风险控制
技术准备 C4	排	排技术准备	召开排务会议,由排长交待任务分工、上级指示要求和安全注意事项	排长对任务分工、上级指示要求和安全注意事项交待清楚	①修理厂领导参加排任务布置会,检查工作分工和安全注意事项是否交代清楚;②各排建立技术准备登记本,记录技术准备情况	风险点:技术准备不充分,不合格人员上岗工作 控制方法:排长通过技术问答,掌握本排人员技术状况和工作状态,把握上岗条件
		小组技术准备	小组长组织本组人员集体学习检查内容、操作方法、安全规定等	①技术文件资料齐全,熟知条例、细则、规程或定期检修操作卡片、技术通报和有关规定;②仪器设备、工具、器材备件、油料等准备充分	排长检查本排人员对检查内容、操作方法、安全规定等掌握情况	

　　推行流程管理,制订流程标准是基础性工作,关系流程管理在部队是否具有生命力。流程标准的制订需要对工作制度法规进行细致梳理,需要对工作经验进行全面固化,需要对工作标准进行科学量化,需要对风险隐患进行细致排查,需要反复推演暴露问题,需要在实践中不断优化和完善。此外,流程标准的制订需要有经验、懂流程的人员组织,需要流程涉及的职能部门和岗位人员广泛参与并达成共识。一个流程的生命力"流程图"最多只能占2层,"流程标准"至少应占8层。

　　流程标准优化和再造的时机、方法和应把握的原则,在原理部分已经讲述了,这些理论同样适用于维修保障流程标准。学会流程设计,流程优化和流程再造就不再是困难的问题,只是时机选择和具体问题在操作层面的实践应用。

　　流程管理是管理实践的创新,需要全员参与,所以流程执行也很关键,要有完善的组织架构和配套的管理制度作保证,要开展广泛地动员教育和持续地思想发动,要有持续的跟踪监控。让全体官兵认识流程、接受流程,自觉学习流程、运行流程,主动反馈流程、优化流程,最终达到流程管理的效益目标,这需要相当长的一段时间。

　　4. 实施流程管理应注意的问题

　　推行流程管理既有认识理解问题,也有方法步骤问题,需要注意以下几个方面:

　　(1)切忌流程繁琐。如果对工作流程的关键环节缺乏详细分解,就很难发现流程真正的问题或需要改进的地方,很难发现工作过程中非增值环节真正有多少。但是,如果设计出的流程过于复杂,又难免陷入对细节的纠缠之中而忽视对流程整体的审视。流程必须是全面的、完整的、详细的,但绝不是繁琐的。

　　首先,流程是分层的,不同层级的流程对详尽程度的要求也不相同。给经验丰富的管理骨干设计的流程和给一线维修作业官兵设计的流程,在详尽程度上绝不能一样;其次,流程绝对不是万能的,不可能依据一个流程就可以应对所有可能的情况,想靠"一个流程打天下"的想法是不对的。如有的人在设计直接机务准备流程,就想把所有任务、所有条件情况下准备工作项目列全,这是不容易做到的,即使做到,这样设计出来的流程也会很繁琐,执行者运行流程时还需要对环境条件、人员力量、任务情况等进行甄别,这样就会影响工作开展的效率。

(2)切忌盲目推行。没有完美的流程,只有最合适的流程。随着内外环境、工作者认知和操作能力,以及作业手段等的变化,流程需要持续地进行优化。美国空军在实施21世纪精细化管理的过程中,就多次强调即使花费了很大力气去设计流程,但流程改进的空间仍然很大,要不断优化,去剔除流程中的无效劳动和减少资源浪费等问题。所以说,流程的设计、再造和优化,既不可能一蹴而就,也不可能一成不变。最有效的方法是先设计建立重要的、核心的和简单易操作的流程,然后再逐步辐射和完善,最终形成完整的流程体系,并在实践中让官兵适应流程,让流程为目标服务。

流程管理需要一个成熟的运行环境,如决策层的能力与决心、官兵的素质和执行力、信息系统的技术水平等,推行流程管理绝不能照搬照抄地方企业。事实上,通过实施流程管理取得成功的企业很多,然而不得要领、一败涂地的也不再少数,寄希望于"拿来主义"的投机取巧和心血来潮的一阵风,想一劳永逸地解决所有管理问题注定是不会成功的。此外,推行流程管理,无论是流程设计、流程优化还是流程再造,常常会伴随着工作分工的变化,势必会牵涉组织成员利益的调整,必须注意实施前的动员、教育,应当把官兵和流程的设计者放在同等重要的位置,没有基层官兵的广泛参与,流程管理就难以顺利进行,流程只有得到广泛认可,流程中的每个环节的责任都落实下来,负责人能力达到要求,推行流程管理才能达到预期成效。

(3)切忌全盘否定。推行流程管理,倡导扁平化的组织结构,但全盘否定传统的部门职能制管理结构是不科学的。流程管理关注的是"事",作用对象在于工作的运行方式,部门职能制关注的是"人",作用对象在于人员的隶属关系。部队管理不能脱离具体的历史条件自行其是,无论是管人还是管事,都要与职能化的机构设置兼容,流程管理同样需要靠部门职能的管理结构去推行、去实施,在当前部门职能制根深蒂固的环境下,也只能采取温和的、渐进式的改革,先行试点,然后在一步一步地推开。

在理论层面,流程管理理论发展时间不长,理论体系也不是很完整;在实践层面,无论是地方企业,还是民航、外军,流程管理的实践探索也还处在起步阶段,不可能完全地照搬照抄。此外,部队推行流程管理,还受很多条件限制,如部队的组织架构、管理特点、任务属性、管理目标、人员组成、环境条件等,都制约着流程管理效益发挥的最大化。所以,推行流程管理,还要结合自身实际,在理论学习与实践运用的结合上,找到"黄金点",切实通过管理创新提升机务部队保障力和战斗力。

复习思考题

1. 简述全系统全寿命维修管理的含义。
2. 简要概括全系统全寿命维修管理的主要内容。
3. 什么是并行工程?并行工程与传统的序贯工程的主要区别是什么?
4. 从过程的角度描述航空维修系统工程?

5. 阐述航空维修系统的概念及其特性。

6. 剖析航空维修精细化管理的思想内核。

7. 结合航空维修保障实际,分析实施精细化维修管理的重要性、可行性。

8. 阐述流程管理的主要内容与主要原则。

9. 辨析流程设计、流程优化与流程再造三者之间的辩证关系。

中　篇

航空维修管理过程

第6章　航空维修计划

【本章提要】
◆ 计划是航空维修管理最基本的职能,航空维修计划的内容包括确定目标、战略策略以及各层次的计划体系。航空维修计划能够预见变化,指明方向,减少浪费。

◆ 按照不同的标准,可将航空维修计划划分为不同的类型,航空维修计划分为综合工作计划、使用维修计划和专项工作计划3类。

◆ 航空维修计划内容的重点应随着航空维修保障系统环境及自身特点的不同而适时调整。

◆ 航空维修计划的方法有很多,各种方法都有其特点,关键是能否在恰当的条件下灵活运用。

◆ 航空维修计划有具体内容和要求,应根据航空维修计划的原则和要求,制订切实可行的航空维修计划,以增强维修计划的准确性,保持航空维修计划应具备的基本弹性。

计划是管理的主要职能之一,航空维修的各项活动几乎都离不开计划,航空维修计划工作做得是否完善,对于航空维修系统运行成效影响很大,而且维修计划工作的质量也集中反映了航空维修管理能力水平的高低。

6.1　航空维修计划基本概念

6.1.1　航空维修计划的内涵

航空维修计划,就是在既定的维修思想、维修方针指导下,针对航空维修的任务,对航空维修客观情况进行调查研究,在总结实践经验的基础上,预测航空维修的发展变化趋势,统筹安排、综合平衡航空维修各方面的工作,择优决策,确定航空维修管理的目标和实现这一目标的行动方案——制订航空维修计划,并依据拟定的计划,科学组织、严格控制航空维修活动,有效地利用航空维修人力、物力和财力等维修资源,取得最佳的维修效果,圆满达成预定的维修目标。

6.1.2　航空维修计划的任务

航空维修管理的计划工作的主要任务是进行维修决策,并将航空维修决策具体化为维修工作计划,保证航空维修目标的实现。

(1)制订航空维修计划。根据装备作战使用任务和维修特点,对航空维修需求进行决策分析,制订航空维修长期规划、年度计划和实施计划。计划应根据航空维修需求以及环境特点来制订,需求不同,环境特点不同,航空维修计划内容的重点也不同,图6-1所示为管理层次与计划内容重点的关系。在一般情况下,基层管理主要制订活动的具体计划,强调计划的可操作性。高层管理主要制订具有战略性、方向性的计划,重点突出计划的战略内容。

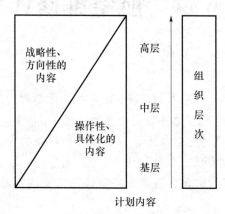

图6-1 管理层次与计划内容重点的关系

(2)平衡航空维修计划。在航空维修工作中,要做好航空维修计划的全局平衡和整体协调工作,使各部门、各层次、各项维修计划和指标互相衔接,协调发展,保持维修的人力、物力、财力在需要和可能之间的相对平衡,保证航空维修工作有计划地进行。

(3)实施航空维修计划。在航空维修工作中,合理地利用人力、物力和财力等维修资源,科学安排航空维修各个环节的工作,通过执行航空维修计划、检查航空维修计划,促进航空维修各项工作活动顺利进行,以获取最佳的航空维修效果。

6.1.3 航空维修计划的原则

1. 目的性原则

航空维修本身是一个完整的系统,但它又是军兵种、各战区等大系统中的一个子系统。因此,航空维修计划必须树立面向全局的系统观点,服从战区、军兵种建设、国家建设和赢得战争胜利的总目标。

航空维修计划必须服从军兵种、战区和国家的统一计划,严格执行国家和中央军委下达的指令性计划,遵循国家和总部规定的统一政策、统一命令、统一标准和法规制度等。

各级装备维修计划必须相应地与军委、战区和军兵种的总体计划保持一致。航空维修系统内部各层次、各门类计划必须保持一致,下级计划必须保证上级计划的落实。同时,要坚持计划的严肃性,计划一经批准必须严格执行,这既是航空维修系统统一指挥管理的保证,又是航空维修与部队战训任务相适应、协调发展的重要保证。

航空维修计划必须坚持一切为了作战胜利服务的方针,要通过航空维修计划管理来提高航空维修保障能力,最大限度地满足部队作战训练的需要。

2. 科学性原则

航空维修计划的科学性,要求对待计划坚持科学态度,制订计划运用科学方法。

航空维修计划必须坚持唯物辩证法。坚持从实际出发,深入调查研究,尊重航空维修的客观规律,研究掌握航空维修计划的特点,使主观符合客观,航空维修计划要具有现实性,符合航空维修实际情况,适应航空维修变化要求。但是计划不仅是认识客观,反映实际,更主要的是,计划必须是改造客观的行动方案,要体现人们的主观能动性,具有预见性,要依据维修规律,进行科学地预测和决策,提出战略目标。航空维修计划必须坚持现实性和预见性相结合。制订计划指标必须是先进的,要能调动广大维修人员的积极性、主动性、创造性,又要实事求是、量力而行、留有余地,处理好需要与可能的关系。只有将现实性和预见性有机地结合起来,航空维修计划管理才能为航空维修的发展方向、目标的确定和实现提供科学依据,才能为航空维修活动提供行动纲领和指南。

航空维修计划制订的科学方法,主要包括调查研究、系统分析、科学预测、数学模拟、综合平衡、方案选优等方法,航空维修计划要在不同的阶段,针对不同的情况,选用不同的适用的科学方法。

3. 群众性原则

航空维修管理的计划工作,必须贯彻群众路线,坚持依靠官兵,这样才能使航空维修计划符合实际,也才能动员官兵去完成计划。制订航空维修计划要在正确体现各级党委、部队首长、维修部门领导的指示、决心、意图的同时,善于集中官兵的经验、智慧,发动和吸收官兵参加计划的讨论和制订,要特别注意听取各方面专家的意见,反复讨论,慎重决策,这样才能保证航空维修计划的先进性、可行性。执行计划目标要层层分解,实行目标管理,采取多种措施调动官兵的积极性。

4. 平衡性原则

航空维修是一个复杂的系统,许多工作紧密相连、互相制约,因此航空维修计划必须坚持全面安排,搞好综合平衡,保证航空维修各方面工作的和谐、协调。首先,在制订维修计划时,要从总体上对人、财、物、信息、时间等航空维修管理对象进行合理分配、核算,使需要和可能保持平衡,不能留有缺口。要使航空维修系统内各层次、各环节的计划之间,长期、中期、短期计划之间,保持互相衔接和平衡,不能顾此失彼、互相割裂。其次,要在航空维修计划的执行过程中,保持航空维修计划的动态平衡。航空维修计划是一种提前控制,航空维修是动态过程,提前控制存在一定风险。维修计划在执行中,主观与客观脱节、比例关系失调、打破原有平衡的情况难免发生。平衡是相对的,不平衡是绝对的。因此,航空维修计划要不断根据变化了的情况,及时调整、修订计划,保持航空维修计划的动态平衡。

5. 效率与效益兼顾原则

信息化条件下现代战争的随机性、实现性比较强,机不可失,时不再来,因此航空维修计划必须立足争取最高的维修效率。没有或不考虑效率的计划等于没有计划。在确保航空维修有效满足装备作战使用任务的前提下,航空维修计划必须立足争取最高的维修效益,须树立提高航空维修经济效益的思想。航空维修是非生产性军事活动,很难以货币来精确地衡量其所得,航空维修的经济效益主要看获得相同使用效益时耗费的大小。因此,从制订计划开始,就要考虑充分合理使用维修资源,降低维修费用。计划的节约是最大的节约,计划的浪费是最大的浪费。要制订执行计划中厉行节约的措施,并检查落实。贯彻效率与效益兼顾原则,要处理好质量安全与效率效益的关系,要在确保质量安全的前提下,讲求效率,兼顾效益。

6.1.4　航空维修计划的作用

航空维修计划的作用,取决于航空维修管理职能和航空维修客观实际。

1. 计划是航空维修管理的首要职能

在维修管理的各项职能中,计划先于组织、控制,是组织的依据、管理控制的前提。航空维修计划是航空维修管理活动的起点,也是管理活动的终点——实现管理目标。在航空维修管理活动中,航空维修计划工作具有首位性、综合性、普遍性等显著特征,可以说航空维修管理计划工作的质量水平反映了整个航空维修管理水平。因此,要搞好航空维修管理,首先必须加强航空维修管理计划工作。

2. 计划是装备作战使用的迫切需求

信息化条件下的现代战争,要求航空维修工作必须具有很强的快速反应能力、机动能力、持续保障能力和生存防卫能力。俗话说:"凡事预则立,不预则废","预"就是事先的计划和准备,计划工作通过周密细致的预测,从而尽可能变各种意外情况为意料之中,做好做到预有准备。因此,航空维修必须以装备作战使用需求为牵引,从全局出发,周密分析维修保障任务和维修保障能力情况,严密计划维修保障各项工作、各类活动,科学调配维修资源力量,预有应付各种情况的准备,才能在任何复杂、恶劣的条件下应付裕如,快速高效实施航空维修,使最大数量的装备完好可用,确保装备作战使用任务的遂行。

3. 计划是航空维修管理的根本要求

计划可以通过明确管理目标和制订各个层次的计划体系,减少浪费,提高效率。航空维修是一个多部门、多层次、多环节的工程技术与管理系统,是一个复杂的大系统,因此必须有统一的目标和周密的计划,以作为各系统、各部门和系统内全体成员的行动纲领和指南,使航空维修系统和谐协调,有效防止各行其是,彼此脱节,保证航空维修系统的可靠高效稳定运行。

4. 计划是航空维修精细管理的要求

随着装备智能化、信息化、体系化程度的提高,航空维修的复杂性不断增强,业已成为一种复杂的系统工程活动。在航空维修组织实施过程中,各种维修活动的开展,维修资源的调配,可能会出前后协调不一、联系脱节、沟通不及时等各种矛盾冲突,航空维修管理的计划工作,通过科学的计划工作,使航空维修做到"物有标准、事有流程、管有系统、人有责任",确保实现航空维修工作流程的协调一致,维修资源调配的有序高效,以最经济的资源消耗,取得最佳的维修效果,以达到优质、高效、低耗的航空维修目标。

5. 计划是航空维修控制的基本要求

航空维修工作在组织实施过程中,由于受到系统内外部各种因素的影响作用,往往会产生偏差,偏离既定的管理目标。因此,航空维修工作在实现维修目标的过程中离不开控制,而计划是控制的基础。如果没有既定的规划、目标和标准作为衡量航空维修工作质量的尺度,就难以对航空维修工作活动的质量效益实施控制。航空维修管理控制中,几乎所有的标准都来自于计划。

6.1.5　航空维修计划的类别及其内容

航空维修计划的种类很多,从不同角度可以进行不同的分类。如按计划的管理层次分,有军兵种、战区、部队航空维修部门计划,修理厂、所、站等维修机构计划,以及基层维修单位计划;按计划管理的时间分,有长期规划,年度、季度、月份,直至周、日工作计划;按计划的工作范围分,有综合性计划、修理工作计划、维修专业工作计划、维修科研计划、维修训练计划、装备使用与送修计划等。现将几种主要航空维修计划介绍如下:

1. 航空维修长期规划

航空维修长期规划,是一种综合性、纲要性的远景设想,是航空维修工作的战略性计划,为期一般在 3 年、5 年、10 年以上,主要是根据军委战略方针以及航空维修工作的实际情况,确定航空维修能力建设、规章制度建设、维修人员队伍建设、维修力量发展设想等项目标、指标和措施、进度等,适用于军兵种、战区等航空维修管理部门。航空维修长期规划在航空维修计划中占有重要的地位。有了长期规划,就能够较主动地处理航空维修工作发展与科技进步的关系,较好地处理航空维修建设与军队建设的关系,使其适应和满足军队现代化建设和未来战争的需要;可以瞄准长远的奋斗目标,明确实现目标的步骤,用于调动、激励各级航空维修管理部门、维修机构和航空维修系统全体成员的积极性;可以减少航空维修计划的多变性、分散性,保持维修计划的连贯性、统一性,统筹安排各项工作,保证航空维修系统朝着预定的目标高效协调地稳步发展。

2. 航空维修年度工作计划

航空维修年度工作计划是以长期规划为依据,结合年度实际情况安排本年度维修工作,是长期规划的具体体现,如维修任务的安排和组织,维修资源的需求,维修科研和人员培训的安排,维修经费的预算和分配等。

由于长期规划涉及时间长、可变因素多,预测不易准确,规定的任务还比较粗,这就要求根据变化的情况对长期规划进一步调整。通过编制年度工作计划,能够根据执行长期规划中遇到的新问题,提出的新的需要,发现的新的潜力,对长期规划进行修订以保证维修计划的科学性、稳定性、可行性和有效性。年度工作计划要详细、具体规定各项工作的任务指标,明确计划的执行单位和责任,提出保证计划完成的具体措施。它起着协调长期规划与具体维修计划的作用,是维修计划管理中承上启下的主要环节,是航空维修工作年度的奋斗目标和行动纲领。部队装备管理部门、基层维修组织机构、单位等应制订年度装备工作计划。

部队装备(保障)部门是航空维修管理的职能部门,直接管理航空维修系统,是上级航空维修管理部门和部队维修单位的结合部。装备(保障)部必须根据上级航空维修管理部门年度工作计划和作战训练任务,以及上年度航空维修工作情况,制订年度维修工作计划。其主要内容包括航空维修保障能力提升计划、装备送修计划、装备维护保养计划、部队修理计划、质量控制建设计划、保障预案制订计划、维修训练计划、维修改革计划、维修理论研究计划、维修设备检修校验计划,以及机构建设计划、行业文化建设计划等。

3. 航空装备的使用与送修计划

航空装备的使用与送修计划是航空装备保障工作的一项重要工作计划,其本质就是根据上级下达的年度战训任务量,科学合理地调配航空装备的使用时间和大修时间,确保作战、训练的连续性。在分配航空装备的使用时间以及确定大修时,质量控制人员要根据航空装备的剩余寿命、日历寿命、大修、定检等情况进行综合考量,给出合理的计划安排。同时,该计划又是制订装备采购、退役报废、器材备件供应等计划的重要依据,因此,航空装备的使用与送修计划是一项多因素耦合影响、多目标整体联动的复杂计划。

6.2 航空维修指标

航空维修指标,是指用数量表示的某一时期内航空维修所要达到的目标和水平。一个完整的航空维修指标,通常是由指标名称和数字两个部分组成。

6.2.1 航空维修指标的作用

航空维修指标对加强航空维修计划管理有重要作用,主要体现在以下几个方面。

1. 维修指标是实现维修计划的集中表现

制订任何一项维修计划都必须要有确定的目标,而目标的具体化、数量化是通过各项维修指标来体现的。维修计划由一系列维修指标所组成,通过维修指标制订维修系统各方面的具体任务和标准。建立维修指标有利于调动各方面的积极性,保证维修目标的实现。

2. 维修指标是反映维修状况和维修水平的明显标志

维修指标以具体的数量表达维修质量、维修效益、维修效率、维修能力,为控制和检验维修工作提供了标准,有利于全面掌握维修活动的情况,进行定性、定量分析,正确指导维修按计划实施。

3. 维修指标是衡量装备性能的主要依据

装备使用中的安全性、可用性、经济性以及战术、技术性能的充分发挥,不仅和维修工作有关,而且还取决于装备本身。维修指标不仅是检验维修工作的尺度,也是考核装备可靠性、维修性、经济性的不可缺少的依据。

4. 维修指标是统一维修统计工作的有力工具

指标是统计的基本要素。只有确定维修指标才能保证各级维修统计内容、控制标准的一致性、统计资料的可比性。只有健全维修指标,才可能建立完善的维修数据收集系统,为研究维修方针、政策的正确性,维修方式的适应性,维修内容设置的合理性,改革维修体制和维修手段,提供可靠的根据。

6.2.2 制订航空维修计划指标的要求

航空维修计划指标的范围非常广泛,根据不同的需要可建立不同的指标。为了更好地发挥维修指标在维修管理中的作用,建立完善的航空维修指标体系,制订维修指标一般考虑以下要求:

(1)目标性。制订维修指标,必须紧紧围绕航空维修目标进行,航空维修指标要能反映维修的主要目标,要具有代表性。

(2)功能性。制订维修指标,必须能反映航空维修系统的输出功能,即要强调航空维修指标的使用价值,根据维修指标能评定航空维修活动的主要方面和主要过程的效果。

(3)先进性。制订维修指标,必须充分体现现代维修思想、维修方针的要求,促进航空维修质量的提高和航空维修管理的科学化。

(4)敏感性。制订维修指标,必须反映航空维修活动各主要影响、控制因素,即维修指标对影响、控制因素要有较高的灵敏率,如装备固有可靠性、完好率、出动架次率等。

（5）可测性。制订维修指标,必须具备直接测量性质,必须明确考虑的基点,反映指标测量的范围、测量的标准,统计的时间和计算的方法。

（6）可操作性。制订维修指标,必须依据航空维修规律,考虑到需要与可能等多个方面,如考虑装备可靠性、维修技术条件、备件器材供应保障、大修质量水平等。

（7）综合性。制订维修指标,必须要考虑航空维修目标尽可能用单一的主要指标度量,以减少数据收集和修正的工作量。

（8）系统性。制订维修指标,必须要考虑健全指标体系。航空维修指标体系要能反映维修活动的全貌及其内存规律,即要反映航空维修质量、效率、效益,装备的可靠性、经济性、可用性,战训任务完成情况,安全与事故情况,装备和人员实力情况,维修设施和设备情况,维修人员素质和培训情况等。

航空维修管理指标的选择是相对的,不是绝对的。由于航空维修的复杂性,对于反映某项维修目标的指标,不能要求尽善尽美,只要在同类指标中,较其他指标更能体现航空维修目标的要求,更能反映控制因素,即可选用。

6.2.3　航空维修计划指标体系及量化分析

1. 航空维修指标的分类

由于航空维修的复杂性,航空维修指标种类很多,可按不同方法进行分类。

按反映的范围,航空维修指标可分为总体性指标和局部性指标。总体性指标是反映航空维修综合成效的指标,如完好率、可用度等。局部性指标是反映航空维修具体工作活动成效的指标,如设备故障率、再次出动准备时间等。

按反映的内容,航空维修指标可分为数量指标和质量指标。数量指标是反映维修规模、能力、水平的指标;质量指标是反映航空维修质量和维修管理与维修工作质量的指标。数量指标通常用绝对数表示,质量指标通常用对数或平均数表示。

按使用的性质,航空维修指标可分为计划指标和统计指标。计划指标是预期达到的目标、标准;统计指标是记载实际达到和完成的程度。

按指标体现的维修目的的性质,可分为能力指标、任务指标、效率指标、效益指标等。反映能力的指标有任务成功率、出动架次率等;反映任务的指标有任务成功率、完好率等;反映效率的指标有平均修复时间、机务准备时间等;反映效益的指标有单位飞行小时维修工时、单位飞行小时维修费用等。

从广义上而言,航空维修指标也可分为定性和定量两类指标。

2. 空军航空维修指标

20 世纪 50 年代初期,我军航空维修指标主要有飞机良好率、发动机空地工作时间百分比和飞机出勤率,这些指标主要是用于衡量在队飞机的实力,战训任务的保障情况和控制发动机地面工作时间。1960 年,建立了"影响飞行千次率"指标,即增设了质量指标。1979 年,空军工程部对飞机良好率、出勤率、千次率航空机务统计指标进行了修改,取消了飞机出勤率,维修指标残缺不全,使维修管理遇到了种种困难。十一届三中全会后,随着航空维修理论研究的深入,确立了以可靠性为中心的维修思想,维修指标管理工作得到全面发展,加强了航空维修管理的组织和管理建设,进一步完善了航空维修指标体系,改进了航空维修统计工具。1980 年,在张家口召开第一次机务统计工作现场会,建立维修质量控制室,对在队飞机良好率等 8 项航空维修指标进行统计。该维修指标体系,不仅有了衡量部队装备实力状况和维修能力、维修质量的指标,而且充实了维修效率、维修效益、维修任务、装备可靠性、装备可用程度、安全与事故等指标,使航空维修在健全指标体系,加强指标管理上迈进了一大步。随着航空维修的进一步发展,为了使维修管理与国际接轨,真实反映航空维修能力,增强航空维修指标的可比性、可操作性,在调查研究和科学论证的基础上,进一步完善了航空维修指标体系,增加了飞机完好率、飞机维修停飞率 2 项维修指标,并对已有的航空维修指标进行重新认定和修正,最终确定了飞机完好率、飞机维修停飞率、任务成功率、飞机误飞千次率、飞机故障率、机械原因飞行事故征候万时率、机械原因飞行事故万时率、地面事故万时率、每飞行小时的维修工时和每飞行小时的维修费用十大航空机务指标。这也使得航空维修管理工作走向了规范化、标准化,促进了维修管理水平的提高。现将空军航空维修指标介绍如下:

(1)飞机完好率。是指在规定的使用和维修保障条件下,一个单位(机型)在一定时限内,累计完好飞机架日与累计实有飞机架日的比率。该指标是一个定量的指标,反映了航空装备完好状况、质量和保障情况,是制订装备使用计划的基本依据。其计算公式为

$$飞机完好率 = \frac{累计完好飞机架日}{累计实有飞机架日} \times 100\% \qquad (6-1)$$

如某部现有在编飞机 20 架,同时接装新飞机 4 架,如在其中一个月内(按 30 日计算)进厂大修飞机 2 架,在队飞机中有 1 架飞机因换发停飞 5 日、1 架飞机因定检停飞 3 日、2 架飞机因改装各停飞 4 日、1 架飞机因缺件停飞 7 日、1 架飞机因故障停飞 3 日,则该月飞机完好率计算为

实有飞机架日 = 24(架)×30(日) = 720 架日;不完好飞机架日 = 2(架)×30(日) + 1(架)×5(日) + 1(架)×3(日) + 2(架)×4(日) + 1(架)×7(日) + 1(架)×3(日) = 86 架日;完好飞机架日 = 实有飞机架日 − 不完好飞机架日 = 720 − 86 = 634 架日。

$$该月飞机完好率 = \frac{634}{720} \times 100\% = 88.06\%$$

实有飞机数包括本单位在编、编外(超编或借用,不含借出飞机)和送厂的飞机数。

(2)飞机维修停飞率。是指在规定的使用和维修保障条件下,一个单位(机型)在一定时限内,因部队进行维修工作而处于停飞状态的飞机架日与在队飞机架日的比率。该指标反映了飞机由于发生故障、维护、修理、定检、换发、待试飞等维修原因停飞的情况,是衡量部队维修能力和维修管理水平的基本依据。其计算公式为

$$飞机维修停飞率 = \frac{累计部队维修飞机停飞架日}{累计部队在队飞机架日} \times 100\% \qquad (6-2)$$

如某部现有在编飞机 20 架,同时从外单位借入飞机 4 架,其中某一个月内(按 30 日计)有 1 架飞机因换发停飞 4 日、1 架飞机因定检停飞 2 日、1 架飞机因故障停飞 3 日、1 架飞机因换发后待试飞停飞 3 日,则该月飞机维修停飞率计算为

在队飞机架日 = 24(架)×30(日) = 720 架日;维修飞机停飞架日 = 1(架)×4(日) + 1(架)×2(日) + 1(架)×3(日) + 1(架)×3(日) = 12 架日。

$$该月飞机维修停飞率 = \frac{12}{720} \times 100\% = 1.7\%$$

（3）任务成功率。是指在规定的使用和维修保障条件下，一个单位（机型）在一定时限内，完成飞行任务的架次与总任务架次的比率。该指标反映了机务维修质量保证飞机遂行作战、训练任务的情况，是评价机务准备工作质量的基本依据。其计算公式为

$$任务成功率 = \frac{累计完成飞行任务的架次}{总任务架次} \times 100\% \qquad (6-3)$$

如某部在某一个时间期内总任务架次完成 1500 个，而其中 1497 个完成飞行任务，则该时间期内任务成功率计算为

$$任务成功率 = \frac{1497}{1500} \times 100\% = 99.8\%$$

总任务架次是指计划任务架次和计划外任务架次的总和。未完成任务架次是指未按任务要求完成飞行任务的架次。包括：飞机起飞过程中故障，中止起飞；起飞后发现故障返场着陆（如果是编队飞行返航多机，按返航架次计算未完成任务）；飞行中未完成任务；本机（或备份机）任务完成后代替他机完成任务时，未能起飞；因机务保障问题，飞行指挥员减少了当日飞行任务，有问题的某机型或某几架飞机算未完成任务；飞机试飞（不含定期检修后规定的试飞）；要试飞的机件发生故障影响试飞，则算未完成任务。

（4）飞机误飞千次率。是指在规定的使用和维修保障条件下，一个单位（机型）在一定时限内，发生误飞的架次与飞行总架次的比率。该指标是飞机使用可靠性的指标，用于衡量装备的制造、使用和机务维护保障质量。其计算公式为

$$误飞千次率 = \frac{累计误飞架次}{累计飞行总价次} \times 1000‰ \qquad (6-4)$$

如某部在某一个时间期内总任务架次完成 1600 个，而其中误飞 3 个架次，则该时间期内误飞千次率计算为

$$误飞千次率 = \frac{3}{1600} \times 1000‰ = 1.88‰$$

遇有下列情况算误飞：未按训练计划和任务规定的时间起飞；飞机试飞，因非试验机件故障未能按时起飞。需要注意的是，误飞与未完成任务是两个不同的概念。因此，未按时起飞算误飞，影响飞机误飞千次率；起飞后未完成任务（如返航等），不算误飞，应按执行任务不成功处理，影响任务成功率；如果未能起飞，则既影响飞机误飞千次率，也影响任务成功率。

（5）飞机故障率。是指在规定的使用和维修保障条件下，一个单位（机型）在一定时限内，故障数与飞行时间的比率。该指标是飞机使用可靠性的指标，用于衡量装备的制造、使用质量。其计算公式为

$$故障率 = \frac{累计故障数}{累计飞行时间} \times 100\% \qquad (6-5)$$

某部在某一个时间期内总飞行时间 1200h，期间故障总数为 150 条，则该时间期内故障率计算为

$$故障率 = \frac{150}{1200} \times 100\% = 12.5\%$$

飞机故障分为"飞行过程中出现故障"和"地面检查发现故障"。其中，飞行过程中出现故障是指从飞行员开车后滑出，直至着陆滑回停机位过程中发生的故障以及据飞行员

反映而检查发现的故障次数。而地面检查发现故障是指在地面进行维修(含定检)工作中发现的故障次数。

(6)机械原因飞行事故征候万时率。是指在规定的使用和维修保障条件下,一个单位(机型)在一定时限内,由于飞机(含直升机)制造、翻修和维护等机械问题导致飞行事故征候的次数与飞行时间的比率。该指标综合反映飞行安全状况,是衡量装备质量和维修质量的基本依据。其计算公式为

$$机械原因飞行事故征候万时率 = \frac{累计机械原因飞行事故征候次数}{累计飞行时间} \times 10000‰ \quad (6-6)$$

如某部在某一个时间期内总飞行时间 1000h,期间共发生 2 起机械原因飞行事故征候,则该时间期内机械原因飞行事故征候万时率计算为

$$机械原因飞行事故征候万时率 = \frac{2}{1000} \times 10000‰ = 20‰$$

(7)机械原因飞行事故万时率。是指在规定的使用和维修保障条件下,一个单位(机型)在一定时限内,由于飞机(含直升机)制造、翻修和维护等机械问题导致严重(一等、二等)飞行事故的次数与飞行时间的比率。该指标综合反映飞行安全状况,是衡量装备质量和维修质量的基本依据。其计算公式为

$$机械原因飞行事故万时率 = \frac{累计机械原因严重飞行事故次数}{累计飞行时间} \times 10000‰ \quad (6-7)$$

如某部在某一个时间期内总飞行时间 3000h,期间共发生 1 起机械原因飞行事故,则该时间期内机械原因飞行事故万时率计算为

$$机械原因飞行事故万时率 = \frac{1}{3000} \times 10000‰ = 3.33‰$$

(8)地面事故万时率。是指在规定的使用和维修保障条件下,一个单位(机型)在一定时限内,飞机地面事故的次数与飞行时间的比率。该指标是衡量装备质量和部队维修质量的基本依据。其计算公式为

$$地面事故万时率 = \frac{累计地面事故次数}{累计飞行时间} \times 10000‰ \quad (6-8)$$

如某部在某一个时间期内总飞行时间 5000h,期间共发生 1 起地面事故,则该时间期内地面事故万时率计算为

$$地面事故万时率 = \frac{1}{5000} \times 10000‰ = 2‰$$

(9)每飞行小时的维修工时。是指在规定的使用和维修保障条件下,一个单位(机型)在一定时限内,用于飞机的直接维修(含内、外场)工时数与同一时限内的飞行小时数的比率。该指标反映了维修工作量的大小,是制订飞机训练计划、规划机务系统编制的基本依据。其计算公式为

$$每飞行小时直接维修工时 = \frac{累计直接维修工时数}{累计飞行小时数} \quad (6-9)$$

如某部在某一个时间期内总飞行时间 1000h,期间用于飞机的直接维修工时数为560h,则该时间期内每飞行小时直接维修工时计算为

$$每飞行小时直接维修工时 = \frac{560}{1000} = 0.56$$

飞机直接维修工时含内、外场维修工时，具体包括预先机务准备、直接机务准备、再次出动机务准备、机械日、特定检查、排故、定检、修理、改装、落实通报、离位检测等所花费的工时。累计飞行小时数一般取小时整数，分钟略去不计。

（10）每飞行小时的维修费用。是指在规定的使用和维修保障条件下，一个单位（机型）在一定时限内，为保持飞机完好和使用准备状态，所消耗的维修费用与飞行小时数的比率。该指标综合反映了装备维修保障经济性水平，是维修经费需求预测和供应的基本依据。其计算公式为

$$每飞行小时维修费用 = \frac{累计维修费用}{累计飞行小时数} \qquad (6-10)$$

如某部在某一个时间期内总飞行时间2500h，期间共花费维修费用120000元，则该时间期内每飞行小时维修费用计算为

$$每飞行小时维修费用 = \frac{120000}{2500} = 48\ 元/h$$

定点统计飞机维修费用的部队，可只统计本单位的维修费用。翻修费用由指定工厂统计；航材、油料等物资消耗的费用，由后勤部门协助统计。累计飞行小时数一般取小时整数，分钟略去不计。

6.3　航空维修计划的制订

6.3.1　航空维修计划制订的要求

1. 航空维修计划的基本构成

航空维修计划分为年度计划（调整计划）、补充计划和专项计划。其中，年度计划是根据上年航空维修经费指标投入水平预先安排的计划；补充计划是根据当年度航空维修经费增加数额重点解决年度计划之外确需安排的计划；专项计划是根据军委、总部确定的专项任务和所明确的专项经费指标组织安排的计划。根据实际需要，每年在一定时期，根据年度计划和补充计划的执行情况，还将对年度计划进行一次调整（调整计划）。

2. 维修计划编制的基本依据

（1）上级明确的维修经费指标。

（2）部队年度战备、训练、执勤任务的基本需要。

（3）部队现有装备技术状况和维护修理、维修器材、维修经费标准及修理能力。

（4）经上级核准的装备实力和业务实力。

3. 航空维修计划编制的项目设置

各类航空维修计划，统一按规定的类别、项目及细目拟制，总体上划分为"三大类"，即：维修类、管理类、其他类；"九大项"，即：装备大修、装备中修、小修维护、维修器材购置、维修设备购置、仓库业务、部门业务、维修改革、其他项目，并在各大项下编报具体细目。

4. 航空维修计划编制的经费范围

按照现行制度规定和目前航空维修实际情况，航空维修管理费的投向主要是三个方

面:一是用于航空维修的直接费用,如装备大修、装备中修、小修维护、维修器材购置、维修设备购置等;二是保障维修活动开展的间接费用,如仓库业务、部门业务、维修改革等;三是经上级批准可在航空维修管理费中列项的其他费用。有关装备库房、各类装备车场、维修器材仓库、部队修理工作间和其他维修设施建设,以及有关新组建单位行政开办、装备加改装等所需经费,不属航空维修费开支范围。部队计领标准经费中,不含器材筹措经费,如车辆装备的轮胎、电瓶等,不属于标准经费开支范围。

6.3.2 航空维修计划制订的程序

航空维修计划的制订、实施和控制,是航空维修计划管理的 3 个基本环节,这 3 个环节相互联系和紧密衔接。

1. 维修计划制订的一般程序

制订计划是一个复杂的过程,要统筹方方面面、综合种种因素,需要作定性的分析和定量的计算。制订计划的程序是否完善,方法是否科学,对计划的质量有很大的影响。因此,制订科学的航空维修计划,不仅需要正确的指导思想,而且要有科学的程序和方法。为了使制订的计划确实体现最优方案,大型复杂的计划一般要运用预测学、决策学、运筹学和计算机等现代科学技术。航空维修计划种类不同,程序有所差异,一般程序如图 6 - 2 所示。

图 6 - 2 航空维修计划制订流程图

（1）需求分析。在制订航空维修计划时,维修管理者首先应对装备作战使用需求、装备技术状态、装备资源力量、航空维修环境条件等进行一个扫描和系统的分析,明确航空维修达成预定目标的机会、存在的问题,以及达成维修目标所需的资源和能力要求,真正做到"自知者明"。确切地说,这项工作并非是计划工作的正式过程,而应该在计划过程开始之前就完成,但这项工作是整个维修计划工作的起点,也是确保维修计划有效性的前提。

（2）确立目标。目标的选择是计划工作极为关键的内容。制订航空维修计划目标,应深刻领会有关文件和首长指示精神,明确制订航空维修计划的意图、任务和主要内容,从而确立航空维修计划目标。在航空维修计划目标的确立过程中,首先要关注计划目标的价值,计划确立的目标应与组织的总目标相一致;其次要注意目标的内容及其重要度,目标的重要度不同,其配置的资源也是不同的,不同的目标的优先顺序将导致不同的维修工作的项目内容和维修资源分配的先后顺序;第三要注意计划目标的可测量性,计划目标要有明确的衡量指标,不能模糊不清,目标应尽可能地量化,以便度量和控制。

（3）确立前提条件。计划目标是航空维修计划确定的预期成果,而确定前提条件则是要确定航空维修计划工作所处的环境条件。计划工作是面向未来,而未来则具有不确定性,因而必须通过对现实情况的系统分析来预测未来维修计划可能遇到的环境条件,如安全形势、军事战略、社会、科技、经济环境、使命任务等,这些环境条件因素的预测分析是必不可少的,有的因素是可控的,有的是不可控的,并对这些环境条件进行敏感性分析,对影响维修计划重要度最高的予以高度重视,采取切实有效的措施进行风险管控。

(4)设计备选方案。由于航空维修对象、维修内容、环境条件等不确定性强,往往会产生许多意料之外的特殊情况,因此,需要集思广益,勇于创新,从多角度、多途径探索并设计多种备选方案,为航空维修计划提供高质量的备选方案。

(5)评价备选方案。确定了备选方案后,航空维修计划下一步工作就是根据计划的目标和前提条件,运用多种方法、多种手段,对各种备选方案进行评价。评价备选方案的一个关键是确定评价标准,关于评价标准要注意 3 个方面的工作:一是价值标准,价值标准主要用于判断备选方案的"好坏",价值标准的确定,应以能保证最好地实现计划的目标,在同样可以实现计划目标的前提下代价最小,以及计划目标实现的风险、不良后果(副作用)尽可能小等为基准。二是最优标准或满意标准,这类标准用以量化备选方案好的量度问题即评价度。三是评价的全面性,影响航空维修计划的因素很多,对这些因素应该加以全面考虑,尤其是对影响计划目标达成的关键因素。因此,如有必要,应对备选方案进行敏感性分析,以找准影响备选方案实施的关键因素。

(6)选择备选方案。这是航空维修计划流程的关键一步,这一步的工作是建立在前 5 项工作基础之上,所选择方案的有效性取决于上述工作的质量。为了保持航空维修计划的灵活性、适用性,选择的结果往往可能是两个或两个以上的方案,要决定首先采取哪个方案,并将其余方案作为后备方案,以备不时之需。当然,选择的方案也有可能不是备选方案之中的任何一个,而是多个备选方案综合而形成的一个新的方案。

(7)拟定派生计划。在完成方案选择这一计划流程之后,航空维修计划工作并未结束,还必须对涉及计划内容的下属单位、部门帮助制订支持总计划的派生计划。制订派生计划是航空维修计划有效实施的基础和保证。

(8)编制预算。航空维修计划流程的最后一步就是编制预算,即将计划转变为预算,使之数字化。航空维修计划数字化后,有利于对计划的汇总分析和各类计划的评估分析,有助于资源分配,而且,预算也是一种标准,有利于衡量计划完成情况。

完成上述 8 个计划流程,航空维修计划工作已全部完成,其余的工作就是逐级上报审批并下达执行。

2. 航空维修计划的实施

制订计划,只是航空维修计划工作的开始,更重要更大量的工作是维修计划的实施,将计划变为现实。实践表明,航空维修计划的实施,并不是下达一个通知或指示就能顺利进行,还需要具体制订实施计划,并为实施航空维修计划创造良好的环境条件。同时还需对航空维修计划的实施进行跟踪,及时总结、回顾和比较计划实施的结果。

贯彻执行航空维修计划的基本要求是保证全面地、均衡地完成计划。全面是指必须按所有主要指标完成计划;均衡是指各部门、各单位都要按时完成计划。为此要做好以下几项工作:

(1)实行航空维修计划的层级管理。航空维修计划能否实现,不仅要看计划本身是否符合实际,切实可行,而且要有航空维修系统内所有部门、单位的密切协同、相互配合才能实现,因此,要充分发挥各级职能部门的管理作用,这是贯彻执行好航空维修计划的关键。围绕航空维修计划总目标,各级航空维修管理机构都要制订相应的执行计划,逐级细分,越到下面越具体,直至每个维修操作人员的作业计划,使整个航空维修系统形成一个完整的计划管理体系。整个维修计划管理体系像座金字塔,只有层层紧密衔接,基础牢固,塔顶的目标才能实现。

(2)充分调动官兵的积极性和创造性。官兵是航空维修计划的具体执行者。计划订得再好也还是纸上的东西,计划能否顺利实现,关键在于能否调动广大官兵的积极性,能否把计划变为官兵的自觉行动,真正成为官兵行动的纲领和目标。为此,航空维修计划确定后要及时同官兵见面,使官兵对航空维修计划做到心中有数,明确奋斗目标。同时要开展有力的政治教育和思想发动工作,把贯彻执行计划同开展立功竞赛活动相结合,把精神激励和必要的物质奖励结合起来,提高官兵的思想觉悟,使其以主人翁的态度完成计划规定的工作任务;还要组织官兵对计划进行认真讨论,制订措施,提出合理化建议,挖掘潜力,层层落实计划。

(3)执行计划实行目标管理。计划要层层落实,指标就要层层分解。因此,要把计划的执行过程作为各项计划指标分解和具体落实的过程。目标管理就是按各级、各单位、各人担负的任务和职责不同,把航空维修计划的总指标,分解为若干细化的具体指标。这些具体指标,要既能测定维修活动是否按统一计划进行,又能衡量维修活动对实现维修目标的具体效果,然后把这些具体指标逐一落实到各级、各单位和个人,使每个单位和维修人员既有明确的努力目标,又有行动的准则,从而实现目标的自上而下的分级管理,保证维修活动高效进行。

(4)严密组织,抓好落实。执行维修计划前的各项准备工作,包括制订标准、定额、技术文件、管理规章,维修设备、器材、原材料的筹措,管理和操作人员的培训、编组,这些都要制订措施,抓好各项措施的落实,要定单位、定人员、定项目、定进度,搞好维修的协调统筹工作,强化指挥管理系统。

3. 航空维修计划的控制

维修计划的制订和实施是一个动态过程,对这个过程进行科学管理和有效监控,是维修计划顺利实施的基础和重要手段。航空维修计划的控制工作主要围绕计划目标(指标)和计划的中心任务进行,主要内容如下:

(1)各项计划指标的完成情况,包括进度、数量、效率、效益。

(2)执行计划过程中出现的重大问题和解决方法,执行计划中的经验和教训。

(3)执行计划过程中贯彻执行有关政策法规、条例规章的情况。

管理检查的方法很多。从检查的时间上划分,有日常检查和定期检查;从检查的内容和范围上分,有全面检查和专题检查;从检查的人员分,有上级检查和自身检查,有专职人员检查和官兵检查;从检查的方式分,有利用统计报表检查,召开会议、听取汇报和深入现场直接考察等。这些检查往往是互相结合进行的。检查时要注意以下几点:

(1)明确标准,既要定性标准,更要有定量标准,这是计划检查的制度。对照规定标准检查执行情况,是最明了,最客观、最有效的一种控制方法。

(2)及时指导,采取措施,纠正偏差,这是检查计划的目的。既要进行全面检查,也要进行重点检查;既要检查先进的,也要检查落后的;既要进行阶段性检查,又要进行经常性检查。检查中通过比较、评价、分析、发现偏差,及时采取措施加以纠正,若属于未按计划规定办事的,应视情况分别给予批评、指导,若属于客观情况造成的,应同有关单位协调,解决矛盾,若属于计划不周,应迅速反馈修正。任何有效的管理总是随机制宜的,如在执行中发现计划与现实差距太大,应及时进行调整。

(3)检查计划的执行情况,关键是做好经常性的信息反馈工作,因此要加强原始资料的记录、传递和统计分析工作。

4. 航空维修计划的形式

维修计划的表达方式有以下几种:

(1)文字形式。拟制综合性维修计划时常采用这种形式,如长期规划、年度计划等。文件计划的格式一般分为 3 个部分:

① 标题,应写出单位的名称、适用时期、计划内容。

② 正文,一般先写前言,后写计划事项。计划的前言,要简明扼要说明为什么制订这份计划,制订计划的依据,上级的要求,总的工作任务等。计划事项,是计划完成的任务项目。每一个项目,首先要写明目的、这是这一项计划工作要达到的目标或指标。然后写出要求、步骤、措施、办法,这是指完成这项工作任务需要做哪些具体工作,怎样做,如何完成,以及完成的时限与具体的分工等。概括起来就是做什么、怎样做、什么时候完成。

③ 计划的末尾,要写明制订计划的单位、时间。

(2)表格形式。一般机关工作或具体维修作业计划多用这种形式。

(3)统筹图形式。

(4)文、图、表结合的形式。大型、复杂的计划往往采用这种形式。

6.3.3　航空维修计划制订的方法

航空维修计划工作效率的高低、质量的好坏,在很大程度上取决于制订维修计划时采用的方法。为保证航空维修计划的有效性,航空维修计划的有关数据、指标和计划的确定,必须采取科学的方法。计划的方法很多,下面简要介绍常用的计划方法。

1. 数理统计方法

航空维修计划是根据维修的实际情况而进行预测和决策的。要准确地反映航空维修的实际情况,就必须依靠能够客观地反映航空维修现实的数据,它是制订航空维修计划的原始依据。

首先,要进行数据收集和选择。数据的选择就是从平时积累的数据总体中,根据编制维修计划的需要选择有关数据。选择数据要目的明确、准确可靠、完整及时。其次,要进行数据的整理分析。数据整理就是对收集来的数据进行分类分组、综合汇总,使之条理化、系统化,得出反映维修实际情况的综合资料。

运用数理统计方法对数据样本进行整理分析来推断总的状况,从而揭示包含在数据中的航空维修规律性,常用方法有统计分析法、分层法、主次排列图法、立方图法、梯形图法等。

2. 指标预测方法

航空维修计划所规定的维修工作都是面向未来的,航空维修的各项指标只能作为预测的对象。常用的预测方法如下:

(1)定额法。是指依据航空维修的科学技术水平和需求条件,制订有关维修人力、物力和经费等的标准作为维修定额。航空维修中定额的种类很多,如备件供应标准、维修经费标准、原材料消耗标准等。

定额法就是直接根据各种标准来确定维修计划指标的方法。

（2）比较法。是通过分析比较来确定维修计划指标的方法：①不同时期的纵向比较，即根据以往各年航空维修的实际情况和航空维修的发展水平进行分析对比，以确定合理的维修计划指标；②各部队或同类单位、同类维修项目进行横向比较，从中找出差距，挖掘潜力，确定可行的维修计划指标。

（3）专家预测法。是利用专家的经验和智慧，对维修计划指标进行预测的方法。该法特别适用于缺乏数据资料的有关维修计划指标的确定和航空维修长远发展的计划指标的确定。

3. 分析规划方法

分析规划方法是拟定航空维修计划方案并对各种可行的维修计划方案进行分析、比较、评价、选优时采用的方法。分析规划方法主要如下：

（1）分析综合法。分析综合法要求从技术条件是否优化可行，经济上是否节约等方面加以分析、综合和权衡，确定最佳维修计划。在航空维修管理中，对较大范围的经费、物资调整，重要、复杂装备的修理等，都要进行技术、经济等方面的分析论证。

（2）网络技术（统筹法）。网络技术是一种科学的计划管理方法。航空维修计划所涉及的内容，既有先后顺序，又互相关联。运用网络技术，可以把整个计划作为一个系统，根据各个环节间的逻辑关系，对人力、物力、时间、资源等作出合理的安排，保证以最经济的资源、最短的时间、最有利的方式为维修管理人员选择最优的计划决策。

4. 滚动计划方法

滚动计划法，是一种定期修改未来计划的方法。随着时代发展，管理环境的复杂性、不确定性越来越强，在制订计划时，计划活动越远，前提条件越难明确，为提高计划的有效性，可以采用滚动计划法。在滚动计划时，往往采用远粗近细的策略，即把近期的详细计划和远期的粗略计划结合起来，在近期计划完成后，再根据执行情况和新的环境变化逐步细化并修正远期计划，其具体实施过程如图 6 - 3 所示。

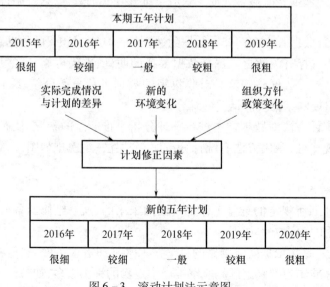

图 6 - 3　滚动计划法示意图

由图 6-3 可见,近期详细计划执行完成后,根据执行情况和管理内外部情况因素的变化情况,对原计划进行细化、修正,此后便按照同样的原则逐期滚动,每次修正都向前滚动一个周期时间,这就是滚动计划法。

滚动计划法的缺点在于增加了计划工作的工作量,但其优点是明显的。该计划方法推迟了对远期计划的决策,增加了计划的准确性,提高了计划工作的质量,而且,该方法也使得短、中、长期计划能够相互衔接,既发挥了长期计划的指导作用,使得各期计划能够保持基本平衡,同时又保证了计划应有的弹性,特别是在信息化这种动态变化的环境之中,滚动计划法有助于提高计划工作的有效性,提高管理的适应能力和应变能力。

6.4　典型航空维修计划的制订

航空维修计划中和机务保障部门关系最密切的,也是最为典型的就是飞机、发动机使用计划。飞机、发动机的使用和维修也是航空兵部队保障部门最为重要的两项工作,二者相互促进、相互限制、相辅相成,因此对于航空兵部队的维修而言,研究飞机、发动机使用计划是优化整个维修工作最为直接的方法和手段。

飞机、发动机的使用计划,一般由机务大队于上年年底前完成。依据年度飞行任务,根据飞机、机上发动机的阶段翻修规定使用时限和剩余使用寿命,绘制飞机梯形使用计划图,分别确定每架飞机全年和每月预计使用时间,填写飞机、发动机使用计划表,经大队长批准后上报旅(团)机关,经旅(团)首长批准后上报基地(师、院)保障部,并下发各中队、修理厂(定检中队)。

有计划地使用飞机、发动机是保持部队战斗力,保证维修系统各个环节正常运转的重要措施,有利于飞机、发动机的定期检修和翻修的合理安排,有利于发动机和其他维修器材备件的计划供应,避免大量飞机同时停飞,避免定检中队和修理工厂工作一时负担过重,避免打乱航空维修的订货和修理计划,从而使航空兵部队保持持续的战斗力。

6.4.1　飞机、发动机使用计划制订的要求

飞机、发动机使用计划,应遵循下列要求:

(1)同型飞机、机上发动机使用到大修时限的剩余寿命,相互间保持一定的间距,形成梯次排列;每一个梯次间隔段的飞机所占百分比,符合有关规定。按照主要作战机种梯次间隔飞机架数不大于 15%,一般机种不大于 20% 的标准严格控制。

(2)同型飞机、机上发动机使用到大修时限的平均剩余寿命百分比,应符合有关规定。

(3)保证在同一时间内进行定期检修和中修的飞机,不超过在队飞机架数的 15%。

(4)严格控制送厂大修飞机、发动机的剩余寿命。

6.4.2　飞机、发动机使用计划制订的依据

飞机、发动机使用计划制订的依据,主要有以下几个方面:

一是航空维修业务管理部门关于飞机、发动机使用的意见和安排;

二是战训任务。在制订飞机、发动机使用计划时,机务大队必须向上级作训部门了解战斗训练时期的飞行任务量,包括全年(或战役期)飞行总时间、每月飞行总时间、各机种

飞行时间的比例、起落架次、飞行课目(如白昼、夜航、复杂、打靶、轰炸)等。再依据任务飞行总时间确定飞机、发动机的总工作时间。此时还要考虑附加的飞行和工作时间,如试飞、拖靶飞行、合练演习和战斗起飞、发动机磨转、飞机损伤、发动机提前损坏和空地时间折合等。

飞机、发动机总工作时间分别用下式计算:

$$T_{飞总} = T_{任} + T_{飞附} = T_{任} + T_{任} \times t_{飞附} = T_{任}(1 + t_{飞附}) \qquad (6-11)$$

$$T_{发总} = (T_{飞总} + T_{发附}) \cdot n = (T_{飞总} + T_{发地} + T_{发损}) \cdot n \qquad (6-12)$$

$$= (T_{飞总} + 0.2mT_{飞总} + eT_{飞总}) \cdot n = T_{飞总}(1 + 0.2m + e) \cdot n$$

式中:$T_{飞总}$为预计总飞行时间;$T_{任}$为任务计划的飞机总飞行时间,$T_{任}$ = 列入计划的飞行员人数×每人飞行指标(时数);$T_{飞附}$为任务计划之外的附加的飞行时间;$t_{飞附}$为飞行时间附加率,是天气、试飞、演习、战斗等飞行时间和任务计划飞行时间的比例,通常参照历年的统计来拟定,一般为 5% ~ 10% ;$T_{发总}$为预计发动机总工作时间;$T_{发附}$为飞行之外发动机附加工作时间,$T_{发附} = T_{发地} + T_{发损}$;$T_{发地}$为发动机地面工作时间折合成空中时间 $T_{发地} = 0.2mT_{飞总}$;0.2 为发动机地面时间折合为空中时间比值;m为发动机空地工作时间百分比,通常参照历年的统计资料来拟定,歼击一般为 12 ~ 15% ;$T_{发损}$为发动机因制造、维护、使用不当,造成提前更换而损失的寿命,$T_{发损} = eT_{飞总}$;e为发动机提前更换率,通常参照历年的统计资料拟定;n为某型飞机上所装同型发动机台数。

三是飞机、发动机情况,如飞机、机上发动机翻修剩余时间状况;飞机的质量和良好情况;飞机、发动机的规定翻修时限。

四是上级批复的年度送修计划和可能补充的情况。

五是往年飞机、发动机使用和维修的规律性资料,这对制订新计划具有重要的参考价值。

六是维修保障能力,如维修人员的数量和质量,维修设施、设备条件,维修工时的利用等。制订飞机、发动机使用计划时要从实际出发,通盘考虑,预先估计影响飞行任务的各种因素,如跳伞训练、气象条件、维修保障和航材供应等,使计划尽可能符合实际。

6.4.3 飞机、发动机使用计划制订的方法

飞机、发动机的使用计划一般采用数理统计方法来制订,具体是采用梯次图法。这种方法简明形象,便于制订和使用,梯次图最好在坐标纸上绘制。下面以一个建制单位同一机型的飞机年度使用计划为例,说明该方法的运用。

假设某航空兵部队年度作战训练飞行任务量为 4000 飞行小时,目前在编飞机为 20架,剩余寿命情况如表 6 - 1 所列,该机型各阶段规定寿命均为 1000h,试制订飞机年度使用计划。

表 6 - 1 × × 单位 × × 年飞机翻修剩余寿命情况

× × 单位 × × 年度飞机翻修剩余寿命 h																			
																第 1 页　共 1 页			
飞机号码	1	2	3	4	5	6	7	8	9	10	11	12	13	14	15	16	17	18	19	20
翻修剩余寿命	670	521	486	160	214	267	87	768	807	384	592	929	628	717	723	890	943	417	799	405

（1）首先画出该单位所有飞机使用到规定翻修时限的剩余寿命梯次图，并将所有飞机按其翻修剩余寿命由少到多、从左到右逐架排列在坐标图上，形成梯次排列，这样就形成了一张飞机余寿梯次图。图中，横坐标 OX 表示飞机号，纵坐标 OY 表示该阶段飞机的剩余寿命，其最大值为阶段翻修时限。用线段将每架飞机剩余寿命连接起来即为飞机实际剩余寿命梯次线，简称余寿梯次线，如图6-4所示。

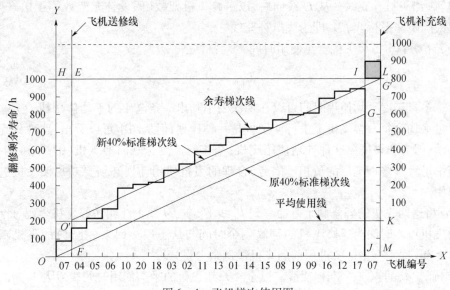

图6-4 飞机梯次使用图

（2）画出阶段平均翻修剩余寿命40%的标准梯次线。

① 计算单位该阶段平均规定翻修时限的80%（B）：

$$B = \frac{B_1 \times N' + B_2 \times N''}{N} \times 80\% \tag{6-13}$$

式中：N 为该单位的在编飞机数，N'，N'' 分别为规定翻修时限 B_1、B_2 的飞机数。例如该单位飞机阶段平均规定翻修时限为1000h，80%则为800h。

② 该机型的各阶段规定翻修时限均为1000h，因此 $B_1 = B_2 = 1000h$。在最后一架飞机对应的翻修剩余时间坐标轴上找到800h的点 G，用直线连接坐标原点 O 和 G，OG、OJ 与 GJ 所组成的直角三角形面积正好是长方形 $OHIJ$ 面积的40%，也就是对应阶段平均翻修剩余寿命的40%，OG 称为40%标准梯次线。用40%标准梯次线 OG 可以检验飞机目前的战备寿命储备情况，因此往往也把该线称为战备储备线。

（3）确定送修飞机架数，画出飞机送修线。

① 即便余寿梯次线位于战备储备线的上方，但也不能保证同时满足年度战训任务量和规定的余寿百分比。如果整体寿命不充足，就需要飞机补充送修。因此，需要计算送修飞机数量，并画出飞机送修线。假设全年需送厂翻修的飞机架数 A（因为飞机只能按架补充，所以如果计算结果有小数，则采用进位取整），有

$$A = \frac{T + D \times 40\% - C}{B_3} \tag{6-14}$$

式中：T 为今年需要完成总的飞行任务量；D 为单位所有飞机阶段规定的剩余时限；C 为

目前所有飞机的总体剩余寿命；B_3 为新一阶段翻修后，飞机重新规定的翻修时限。

② 该机型的各阶段规定翻修时限均为 1000h，因此 $B_3 = 1000h$。根据计算的飞机送修架数 $A = 1$ 架，在坐标图中画出飞机送修线，即间距为 A 平行于坐标纵轴的 EF 线。如果计算结果 A 为负数，说明当前所有飞机的总体剩余寿命还很充足，飞机无需送修。

(4) 画出飞机补充线。从 IJ 线向右，以送修飞机架数（假设补充架数等于送修架数）的长度为间距作平行线 LM，即为飞机补充线。

(5) 计算平均每架飞机全年使用时间 $T_{平均}$：

$$T_{平均} = \frac{T}{N} \tag{6-15}$$

通过计算单机年度平均使用时间可以在梯次图中画出一条全年的平均使用线 $O'K$。将战训任务量平均到每一架飞机上进行使用也是一种计划，但从图中可以看出，这种分配计划并不科学，因为如果按照这种计划使用飞机，全年就需要送修两架飞机（07 号和 04 号），无形当中增大了修理工厂的负担。因此，合理的飞机使用计划必须要对每架飞机进行差异化使用。

(6) 将送修飞机的翻修剩余寿命移到 IL 线上，在 JM 线上注明送修飞机号码，此时 JM 之间的飞机可飞时间为送修飞机的翻修剩余时间与从工厂接回来（补充）的飞机新的翻修时限之和（注意严格落实进厂前的飞机最低余寿量）。

(7) 画出新的 40% 标准梯次线。以全年每架飞机的平均使用时间线 $O'K$ 为新的模坐标轴，飞机送修线 EF 为新的飞机剩余寿命纵坐标轴。重新计算新一阶段飞机平均规定翻修时限的 80%，并在标注飞机补充线 LM 上为 G' 点，连接 $O'G'$ 即为新的 40% 标准梯次线，简称标准梯次线。

$O'G'$ 这条斜线有两个作用：一是截取了新一阶段总的规定翻修时限的 40% 作为下一年度战备储备量；二是为各架飞机的差异化使用提供了一个标准，以 $O'G'$ 线为基准，翻修剩余寿命超量多的飞机就可多使用，超量少的（甚至在 $O'G'$ 线以下的）就应少使用，进一步的改善了飞机梯次使用状况。

40% 是航空工程条例规定的飞机、发动机平均翻修剩余时间的最低标准。各部队在制订飞机、发动机使用计划实际过程中，应根据本单位飞机、发动机的使用现状、任务和送修、补充条件，确定一条适当的"标准"梯次线，使这条梯次线尽量接近理想梯次线，即为总的规定翻修时限的 50%。

(8) 确定每架飞机全年应使用的时间 $T_{i全年}$，它等于平均每架飞机全年的使用时间 $T_{平均}$ 和每架飞机翻修剩余时间 C_i 与标准梯形线的距离 S_i'(h) 之和。

$T_{i全年} = T_{平均} + S_i'$，翻修剩余时间高于标准梯次线时 S_i' 为正值，低于标准梯次线时 S_i' 为负值。如图中 11 号机 $T_{11全年} = 200 + (592 - 560) = 232$(h)，06 号飞机 $T_{06全年} = 200 + (268 - 320) = 148$(h)。因为梯次使用计划要求达到工程计算上足够的精确度即可，因此 S_i' 可以直接从梯次图上量出。当然也可用计算的方法求出：

① 求出梯形差 V：$V = \frac{B}{N}$。

② 求出梯次图上每架飞机所对应的标准梯次线的高度 S_i：$S_i = VN_i$，N_i 为每架飞机在

横坐标轴上的排列顺序号；

③ 求出 S_i'：$S_i' = C_i - S_i$。

如果飞机使用的梯次情况很差，剩余寿命高出或低于标准梯次线很多，要想很快达到标准梯次线是很困难的。因此，安排飞机使用计划时不能简单地根据计算出来的时间确定，应同时考虑可能使用的范围，在平均使用时数的 50% ~150% 之间调整使用，使距标准梯次线较远的飞机逐步缩小距离。但各架飞机全年计划使用时间之和应尽可能地接近本单位全年总的飞行时间。

(9)确定每架飞机每月(第 u 月)应使用的时间 T_{iu} 和送修飞机的送修日期，均衡安排定检等维修工作。

$$T_{iu} = T_{i全年} \times \frac{T_u}{T} \tag{6-16}$$

式中：T_u 为第 u 月本单位预计总的飞行时间。

确定了需翻修每月计划使用时间，也就可以推算出飞机送厂大修的日期。

发动机使用计划的制订方法与飞机相同。

6.4.4　落实飞机、发动机使用计划的措施

(1)提高认识，加强领导。部队首长要亲自抓，航空维修管理部门每半年要检查、讲评一次。机务大队要经常向部队首长汇报飞机、发动机的使用情况，经常向有关人员进行宣传教育，增强计划的严肃性。编制计划应交中队、机组讨论，定稿后报部队首长审批，然后按表 6-2 上报上级航空维修管理部门和作训部门，并下达给各基层单位。月份计划要及时下达到机组，使其明确任务和要求，提高执行计划的自觉性。

表 6-2　××单位××年飞机、发动机使用计划表

××单位××年度飞机、发动机使用计划表 h															
														第1页　共2页	
飞机号码	剩余寿命		全年	逐月使用时间											
				1月	2月	3月	4月	5月	6月	7月	8月	9月	10月	11月	12月
07	飞机	1087	282	20	15	25	22	35	31	32	24	23	26	15	12
	发动机	120:20	346	24	18	30	26	42	40	39	35	30	31	18	14
04	飞机	161	121	7	8	11	13	11	15	15	15	6	9	6	5
	发动机	144:13	115	8	6	11	12	11	12	12	12	7	11	7	6
05	飞机	214	134	15	5	8	7	18	18	18	16	7	8	6	6
	发动机	70:03	99	6	6	10	11	9	9	9	7	7	10	7	7
…	飞机	…	…	…	…	…	…	…	…	…	…	…	…	…	…
	发动机	…	…	…	…	…	…	…	…	…	…	…	…	…	…
17	飞机	944	184	6	16	10	20	21	20	22	22	16	18	8	5
	发动机	439:42	121	7	7	12	12	13	12	14	15	8	9	6	6
合计时间(飞机)			4008	205	190	295	…	…	…	…	…	…	…	…	180
合计时间(发动机)			4095	207	195	299	…	…	…	…	…	…	…	…	193

××单位××年度飞机、发动机使用计划表														

第2页　共2页

飞机号码	剩余寿命		全年	需要进行的工作											
				1月	2月	3月	4月	5月	6月	7月	8月	9月	10月	11月	12月
07	飞机	1087	282					大修							
	发动机	120:20	346								换发				
04	飞机	161	121		改装										
	发动机	144:13	115				定检							试车	
05	飞机	214	134						改装						
	发动机	70:03	99										大修		
…	飞机	…	…												
	发动机	…	…												
17	飞机	944	184			喷漆									
	发动机	439:42	121					质检							

（2）专人负责，及时调整。部队航空维修管理部门和机务大队要有专人负责此项工作，做到年有计划、月（季）有安排、日有核算。机务大队应建立飞机梯次使用显示板，标明上年底翻修剩余时间和本年度计划翻修剩余时间梯次线如图6-5所示，每月底及时总结当月飞行时间标出实际梯次线，以便及时调整下月计划。年度计划一般每半年修订一次。

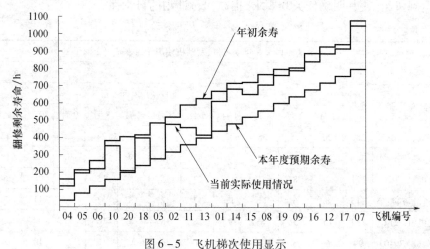

图6-5　飞机梯次使用显示

（3）严格控制，合理分配。除呈报年度使用计划外，机务大队每月底应将下月飞机、发动机使用计划及时提供给上级作训部门作为制订飞行计划的依据；关键是要控制好每个飞行日飞行的使用计划，每月飞行飞机的计划安排，一定要由机务大队掌握确定，要适当调整飞机的出动量、差额分配单机任务；重点是要控制好多飞和少飞的飞机，对需多飞的飞机的人员、维修工作及其发动机、器材备件重点保证，对需少飞的飞机可安排预备机、战斗值班或油封；要安排好定期工作计划，及时排除飞机故障，使最大数量飞机处于可用状态。机务大队要每月制订检修工作计划表;飞机与发动机梯次使用发生矛盾、相差很大时,一般应以飞机为主,调换发动机,多发飞机,应尽可能将翻修剩余时间相近的发动机调在同一架飞机上使用。

6.4.5　飞机、发动机使用计划的审核

上级航空维修管理部门批复部队飞机、发动机送修计划时必须进行审核。审核的方法主要有转换计算法、送修千时率和送修百分率法,这 3 种飞机、发动机送修计划的计算审核方法都是以梯次使用计划为前提的,梯次很差的部队在利用这些方法时,应根据实际情况加以修正,否则会产生较大的误差。同时,上级航空维修管理部门在审核部队飞机、发动机送修计划时,应考虑以下几个方面:一是要照顾重点,对担负任务重(如异地驻训、改装和训练新飞行员等)和梯次很差、翻修剩余时间百分比很低的部队适当多安排送修;二是要权衡经济性因素,尽量就近送厂,参照运输方式和装载量批复发动机送修数,以节省运费。

当然,航空维修计划还有多种,上述仅对飞机使用计划进行了分析,还有多种航空维修计划需要制订,其内容虽有区别,但航空维修计划制订的程序、要求大致相同。航空维修计划,还要制订战时航空维修计划。战时航空维修工作,实质上是航空维修在特殊情况下的表现,它以平时维修为基础,以日常储备为后盾,在复杂的环境及恶劣的条件下完成航空维修任务,维修计划也具有其特殊性,需具体研究。

复习思考题

1. 分析航空维修计划的作用意义。
2. 什么是航空维修计划?
3. 阐述航空维修计划的基本任务。
4. 简述航空维修计划的基本要求和基本原则。
5. 简述航空维修计划指标及其作用。
6. 简述我军航空维修计划的主要指标。
7. 归纳总结航空维修计划制订的基本程序及方法。
8. 简述航空维修计划的种类和内容。
9. 什么是滚动计划法? 简要概述其基本过程。
10. 以飞机为例,简要说明飞机使用计划的管理过程和具体方法。

第7章 航空维修组织

【本章提要】

◆ 组织是管理的载体和支撑,组织效能的高低直接影响到管理的成效。

◆ 组织结构是组织体系的决定性架构,是一个组织有效运转的支撑,影响组织效能的因素有很多,如战略、规模、环境、技术、文化等。

◆ 组织结构常见的类型有:直线制、职能制、直线职能制、事业部制、超事业部制、矩阵制、多维立体等组织结构。目前,我军航空维修管理适用的组织结构为直线职能制。

◆ 航空维修组织的任务是组织设计、组织维系、组织运行和组织变革。

◆ 航空维修组织的运用,必须以完成保障任务为目的,以优质、安全、高效低耗为目标,以质量安全为中心,以管理科学方法为指导。

组织作为一种目标的人群心理活动与技术系统有机结合并按照特定关系模式工作的统一体,自始就是人类最普遍的社会现象。组织既是管理的主体,又是管理的客体,还是管理的职能,组织研究十分重要,也相当复杂和艰难,这也是组织研究的意义和魅力所在。航空维修系统是一个复杂的军事经济系统,航空维修管理有赖于一个合理有效的组织机构以及良好的组织运用。实践证明,航空维修组织,直接影响到维修质量效益和维修保障效率,具有十分重要的地位作用。

7.1 航空维修组织基本概念

7.1.1 组织的内涵

组织作为一个古老的命题,历来是管理研究的重点。剖析组织的基本内涵,是开展航空维修组织研究的前提基础。

1. 组织的定义

组织的含义可以从不同的角度来理解。现代管理之父切斯特·巴纳德认为"组织就是有意识地加以协调两个或两个以上的活动或力量的协作系统";哈罗德·孔茨则把组织定义为"正式的有意形成的职务结构或职位结构"。组织不仅是人的结合,而且是一种特定的关系体系,是一个由各构成部分或各部门间所确立的关系的集合。有的学者将组织区分为有形和无形,即组织结构与组织活动。其中,作为组织活动结果的那种无形组织的概念,有别于作为有形实体(如政府部门、维修组织等)存在的组织概念。一般将有形的组织称为组织机构,而将那种无形的、作为关系网络或力量协作系统的组织称为组织活动,包括组织结构设计、人力资源管理、组织文化建设等,二者之间是目的与手段的关系。

在某种意义上来说,组织既是一种结构,又是一种实现管理目的的工具和载体;既是一个合作的系统,又是一种配置资源并进行运作的过程。

2. 组织的分类

在管理现实中,在不同的行业领域存在着不同的组织类别。组织可以按不同标准进行分类。按组织的性质,可以分为经济组织、政治组织、文化组织、群众组织、宗教组织等;按组织的形成方式,可以分为正式组织和非正式组织;按社会功能,可以分为以经济生产为导向的组织、以政治为导向的组织、整合组织、模型维持组织等;按人员顺从度,可以分为强制型组织、功利型组织、正规组织等;按利益受惠,可以分为互利组织、服务组织、实惠组织、公益组织等。现代组织最重要、最广泛的形式之一是企业组织,根据组织构成要素的性质不同,可以将企业组织分为作业组织、管理组织和财产组织三大类。

3. 组织的发展

纵观组织发展历程,组织同样是在科学技术进步的作用和使用需求变化的牵引下而发展的,科学技术进步改变了组织运作的基础,使用需求从"供不应求"到"供过于求",从"批量化"到"个性化",则改变着组织管理的思想和结构形态。从泰勒的"科学管理"到业务流程再造,组织变革的发展历经了古典组织理论、组织行为理论和现代组织理论3个发展阶段。

随着环境变化,组织变革一直在进行。自从19世纪工业革命以来,传统的组织形式都建立在经济学之父亚当·斯密的"劳动分工论"及泰勒的"科学管理"之上,社会发展和科技进步将劳动分工理论推向了顶峰。物极必反,现代组织的无限扩大,分工的细化,流程分离,加剧了现代组织的压力。进入20世纪80年代以来,随着竞争的加剧,环境的变化,一些新的理论与技术方法被广泛应用到组织领域,如并行工程(concurrent engineering,CE)、业务流程再造(business process reengineering,BPR)等,为组织发展提供了科学的理论和先进的技术支持,组织发展充分利用信息技术等高新技术,从组织体系上打破传统的金字塔分层管理模式,综合权衡影响系统的各种关键因素,从系统整体出发,紧紧围绕组织业务核心流程,将分散于各部门的职能进行重组,创造一种适应信息时代管理需求的组织结构,进一步改善了组织效能。

7.1.2 航空维修组织的内涵

"所谓管理,就是如何形成和经营组织的问题"。良好的组织是提高管理水平的重要保证。任何一项管理工作都有赖于一个合理的组织机构,有一个很好的组织运行秩序。航空维修要实现最佳的维修目标,必须十分重视航空维修管理的组织职能建设。航空维修组织就是要按照我军战略部署和作战训练任务的需要,遵循一定的维修方针和维修计划,运用辩证唯物论与管理科学的理论和方法,科学地设计维修的组织结构,合理地设置管理部门和所属机构,统筹安排,充分利用维修的人力、物力、财力、时间、信息,使航空维修系统各部分密切协同,各环节运转灵活,最大限度提供完好可用的装备,保证装备安全可靠和战训任务的遂行。

7.1.3 航空维修组织的特点

航空维修系统是空军大系统中的一个子系统,由此决定了航空维修组织的特点。

1. 基本的从属性和相对的独立性

航空维修组织根本上要从属于整个军队的组织,同时又有其相对的独立性。

其从属性表现在:

(1)航空维修组织必须服从军队的总目标,贯彻落实我军战略意图,以完成保障战训任务为目的。航空维修组织要以军队这一大系统的意志而转移,离开了总目标,航空维修组织就没有存在的必要。

(2)航空维修组织从属于作战系统,层次要与之相对应,规模要与之相适应。即航空维修组织体系应与军队作战指挥系统相适应,应随军队组织体系变化而变化。

(3)航空维修组织必须服从各级军政首长的总体部署和统一指挥,要保证指挥中心下达的指示、提出的任务、规定的措施的落实,维修组织必须与所隶属的大系统同步运行、协调一致。

(4)航空维修组织的效能和成果要在完成战训任务中体现,要接受战训飞行保障的检验,要坚持战斗力标准。

其独立性表现在:

(1)航空维修组织有相对独立的发展目标。由于它受装备及维修的固有规律的制约和支配,存在着特殊的内在矛盾,有需要解决的特殊问题,所以必须围绕军队建设发展总目标确定自身的发展目标。

(2)航空维修组织具有系统的特征。无论宏观组织还是微观组织都由诸多要素组成,这些要素相互联系、相互制约,在不同层次构成不同集合而具有整体的功能。

(3)航空维修组织的法规自成体系。由于航空维修组织以装备为对象、以维修为手段,工作性质、组织形态、作业流程有别于其他系统,必然形成一套个性鲜明的规章制度。

(4)航空维修组织有独特的考核指标。航空维修组织的绩效并不都是直观地反映在完成战训任务上,而是有直接和间接之别、适时和迟后之分,所以要有独立的指标来衡量其工作成效和质量。

2. 军事性与生产性

航空维修是军队战斗力的重要组成部分,任务特点是通过维修活动保证装备完好并用于作战。就维修功能的本质看,在很大程度上具有生产范畴的特性。因此,航空维修组织兼有军事和生产两种属性,军事性是前提,生产性是本质。

其军事性表现在:

(1)军事航空维修是由于战争的存在而存在,各项工作都要立足于在战争的背景下进行。航空维修组织无论是结构形态还是运行机制,都要考虑战争的需要,受战争条件的制约,如适应性、快速性、机动性、防护性等方面的特殊要求。

(2)航空维修组织不仅要考虑维修的有效性、经济性,更要考虑指挥的统一性,所以它是一种军事化的组织形态。由此带来了航空维修组织人员具有较大的流动性。

(3)航空维修组织不仅要承担航空维修任务,而且要执行生产、行驶、勤务任务,战时要承担地面战斗任务,人员要接受军事、技术多重训练。任务的多样化造成了航空维修组织的复杂性。

其生产性表现在:

(1)航空维修组织的运行过程是一个投入与产出的基本生产过程。维修主体是人,维修对象是装备,维修的手段是工具设备,维修组织的投入是人力、物力、财力,维修系统的输出的是良好、可用的飞机。在这个意义上讲,航空维修和民航以及其他企业组织的性质是相似的。

（2）航空维修组织是有成本的。即使在必要时它要为赢得战争胜利而不惜一切代价,但从战争全局利益出发,航空维修组织要以最小的代价谋求最大的效果、效益。因此,航空维修组织必须树立"经济有效"的思想,对维修资源统筹安排,科学合理地利用。

（3）航空维修组织的运行机制虽然受到战争的制约,随战争需要变化而变化,但本质上它受可靠性矛盾的运动支配,其固有规律是不以外界因素为转移的,是不能随心所欲地加以"权变"的。

（4）航空维修组织过程离不开必要的物质条件,没有足够的维修器材、精确的维修仪器设备、适用的维修工具、良好的保障设施和油料、车辆等后勤保障,维修就难以实施。

3. 内容的集中性和形式的分散性

航空维修的军事性和装备的复杂性决定了航空维修组织内容上的集中性:

（1）领导的集中性。航空维修是一个复杂的大系统,功能分部门、结构分层次、维修分等级、技术分专业。系统内任一子系统都不可能单独完成维修保障任务,都有赖于相关部门的密切配合,因此要求航空维修组织对"用、修、筹、储、训、研"实行集中统一的领导。

（2）规划的统一性。航空维修组织对航空维修的发展方向、规模、水平,必须关照全局、高瞻远瞩进行统一规划,对发展阶段和维修力量布局进行统一部署。

（3）维修作业场地的分散性。由于战场形势以及防空防护的客观需要,加之为了保持、恢复装备可靠性,航空维修划分若干维修级别和类型,因而航空维修的总体布局必然是网状而且分布面十分广泛。就一个单位的维修保障工作看,也同样具备着分散性很强的特点,给组织工作带来很大困难,因此必须注重解决通信和交通问题。

4. 总体的变动性和阶段的稳定性

维修系统内部矛盾的运动必然推动自身的发展,同时维修系统还必须适应外界环境的变化,因此维修组织必然是一个动态的过程,但它在一个阶段时期还必须保持相对稳定。

其变动性表现在:

（1）随着国家、军队和空军的方针政策的改变而变动。如发展战略的重点转移、部队的扩充或精简等,航空维修组织都比较敏感,都要相应地改变。

（2）随着战争形态的演化,战略指导思想和战略部署的改变,航空维修组织要相应地进行变化。

（3）随着装备和维修资源的改变而改变。

（4）随着维修理论研究的深入,维修思想的不断发展,航空维修组织也会发生变革。

稳定性表现在:

（1）我军的战略指导思想和战略部署,是由国家和军队和性质决定的,是由国情决定的,所有这些都具有相对的稳定性,因而航空维修组织也必然呈现相对稳定状态。

（2）我军的装备和维修资源,是由国民经济的发展水平和国力决定的。一般情况下,它的更新和补充是有限度的,装备具有相当长的服役期,这决定了维修组织在一定阶段内是稳定的。

（3）人对任何事物都有一个认识过程，某种组织形式的缺陷与不适应性，人认识它、改造它都是需要一定的时间。所以，维修组织也必然要保持相对的稳定性。

认识了航空维修组织以上的特点，有利于我们以辩证统一的观点处理好从属性和独立性、军事性和生产性、集中性和分散性、变动性和稳定性的关系。片面强调独立性，不利于总目标的实现，维修组织就没有生命力；过分强调从属性，就会挫伤维修组织的积极性、主动性，妨碍维修组织的建设和发展；片面强调军事性，就会削弱维修组织的有效性，过分强调生产性，就会降低维修组织的应变性；片面强调集中性，就会影响维修组织的适应性，过分强调分散性，就会影响维修组织整体功能的发挥；片面强调变动性，就不能保证维修组织正常的秩序，过分强调稳定性，就会阻碍维修组织的变革和发展。因此，航空维修组织必须全面地统筹考虑内外各方面因素的影响，科学地设计组织结构形态，制订组织运行机制。

7.1.4 航空维修组织的原则

航空维修组织既是一种封闭系统，要求组织内部管理的合理化和高效率，又是一种开放系统，要重视外部环境各因素对维修组织的影响，还要重视人际关系对维修组织的影响，航空维修组织应遵循下列基本原则：

1. 目标有效性原则

目标有效性原则要求航空维修组织的结构和活动要以是否能够最优地实现目标为准绳，要求在实现目标中能够富有成效。

（1）航空维修组织结构必须依据目标进行设计。维修组织结构设计应在实现维修目标的前提下进行职能和专业分工；同时，又将各项分工之后的工作进行有机结合，构成纵向系统和横向系统，努力实现维修目标。组织结构设计根据维修系统的目标和功能设置单元（单位或部门），根据目标和功能建立单元之间的联系。在组建、建立、调整航空维修组织结构，要强调服从组织目标，必须与组织的目标相一致，与组织的功能（任务）相统一。组织结构的层次、分支的设计，必须有利于组织目标的实现和组织任务的完成。

（2）组织内的目标必须统一于组织的总目标。维修组织内的目标是多种多样的，有总目标，有为实现总目标的诸多分目标；有大系统的目标，有子系统的目标；有组织的目标，有个人的目标。如果不加统一，那么必然相互干扰，妨碍总目标的实现。只有统一了，才能使它们相互促进，有效地实现总目标。因此，组织要努力使个人目标、各子系统的目标一致起来，得到这些目标的最佳组合，同时将目标分解下达到各个层次直至每个人。每个部门、单位和每个人都要有效地配合总目标的实现，各自制订具体的目标，使组织内形成一种目标连锁，构成一个完整的目标体系，使总目标成为全体成员的奋斗目标，实现目标管理。

（3）维修组织要力求实现目标中的最佳效率。维修组织要坚持因事设人，力争人与事的最佳配合，要明确规定组织内各部门、各单位、各人的任务、职责、工作重点、工作要求，以及横向间的关系，缺乏明确规定就是缺乏明确目标。只有明确规定各成员的职责范围和相互关系，具有良好的信息沟通渠道，才能充分调动各成员的积极性、主动性、创造性，才能实现组织的高效能。

2. 整分合原则

马克思指出:"由协作和分工产生的生产力,不费资本分文。这是社会劳动的自然力"。现代高效率的管理必须在整体规划下明确分工,在分工基础上进行有效的综合,这就是整分合原则。

(1)航空维修组织必须要有全局和整体观念。整分合原则中整体观点是大前提,不充分了解整体及其运动规律,分工必然是混乱而盲目的。"整体大于部分之和",系统论的基本思想是整体性、综合性。系统的整体具有其组成部分在孤立状态中所没有的新质,如新的特性、新的功能、新的行为等。我们在分析和解决组织问题时,仅仅重视各个单元的作用是不够的,应该把重点放在整体效应上。从根本上看,整体的效益和单元的性能是一致的,否则单元就失去了存在于整体之中的基础。组织分析主要就是研究单元的性能怎样通过合理的结构转变成组织(系统)的性能。组织结构就是组织内部各要素的排列组合方式。组织管理必须有一个系统的运筹规划,头痛医头、脚痛医脚的办法,是现代组织管理的大忌,要提高组织的效益,就必须把握组织的整体,对如何完成工作必须有充分细致的了解。

(2)必须要有科学分解分工。在把握整体的基础上,将整个系统分解为若干个基本要素,进行明确分工,使每项工作规范化,建立责任制。分解、分工是关键,没有分工的整体只是混沌的原始物,是乌合之众,构成不了有序的系统,更谈不上效益;没有分工的协作是吃大锅饭,只能是每况愈下的低效率。组织管理者的责任,在于从整体要求出发,制订系统的总目标,然后进行科学分解,明确各个分系统的目标,进行分工。马克思和恩格斯说过:"一个民族生产力发展的水平,最明显地表现在该民族分工的发展程度上"。分解得正确,分工就合理,规范才能科学、明确;而协作是以分工为前提的,没有合理的分工就无所谓协作。什么都干,什么都干不好;什么都管,什么都管不了,疲于应付,无法抓住关键提高效率,更不能精通本行专业。只有在合理分工的基础上,组织严密有效的协作,才是现代的组织管理。在管理组织中,分工的目的在于促进提高每个人工作的熟练程度,使同等数量的人员作出更多的工作,藉以提高工作效率。分工的结果必须是权力的分散化和任务的专业化。按什么原则进行分工,就是问题的关键,维修组织分工原则大致分为两类:一是按职能范围分工;二是按业务技术分工。无论以何种方式划分,都各有利弊得失,不可能有一种完善的方法,也没有永恒不变的分工,优秀的管理者应该针对具体情况善于抓住时机进行合理的分工。

(3)组织综合。即在明确分工以后,要进行科学的组织综合,实现系统的目标。分工并不是组织的终结,合理的分工如果没有很好的横向联系协调同步,就会适得其反。没有协作,分工就会造成本来相互联系的环节在时间、空间、数量、质量等方面产生脱节。只分工而不进行强有力的组织综合,组织效能还不如分工之初。所以分工之后就要继之以强有力的组织管理,进行有效的综合协作。分工必须与协作相结合,才能达到整体的最优化。如何在纵向的分工之间建立起紧密的横向联系是现代组织的重大课题。组织工作,基本上是一种在一个整体里把具体任务或者职能相互联系起来的技术,因此协调原则是必需的,协调可分为纵向协调和横向协调。由于等级链具有明确的权责关系,因此纵向协调较易实现,横向协调则要困难得多。一般而言,改善横向协调可采取以下措施:

① 使各职能各业务工作标准化,明确其横向流程,通过工作保证体系进行横向协调。

② 把业务相近的部门合并,组成若干个系统,每个系统由一领导主管。

③ 设立系统管理机构,进行横向协调。如在组织结构中,综合管理与专业职能管理组成矩阵的组织结构。

④ 科学分工决不意味着管理功能的分解。管理的功能、管理的内容是不能分解的,必须在一条管理线上,集中于一个功能单位内。整个维修组织过程是人、财、物的流动。如果这个功能单位对自己的人、财、物没有足够的管理权,那么管理就只剩下形式的外壳,而失去了调节运筹的力量,也就不能构成活力的运动了。每个独立单位实行分工以后,它就必须具有完全的管理功能。因此,确保每个独立功能单位在人、财、物方面的必要的自主权,是现代组织管理所必需的。

3. 相对封闭原则

这个原则要求组织系统内的管理手段(机构、制度、人和信息)必须构成一个有反馈功能、连续封闭的回路,才能形成有效的管理运动,才能自如地吸收、加工和做功。不封闭的管理等于不成回路的输电线,电线再粗也输不出电流。

维修组织的法规也应符合这个回路加以封闭。作为维修组织的章法,不仅要有如何维修的操作规定(执行法),而且要有督促检查的规定(监督法),请示报告的规定(反馈法),处理各单位相互关系的规定(仲裁法),奖惩规定(处理法)等。只有构成一个封闭的法网,才能疏而不漏。法不成网,纵密亦漏。

不封闭的管理弊病甚多。如果维修组织没有健全的反馈机构,或忽视反馈机构工作,就会造成不良的结果:①执行者由于忙于日常事务,无暇顾及反馈,反馈的信息多是离散的表面现象;②执行者由于与切身利益有关,容易报喜不报忧;③执行者由于职能是要不折不扣地贯彻决策机构的指令,所以不会主动地提出修正偏差的建议。这就必然造成决策机构情况不明,心中无数,难免失误。再如工作有布置,但没有检查,没有讲评,不构成闭路,就难以保证工作落实。建立岗位责任制是一种法,如果不监督执行,这个法就不封闭,不过是徒有形式。如果对一个发生问题的单位,只处理当事人,没有追究领导者的责任;只有惩罚,没有奖励,那么这个法也是不封闭的,就不可能起到预防和杜绝问题的作用。如果维修只有第一手的工作,没有检验和验证检查,就是不封闭的,就不能有效地避免"丢、错、漏、损",保证维修质量。

封闭的过程就是发现问题、分析问题、解决问题的过程。发现问题,就是评估组织成效和目的之间的差距,即有没有达到目的,是否优质高效地达到目的。分析问题就是找出影响实现目的的原因,特别要从中找出主要原因解决问题就是抓住主要原因的绳索循踪追迹采取封闭措施。封闭的基本方法有两种:一是针对原因加以封闭;二是不论原因,只对后果进行封闭。如发现维修效率比较低,分析原因是维修人员把大量时间耗费在领用器材、油料和运输车辆上,再进一步追踪原因,发现这些单位人员或是和维修人员协调不好,或是责任心不强。解决问题就是采取封闭办法:如果采取由维修人员对后勤保障工作进行评价并按组织系统对其实施奖惩的办法,就是从后果上进行封闭;如果采取将器材、油料等供应工作从组织上划归维修组织实行统一指挥,这就是从原因上封闭。

组织管理的封闭是相对的、暂时的。从空间上讲,维修组织不是独立系统,它要受到系统原理的作用,外部环境对它产生各种影响,它与上下左右各系统都有输入和输出的关系,一环扣一环,环环相扣,永无止境。从时间上讲,原设计的封闭管理,许多因素事先难以完全预测,只有通过时间的检验才能显示;即使原来正确的封闭管理,随着维修活动和维修组织的发展也有可能不断地被冲破。因此,一劳永逸、天衣无缝的封闭是没有的,有效的管理必须依靠反馈原理,动态地不断反馈,不断地进行调整封闭。

4. 能级原则

"能级"是物理学的一个重要概念,讲的是原子中的电子,根据本身的能量大小分别排在不同的层次上绕原子核旋转,从而构成了原子的稳定状态。能级原则要求维修组织在结构上要分出不同功能的层次,并把具有不同能量的成员恰当分配在不同的层次上,从而实现维修组织的稳定的层次。层次性是系统论的一个重要概念。维修组织是否有效和效率的高低,很大程度上取决于能否分清层次。组织的实践表明:一个总能量虽低能有效地分级组织的个体,完全可能比一个总能量虽高,但组织混乱的集体作出更多、更大的事情来。有效的组织就在于建立一个合理的能级,使组织的要素动态地处于相应的能级中。

维修组织中各要素的活动必须服从于高效率与高可靠性的要求。所以,能级的划分和组合不是随意的。理论和实践都证明,稳定的组织结构是高式结构——正立的三角形,如图 7 - 1 所示,一般分为 4 个层次:最高层次是决策层;第二层管理层;第三是执行层,它是贯彻执行管理指令,直接调动人、财、物组织维修;第四层是作业层,直接从事操作和完成各项具体任务。这 4 个层次不仅使命不同,而且标志着四大能级的差异,不可混淆。

图 7 - 1　组织结构层次示意图

能级原则规定了不同能级的不同目标,以及人和机构按能级进行合理的组合。下一能级的目标是达到上一能级的手段,只有下一能级圆满地达到了自己的目标,才能保证上一能级顺利地达到目标,才能逐级地保证达到整个系统的目标。因此,上一能级对于下一能级有一定的要求,有一定的制约,即表现出一定的权力;同样,下一能级对上一能级负一定的责任,在完成功能方面作出相应的保障和努力。为了使整个组织各能级都能在完成自身功能方面发挥高效率,表现出高可靠性,能级原则要求必须使组织系统的各个不同能级与不同的权力、物质利益、精神荣誉以及纪律约束相对应。这不仅因为权力、物质利益和荣誉本是能级的一种外在体现,只有这样,才符合封闭原理,使组织每个成员都能在其位,谋其政,行其权,尽其责,取其酬,获其荣,惩其误。

既然不同能级的目标不同,那么对处在不同能级上的人的数量和质量要求也不同。能级原则要求必须因职设人,做到才职相称:一方面使处于不同能级上的人数保持合适的比例,做到由下层向上层逐级递减;另一方面必须善于区别不同才能的人,放在合理的岗位上,才得其用,用得其所,人尽其才。例如说,指挥人才应具有高瞻远瞩的战略目光,有出众的组织才能,善于识人用人,善于判断决断,有强烈的事业进取心;反馈人才必须思想活跃敏锐,知识广泛,吸收新生鲜事物快,综合分析能力强,敢于直言不讳,具有求实精神,没有权力欲望;监督人才必须公道正派,铁面无私,同时要熟悉业务,联系群众;执行人员必须忠实坚决;埋头苦干,任劳任怨,善于领会领导意图等,管理者一定要量才使用,不要用错。只有混乱的管理,没有无用的人才。同时人的才能和组织的能级是动态对应过程,必须保证人们在各个能级中适当地流动,以增强组织的能力。

5. 集权与分权相结合原则

维修组织是分层次的能级结构,必须实行统一指挥、分级管理,因此必须贯彻集权与分权相结合的原则。如果职权绝对集中于最高领导层,甚至一个或几个人,高精尖意味着没有等级链,不需要下层管理人员,因而也不存在组织结构。如果职权绝对分散,即领导把他所有的职责都委派出去,这就意味着本身职务的消失,因而这一层组织也就没有存在的必要,组织也就成了一盘散沙,名存实亡了。因此,维修组织必须在集中统一的前提下,实行集权和分权相结合的原则。

(1)各级之间要集权与分权相结合。为了保证统一领导,关系全局的重要权限必须由上级掌握,指挥权限必须集中;从最上层到最基层,必须形成权限的等级链,不允许越级指挥,不能中断;任何下级只能有一个上级领导,不允许多头领导,政出多门。为了调动下级的积极性,上级对隶属指派工作时要授予下级完成任务所需的某种程度的权力。必须在统一领导下,适当规定各级的权限和职责,实行分权:由下级自行处理规定范围内的事务,并对处理的后果负责;同一层次的下级之间的横向联系,应由下级全权进行处理。通常下级只需向上级报告处理情况和后果,只有在遇到未纳入权限范围的事项时,或下级单位间发生的矛盾不能自行协调时,才需向上级请示,由上级出面解决。否则,上级不应越俎代庖。这样做,既调动了下级的积极性,又使上级摆脱了日常繁琐事务。各层做各层的事,领导只做领导的事,才是有效的管理。

(2)在直线指挥和参谋机构间要集权与分权相结合。直线指挥人员遵循统一指挥的原则,参谋机构遵循职能分工原则。参谋机构对直线指挥人员起咨询、顾问作用,只有提出建议之权,无权过问该直线指挥系统下属的工作。但随着维修工作的复杂化,维修组织的扩大,管理信息剧增,直线指挥人员需要把更多的职责交给具有专门知识的参谋人员,只有这样才能保证直线主管人员有效地行使决策权和指挥权。在直线主管人员和参谋机构间实行集权和分权相结合的原则时,应注意:直线主管人员必须善于倾听参谋的意见,同他们商量问题,不要专断决策,并随时向参谋提供足够的信息;应赋予参谋人员以职能职权,即在其分管的专业范围内有权决策,有权直接指挥下级单位;职权的授予应该审慎地加以限制;作为参谋人员,最大的忌讳是削弱直线主管的职权,因此,参谋人员应该懂得职能职权的不同于直线职权,它是有限的,必须时刻了解自己的咨询、顾问地位,不能忘掉自己的职责主要是建议而不是随意发号施令。

(3)维修组织管理中,一方面要求统一指挥,另一方面又要求职权分散,二者之间如何结合,哪些权力要下放,哪些权力上级掌握,是应该认真研究明确的。一般说来,授权时应掌握以下几点:

① 授权时,责任不能像权力那样授给别人,组织领导者要对组织的一切工作负最后责任,不能撒手不管。

② 要按照期望的成果授权。由于授权的目的在于向管理人员提供一种有助于他们去实现目标的手段,所以授权首先应从其要求达到的成果出发,决定将实现这一目标需要多大的处理问题的权限授予下级。职权不应该大于或小于职责。大于时,就难以指导和控制,小于时也不公平,不利于任务的完成。

③ 要处理好职权和管理层次的关系。每一个部门必须拥有其业务工作同整个组织协调的职权。同时,授权时必须保证各个组织自上而下的职权关系,即组成一个职权——管理层次体系。要求各级应该按照所授予的职权作出这一级中的决策,只有超越了其职权范围的问题才应提交给上级。如果上级授权不明确或好包办代替,就助长了下级的依赖性,下级就会想方设法把自己职权内应解决的问题"上交",以迎合上级的权力欲,结果整个决策系统将会遭到破坏。

6. 管理幅度与管理层次兼顾原则

管理幅度,也称管理跨度,是指一名管理者能直接高效地领导下属人数的限制。因为一个人受精力、体力、时间和知识的限制,管理的人数不可能太多,面不可能太宽。法国管理学者格兰丘纳斯根据研究得出如下结论:在向一位管理者的汇报人员以算术级数增加时,他们之间可能的相互关系的数量就以几何级数量增加,并有如下公式:

$$C = n \left[2^{n-1} + (n-1) \right] \tag{7-1}$$

式中:C 为可能存在的联系的总数;n 为直接向一位管理汇报的下属数。

根据式(7-1),任何复杂的组织都不可能把全部管理职能集中于一个人,而必须设立管理机构,管理组织必须分为数层。但管理幅度确定要适当:过小了需要增加管理层次,影响指挥的灵敏度;过大了可能照顾不周,造成管理的混乱。管理幅度是客观存在,影响管理幅度的因素既多又复杂,很难进行定量计算。一般来说,上层每人能领导约 3~5 人,中层能领导约 4~10 人。在考虑管理幅度时,下列影响因素不可忽视:

(1)工作能力的强弱。工作能力包括领导的工作能力和下级的工作能力。在领导工作能力一定的条件下,下级工作能力强,经验丰富。处理上下级关系所需的时间和次数就会减少,这样就可扩大管理幅度。反之,如果委派的任务下级不能胜任,上级指导和监督下级的活动花的时间无疑要增加,这时管理幅度势必缩小。

(2)信息手段的难易。信息交流的方式和难易程度也会影响到管理幅度。在管理活动中,如上下级意见能及时交流,左右关系协调配合,就有利于扩大管理幅度。

(3)检查手段的快慢。如果任务目标明确,职责和职权范围划分清楚,工作标准具体,上级能通过检查手段,迅速地控制各部门的活动和客观地、准确地测定其成果,则管理幅度可适当扩大;反之,则管理幅度应缩小。

(4)工作性质。它决定了信息的多少和需要解决问题的难易程度。简单工作管理幅度可扩大,复杂工作管理幅度要缩小。

管理幅度在组织设计中,不仅决定了主管领导职务的复杂程度,而且影响和决定着组织的管理层次、管理人员数量、组织结构横断面的划分和各种职能机构的设置等许多重要问题,总之,决定了组织的形式和结构。由于管理存在幅度问题,所以组织要设立许多层次。为使组织精干、有力、高效,要求组织的整体结构和各组成部分,要尽量减少层次,减少环节,减少分支,以求组织的高效。管理幅度与管理层次既是组织设计的两个基本参数,又是两个互为影响的概念,宽的管理幅度可以减少管理层次,窄的管理幅度增加管理层次。管理层次减少,从上到下联系渠道缩短,有利于信息沟通,可提高指挥效率,但管理幅度增大,信息量激增,领导易陷入大量的具体事务中。窄的管理幅度管理层次多,有利于控制和监督,但加长了联系渠道,并由于增加了管理人员而增加了管理费用,同时容易造成机构臃肿、人浮于事、互相扯皮,使用权信息失真、过时,办事效率低下,滋长官僚主义、文牍主义等弊病。因此,整个维修组织结构,或者某一职能部门的组织结构,都要正确处理管理幅度和管理层次的关系,做到两者兼顾,做到需要和可能兼顾,结合组织的任务和具体情况,规定一个合理的管理层次和管理幅度。

7. 权责相当原则

权责相当原则也就是权责一致原则。权就是权力,责就是责任。权力总是与职位相联系的,是指在规定的职位上拥有的决策、指挥和行使权,因此,习惯上也称职权。责任也同职位、职务联系在一起,是在接受职位、职务时应尽的义务,是在一定职位上完成任务的责任,所以也称职责。权力和责任是孪生物,有多大的权力必须承担多大的责任,这是理所当然的。职权与职责相对应,权责相当虽然很难从数量上划等号,但从逻辑上来说,这是必然的结果。

由于职权与职责都同职位相联系,所以各个不同管理层次权责的性质和大小是不一样的。遵循权责相当原则,上级对下级有一个正确的分工授权问题,而下级不能要求超过职责范围以外的更多的职权。

权责相当是管理组织中的一项重要原则。在现实中违背这一原则的情况主要有两个方面:一是有责无权,二是有权无责。产生有权无责的原因是,不规定或不明确严格的职责就授予职权。产生有责无权的主要原因是上级要求下属对工作结果承担责任却没有给予相应的权力。管理者对两种有害的倾向,都应按权责相当的原则加以纠正。科学的组织设计,应将各种职务、权力和责任等制订成规范,订出章程,使操作各项工作的人员有所遵循。

8. 反馈原则

反馈是控制论的极其重要的概念。简单地说,反馈就是从输出端收集信息再反过来送入系统的输入端,使之对系统的输入端发生影响,起到控制修正的作用,以达到预期目的。反馈是自然界和社会的一种普遍现象。如人的大脑通过信息输出,指挥人体各部分的活动,同时又接受来自人体各部分与外界接触所发回的反馈信息,不断发出新的指令进行调节。如果没有反馈信息不断输入大脑,那么,人体各部分的功能调节是不可想象的。管理中 PDCA(plan,do,check,act,PDCA)方法,实际上就是反馈方法的一种应用。在组织管理中,反馈的主要作用就是要控制所执行决策的进程,就是要对客观变化及时作出应有的反应,使组织具有自我调节能力,不断优化、完善,尽快实现目标。维修组织是一个十分复杂的系统,随机因素很多,从而使得反馈在管理中具有十分重要的作用。没有反馈,就无法实现控制;没有反馈就没有自动调节。组织管理是否有效,关键在于是否有灵敏、正确、有力的反馈。灵敏、正确、有力的程度是一个组织功能单位、一个组织管理制度是否具有充沛生命力的标志。所以,维修组织必须贯彻反馈原则,要根据具体情况的需要建立控制反馈系统和信息反馈制度。

从反馈产生的效果来分析,有正反馈和负反馈之分,如果反馈使下一个输出的影响大,导致系统偏离目标的运动加剧,这种反馈称为正反馈;反之,如果反馈使下一个输出的影响减小,导致系统的进程逼近目标,趋向稳定状态,则称为负反馈。一般而言,当系统的稳定性被随机因素所干扰,负反馈具有稳定系统的功能,而正反馈将引起谐振。在组织中,开展竞赛或改革需要正反馈,以相互促进发展或推动改革;但就一个维修组织而言,为了促进系统的稳定有序,一般都采用负反馈来建立稳定的控制。

9. 弹性适应原则

弹性即伸缩性。弹性适应原则是指:管理必须保持充分的弹性,及时适应客观事物各种可能的变化,才能有效地实现动态管理。组织管理必须保持弹性。这是因为:

(1)维修组织是一个随机因素众多的系统,管理者必须考虑尽可能多的因素。但人要完全掌握所有因素是不可能的,人们对客观的认识永远有缺陷,因此管理必须留有余地。

(2)维修组织管理一个动态过程,带有很大的不确定性。管理是人的社会活动。人作为有思想活动的生命,更会发生许多变化。某种管理措施在某种情况下可能获得最佳效益下降,或者管理本身脆裂。因此,管理一定要具有弹性。

(3)管理科学是行为的科学,它有后果问题。由于管理因素多,变化大,一个细节的疏忽都可能招致失误,这就是所谓"棋输一着""失之毫厘,差之千里"。现代管理科学告诉我们,仅仅依靠谨慎还是不行的,应该使管理从一开始就保持可调节的弹性,即使出现差之盈尺的情况,也可及时对策,采取应变补救措施。

组织管理弹性有局部弹性和整体弹性之分。局部弹性就是必须在一系列的管理环节上保持可以调节的弹性,特别在重要的关键环节上要保持足够的余地。整体弹性就是组织从整体上要保持可塑性或适应能力:一是维修组织管理要备有互不相同的可供选用的多个调节方案;二是要有长远的打算。"维修是今天,科研是明天,教育是后天"。"临渴掘井"是小生产的管理方式,是经不住风浪的。组织结构的确立,要因时、因地、因条件而宜,要有一定的弹性。既不能盲目照搬一个组织结构模式,也不机械刻板、毫无权变。任何平衡都是相对的、暂时的。组织建立时是按照组织设计原则进行的,是平衡的、适应的。但随着内部因素、外部条件的变化,就有可能使原来平衡的组织变成不平衡。组织管理工作就要适应变化,及时采取措施,调整组织,达到新的平衡,只有这样才能发挥最佳的管理效益。

应用弹性原则时要严格区分消极弹性和积极弹性。消极弹性是把留有余地当作"留一手";积极弹性不是遇事"留一手",而是遇事"多一手"。消极弹性,在特定条件下也可有限地运用,但现代化管理主要着眼于积极弹性。

10. 动力综合运用原则

管理必须有强大的动力,而且要正确地运用动力,才能使管理运动持续而有效地进行下去,这就是动力原理。动力不仅是管理的能源,而且是一种制约因素,没有它,管理就不能有序地运动。动力的意义不仅在于使管理运动,而且在于使它非如此不可。

在现代化管理中有 3 类基本动力:第一是物质动力,它不仅是指个人的物质鼓励,而且也是指维修的经济效益,必须使两者有机地结合起来。物质动力是管理不可忽视的有效杠杆,但它不是万能的,不恰当地理解和运用物质鼓励,也会产生副作用。第二是精神动力,它包括信仰、精神鼓励和日常的政治思想工作。精神动力是客观存在。因为管理是人的活动,人有精神,必有精神动力。"人总是要有点精神的"。与物质利益正确结合,精神动力就具有巨大的威力。第三是信息动力。21 世纪是以信息的生产、传播和运用为特征的信息时代,信息量迅猛增长,技术创新、知识更新快。据统计,技术更新周期为 3～5 年,知识的陈旧周期缩短为 5～10 年。对于一个国家来说,从外部来的信息多了,知道了自己的落后,从而发愤图强,急起直追,这就是由信息产生的巨大动力。对于个人来讲,求知欲望就是一种信息动力,掌握的信息越多就越有生活的动力。

动力得不到正确应用,不仅会使其效能降低,而且甚至会起到截然相反的作用。对每一个管理系统而言,不论是对于机构还是对于人,3 种动力都是存在的。但在不同的管理系统中,3 种动力的作用不会是绝对平均的,而必然会有差异,乃至很大的差异。即使同一个系统,随着时间、地点和条件的变化,3 种动力的比重也会随之变化。现代化管理就是要及时洞察和掌握这种差异和变化,将 3 种动力综合协调运用。同时,还要正确认识和处理个体动力和集体动力的关系:个体一般总是着重眼前动力,而集体动力与长远动力又总是紧密相联的。眼前动力与长远动力是"标"与"本"的关系,现代管理不可忘记"急则治标、缓则治本"的原则。最后,在运用动力时要重视"刺激量"的适当。为了获得动力,就要进行刺激。当行为改进时用正刺激即加以鼓励;行为退化时用负刺激即加以惩罚,正负刺激量的比例称为动力结构,它决定了组织和个从行为最终能够达到的状态,而达到这种状态的速度则取决于正、负刺激量之和。刺激量不足,或刺激量过大,都不能有效地运用动力。

7.2　航空维修组织的任务

航空维修组织是由众多的因素、部门、成员,依据一定的连接形式排列组合而成的。维修组织的要素主要包括目标、人员、职位、职责、关系、信息等。共同的目标,是组织能作为一个整体,统一指挥、统一意志、统一行动的基本要素;人员是组织的主体和对象,是最活跃的要素;结构、职位是组织的框架要素,责权是组织的生存要素,一定的职位必须对应一定的责任和权利;关系和信息是组织的效率要素。只有关系协调,组织成员都有强烈的协作意愿,组织才能获得最大、最稳定的合力去实现共同的目标。交流信息是将组织的共同目标和各成员协作意愿联系起来的纽带,是进行协调关系的必要途径。维修组织的任务就是要实现目标、人员、职位、责权、信息这些要素的最佳组合和配合。从本质上说,维修组织职能的任务就是研究维修中人与事的合理配合。航空维修组织的任务可归纳为以下三个方面。

7.2.1　组织设计

组织设计是实施组织职能的首要环节。组织设计,就是选定合理的组织结构,确定相应的部门、机构、单位和人员配属,规定各自的任务、职权和职责,以及相互间纵向和横向关系。具体的组织设计工作如下:

(1)航空维修系统总体组织结构设计。包括系统的组成、组织的规模、管理的层次、力量的布局和领导的体制。

（2）各级航空维修管理部门组织实体设计。

（3）航空维修体制设计。包括划分维修级别,选择维修方式,确定维修类型,规定专业分工,设置相应维修机构。

（4）各级航空维修机构组织实体设计。包括法定维修组织各构成的编制、职责、职权、领导和协作关系的原则与方法。

（5）航空维修组织法规设计。包括维修的方针、原则、制度和有关规定。

（6）在航空维修组织内外因素变化,要求变革维修组织形态时,重新进行组织设计。

7.2.2 组织维系

组织维系就是稳定和改善维修组织,这是充分发挥维修组织功能的基础。具体工作如下:

（1）保持组织的集中统一。采取精神的和物质的激励措施,尽量消除组织成员(单位和个人)的个体目标和组织共同目标之间的矛盾,使组织内每个成员都能为实现组织的共同目标而积极地贡献力量,密切地进行协作。同时,要使每个成员明确各自的任务、职责与职权,自觉地维持组织的协作统一。

（2）维持组织的秩序和功能。严格贯彻航空维修组织的法规,尤其要坚持落实各级各位的职责和处理相互关系的准则,防止失职和"内耗"造成组织功能的蜕化。

（3）保证组织的"齐装满员"和正常的"新陈代谢"。既要做到人员流动后及时补齐组织缺额,又要防止组织臃肿、人浮于事。特别是要不断充实加强维修组织的领导,努力实现维修干部队伍的现代化,提高维修组织的素质。

（4）不断完善组织的结构和法规,使维修组织永葆活力。

7.2.3 组织运行

组织运行就是开动组织机器,合理地、最大限度地发挥组织整体和各部分的功能,完成维修管理和作业计划,实现组织目标。具体工作如下:

（1）指挥组织运行。明确规定维修组织各实体的任务分工、业务流程、工作质量、完成时限和协作关系,适时进行指挥调度,落实维修法规,保证组织运行的有利、有序、有效。

（2）协调组织关系。通过疏通指令下达和信息反馈渠道,控制、调节人流、物流、信息流,解决维修组织整体与部分、部分与部分之间的矛盾,消除运行中的不平衡性,使组织达到时间上、空间上、工作量上的高度和谐配合,力求最佳的整体效能。

（3）合理运用组织功能,注意组织系统整体结构的和谐性。在运用、发挥组织机构的功能方面,有"八忌":一忌破坏整体结构;二忌乱设临时机构;三忌因人设事;四忌破坏原有功能,乱建信息渠道;五忌膨胀指挥系统,破坏结构稳定性;六忌多头领导,指挥不一;七忌无章无法,无秩无序;八忌守旧僵化,不能顺势应变。

7.3 航空维修组织分析与设计

组织结构决定组织功能,航空维修管理必须十分重视组织结构分析与设计。组织结构有多种类型,一个组织究竟采用何种结构为好,没有现成的公式可循。组织结构的合理与否,是以能否有效地实现组织目标,保障组织高效运转为标准。组织结构以及结构的确定首先是为了管理的有效。组织设计的实质是创造一种环境,通过适当专业分工,将不同的管理者安排在不同的管理岗位和部门,保持组织的高效运转。

航空维修组织结构反映维修管理系统的内部构成,是组织内各种有机组成因素发生相互作用的连接方式或形式,也可称为组织的各因素相互连接的框架。组织机构,是组织内部相对独立的、彼此之间传递转换物质和信息的实体,是组织结构的具体表现,是维修组织的存在形式。总之,维修组织结构是实现维修目标、任务,落实维修对策、政策的一种分工形式。

维修组织设计就是把维修总任务分解成一个个具体任务,然后再把它们进行排列组合,并根据建立单位或部门,同时把相应的权力分授予每个单位或部门的管理人员。组织设计的目的是通过任务结构和权力关系的设计来协调组织内各方面的关系,使之以最优方式实现目标的整体。

7.3.1　组织结构的基本形式

组织结构是随着社会的发展而不断发展的。常见的组织结构类型有直线制、职能制、直线职能制、事业部制、矩阵制结构、多维立体组织结构,以及委员会制组织结构等。航空维修究竟采用何种结构为好,应具体问题具体分析,基本形式主要有以下几种:

1. 直线制

直线制组织结构,是最早使用也是最为简单的一种结构,是一种集权式的组织结构形式,又称军队式结构。其特点是:组织中各种职位是按垂直系统直线排列的,各级行政领导人执行统一指挥管理职能,不设专门职能机构,如图 7-2 所示。

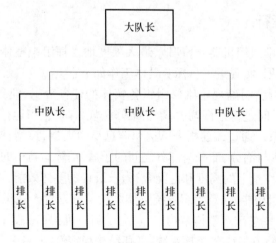

图 7-2　直线制组织结构示意图

由图 7-2 可知,这种组织结构设置简单、权责分明、信息沟通方便,便于统一指挥,集中管理。这种组织结构的主要不足是缺乏横向的协调关系,没有职能机构当领导的助手,容易产生忙乱现象。所以,随着组织规模的扩大,管理工作复杂化,管理者势必因经验、精力不及而顾此失彼,难以进行有效管理。

直线制组织结构,一般适用于组织规模不大、管理工作比较简单的情况。

2. 职能制

职能制组织结构,也称为 U 形组织。这是依工作方法和技能作为部门划分的依据。现代企业中,许多业务活动都需要专门的知识和能力,通过将专业技能紧密联系的业务活动归类组合到一个单位内部,可以更有效地开发和使用技能,提高管理工作效率。

职能制组织结构,如图 7 - 3 所示。职能制组织结构有利于最高管理者作出统一的决策。这种组织结构的优点是:一是职能部门任务专业化,可以避免人力、物力资源的重复配置;二是便于发挥职能专长,便于激发职能人员的积极性、主动创造性;三是可以降低管理费用,这主要来自于各项职能的规模经济效益。

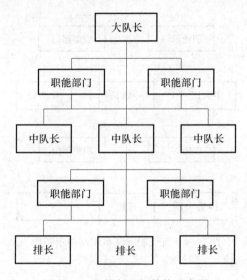

图 7 - 3 职能制组织结构示意图

从另一个方面来看,职能制组织结构也存在着一些不足之处,主要有:一是狭隘的职能眼光,不利于组织满足迅速变化的使用需求;二是一部门难以理解另一部门的目标和要求;三是职能部门之间的协调性差;四是不利于培养素质全面的管理人才,因为每个人都力图向专业的纵深方向发展自己。

职能制组织结构,最早由泰罗提出,并曾在米德维尔钢铁公司以职能工长制的形式加以试行,但由于职能工长制妨碍了统一指挥的原则,这种组织结构形式并未被推广应用。

3. 直线职能制

直线职能制结构是把军队式的直线制和泰罗的职能制结合起来而形成的,如图 7 - 4 所示。

这种组织结构的特点是,以直线为基础,在各级行政负责人之下设置相应的职能部门,分别从事专业管理,作为该级领导者的参谋,实行主管统一指挥与职能部门参谋、指导相结合的组织结构形式。职能部门拟定的计划、方案,以及有关指令,统一由直线领导者批准下达,职能部门无权直接下达命令或进行指挥,只起业务指导作用,各级行政领导人实行逐级负责,实行高度集权。

直线职能制结构,是在综合了直线制和职能制组织结构优点,摒弃其缺点的基础上形成的。因此,这种组织结构保持了直线制的集中统一指挥的优点,又吸取了职能制发挥专业管理的长处,从而提高了管理工作的效率。直线职能制结构的产生,极大地推动了组织管理的进步发展,在各类组织中得到了广泛应用。但是,直线职能制结构在管理实践中也存在着一些不足之处:一是权力集中于最高管理层,下级缺乏必要的自主权;二是各职能部门之间的横向联系较差,容易产生脱节与矛盾;三是各参谋部门与指挥部门之间的目标不统一,容易产生矛盾;四是信息传递路线较长,反应较慢,适应环境变化较难,是一种典型的集权式管理组织结构。

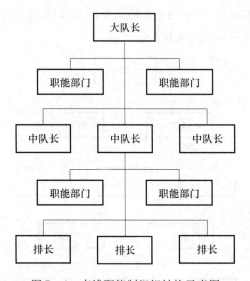

图 7 - 4　直线职能制组织结构示意图

4. 矩阵制

管理实践和理论研究表明,任何一种组织都不可能根据单一的标准来构筑组织结构,而是必须根据两个或两个以上的部门化方式,矩阵组织就是综合利用各种标准来设计组织结构的一种范式,矩阵制组织结构如图 7 - 5 所示。

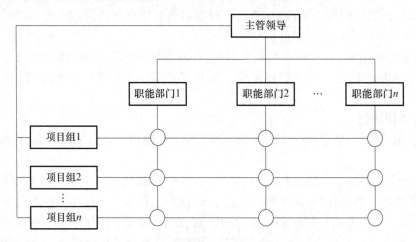

图 7 - 5　矩阵制组织结构示意图

矩阵制组织结构的实质是在同一组织结构中把按职能划分与按项目划分的领导系统有机结合起来,是一种由纵横两套系统交叉形成的:纵向的是职能系统,横向的是为完成某一专门任务而组成的项目管理系统。项目组织管理系统可以是一种常设的组织结构,也可以是一种临时性组织结构,一般以临时性组织结构为主。临时性项目管理系统没有固定的管理人员,而是根据任务需要由各职能部门协调解决,建立由不同背景、不同技能、不同知识、分别来自不同部门的人员组成的综合产品小组(IPT)。组成IPT之后,大家便开始为某个特定的项目而共同工作。矩阵制组织结构特点如表7-1所列。

表7-1 矩阵制组织结构的特点

优势	劣势
保持专业分工	组织中权力混乱
加速工作进度	有可能出现指挥不统一
促进组织的整体协调	需要有较强协调能力的管理人员
降低运行费用	

矩阵制组织结构适合需要对环境变化作出迅速而一致反应的组织中使用。在复杂而动态变化的环境中,由于采取了人员组成灵活的IPT,增强了组织对外部环境的适应能力。

矩阵制组织结构的积极作用体现在:一是将组织的纵向联系与横向联系很好地结合起来,有利于加强各职能部门之间的协作和配合,及时沟通情况,解决问题;二是具有较强的机动应变性,能根据特定需要和环境活动的变化,保持高度灵活的适应性;三是把不同部门、具有不同专长的专业人员组织在一起,有利于互相启发,集思广益,有利于攻克各种复杂的技术难题,高效地完成工作任务,同时在发挥人的才能方面具有很大的灵活性。但这种组织结构形式,也存在着一些不足:一是在资源管理方面存在着复杂性;二是稳定性差,由于IPT成员是由各职能部门临时抽调的,容易产生临时观点,不安心工作,从而对工作产生一定影响;三是权责不清,由于每个成员都要接受两个或两个以上的上级领导,违反了统一原则,潜伏着职权关系的混乱和冲突,造成管理秩序混乱,从而使组织管理工作过程容易丧失效率性。

上述组织结构的基本类型,为开展航空维修组织分析与设计工作提供了应用参考,在实际工作中,要根据组织原则和维修实际加以创造性地灵活运用,特别要注意贯彻相对封闭原则,即航空维修组织结构应涵盖决策计划、组织实施、监督控制和反馈评估4类基本的职能机构,使系统内部形成一个封闭的回路。

7.3.2 航空维修组织设计

1. 影响航空维修组织设计的因素

进行航空维修组织设计必须系统考虑各种因素。航空维修组织既是封闭系统,又是开放系统,因此其影响因素基本上可分为内部因素和外部因素两大类。

(1)外部因素。主要有:军事战略、军事战略指导思想和战略部署;军队体制编制;部队任务性质和特点,以及战争的环境;我军的政治、军事传统及民族的文化传统;国力所能提供的维修人力、物力、财力的限度;有关工业部门的生产能力和水平;科学技术和管理理论的发展等。

(2)内部因素。主要有:维修方针和维修指导思想,决定了维修组织系统的组成、维修级别的划分、维修方式的选择、维修类型的确定、维修专业的设置;装备的型号种类、数量、复杂程度,决定了维修专业的多少、维修工时和维修人类数的多少,也决定维修级别、方式和类型;维修手段和管理手段的水平,维修设施的条件;维修人员的技术水平和维修管理人员的能力水平;历史沿用的维修组织形态等。

以上这些因素,对航空维修组织形态的影响和作用各不相同,有主次之分和大小之别,而且所侧重,影响的参数(规模、组成、层次、专业、人数等)也是不同的。总的来说,外部因素中的前3种因素是主要的,主要影响维修组织的规模、组成、层次等参数;内部影响中前3种因素也是主要的,主要影响维修组织的规模、专业、人数等参数。

2. 航空维修组织设计的标准

(1)目标的一致性。维修组织是依据维修目标设立的形式与内容的统一体。组织结构、层次、分支设计要符合目标要求,才能有利于目标的实现和任务的完成。因此要做到因事设职,因职设人。

(2)结构的完整性。维修组织是实现目标、完成任务的手段,是航空维修及其管理赖以进行的依托,所以维修组织结构必须体现维修整个管理过程和管理的全部要素,如维修目标、方针、职能、方法、程序、等级和各方面的重要联系等。系统组成要健全,维修组织的功能不能残缺和遗漏。

(3)指挥的灵便性。领导者是组织中起主导作用的角色,是维修活动的组织者和指挥者,是组织意志的体现和组织利益的集中代表者。组织的整体活动是领导活动的具体体现。维修组织要便于领导者实施领导和管理;要能保证集中领导、统一指挥;要尽量减少层次和环节,保证一个组织只有一个领导中心,不能多头领导;要做到层次清楚、责任明确。如此才能使维修组织统一意志、统一力量、统一行动,维修组织才能快速反应,高速运转。

(4)信息及时性。要有健全的信息系统,能以最短的时间把决策、指令下达到基层,并把执行情况及时反馈给上级机关。维修组织是领导者和被领导者之间的双向传输信息的信道,保持联系渠道的畅通,才能保证上情下达、下情上达,及时实施正确的领导。信息畅通才能保证组织横向关系的协调、协作,使组织始终成为向共同目标前进的整体;才能使组织灵敏地感受外界的变化,具有适应性,保持先进性。

(5)关系的协调性。就是内部纵向层次,横向分工协调统一,每个功能单元的任务分工、职责、职权范围划分明确合理,信息界面清楚,每个单位的负担相对均匀,协调关系和调节冲突的规章明确,和外部协调容易"接口"。

(6)环境适应性。适应内部环境是指结构要与装备水平相适应,职能机构设置要和功能相对应,人数要和工作量相对应。外部适应主要是指适应作战训练要求,适应后勤保障的条件和水平。

(7)运行经济性。维持组织运行所需的费用要最省,运用组织维修的消耗要最少。组织设计问题的本质在于要找出各组成部分的最佳数目、性质和规模。为此,组织结构的纵向隶属关系要按任务的实际需要划分层次,切忌出于扩大权限或安排人员等原因增设层次,造成传输缓慢、信息失真。横向部门要防止职能不清、职能重复和职能分散,防止机构臃肿。要使组织的结构适合维修规律的要求。时间上最省是经济性的重要标志。

(8)绩效高效性。维修组织结构要能保证维修管理各项职能得到充分发挥,保证组织发挥最大的维修效能,优质、安全、高效地达到维修目标,完成维修任务。当然,十全十美的、完全达到上述标准的维修组织结构是不存在的。维修组织只能在动态的发展过程中不断完善。在设计维修组织时只能根据任务要求和具体情况,抓住组织设计的主要矛盾,灵活地运用上述原则,相对来说达到最佳的程度。

3. 航空维修组织设计的一般程序

航空维修组织设计应由领导干部和有组织管理知识和实践经验的人员组成专门研究机构进行,要搞好经常性的调查研究,占有丰富的信息资料,广泛听取有关方面的意见。其一般程序如下:

(1)分析组织的目标,明确设计指导思想/要确定维修组织建立的宗旨,认真分析约束条件,明确所要遵循的原则、达到的标准和需要解决的问题。

(2)分析过去组织和类似组织的成功经验和不足,以便借鉴对照,找出改进的途径。

(3)分析组织为达到目标所必须进行的工作项目、工作的层次和必须具备的功能,以确定组织内各系统和单元的组成,明确其工作任务、职责范围、权力界限,完成结构设计。

(4)设计标准编制。分解计算组织内各系统、单元(机构)的工作量,确定设立职务、职位的数量和需配置的人数,以章法明确其职责、职权,算出标准编制。

(5)编排体系。将设计的若干部分,按层次顺序,明确纵向隶属关系,确立横向协作关系,形成序列表。确立存在的条件,建立同其他组织的联系,形成体系。

(6)进行评定用效能和效率评定法进行评定,同时将设计的编制表、序列表发给有关单位征求意见,进一步分析、论证、修改。

(7)报请领导和有关部门审查、批准,进行试点和正式颁发实行。

7.4　航空维修组织的运用

航空维修的组织工作,是以执行计划、完成任务为目的的,以优质、安全、高效低耗为目标,以质量管理为中心,以计划和法规制度为依据,以现行维修体制为基础,以信息反馈为纽带,以工具设备为手段,以维修设施为依托,以后勤保障为条件,以管理科学为指导,最佳组合维修的主体(人)、对象(装备)、其他资源(包括时间信息、工具设备、设施、场地、器材、物质)科学安排各项工作,适时实施指挥调度,以完成战训的航空维修保障任务。

7.4.1　航空维修组织工作的基本内容

航空维修工作内容往往千头万绪,但归纳起来基本有以下几点:

(1)安排工作。就是要订好计划,这是组织工作的起点,主要是根据任务提出工作项目,并做出时间上的安排。

(2)任务分工。就是将任务分配给所属成员,明确其职责、权限和各项具体要求(指标上的、标准上的、时间上的、关系上的、措施上的等)。

(3)关系协调。就是在任务分工的基础上明确各成员的相互关系及协调准则,并在实施保障过程中适时解决矛盾,达到协调一致。

(4)调配资源。主要是指根据任务调剂维修设备,分配器材供应和车辆保障,划分维修场地和设施。

（5）指挥调度。就是号令保障工作的起始和进展,决定各成员的行动,根据保障实施情况对各项维修资源的使用适时进行调度。

（6）沟通信息。即做好上情下达、下情上达和信息在本级组织内传递流通的工作。

（7）落实规定。包括条例、规程、岗位责任制、质量检验制、维修技术文件、各项技术规定、各种规章制度和上级要求。

（8）掌握标准。标准有维修工作标准和维修质量标准。要根据标准处理问题、回答问题、提出要求。

（9）现场秩序。要对保障现场的人员、飞机、车辆、工具设备、拆下的机件等的位置和人员、车辆的行动路线进行规划,做出规定,并随时加以维持。

（10）质量检验。要组织"干检、互检、自检","工序检验、完工检验、出厂检验",重点检验、抽样检验、全数检验等。

（11）筹措准备。主要指所需人员、航材、设备、物资、车辆和经费的筹措。同时完成必要的使用前的准备工作,如启封、封存、集中、分散、调试、组装等。

（12）人员训练。包括质量、作风教育,业务技术培训和实际工件带教、演练等。

7.4.2 组织航空维修需重点掌握的环节

组织航空维修工作是一项多因素、多环节的复杂过程,如果抓不住要领,容易顾此失彼,事倍功半,甚至酿成严重后果。因此,组织者必须关照全局,掌握好重要环节,以主要精力抓主要工作。组织过程中需重点抓好的环节如下:

（1）计划准备。计划是管理的首要职能,是组织的依据。胸有成竹才能指挥若定,应付裕如。维修保障组织必须首先抓好计划和准备,开展好预想活动,为维修保障工作奠定基础。

（2）下达任务。下达任务是组织实施的开始,能否保证每个成员自觉地、协调地、有效地工作,下达的任务是否明确极为关键。下达任务时应做到"三交待"（交待任务、交待方法、交待注意事项）。

（3）初始工作。工作开始阶段一切都刚走上轨道,一般是维修保障工作最紧张、最易出问题的阶段,领导者一定要全力以赴把它抓好。良好的开端是成功的一半,只要把头开好,工作也就有了基础。

（4）协调关系。组织是人的集合,组织航空维修保障工作实质上是组织人的工作。因此协调关系就必然是其中一个重要环节。要使一个维修组织在维修保障工作中发挥最佳的整体效应,就必须协调好其内外关系。

（5）临机处理。维修保障工作内外因素复杂多变,非所预料的问题和工作时有发生,任何有效的领导和组织工作必然是随机应变的。正确的处理是力争主动、力避被动所必需的。组织是一种职能也是一种艺术。所以,组织航空维修保障工作要掌握对出现的突然情况（特别是较大问题）进行正确处置的艺术。

（6）结束工作。这个阶段容易精力涣散,但又是总结提高的关键阶段。结束工作搞得不好,难以使保障工作取得应有的成效,甚至可能由于粗心导致事故。所以,航空维修实施的组织者必须善始善终地抓好收尾工作,才能使各项航空维修保障工作收到圆满效果。

7.4.3　航空维修组织工作的基本要求

做好航空维修的组织工作,必须要对情况做到心中有数,要不断总结经验,掌握和运用航空维修组织工作和航空维修规律,并遵守以下要求:

(1)目标统筹。就是要按维修目标进行统筹考虑。组织航空维修保障工作不能单讲效率,忽视质量安全,也不能单讲质量安全,忽视效率和经济性,总之不能单打一。同时,不能脱离全局去考虑局部,不能只顾目前,不管长远。航空维修工作的组织者,要有多维观念、全局观念、长期观念,要在质量安全、效率、经济性的多维状态空间中,在全局中长远利益的前提下,组织航空维修保障工作。

(2)分阶段安排。客观事物的发展都有阶段性,任何一项维修保障工作都是分阶段进行的。如飞行机务保障,一般分为制订计划、预先机务准备、直接机务准备、再次出动机务准备和飞行后检查与讲评等几个阶段;飞机定期检修工作一般分为制订计划、接收飞机、定检实施、出厂检验、定检讲评等阶段。工作按阶段安排,统筹才有可能,才有明确的控制点,工作才能有节奏、有条理、有效果。所以,对任何一项航空维修工作都必须分析其发展阶段,按阶段来安排工作。

(3)要有层次。一是工作要有层次,要明确规定先后、主次、轻重、缓急,避免打乱仗,眉毛胡子一把抓,要事半功倍。二是领导要分层次,一级管一级,一级向一级负责,以调动全体官兵的工作积极性。一般情况下,随意越级指挥是收不到好的效果的,所以组织航空维修保障工作一定要有层次,要根据精简高效的原则建立必要的管理层次并充分发挥其功能作用。

(4)按程序实施。按程序实施工作是维修保障工作客观规律的反映,是维修保障组织工作中一条重要的经验。实施程序化能使保障工作有秩序、高效地进行,做到忙而不乱,能避免漏洞和问题的发生。不仅组织管理工作要程序化,维修操作工作也要程序化。较复杂的工作一般都要运用统筹法画出程序图,如飞行机务保障工作组织程序图、定检工作组织程序图等。

(5)调配科学化。科学调配,一是要使航空维修资源的分配最合理,人尽其才,物尽其用;二是要合理分配,使航空维修活动所用的时间和费用最省。因此,要有系统的观点和科学的方法,如用线性规划法来分配资源、用最短路线法来安排运输等。

(6)分工专业化。分工专业化是由装备及其维修保障工作复杂性所决定的。分工专业化不仅指按业务技术的专业分工(如机械、军械等),也指按工作类型的专业分工(如日常维护、定期检修等);不仅指结构化的专业分工(用体制固定的分工),也反映非结构化的专业分工(一定时期按照需要组织一部分人专门干某种工作,如战时组织快速排故组、副油箱准备组等)。专业化分工可以使人员业务技术得到迅速提高。由于工作的单纯性,还可以使人集中精力、提高效率,并能相对节省人员。"一锅煮"的办法,是难以奏效的。所以,人员分工应在可能性的条件下实行专业化分工,不能仅是任务分工。

(7)责任制度化。组织航空维修保障必须实行严格的责任制。不仅要明确各个职位(如中队长、排长等)的责任,也要明确各个岗位的责任,并将其制度化。同时,实行责与利相结合,有奖有惩。这样才能摈弃大锅饭的种种弊病,激发每个官兵的责任心和工作积极性,保证工作的落实和提高维修质量。

(8) 工作标准化。"没有规矩不成方圆"。没有标准就无法统一,无法修正,无法考评。组织任何一项航空维修保障工作都要提出标准,都要实行标准化,如维修操作动作、维修质量控制、工具设备、维修设施、维修现场秩序要标准化等。

(9) 要求严格化。这是各项工作和制度落实的保证。装备是要遂行作战任务的,有些微小差错也可能导致严重的后果,影响作战进程,乃至影响战争结局。因此,要求组织航空维修保障工作要高标准,严要求,维修操作要做到一丝不苟,不能随心所欲,各行其是。要严格按法规制度规定要求组织航空维修保障工作,严格掌握技术标准,严肃对待装备故障,严格执行岗位责任制,严格维修纪律。

(10) 要有针对性。要针对装备保障特性、装备作战使用任务和环境条件等特点提出保障措施和要求,针对维修人员特点分配其任务,不给其不胜任的工作。航空维修的组织领导者要善于突出重点,抓主要矛盾,不搞一般化。例如,我军历史上所提出的预防十大故障、十大人为差错,加强重点机件、关键部位的维护等,都是在航空维修保障组织工作中抓重点的体现。

复习思考题

1. 分析航空维修组织管理的重要作用和意义。
2. 什么是组织?简述组织理论的发展概况及其发展趋势。
3. 阐述航空维修组织的内涵及其基本任务。
4. 试述航空维修组织的特点及其组织原则。
5. 比较分析各种组织结构模式特点及其适用性。
6. 航空维修组织设计与分析的基本内容。
7. 阐述航空维修保障组织管理工作的基本内容及其关键环节。

第8章 航空维修控制

【本章提要】

◆ 控制是组织中监督各项活动,以保证它们按计划进行的过程,控制与计划密不可分。离开了控制,计划就只能成为空想。

◆ 根据控制时点的不同,可将控制分为3种模式:反馈控制、同步控制和前馈控制。

◆ 完整的控制过程可分为4个步骤:确定标准;衡量工作;分析衡量结果;采取管理行动。

控制是航空维修管理的一项重要职能,贯穿于航空维修管理活动的全过程,各项航空维修管理活动,都与控制分不开,没有控制或控制不力,就难以保证航空维修管理活动按照计划有序开展,因此,控制在航空维修管理工作中,具有重要的地位和作用。

8.1 航空维修控制基本概念

在航空维修管理过程中,通过有效的控制工作,及时跟踪和把握维修工作进展,了解和掌握维修计划执行情况,发现问题,及时纠正,从而更好地实现航空维修管理目标。

8.1.1 控制

1. 控制的含义

关于控制的含义,有很多不同的说法。法约尔认为,控制是监视个人是否依照计划、命令及原则执行工作;霍德盖茨认为,控制就是管理者将计划的完成情况和计划的目标相对照,然后采取措施纠正计划执行中的偏差,以确保计划目标的实现;孔茨认为,控制就是按照计划标准衡量计划的完成情况和纠正计划执行中的偏差以确保计划目标的实现;等等。综合来看,控制就是检查工作是否按既定的计划、标准和方法进行,发现偏差,分析原因,进行纠正,以确保组织目标的实现。由此可见,控制职能几乎包括了管理者为保证实际工作与计划一致所采取的一切活动。

从上述对控制概念的剖析来看,主要包含4个方面的要点:一是控制具有很强的目的性,即控制是为了保证各项活动按计划进行;二是控制是通过监督检查和纠偏来实现;三是控制是一个过程;四是控制与计划密不可分,计划是控制的依据,控制是计划的保证,离开了控制,一切计划将成为空想。

在管理实践中,由于组织内部因素的变化、外部环境因素的影响,使得计划往往不能顺利执行,而控制的作用就在于发现执行中的问题和偏差,及时采取纠偏措施,确保计划得以顺利执行。可见,控制工作在管理活动中起着非常重要的作用。

2. 控制的类型

管理控制的种类很多,常用的分类方法有:根据控制的性质,可分为预防性控制和更正性控制;根据控制点位于整个活动过程中的位置,可分为预先控制、过程控制和事后控制;根据实施控制的来源,可分为正式组织控制、群体控制和自我控制;根据控制信息的性质,可分为反馈控制和前馈控制;根据控制所采用的手段,可分为直接控制和间接控制。控制的分类情况如表8-1所列。

表8-1 控制的分类

分类原则	控制类型
按控制活动的性质划分	①预防性控制;②更正性控制
按控制点的位置划分	①预先控制;②过程控制;③事后控制
按控制来源划分	①正式组织控制;②群体控制;③自我控制
按信息的性质划分	①反馈控制;②前馈控制
按采用的手段划分	①直接控制;②间接控制

3. 控制的手段

管理活动采用的控制手段包括人员配备、实施评价、正式组织结构、政策和规则、财务以及自适应等,如图8-1所示。这些控制手段并不是相互排斥的,而是紧密相关的。在许多情况下,可能同时需要采用几种控制手段,以保证控制的有效性。

图8-1 常用的管理控制手段

8.1.2 航空维修控制

1. 航空维修控制的涵义

航空维修系统在运行过程中,不可避免地会受到系统内外各种因素的影响和制约,使得航空维修计划发生变化,维修活动出现偏差。为确保航空维修活动按计划开展,以及航空维修目标的最终实现,必须对航空维修活动实施有效控制。

航空维修控制,是指监督检查航空维修工作是否按既定的计划、标准和方法进行,及时发现偏差,分析原因,进行纠正,以确保航空维修方针、维修质量和维修目标的实现。

航空维修控制与航空维修的各项工作活动密不可分,渗透在航空维修各项工作活动之中,贯穿于航空维修系统运行全过程。对于军事装备这种高可靠性高安全要求的装备而言,人们深刻认识到,没有控制,航空维修质量安全就难以得到保障,各项工作活动就难以有序高效开展,航空维修目标就难以实现。

从理论上讲,如果航空维修计划都能够按照预定计划顺利实施,那么控制工作就显得不那么重要了,但实际情况是,在航空维修系统运行过程中,几乎所有的维修计划都不可能顺利得到实施,这主要是因为以下两个方面的原因:

一是航空维修系统内部因素的改变。对于航空维修系统而言,航空维修资源供给总是处于不充分不平衡的状态,维修人员能力的发挥、维修设备工具的使用、相关部门的配合等,总会发生某些与维修计划不一致或者例外的情况,这无疑将会导致维修计划难以顺利实施。如维修人员的能力素质,甚至维修人员的精神状态,以及器材备件、设备工具等的保障、调配,都会影响到维修作业的质量和进度。

二是航空维修系统外部因素。即使航空维修系统内部因素稳定可靠,但由于系统外部环境,如作战任务、自然环境、社会环境等的变化,也会影响到维修计划的实施。如作战任务的增加或改变、天气环境的变化等,都将会影响到航空维修计划的执行,使得计划实施的实际过程、结果与预期的计划目标不相符合。

以上两个方面的原因,使得航空维修计划难以顺利实施,而控制的作用就在于及时发现计划执行的问题和偏差,并及时采取纠正措施,确保航空维修计划和各项工作顺利实施。因此,控制在航空维修管理活动中具有重要的地位和作用。

2. 航空维修控制的关键点

由于航空维修活动的多样性、复杂性,需要衡量的标准很多,即使是一项简单的维修计划,也很难将所有的结果与标准进行对照衡量,而要对整个航空维修工作进行控制就更难了。从实际情况来看,衡量所有的航空维修工作活动,不仅是不现实的,也是不必要的。对于航空维修管理来讲,要做的并不是要去检查控制所有的工作活动,而是要选择一些关键的控制点,通过这些关键控制点,以点带面,实现对整个维修工作活动的有效控制。

关键控制点,其关键性在于该控制点或控制因素对整个控制过程和结果的影响程度,其可能是航空维修活动中的一些限定性因素,也可能是能够使维修计划更好发挥作用的因素。显然,航空维修系统不同部门、不同单位的工作性质不同、管理层次不同,关键控制点的选择将是不一样的。因此,有关关键控制点的选择,应对航空维修不同的计划和控制工作进行针对性的分析,同时还应对控制条件、控制技术、控制要求等因素进行系统分析,在此基础上再确定关键控制点。

从系统的角度来看,航空维修是一个过程活动。根据航空维修控制活动侧重的不同,即侧重于管理活动的哪个阶段,航空维修控制关键点的设置主要有 3 种,即预先控制点、过程控制点和事后控制点。航空维修系统这 3 种控制关键点的设置如图 8-2 所示。

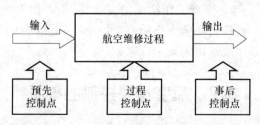

图 8-2　航空维修控制关键点的设置

3. 航空维修控制的要求

控制是航空维修管理的一项重要工作,特别是对于航空装备这种可靠性安全性要求高、使用环境严酷的装备而言,控制就显得更为重要。在航空维修工作实际中,航空维修处于保障地位,即使制订了良好的计划,也可能因作战需求的动态性,以及航空维修工作的复杂性,而没有把握住控制这一重要环节,最终未能达成预期目标。因此,为了能够实施有效的航空维修控制,必须了解和把握相关的控制标准要求。

(1)目标明确。控制是为实现航空维修目标而服务的。不同的对象、不同的层次、不同的工作性质,航空维修控制的目的是不一样的。良好的维修控制必须以明确的目标为前提,必须反映控制对象的特点要求,不能为控制而控制,搞形式主义。航空维修管理的重要任务之一,就是要在众多的甚至相互矛盾的目标中选择出关键的、能反映维修工作本质和需要的目标,并加以控制。

(2)及时有效。良好的控制必须及时发现航空维修系统运行过程和结果存在的问题,并及时采取纠偏措施。如果控制滞后或控制不力,往往会造成难以预料的损失。时滞现象是反馈控制的一个难以克服的困难。解决该问题较好的办法是采用前馈控制,采取预防性控制措施,使实施的最初阶段就能严格按照标准方向前进。一旦发现偏差,就要对以后的实施情况进行预测,使控制措施针对将来,这样即使出现时滞现象,也能有效地加以更正。

(3)注重经济性。任何一项管理活动都是需要费用的,是否进行控制,控制到什么程度,都要考虑其经济性。要把控制所需要的费用同控制所产生的结果进行经济性比较,只有当有利可图时才实施控制。考虑控制的经济性,可作出损益分析图进行定量比较,确定最佳的控制范围,这时实施控制才是合适的。

(4)客观真实。控制应该客观,这是对航空维修控制工作的基本要求。在整个控制过程中,最易引起主观因素介入的是绩效的衡量阶段,尤其是对人的绩效进行衡量更是如此。航空维修管理者要特别注意评价工作,因为如果没有对绩效的客观的评价或衡量,就不可能有正确的控制。要客观地控制,第一要尽量建立客观的计量方法,即尽量把绩效用定量的方法记录并评价,把定性的内容具体化;第二是要从组织目标的角度来观察问题,应避免形而上学的观点、个人偏见和成见。

(5)保持弹性。控制必须保证在发生了一些未能预测的事件情况下,如任务变化、环境突变、计划疏忽、计划变更、计划失败等,控制工作仍然有效,不受影响。因此,航空维修控制必须要有一定的弹性,必须有替代方案。

(6)预见性。预则立,不预则废,及时发现偏差,不如预先估计出可能发生的偏差,预先采取行动更好,故管理者应选择恰当的控制方法,未雨绸缪,使偏差能早日觉察以防患于未然。

(7)突出重点。由于航空维修工作活动的复杂性,不可能对航空维修所有的工作活动进行控制,因而航空维修控制必须突出重点,如影响质量安全的维修工作项目,必须进行有效控制,以确保装备作战使用的安全可靠。

8.2　航空维修控制的模式

在航空维修活动过程中,维修管理人员为方便检查,及时发现偏差,进行纠正,往往要借助于一定的手段、方法,通过一定的作用途径对维修系统的运行实施控制。

　　航空维修控制模式就是维修管理人员对航空维修系统的运行实施控制的作用方式,包括控制模型的选择、工作步骤的确定、信息反馈的样式。根据控制时点的不同,一般可以将控制分为反馈控制、同步控制和前馈控制,三者之间的关系如图 8 – 3 所示。

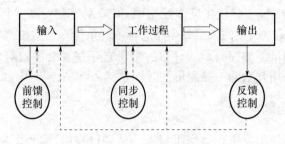

图 8 – 3　控制的类型

8.2.1　反馈控制

　　控制论的创始人维纳指出,自然界经由信息反馈来发现错误,并引发更正错误的行为过程,以此来控制它们本身。维纳的控制论及控制系统几乎适用于一切控制过程。航空维修管理也不例外,航空维修管理活动往往是借助于信息反馈,不断地分析过去的信息来指导将来的发展进程,从而来实现维修方针和维修目标。

　　反馈控制是一种最主要也是最传统的控制方式。它的控制作用发生在行动作用之后,其特点是把注意力集中在行动的结果上,并以此作为改进下次行动的依据。其目的并非要改进本次行动,而是力求能"吃一堑,长一智",改进下一次行动的质量。

　　反馈控制过程如图 8 – 4 所示。控制的过程首先从预期和实际工作成效的比较开始,指出偏差并分析其原因,然后制订出纠正的计划并进行纠正,纠正的结果将可以改进下一次的实际工作的成效或者将改变对下一次工作成效的预期。可见在评定工作成效与采取纠正措施之间有很多重要环节,各环节的工作质量,都对反馈控制的最终成果有着重大影响。

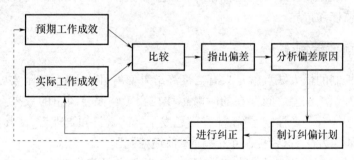

图 8 – 4　反馈控制过程

　　反馈控制的对象可以是行动的最终结果,如维修质量、完好率等;也可以是行动过程中的中间结果,如工序质量等。前者可称为端部反馈,后者称为局部反馈。通过反馈能够发现被结果掩盖的一些问题,例如对装备完好率的控制。装备完好率的提高可能只是由于维修强度增加的结果,这就掩盖了维修保障能力、维修保障效益实际有所下降的严重情况。因此,反馈控制对于及时发现问题、排除隐患有着非常重要的作用。

在航空维修管理工作中,反馈控制用途非常广泛,如人员考评、维修质量检验等,都属于反馈控制的内容。这类控制对航空维修管理水平的提高发挥着很大的作用。但反馈控制最大的弊端就是它只能在事后发挥作用,对已经发生的对组织可能的危害却无能为力,其作用类似于"亡羊补牢",而且在反馈控制中,偏差发生和发现并得到纠正之间有较长一段时滞,这必然对偏差纠正的效果发生很大影响。虽然在航空维修管理活动中,反馈控制仍然是管理者采用最多的控制形式,但是,由于它存在着上述缺陷,在一般情况下航空维修管理者应该先采用其余两种控制形式。

8.2.2 同步控制

同步控制的控制作用发生在航空维修工作活动过程中,即与工作过程同时进行。其特点是在工作活动过程中,一旦发生偏差,马上予以纠正。其目的就是要保证工作活动尽可能地少发生偏差,改进本次而非下一次工作活动的质量。

同步控制被较多地用于对航空维修活动现场的控制,由基层管理者执行。同步控制通常包括两项职能:一是技术性指导,即对下属的工作方法和程序等进行指导;二是监督,确保下属完成任务。在同步控制中,由于需要管理者即时完成包括比较、分析、纠正偏差等完整的控制工作,所以,虽然控制的标准是计划工作确定的行动目标、政策、规范和制度等,但控制工作的效果更多地依赖于现场管理者的个人素质、作风、指导方式,以及下属对这些指导的理解程度等因素。因此,同步控制对航空维修管理者的要求较高。此外,同步控制的内容还与被控制对象的性质特点密切相关,对简单劳动或是标准化程度很高的工作,严格的现场监督可能收到较好的效果;但对于高级的创造性劳动而言,航空维修管理者应该更侧重于创造出一种良好的工作环境和氛围,这样才有利于计划的顺利实现和组织目标的达成。

随着信息技术的快速发展及其广泛应用,实时信息可在异地之间迅速传送,这就使得同步控制得以在异地之间实现,而突破了现场的限制。例如航空维修工作实行计算机联网,利用网络可将航空维修工作现场信息实时传输到航空维修控制部门,以便及时对航空维修工作进行监控和指导。

8.2.3 前馈控制

由于反馈控制的最大缺点就是只有当最终结果偏离目标之后,控制才可能发挥作用,而且偏差发生和纠正偏差之间存在的时滞也往往会影响偏差纠正的效果。因此,航空维修管理者更希望能有一个控制系统,能在问题发生之前就告知管理者,使其能够马上采取措施以使问题不再发生,这种控制系统就是"前馈控制"。

前馈控制的控制作用发生在行动作用之前,其特点是将注意力放在工作活动的输入端上,使得一开始就能将问题的隐患排除,防患于未然,可见前馈控制的效果正是管理者追求的目标。

显然,实行前馈控制,必须建立在对整个航空维修系统和维修计划透彻分析的基础之上,航空维修管理者必须对下列两方面的内容了然在胸:

(1)系统的输入量和主要变量。这包括航空维修工作活动中的各项需求因素和要求的各项条件是什么？其中波动的可能性最大，同时对维修工作活动结果影响很大的因素是哪些？计划对它们的要求是什么？等等。

（2）系统的输入量和输出结果的关系。这包括以上这些输入量是如何影响输出结果的？如果输入量发生波动，那么输出结果将会如何改变？等等。

在前馈控制中，航空维修管理者可以测量这些输入量和主要变量，然后分析它们可能给系统带来的偏差，并在偏差发生之前采取措施，修正输入量，避免最终偏差的发生。可见，前馈控制是以系统的输入量为馈入信息，而反馈控制则是以系统的输出量为馈入量，前者是控制原因，后者则是控制结果。

在航空维修管理中，对前馈控制的需求是非常大的。如定检工作安排、维修人员训练、维修工具更新、器材备件请领、维修风险控制等。事实上，前馈控制是一个非常复杂的系统，因为它不仅要输入影响计划执行的各种变量，还要输入影响这些变量的各种因素，同时还有一些意外的或事先无法预测的因素影响，这些因素虽然事先无法了解，但它们的影响必须在事先就进行提防。具体地说，要进行有效可行的前馈控制，必须满足以下几个必要条件：

（1）必须对计划和控制系统进行透彻、翔实的分析，确定重要的输入变量。

（2）必须建立清晰的前馈控制的系统模型。

（3）注意保持模型的动态性，经常检查模型以了解所确定的输入变量及其相互关系是否仍然反映实际情况。

（4）必须经常收集系统输入量的数据并输入控制系统。

（5）必须定期评估实际输入量和计划输入量之间的差异并评估其对最终结果的影响。

（6）必须采取行动，不但应指出问题，还应采取措施来解决。

8.3　航空维修控制的过程

虽然航空维修控制的对象复杂多元，控制工作的要求也不尽相同，但控制工作的过程基本是一致的，大致可分为 4 个步骤：首先要确定标准，然后将工作结果与标准进行衡量，其次分析衡量的结果，最后是针对问题采取管理行动。

8.3.1　确定标准

标准，就是评定成效的尺度。根据标准，管理者无需亲历工作的全过程就可以了解整个工作的进展情况。标准是控制的基础，离开了标准就无法对活动进行评估，控制工作也就无从谈起。

事实上，标准的制订应该是属于计划工作的范畴，但由于计划的详细程度和复杂程度不一，它的标准不一定适合控制工作的要求，而且控制工作需要的不是计划中的全部指标和标准，而是其中的关键点。所以，管理者实施控制的第一个步骤是以计划为基础，制订出控制工作所需要的标准。

标准的类型很多，可以是定量的，也可以是定性的。一般情况下，标准应尽量数字化和定量化，以保持控制的准确性。在航空维修管理工作中，经常使用以下几种类型的标准。

（1）时间标准，是指完成一定工作所需花费的时间限度。

（2）生产率标准，是指在规定时间里所完成的工作量。

（3）消耗标准，是指完成一定工作所需的有关消耗。

（4）质量标准，是指工作应达到的要求，或是产品或劳务所应达到的品质标准。

（5）行为标准，是对维修人员规定的行为准则要求。

对不同的对象、不同的计划、不同的控制环节，控制标准有所不同。如世界著名的麦当劳快餐店非常注重及时服务，其制订的控制标准其中就包括：①95%的顾客进店3min之内应受到接待；②预热的汉堡包在售给顾客前，其烘烤的时间不得超过5min；③顾客离开后5min之内所有的空桌必须清理完毕等。在实际工作中，常用的制订标准的方法有以下3种。

（1）统计方法。即根据组织的历史数据记录或对比同类组织的水平，用统计学的方法确定标准。

（2）工程方法。即以准确的技术参数和实测的数据为基础制订的标准。这种方法主要用于定额标准的制订上。

（3）经验估算法。即由经验丰富的管理者来制订标准。这种方法通常是对以上两种方法的补充。

标准的制订是全部控制工作的第一步，一个周密完善的标准体系是整个控制工作的质量保证。

8.3.2　衡量工作

有了完备的标准体系。第二步工作就是要采集实际工作的数据，了解和掌握工作的实际情况。在衡量工作中，衡量什么以及如何去衡量，这是两大核心问题。

事实上，衡量什么的问题在衡量工作之前就已经得到了解决，因为管理者在确立标准时，随着标准的制订、计量对象、计算方法以及统计口径等也就相应地被确立下来了，所以简单地说，要衡量的是实际工作中与已制订的标准所对应的要素。

关于如何衡量，这是一个方法问题，在实际工作中有各种方法，常用的有如下几种。

（1）个人观察。个人观察提供了关于实际工作的最直接的第一手资料，这些信息未经过第二手而直接反映给管理者，避免了可能出现的遗漏、忽略和信息的失真。特别是在对基层工作人员工作绩效的控制时，个人观察是一种非常有效，同时也是无法替代的衡量方法。但是个人观察的方法也有许多局限性：首先，这种方法费时费力，需要耗费管理者大量的劳动；其次，仅凭简单的观察往往难以考察更深层次的工作内容；第三，由于观察的时间占工作总时间的比例有限，往往不能全面了解各个方面的工作情况；最后，工作在被观察时和未被观察时往往不一样，管理者有可能得到的只是假象。

（2）统计报告。统计报告就是将在实际工作中采集到的数据以一定的统计方法进行加工处理后而得到的报告。特别是计算机应用技术越来越发达的今天，统计报告对衡量工作有着很重要的意义。但尽管如此，统计报告的应用价值还是要受两个因素的制约：一是其真实性，即统计报告所采集的原始数据是否正确，使用的统计方法是否恰当，管理者往往难以判断；二是其全面性，即统计报告中是否全部包括了涉及工作衡量的重要方面，是否遗漏或掩盖了其中的一些关键点,管理者也难以肯定。

(3)口头报告和书面报告。这种方式的优点是快捷方便,而且能够得到立即反馈。其缺点是不便于存档查找和以后重复使用,而且报告内容也容易受报告人的主观影响。两者相比,书面报告要比口头报告来得更加精确全面,而且也更加易于分类存档和查找,报告的质量也更容易得到控制。

(4)抽样检查。在工作量比较大而工作质量又比较平均的情况下,管理者可以通过抽样检查来衡量工作,即随机抽取一部分工作进行深入细致的检查,以此来推测全部工作的质量。这种方法最典型的应用是产品质量检验。在产品数量极大或者产品检验具有破坏性时,这是唯一可以选择的衡量方法。此外,对一些日常事务性工作的检查来说,这种方法也非常有效。

在选取上述方法进行衡量工作的同时,要特别注意所获取信息的质量问题,信息质量主要体现在以下四个方面:

(1)准确性,即所获取的用以衡量工作的信息应能客观地反映现实,这是对其最基本的要求。

(2)及时性,即信息的加工、检索和传递要及时,过分拖延的信息将会使衡量工作失去意义,从而影响整个控制工作的进行。

(3)可靠性,即要求信息在准确性的基础上还要保证其完整性,不因遗漏重要信息而造成误导。

(4)适用性,即应根据不同管理部门的不同要求而向他们提供不同种类、范围、内容、详细程度、精确性的信息。

衡量工作是整个控制过程的基础性工作,而获得合乎要求的信息又是整个工作的关键。

8.3.3　分析衡量的结果

衡量工作的结果是获得了工作实际进行情况的信息,那么分析衡量结果的工作就是要将标准与实际工作的结果进行对照,并分析其结果,为进一步采取管理行动作好准备。

比较的结果无非有两种可能,一种是存在偏差,另一种是不存在偏差。实际上并非与标准不符合的结果都被归结为偏差,往往有一个与标准稍有出入的浮动范围。一般情况下,工作结果只要在这个容限之内就不认为是出现了偏差。

一旦工作结果在容限之外,就可认为是发生了偏差。这种偏差可能有两种情况:一种是正偏差,即结果比标准完成得还好;另一种是负偏差,即结果没有达到标准。对于正偏差当然是件令人高兴的事,但如果是在控制要求比较高的情况下,对其也应进行详细分析:仅仅是因为运气好,还是因为人员的努力工作? 原来制订的计划有没有问题? 是否是因为标准太低? 等等。这些问题都有进一步分析的必要。在实际工作中,甚至可能出现结果是好的(只是一些偶然因素造成的),但重点控制的工作过程中的一些关键环节实际上比预期的要糟,而这些环节将会成为影响今后工作成果的决定性因素。在这种情况下,仍应将工作结果作为负偏差来分析。

如果工作结果出现负偏差,那么当然更有进一步分析的必要。正因为工作的结果是由各方面因素确定的,所以偏差的原因也可能是各种各样的。例如某单位维修质量下降,原因可能是组织工作不力,人员更新,也可能是装备质量自身的问题等。因此,管理者就不能只抓住工作的结果,而应该充分利用局部控制,将工作过程分步骤分环节地进行考虑,分析出偏差出现的真实原因。一般来讲,原因不外乎3种:一是计划或标准本身就存在偏差;二是由于组织内部因素的变化,如工作的组织不力、人员工作懈怠等;三是由于组织外部环境的影响,如保障装备的更新等。事实上,虽然各种原因都可以归结为这3点,但要作出具体分析,不仅要求有一个完善的控制系统,还要求管理者具备细致的分析能力和丰富的控制经验。

分析衡量结果是航空维修控制过程中最需要理智分析的环节,是否要进一步采取管理行动取决于对结果的分析。如果分析结果表明没有偏差或只存在健康的正偏差,那么控制人员就不必再进行下一步,控制工作也就可以到此完成了。

8.3.4 采取管理行动

控制过程的最后一项工作就是采取管理行动,纠正偏差。偏差是由标准与实际工作成效的差距产生的,因此,纠正偏差的方法也就有两种:要么改进工作绩效,要么修订标准。

(1)改进工作绩效。如果分析衡量的结果表明,计划是可行的,标准也是切合实际的,问题出在工作本身,管理者就应该采取纠正行动。这种纠正行动可以是组织中的任何管理行动,如管理方法的调整、组织结构的变动、附加的补救措施、人事方面的调整,等等。总之,分析衡量的结果得出是哪方面的问题,管理者就应该在哪方面有针对性地采取行动。

按照行动效果的不同,可以把改进工作绩效的行动分为两大类:立即纠正行动和彻底纠正行动。前者是指发现问题后马上采取行动,力求以最快的速度纠正偏差,避免造成更大损失,行动讲究结果的时效性;后者是指发现问题后,通过对问题本质的分析,挖掘问题的根源,即弄清偏差是如何产生的,为什么会产生,然后再从产生偏差的地方入手,力求永久性地消除偏差。可以说前者重点纠正的是偏差的结果,而后者重点纠正的是偏差的原因。在控制工作中,管理者应灵活地综合运用这两种行动方式,特别注意不应满足于"救火式"的立即纠正行动,而忽视从事物的原因出发,采取彻底纠正行动,杜绝偏差的再度发生。在实际工作中,有些管理者热衷于"头痛医头,脚痛医脚"式的立即纠正行动方式,这种方式有时也能得到一些表面的、一时的成效,但由于忽视了分析问题的深层原因,不从根本上采取纠正行动,最终无法避免"被煮青蛙的命运",这是值得管理者深思的。

(2)修订标准。在某些情况下,偏差还有可能来自不切实际的标准。因为标准订得过高或过低,即使其他因素都发挥正常也难以避免与标准的偏差。这种情况的发生可能是由于当初计划工作的失误,也可能是因为计划的某些重要条件发生改变等。发现标准不切实际,管理者可以修订标准。但是管理者在作出修订标准的决定时一定要非常谨慎,防止被用来为不佳的工作绩效作开脱。管理者应从控制的目的出发做仔细分析,确认标准的确不符合控制的要求时,才能作出修正的决定。不切实际的标准会给组织带来不利影响,过高的实现不了的标准会影响员工的士气,而过低的轻易就能实现的标准又容易导致员工的懈怠情绪。

采取管理行动是控制过程的最终实现环节,也是其他各项管理工作与控制工作的连接点,很大一部分管理工作都是控制工作的结果。

8.4　航空维修控制的内容

8.4.1　控制的内容

控制的内容即控制的对象,从管理要素和管理工作实际来看,主要包括人员、财务、作业、信息和组织绩效这 5 个方面的控制。

(1)人员控制。管理目标需要由组织成员按照计划工作去做来实现,因而需要对人员进行控制。对人员控制,最常用的方法是直接巡视检查,发现问题立即进行纠正;另一种有效的方法是进行绩效评估,奖优惩劣,激励先进,使其维持或加强良好表现;鞭策落后,使其纠正行为偏差,按标准要求开展工作。

(2)财务控制。任何一个组织的有效运行,都需要财力支撑,都需要获取必要的利润,因而必须对财务进行控制,这主要包括审核各期的财务报表,以确保各项资产都能得到有效利用。预算是最常用的财务控制衡量标准,也是一种有效的控制工具。

(3)作业控制。作业是指从劳动力、原材料等资源获得最终产品和服务的过程,作业质量在很大程度上决定了产品或服务的质量。作业控制就是通过对作业过程的控制,来评价并提高作业的效率和效果,从而提高产品或服务的质量。管理中最常见的作业控制包括生产控制、质量控制、原材料采购控制、库存控制等。

(4)信息控制。随着社会形态由工业化步入信息化,信息技术的迅猛发展及其广泛应用,信息对管理的影响作用显著增强,已成为管理的核心主导性要素,信息的质量直接影响到管理效率效益。对信息的控制,最主要的是要建立一个有效的管理信息系统,实现对信息的集成管理,为管理提供可靠充分的信息。

(5)组织绩效控制。组织绩效是指组织在某一时期内组织任务完成的数量、质量、效率和效益情况,是管理目标达成的综合反映。组织绩效控制对管理目标的综合控制,是管理高层的控制对象。组织绩效控制的关键在于科学合理地确定组织绩效标准,由于组织绩效反映的是一个组织运行的整体效果,因而组织绩效目标确定的关键在于组织的目标取向,即要根据组织完成目标实际情况并按照目标所设定的标准来衡量组织绩效。

8.4.2　空军航空维修控制的内容

空军航空维修控制工作必须坚持全员参与,运用先进的理念方法,精细管理、精准施控,保证航空装备的合理使用、正确维修和工作质量,保证飞机最大限度地处于完好状态,保证战训任务的遂行和飞行安全。以机务大队为例,维修控制的主要工作内容有:组织与实施机务人员上岗条件控制、航空装备状态控制、航空装备使用时限控制、技术通报落实控制、航空装备故障控制、航空发动机管理和维修工作质量检验。

1. 维修人员上岗条件的控制

航空维修人员,必须实行全员持证上岗。只有经过正规培训、实习带教、考核审定,掌握本岗位所必需的专业理论知识,能够正确执行维修法规,准确进行技术操作,获得维修岗位资格证书,才能独立从事相应维修岗位的工作。维修岗位资格的考核认定,按照年度业务技术训练工作安排确定的时机、内容和方法进行。维修人员的岗位资质,应当依据专业理论和实际操作考核的成绩,以及实际工作表现,进行综合认定。同时,应重点加强师、技师、员(工)上岗条件的控制,进行维修人员因工作失误暂停工作、长时间间断工作、改变原固定分工、改换专业或工种以及改换机种(型)等重新上岗条件的控制,以及油液分析、发动机综合监控、无损检测、飞参处理、计量、塔台航空机务值班、专项质量检验等特定维修岗位资格的认定。

2. 航空装备状态的控制

航空装备状态控制主要包括:飞机完好状态控制、飞机特殊使用限制控制、特殊机载设备控制、油封(停放)保管飞机控制和机载设备软件版本控制等。

(1)飞机完好状态控制。机务大队各岗位人员应掌握所负责飞机技术状态,熟悉同型飞机不同状态构成的差异及维修要求。机务大队应积极采取措施,控制飞机停飞架日、做好停放保管飞机的维护保养工作、严格控制飞机串(借)件,保证飞机按比例始终处于可用状态,满足战训需求。

(2)飞机特殊使用限制的控制。飞机特殊使用限制,是指由于工厂制造质量、大修质量、事故修理或者改装等原因影响了结构强度而对飞机的飞行课目、飞行载荷、机上装载量和寿命、大修时限等做出的特殊限制。机务大队应当将限飞原因、条件、时限和解决办法报参谋部门和上级保障部门,提出飞机使用意见;掌握飞机特殊使用限制情况,做好登记,逐项进行控制;制订飞行日计划时,要监控特殊使用限制的飞机,防止安排不恰当任务;本机参训时,应当逐架次核对飞行任务;飞机机械师变动时要作为一项必须介绍和了解的内容交接清楚。

(3)特殊机载设备的控制。特殊机载设备,是指少数飞机装有的与同型别其他飞机不同的设备或者为执行特殊任务而改装的设备。机务大队长、专业主任和机务中队长、排长必须掌握装有特殊机载设备的飞机号码、设备名称(型号)、数量,督促有关人员按照规定做好维护工作,使其经常处于完好状态。平时不装机的特殊机载设备,必须固定专人按照有关规定做好维护工作。专业主任应当定期检查,对其完好状况负责。质量控制与安全监察室应当对装有特殊机载设备的飞机号码、设备名称(型号)、数量等进行登记控制,并报参谋部门和上级保障部门。特殊机载设备变动时,做好数据更新工作。

(4)油封保管飞机的控制。预计中断使用超过3个月的飞机,通常应当油封保管。油封前,机务大队应完成飞行后检查和到期的定期检修工作,排除全部故障,保持飞机完好。油封时,应按照维护规程或操作卡片规定的内容、方法对机载设备、机件、配属于飞机的工具设备进行油封。油封保管期间,应当固定地勤机组和专业人员,按照维护规程的规定进行维护保养。长期油封保管的飞机,其发动机应当按照维护规程规定的时限启封、运转和重新油封。机务大队每月应对油封保管飞机的维护状况进行一次检查。

(5)机载设备软件版本的控制。机务大队要对机载设备软件版本进行登记,逐架飞机进行控制。登记的主要内容有:飞机号、专业、所属系统、设备名称及型号、当前版本号、更新依据、更新日期和前期各次版本号,以及其他需要登记的内容。软件版本更新按技术通报落实程序进行。专业主任、排长、师、员应当掌握负责飞机的软件版本号,机载设备装机前应当核对软件版本号是否符合要求。

3. 航空装备使用时限的控制

航空装备使用时限控制主要包括定期检修时限、有寿机件和周期性工作时限的控制。

（1）定期检修时限的控制。质量控制与安全监察室应当逐架飞机、逐个项目进行定期检修时限控制。控制程序按照建立控制项目、掌握控制期限、下达指令卡片、监控实施阶段情况、建立新的周期实施，并每月对定期检修控制情况进行检查核对。

（2）有寿机件、周期性工作时限的控制。有寿机件、周期性工作时限由质量控制与安全监察室、中队质量控制人员和机组（专业组）分工进行控制。控制项目应当指定专人负责，逐架飞机、逐个项目进行控制。

4. 技术通报落实的控制

技术通报落实由机务大队专业主任负责并组织实施，质量控制与安全监察室全程控制，机务大队长督促检查。工厂、研究所等单位派人到部队落实技术通报时，机务大队要核准其落实内容与收到的技术通报相符。如果尚未收到技术通报，机务大队应逐级请示，经上级管理部门批准，方可组织实施。

5. 航空装备故障的控制

机务人员必须按照维护规程和操作卡片规定的检查内容、路线和方法检查飞机，充分运用发动机综合监控、飞参处理、油液分析、无损检测等手段和方法，加强检测和监控，及时发现和排除故障、疑点和隐患。要加强对重要机件和关键部位的检查，对没有把握的应当进行复查。此外，应加强软件问题的处理，故障信息的收集与积累，故障研究、预防与预测，以及质量信息的反馈等工作。

6. 质量检验和照相管理

在航空装备上进行的维修保障工作，应当按照规定进行质量检验。质量检验通常分为自检、复检和专检 3 个类别。照相管理是指在外场维修、飞行保障、定期检修和重大故障排除等时机，对重要系统和部附件、重点部位进行拆卸安装、分解组装、检测校验等，以及对最后状态进行照相比对、存档的质量监控方法。机务大队应指定部门负责照相管理工作。

7. 干部检查飞机

干部检查飞机，是对飞机维修质量和机务人员技术水平、维护作风的全面检查与考核。干部所检查的飞机应当是经过检查检验、确认为完好的飞机。师级以上首长使用的飞机，必须经机务中队以上机务干部检查。检查可以在预先机务准备或直接机务准备阶段进行。检查时还应当重点了解飞机近期使用情况、完成的较大工作等情况。试飞的飞机，必须经排长以上干部检查。机务大队每季度应当对干部检查飞机情况进行一次讲评。

8. 航空发动机管理

机务大队应明确一名大队领导负责发动机管理工作，维修与训练管理室、质量控制与安全监察室、综合监控室、中队（修理厂）应按职责分工实施发动机管理工作。航空发动机管理主要包括发动机的接收查验、保管、领用、使用控制，地面发动机油封期限的控制，发动机送修、调出、退役报废的控制等内容。此外，质量控制与安全监察室应当按照规定完成发动机数据信息维护、上报及质量信息反馈工作。

8.5　常用航空维修控制工具和方法

8.5.1　常用工具和方法

维修质量控制老 7 种工具是指运用统计方法和图表形式，科学地整理、分析维修质量数据和信息,有效地控制、预防和改进维修质量的7种常用方法。老7种工具主要包括直方图、排列图、因果图、调查表、控制图、散布图、分层法。这7种工具虽然是20世纪前期和中期的产物,但是以统计技术为基础的维修质量控制方法至今并未过时。

维修质量控制新7种工具源于20世纪70年代。新7种工具是对文字或语言的资料、信息,通过分析和整理来解决实际问题的定性分析方法。新7种工具运用运筹学、系统工程、价值工程等科学理论,可以有效地指导一个维修管理者和维修人员,整理、分析从维修组织内部和外部获得的大量信息,然后制订具体的行动计划。新7种工具包括关联图法、KJ法、系统图法、矩阵图法、矩阵数据分析法、过程决策程序图法(PDPC法)和箭条图法。新7种工具着重解决PDCA循环中计划阶段的有关质量问题,而常用统计工具则主要在预防和控制维修现场的质量问题,它们是相辅相成的,而不能替代。

常用维修质量控制工具如表8-2所列。

表8-2　常用维修质量控制工具

维修质量控制工具		作用
老7种工具	调查表	系统地收集数据资料,以便得到清晰的真实情况
	趋势图	按时间顺序标出特征值
	帕累托图	寻找影响质量的主要因素
	因果图	表示质量特性与影响质量有关因素之间的关系
	直方图	分析、掌握质量数据的分布状况
	控制图	分析、判断工序是否处于受控状态
	散布图	研究、判断两个变量之间的相互关系
新7种工具	关联图法	表示影响某一质量问题的各种因素之间的因果关系
	KJ法	以图示的形式将收集到的资料归类、汇总
	系统图法	系统寻找达到目的的手段
	矩阵图法	利用矩阵的形式分析因素之间的相互关系
	矩阵数据分析法	对矩阵图的数据进行整理和分析
	PDPC法	预测维修过程中可能出现的障碍和结果,并相应提出多种应变计划
	箭条图法	制订维修工作的最佳日程计划和有效地进行进度管理

8.5.2　控制图及其应用

控制图是画有控制界限的对维修过程的质量进行控制的一种图形,是用于判明维修过程是否处于可控制状态的一种工具,适用于装备可用性、质量进度、故障次数、装备停机时间、备件储备情况等,如图8-5所示。

以单值控制图(图8-5)为例,控制图的横坐标表示按时间顺序的抽样样本号,纵坐标表示质量特性值。控制图一般有中心线(CL - Center Line)、上控制界限(UCL - Upper Control Limit)、下控制界限(LCL - Lower Control Limit),控制界限是判断工作过程状态正常与否的标准尺度。把各样本的质量特性值依次逐点描在控制图上,如果点子全部落在上、下控制界限之内,且点子的排列又正常时,即可判断维修质量是处于控制状态,否则就认为存在异常因素(图8.5中的p点),应查明原因,予以消除。

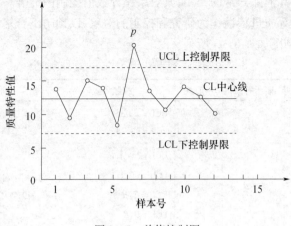

图 8 - 5　单值控制图

1. 控制图原理

控制图中的控制界限是判断工作过程状态是否存在异常因素的标准尺度,它是根据数理统计的原理计算出来的。若质量特性值服从正态分布,或虽服从二项分布或泊松分布,但样本容量足够大,那么,在正常情况下,各样本质量特性值仅受偶然原因的影响,将只有很少一部分不合质量要求,绝大多数样本质量特性值都应该出现在控制界限之内。因此,在维修质量控制中,比较通用的方法是按"3σ 原则"确定控制界限,而把中心线定为受控对象质量特性值的平均值,即

$$\begin{cases} CL = \mu \\ UCL = \mu + 3\sigma \\ LCL = \mu - 3\sigma \end{cases} \qquad (8 - 1)$$

式中:μ 为正态分布的均值;σ 为正态分布的标准偏差。

正态分布时,在正态曲线下总面积的特定百分数可以用标准偏差的倍数来表示。例如,正态曲线下以 $\mu \pm \sigma$ 为界限的面积为正态曲线下总面积的 68.27%。类似地,$\mu \pm 2\sigma$ 为 95.45%,$\mu \pm 3\sigma$ 为 99.73%,所以,在正常情况下按"3σ 原则"的质量特性值落在控制界限之外的概率为 0.27%。这就是说,在 1000 次中约有 3 次把正确的误断为不正常的错误,称为第一类错误,或称为"弃真"错误。若把界限扩大为 ±4σ,第一类错误的概率为 0.006%,这就是指在 10 万次中约有 6 次误断错误,概率显然是非常小的。可是把控制界限如此扩大,失去发现异常原因而引起的质量变动的机会也扩大了,即把不正确的误断为正确的错误增大了,称为第二类错误,或称为"纳伪"错误。因此,一类错误的概率减小,另一类错误的概率必然增大,要想同时减小两类错误的概率是不可能的,而在 3σ 处则能够综合两类错误的影响达到最小,这也就是为什么取 ±3σ 作为控制界限的原因。

选用 $\mu \pm 3\sigma$ 作为偶然原因与系统原因的判别界限,把落在控制界限以内的质量特性看作是正常的,把落在控制界限以外的质量特性看作是异常的,这就对工作过程质量起到了控制界限判断标准的作用。

2. 几种常用的控制图

控制图按质量数据特点可分为计量值控制图和计数值控制图两类。计量值控制图是利用样本统计量反映和控制母体的均值和标准偏差,计量值控制图对系统性原因的反应

敏感,具有及时查明并消除异常的作用,其效果比计数值控制图显著。计数值控制图是以不合格品率、缺陷数等质量特性作为研究和控制的对象,以预防不合格品的发生。维修控制中几种常用的控制图如表8-3所列。

表8-3 维修控制中几种常用的控制图

种类	名称	表示符号	中心线	控制界限	适用范围及特点
计量值控制图	单值控制图	x	$\bar{x}$	$UCL = \bar{x} + 3S$ $LCL = \bar{x} - 3S$	数据少时用; 反应迅速,检出能力弱
	均值—极差控制图	$\bar{x} - R$	$\bar{x}$ $\bar{R}$	$UCL = \bar{\bar{x}} + A_2\bar{R}$ $LCL = \bar{\bar{x}} - A_2\bar{R}$ $UCL = D_4\bar{R}$ $LCL = D_3\bar{R}$	适用于各种参数; 检出能力强
	单值—移动极差控制图	$x - R_S$	$\bar{x}$ $\bar{R}_S$	$UCL = \bar{x} + 2.66\bar{R}_S$ $LCL = \bar{x} - 2.66\bar{R}_S$ $UCL = 3.27\bar{R}_S$ $LCL = 0$	适用于在一定的时间内只能获得单个数据的情况; 检出能力强
计数值控制图	不合格品率控制图	p	$\bar{p}$	$UCL = \bar{P} + \sqrt{\dfrac{\bar{P}(1-\bar{P})}{n_i}}$ $UCL = \bar{P} - \sqrt{\dfrac{\bar{P}(1-\bar{P})}{n_i}}$	适用于不合格品率、故障千时率、提前拆换率、出勤率等;检出能力与样本大小有关
	缺陷数控制图	c	$\bar{c}$	$UCL = \bar{c} + 3\sqrt{\bar{c}}$ $UCL = \bar{c} - 3\sqrt{\bar{c}}$	适用于缺陷数、事故数、维修差错数等;要求每次检测样本大小 n 不变,检出能力与样本大小有关

表中:x 为样本观察值;$\bar{x}$ 为样本均值;$\bar{\bar{x}}$ 为总平均值;S 为样本标准偏差;R 为极差;$\bar{R}$ 为极差均值;R_s 为移动极差;$\bar{R}_s$ 为移动极差均值;p 为不合格品率;$\bar{p}$ 为不合格品率均值;n_i 为第 i 个样本容量;c 为缺陷数;$\bar{c}$ 为缺陷数均值;A_2,D_3,D_4 均为系数,参见表8-4。

表8-4 计算 3σ 控制界限的几种系数表(n 为分组样本容量)

N	2	3	4	5	6	7	8	9	10
d_2	1.128	1.693	2.059	2.326	2.534	2.704	2.847	2.970	3.078
d_3	0.8525	0.8884	0.8798	0.8641	0.848	0.833	0.820	0.808	0.797
A_2	1.880	1.023	0.729	0.577	0.483	0.419	0.373	0.337	0.308
D_3						0.076	0.136	0.184	0.223
D_4	3.267	2.575	2.282	2.115	2.004	1.924	1.864	1.816	1.777

3. 控制图的判断准则

控制图的基本要点是按第Ⅰ类错误概率 α 的大小来确定控制界限,进而判断点是否出界。控制图绘制后,如果图中的点绝大多数在控制界限内,且点的排列没有缺陷,属于随机排列,则可判断此时维修过程处于控制状态;如果有一定量的点越出界限或虽然没有越出控制界限但排列有缺陷,则判断维修过程失控。

1）维修过程稳定状态判断

（1）点全部或绝大部分在控制界限内。具体讲,连续 25 个点子在控制界限内;或连续 35 个点子中仅有 1 个在控制界限外;或连续 100 个点子最多有 2 个在控制界限外。

（2）在控制界限内的点子排列无缺陷。

2）维修过程异常状态判断

（1）点子越出控制界限（在控制界限上也算越限）。

（2）点子在警戒区内,即点子处于 ±（2 ~ 3）倍标准偏差的范围内,如图 8 – 6（a）所示。例如连续 3 个点子中有 2 个在警戒区内;或连续 7 个点子中有 3 个在警戒区内;或连续 10 个点子中有 4 个在警戒区内,均可判断为不稳定状态。

（3）点子在控制界限内,但其排列出现有链、有倾向性或周期性缺陷中的一种,则判断为不稳定状态。

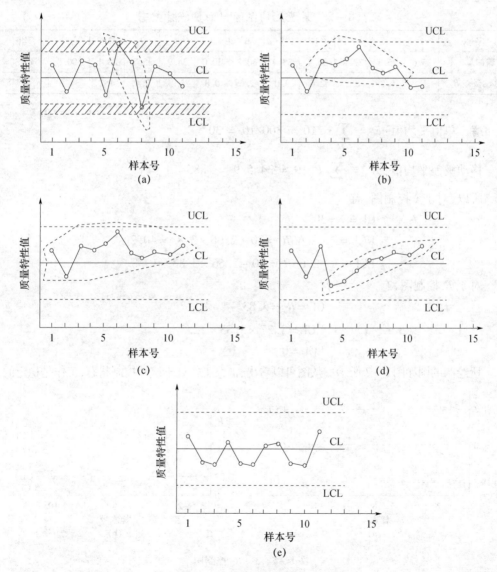

图 8 – 6　点子排列有缺陷的几种情况

① 连续链。在中心线一侧连续出现点子的情况称为链或连续链。用链内所含点子的个数表示链的长度,如链≥7,则判断工作过程为不稳定状态,如图 8 – 6(b)所示。

② 间断链。在中心线一侧出现点子间断的情况称为间断链。例如连续 11 个点子中有 10 个在中心线一侧,如图 8 – 6(c)所示;或连续 14 个点子中有 12 在中心线一侧;或连续 17 个点子中有 14 个在中心线一侧;或连续 20 个点子中有 17 个在中心线一侧,则判断为不稳定。

③ 倾向性。点子逐渐上升或下降的状态称为倾向性。当有连续不少于 7 个点子的上升或下降的趋向,则判断为不稳定,如图 8 – 6(d)所示。

④ 周期性。点子发生周期性变动,预示存在着某种周期性的干扰,则判断为不稳定,如图 8 – 6(e)所示。

【例 8.1】 测得某液压泵输出油量数据如表 8 – 5 所列,试作 x – R_s 图,并分析其工作的稳定性。

表 8 – 5　某液压油泵输出油量统计数据　　　　（单位:m^3/s）

序号	1	2	3	4	5	6	7	8	9	10	合计	均值
输油量 x_i	25.0	25.3	33.8	36.4	33.4	30.8	30.0	24.9	32.3	28.1	300.0	$\bar{x}=30$
移动极差 R_{si}		0.3	8.5	2.6	3.0	2.6	0.8	5.1	7.4	4.2	34.5	$\bar{R}_s=3.83$

解　单值平均值:$\bar{x} = \sum_{i=1}^{10} x_i/10 = 300/10 = 30$

移动极差平均值:$\bar{R}_s = \sum_{i=1}^{9} \bar{R}_{si}/9 = 34.5/9 = 3.83$

所以,对于 x 控制图,有

$$CL = \bar{x} = 30$$

$$UCL = \bar{x} + 2.66\bar{R}_s = 30 + 2.66 \times 3.83 = 40.2$$

$$LCL = \bar{x} - 2.66\bar{R}_s = 30 - 2.66 \times 3.83 = 19.8$$

对于 R_s 控制图,有

$$CL = \bar{R}_s = 3.83$$

$$UCL = 3.27 \times 3.83 = 12.5$$

$$LCL = 0$$

所绘制的图如图 8 – 7 所示。从图可以看出,油泵工作处于统计控制状态,工作是稳定的。

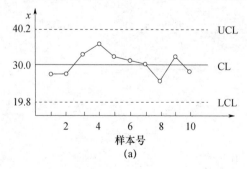
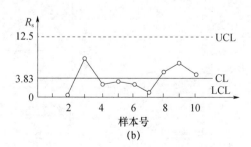

图 8 – 7　x – R_s 控制图

(a) x 图;(b) R_s 图。

复习思考题

1. 什么是控制？有效的控制活动应注意哪些问题？
2. 阐述航空维修控制的关键点。
3. 阐述航空维修控制的要求。
4. 阐述航空维修控制的过程及其主要内容。
5. 比较分析前馈控制、同步控制和反馈控制 3 种控制模式的特征。
6. 阐述航空维修控制的标准。
7. 阐述航空维修反馈控制过程及其特点。
8. 分析控制图原理。
9. 比较分析常用控制图的优劣及其适用性。
10. 阐述空军航空维修控制的主要内容。

第9章　航空维修资源管理

【本章提要】

◆ 航空维修资源是航空维修所需的人力、物资、经费、技术、信息和时间等的统称，主要包括维修人员、器材备件、保障装备、技术资料、计算机资源，是航空维修系统有效运行的物质基础。

◆ 航空维修资源配置的有效性直接影响航空维修保障效率效益，应根据装备使用要求、维修保障方案、维修保障任务等，综合考虑平时与战时维修需求，运用科学适用的方法对维修资源进行优化配置。

维修资源是航空维修系统的重要组成部分，是航空维修系统运行的物质基础，航空维修资源配置优化与否，直接关系到航空维修保障效能，影响到航空装备作战使用。

9.1　航空维修资源管理基本概念

9.1.1　航空维修资源的定义

对于维修资源，国内外都有明确的定义。GJB 3782—1999《装备综合保障通用要求》，将维修资源定义为使用与维修装备所需要的全部物资与人员的统称。GJB 1371—1992《装备保障性分析》，将维修资源定义为使系统满足战备完好性与持续作战能力的要求所需的全部物资与人员。在甘茂治等编写的《军用装备维修工程学》一书中，认为维修资源是装备维修所需的人力、物资、经费、技术、信息和时间等的统称。外军对维修资源也有明确的界定。美国军用标准对维修资源的定义为：为满足战备完好性和持续能力要求，使用和维护一个系统所需的器材和人员要素；美国国防部认为维修资源是指用于执行装备维修任务的人员、器材、工具、设备、设施、技术资料和资金。

上述对维修资源的界定，国家军用标准对维修资源的界定是一种广义的概念，而美军等的界定则是一种狭义的概念，主要是指有形的维修资源。综合上述对维修资源的界定，本书将航空维修资源定义为：是指航空维修所需的人力、物资、经费、技术、信息和时间等的统称。

9.1.2　航空维修资源管理的内涵

维修资源是航空维修系统的重要组成部分，主要包括维修人员、器材备件、保障装备、技术资料等。在航空维修实践中，维修人员、航材备件、保障装备是最重要的维修资源，也是航空维修资源管理的重点内容。

管理是对组织资源有效整合以达成组织目标的动态创造性活动,其核心在于对资源进行有效整合和合理配置。航空维修资源管理,就是指在航空维修资源筹措、储备、供应、配置使用过程中所进行的一系列计划、组织、协调、控制等管理行为活动的总称。航空维修资源管理包括维修资源的申请、筹措、储存、调拨、供应、运输等,目的是提高航空维修资源的满足率和利用率,进而提高维修保障效益。航空维修资源管理的核心内容,就是准确预测并有效配置遂行战训任务所需航空维修资源的品种、数量。航空维修资源管理主要包括以下几个方面的内容:

1. 维修人员

航空维修人员是实施航空维修保障的主体,在维修资源诸要素中最具活力、最具能动性。各维修级别上维修人员的专业、技能等级和数量直接影响维修效果。维修人员管理,主要应明确各维修级别所需人员的专业类型、数量和技能等级要求,以及维修人员的培训和考核。航空维修人员的数量和能力素质,直接关系到航空维修保障效能,是维修资源诸要素中最重要的资源要素。

2. 航材备件

航空器材简称航材,是指为保持和恢复飞机主机、机载设备、地面保障设备设计性能所必需的零、部件及修理更换用的成品替换件等,主要包括事先采购尚未使用(航空器材)和故障件修复后转入备用(备件)两种形式;备件是指维修装备及其主要成品所需的元器件、零件、组件或部件等的统称,包括可修复备件与不可修复备件。航材备件是实施航空维修的重要物质基础。随着信息化条件现代战争中精确制导武器弹药的广泛使用,装备损坏率的提高、修理任务的加重和修理方式的改革,航材备件对于装备的完好性和作战能力的影响越来越大,科学合理确定航材备件需求具有十分重要的意义。航材备件主要应确定装备使用与维修所需航材备件的品种、数量,以及航材备件的筹措、供应、储运和修理等。

3. 保障装备

保障装备是指配属于部队用于航空维修保障的各种工具、小型设备、地面保障设备、测试设备、修理工艺装备、防护装具、专用车辆和方舱等,是实施航空维修保障的必要手段。保障装备的管理主要应规划配属于各维修机构用于航空维修保障的各种工具、小型设备、地面保障设备、检测设备、修理工艺设备、防护装具、专用车辆和方舱等,以及保障装备的采购、检测、修理等。

4. 技术资料

技术资料主要包括装备技术资料、使用操作技术,是实施航空维修保障的重要依据。技术资料的管理主要应规划和提供装备使用与维修所需要的各种技术文件、技术说明书和工作要求。包括使用与维修工作程序、图表、技术数据、标准和要求,以及保障装备的使用和维护方法等。技术资料应当与交付部队使用的装备技术状态相符合,满足装备使用和维修需要。

9.1.3　航空维修资源管理的依据

1. 装备使用要求

空军装备体制、编配方案和装备使用强度、工作环境等约束条件,不仅是装备论证研制的依据,而且也是维修资源配置的基础。信息化条件下的现代战争,具有作战规模大、作战节奏快、机动性强等特征,航空装备呈现出动强度大幅度增加、装备损坏率高、器材备件消耗大等显著特点,相应地对航空维修资源供应保障提出了更高的要求。

2. 维修保障方案

航空维修保障方案是关于维修的总体规划和维修保障工作的概要性说明,通常在装备研制阶段,由设计和生产部门提出。航空维修保障方案是对航空装备在规定使用环境中维修保障所采用的维修类型、维修策略、各维修级别的主要工作等的描述,它规定了每一维修级别上开展的维修活动及资源配置要求,是设计和确立预防性维修、修复性维修和战伤抢修所需维修资源的重要依据。

3. 维修保障任务

通过航空维修保障任务分析所确定的各个维修级别上的维修工作和工作频率,是航空维修资源确定的主要依据。航空维修资源分析主要根据为完成任务需要来确定维修资源的品种、数量和质量要求。维修级别是按装备维修时所处场所及其相应的不同组织机构而划分的等级。目前,我国空军航空装备正在由以往的基层级、中继级和基地级三级维修体制,向基层级、基地级两级维修体制转变,不同的维修级别需要配置不同的人力、物力资源,以提高其使用效益和保障效益。通过维修任务分析保证在预定的维修级别上,能够实现维修人员的数量和技术水平与承担的工作任务相匹配;储备的备件同预定的换件工作和"修复－更新"决策相匹配;随机工具以及检测诊断和保障设备同该级别预定的维修任务相匹配等。

9.1.4　航空维修资源管理的原则

为确保航空维修资源满足战训任务需要,航空维修资源管理应遵循以下原则:

(1)满足平时和战时对装备维修保障需求。通过对维修工作数据收集分析,建立维修资源种类、数量与战备完好性之间的关系模型,进行影响分析。

(2)简化装备保障对维修资源的要求。维修资源的确定和优化要与装备设计进行综合权衡,尽量采用自保障、无维修等设计,力求减少维修项目和工作量。

(3)尽量减少新研制的维修资源。尽可能利用现有的维修保障机构、人员和物资,选用通用的和市场便于采购的产品,降低维修资源开发的费用和难度。

(4)尽量降低维修资源的费用。确定维修资源,需建立资源品种、数量与费用的关系,在周期寿命费用最低和满足战备完好性要求的原则下,合理配置维修资源。

(5)简化维修资源的采办过程。尽量选用国内有丰富资源的物资和标准化、系列化的设备、器材。对引进的装备的保障装备、器材备件逐步实现国产化。

(6)维修资源的品种和数量的不断优化。及时收集装备使用和维修过程中维修资源的有关消耗数据和保障效益,并通过对维修资源的评价和分析,不断修正维修资源及其配置。

9.1.5　航空维修资源管理的过程

由于航空维修资源种类繁多且各有特点,同时维修资源管理涉及装备研制和使用各有关部门和部队,因此,确定维修资源的时机和要求也不尽相同。下面就结合装备寿命周

期阶段划分,对航空维修资源管理的一般步骤和方法阐述如下:

1. 提出维修资源要求和约束

(1)装备论证阶段。在论证和确定装备使用和维修要求的基础上,分析和确定维修人员、保障设备、保障设施、保障器材、技术资料等约束条件。

(2)装备方案阶段。在装备功能分析和维修保障要求同有关设计特性相协调的基础上,进行初始保障性分析,概略地确定各种维修资源。

2. 确定和优化维修资源需求

主要在工程研制阶段完成。通过保障性分析和维修资源有关技术数据的收集分析,针对完成某一使用与维修而提出的资源需求,综合协调,确定和优化维修资源需求,制订一套能够用于开发、研制以及采办各种维修资源的正式保障计划。

3. 调整和完善维修资源需求

在装备使用过程中,收集维修资源消耗数据,验证其对装备使用与维修的匹配性和实用性。通过对维修资源的评价,找出维修资源存在的问题,不断修正和改进。同时,还要根据战时所担负的作战任务,及时调整维修资源及其配置。

4. 由低到高确定和优化维修资源

(1)确定单台(架)装备维修资源。主要研究确定单台(架)装备所需携行的维修资源,如工具、器材备件、检测设备和使用维护手册等,以保证在任何条件下,能够遂行对装备的使用和基层级维修。

(2)确定优化某一型号装备的维修资源。主要研究确定某一型号装备共用的维修资源,如同种(型)飞机可以共同使用的拖车、拖架、大型检测设备、专用保障车辆和机载设备等。

(3)确定某一战术单位维修资源。主要研究确定执行战斗任务的基本战术单位和执行特殊任务的部(分)队所应配置的维修资源,如飞机地面保障装备、四站装备、装备维修器材和维修保障的人力等。通常,某些维修资源的配置按基数为单位计算。

(4)确定某一作战方向或战(防)区维修资源。将担负某一方向作战任务的部队作为保障对象,对其装备的维修资源在一定范围内进行合理配置,不仅包括基层级、基地级维修级别(包含原中继级维修任务)的资源配置,而且包括保障多种型号装备作战使用和维修的资源配置。按照区域统一权衡、优化维修资源配置,使战场建设和维修资源配置构成一个有机整体,确立前置保障、交叉保障、网状保障为主的资源保障模式和与机动作战相适应的网络式资源保障体系。

航空维修资源管理,是与航空装备使用和维修保障所要达到的目的紧密相连的,从根本上讲,就是要以最经济的人力、物力等维修资源消耗、最快的速度为装备作战使用提供高强度、持续不间断的资源保障,即维修资源配置追求的是最佳的军事效益和经济效益。因此,做好航空维修资源管理工作,实现航空维修资源的配置优化,具有十分重要的意义。

9.2　航空维修人员管理

航空维修人员是航空维修活动的主体,是维修资源诸要素中最活跃、最有决定意义的因素。随着航空装备的快速发展,航空维修活动已进入运用密集高新技术和智能化系统进行综合维修的新阶段,对维修人员的管理和能力素质的要求也越来越高。在航空维修保障活动中,如何获得强有力的人才和智力支持,提高航空维修水平和保障效益,已成为航空维修资源管理的一项十分重要的工作。

9.2.1 维修人员专业类型确定

维修专业的确定,是进行维修分工的前提条件。科学划分专业,才能合理进行维修分工,顺利组织维修作业。对技术先进、结构复杂、综合集成的航空装备,必须本着以航空装备各系统功能为主、学科相近的原则,同时考虑航空装备构造、原理和维修作业特点,合理进行专业划分,使航空装备机体、系统、机载设备以及部附件的所有维修工作,都有相应的专业负责。借鉴国外航空维修专业划分的经验教训,结合我军航空装备战术技术水平、功能结构特点和维修工作实际,航空维修专业划分必须系统论证,整体规划,遵循以下原则。

(1)功能为主,兼顾其他。按飞机、机载设备的功能分门别类地进行维修,比较容易划清工作界限,落实维修责任,从而较好地体现维修目的。飞机上的各种机载设备都是为完成某一功能而设立的,维修也是为保持或恢复这一功能而进行的。对种类繁多的设备,可运用系统工程的方法,按照功能不同进行分类。在按功能为主划分专业时,还要考虑学科的相近性、原理的相关性、专业的独立性、技术的单一性以及训练的可行性等问题。

(2)分清层次,形成体系。航空装备的维修工作是分级别进行的,与之相对应,维修专业也必须按层次划分。从国情军情出发,划分维修专业要力求在旅团机务大队一级解决有关技术问题。参考国内外的维修经验,外场专业应尽量减少,范畴要大,内场专业的要求则相反。专业划分不仅要考虑作业分工问题,还要解决好技术管理的分工问题。因此,在划分维修专业层次时,应确保各专业层次相互关联形成体系,以便加强管理,形成整体效益。

(3)减少交叉,便于协调。新一代作战飞机机载设备、机件成千上万,电子化、综合化程度很高,专业的交叉关联给维修带来了极大不便。因此,维修专业确定时,应综合考虑各种制约因素的作用,把减少交叉、便于协调、便于落实责任制作为考虑问题的基点。一旦出现交叉,应将涉及的具体部件、设备的专业分工界面,通过法规文件的形式加以明确规定。

(4)规模适度,工作均衡。专业规模应保持适度,工作量应均衡,只有这样,才能有效地利用维修人力资源,缓解人员忙闲不均的矛盾,从而提高维修效益。在对工作量进行均衡时,也要考虑到作战使用的具体要求,以有利于平战转换的展开。

(5)学科相近,便于训练。在确定维修专业时,既要考虑到专业教学是否便于展开,又要考虑到学员的实际接受能力。因此,学科专业跨度不能太大,以免造成专业教学困难。

(6)立足现状,适应发展。维修专业的确定,不能割断历史,但又不能因循守旧,裹足不前。因此在确定维修专业时,必须处理好继承与发展的关系,应尽可能地适应维修现状,同时又适应航空装备发展要求,注意区别对待,不搞一刀切,强求一个模式。

根据上述维修专业划分原则,以某型飞机外场维修专业划分为例进行详细说明。该型飞机外场维修专业起初划分为机械、特设、电子、火控和军械5个专业,但根据其机载设备交联关系分析,现有5个专业划分方案可能会存在两个方面的专业交联:一是机械与特设专业,机械专业负责油路、气路、机械运动部件的维护,而特设负责相关电信号设备的维护,由于设备机电一体化的趋势,经常会导致机械专业拆件、特设专业排故的现象,遇到故障推诿扯皮究竟是机械故障还是电气故障等问题,增加了维修时间和成本;二是电子专业、火控专业也有较大交联,综合化的中央计算机对机载设备和任务系统进行了全面管理和控制,使得不同专业都是基于相同的硬件设备获取不同的功能,电子和火控专业分离会导致维护中出现频繁通电检查的情况。因此,未来将机械专业和特设专业合并为机电专业,将电子专业和火控专业合并为航电专业将是发展趋势。

9.2.2　航空维修人员数量的确定

航空维修人员的确定和优化,其主要内容包括确定平时和战时使用与维修航空装备所需人员的数量、专业及技术等级等。

确定维修人员数量是有效使用维修人力资源的基础。在维修专业划分的基础上,需要充分分析专业的规模和工作量,确定出各专业人员数量。由于各专业工种的工作量不同,均衡维修人员的工作量是十分必要的。均衡维修人员的工作量,可考虑不同专业工作量的差异,通过调整各专业的人数来实现。需要特别强调的是,航空装备是空军的核心战斗力,应充分考虑战时装备维修对维修人员的需求。装备战伤抢修人员和军械专业人员的配备以及战伤人员的补充等,必须确保战训任务的遂行。

根据航空装备特点和维修任务的不同,维修人员的确定有以下几种方法。

1. 直接计算法

按各项维修工作所需工时数直接计算维修人员数量。

$$M = \left(\sum_{j=1}^{r}\sum_{i=1}^{k_j} n_j f_{ji} H_{ji}\right)\eta / H_0 \tag{9-1}$$

式中:M 为某维修级别所需维修人员数;r 为某维修级别负责维修型号;k_j 为 j 型号装备维修工作项目数;n_j 为某维修级别负责维修 j 型号装备的数量;f_{ji} 为 j 型号装备对第 i 项维修工作的年均频数;H_{ji} 为 j 型号装备完成第 i 项维修工作所需的工时数;H_0 为维修人员每人每年规定完成的维修工时数;η 为维修工作量修正系数(如战时增加的工作量或非维修工作等占用的时间,$\eta > 1$)。

2. 分析计算法

通过保障性分析计算航空维修所需维修人员数量。

$$M = (N \times M_H)/[T_N(1-\varepsilon)] \tag{9-2}$$

式中:M 为所需维修人员数;T_N 为年时基数(年日历天数 - 非维修工作天数)×(每日工作时间);ε 为计划停工率;N 为装备总数;M_H 为每年每台(架)装备预维修工作工时数。

3. 专业人员数量估算法

由使用与维修工作分析汇总表,计算各不同专业总的维修工作量,并粗略估算各专业人员数量。

$$M_i = (T_i \times N)/(H_d \times D_y \times y_i) \tag{9-3}$$

式中:M_i 为第 i 类专业人数;T_i 为维修单台装备第 i 类专业工作量;N 为年度需维修装备总数;H_d 为每人每天工作时间;D_y 为年有效工作日;y_i 为出勤率。

9.2.3 航空维修人员技术等级的确定

维修人员的专业技术水平必须与所担当的维修工作相适应。维修人员的技术水平应对军官、士官和士兵分层次和级别提出不同要求，并实行分训。为了保证分配到某维修岗位的人员具有完成本岗位任务的能力，必须经过必要的培训课程，并通过资格考试，才能上岗工作。

优化维修人员队伍结构是确定维修人员技术水平的一项重要工作，可按基础队伍、骨干队伍、尖子队伍、专家队伍构建，形成塔型的人员结构。

航空维修人员的技术等级应与装备的特点和维修工作的技术复杂程度相一致。若使维修人员能有合适的能力与知识完成维修工作，有两方面的问题需要考虑：一是当确定人员的专业技能要求之后，可通过人员培训来弥补需求与实际技能之间的差距；二是对装备设计施加影响，使装备尽可能便于维修（维修简便、迅速、经济），使维修人员的工作大大简化。

将维修工作任务分析所得到的不同性质的专业工作加以归类，并参考类似航空维修人员的专业分工，从而提出维修人员的专业划分，如机械专业、军械专业和电子专业等，并确定相应的技能水平要求。必要时，对维修人员的技能要求还应进行人机工程分析，以便人 – 机能够协调和匹配。表 9 – 1 是维修人员技术等级要求汇总报告格式的一种示例，用以确定维修人员技术等级要求。

表 9 – 1　维修人员技术等级要求汇总报告示例

第一部分　基层级、中继级维修人员数量与技术等级信息
第一节　前言 　　简述报告目的
第二节　装备概述 　　对装备的详细描述：包括目的、使用特点、维修及使用原理等。
第三节　维修和使用提要 　　简述实施使用和维修所需的技术专业、使用时间预计以及使用保障设备等。
第四节　技术专业说明 　　详细描述实施使用和维修所需技术专业，包括完整的工作目录、所需使用的保障设备、工作时间与频度、年度工时要求以及工作熟练程度。
第五节　初始人员配备估计 　　对新研装备系统初始人员配备的建议，包括人员配备资料、编制一览表及其他适用的资料。
第六节　特殊问题 　　详细描述影响人员计划拟定的问题或相关因素。
第二部分　基地级维修保障人员的数量与技术等级信息 　　这部分是第一部分第四节到第六节的重复，但说明的是对基地级的人员要求。如果由职工完成该级别的工作，则应按职工的技术等级进行说明。

9.3　航空维修器材的确定与优化

维修器材是航空维修十分重要的维修资源之一。器材保障贯穿于装备寿命周期全过程,即使装备停产后,也应重视器材的保障问题。维修器材对部队作战行动的影响,平时表现为影响装备的完好率,战时直接关系到部队战斗力的保持、发挥,器材保障能力不足将可能导致装备作战能力的丧失。

9.3.1　航空维修器材基本概念

1. 航空维修器材的内涵

航空维修器材,是指用于航空维修所需的各种备件和原材料。主要包括:各类构件,各系统的部附件、零件,仪表,电子设备等备件和原材料。备件用于航空维修时更换有故障(或失效)的零部件,原材料是维修所消耗掉的材料或消耗品。其中,备件是维修器材中十分重要的物资,对装备战备完好性具有重要影响。

2. 航空维修器材的分类

按照航空维修器材使用管理性质和物品属性的不同标准,航空维修器材可以分为以下几类:

(1)按专业分类。如航空物资器材共分为 15 大类 95 组。主要大类有:一类,飞机机体及其备件;二类,航空发动机及其备件;三类,航空仪表、氧气设备及其备件;四类,航空电气设备及其备件;五类,航空电子设备及其备件;六类,航空检测设备及其备件;七类,航空军械设备及其备件;八类,航空照相器材及其备件;九类,航空降落伞、救生装备、飞行人员装具及其备件;十类,四站装备及其备件;十一类,维修设备及通用工具;十二类,金属原料、材料及其制品;十三类,化工原料、材料及其制品;十四类,纤维材料及其制品;十五类,其他物资器材。

(2)按使用性质分类。可分为:可修件,技术上可以修复,且修理费用比购买新件费用低的备件。可修件一般价格昂贵,占用库存资金比重大,可以多次修理使用。消耗件,技术上不可修复,或虽能修复但修理费用较高不值得修理的备件。消耗件一般价格较低,消耗量大,使用一次就报废,也称一次寿命件。

(3)按技术状况和质量等级分类。可分为:新品(一级品),未经使用并符合技术标准的航材;堪用品(二级品),使用过或者库存超期,经检修后符合技术标准的航材;待修品(三级品),有故障、技术性能不明或者其他原因需要检修的航材;报废品(四级品),符合报废标准并已批准报废的航材。

(4)按使用阶段分类。如航材备件,可分为随机备件、初始备件和后续备件。

随机备件是随装备配套交付的备件,主要用于保证装备在保证期内的维修需要。随机备件清单,通常由装备承制单位和驻厂军代表在产品设计、研制过程中共同拟订,列入定型状态文件报批。随机备件的购置费用,从装备购置费中统一开支。

初始备件是指确保新装备形成初始战斗力所需要的备件,其项目和数量,由装备领导机关和承制单位,依据有关产品的设计、试验数据,经可靠性分析后,共同研究确定,并安排专项经费订购,随装备一起生产交付。通常供应期限为 1~2 年。

后续备件是指保证持续使用和维修装备所需的备件,其项目和数量,一般根据部队任务、装备实力和维修计划等,在实物和经费限额标准内确定,按正常器材筹措供应。

3. 维修器材标准量

维修器材标准量,是指其储供标准中应明确的各类维修器材的标准数量。其中包括筹供比例、库存限额、周转量、初始供应量、供应量。

（1）筹供比例，是指在规定条件下每单位（或一个基数量）装备所需的年维修器材数量；通常用"件/（年·单位装备）"或百分比表示。

（2）库存限额，是指对维修器材的库存所规定的最高限量。装备在正常训练、使用阶段，为保证维修器材的及时供应，且避免过多的积压和浪费，各级保障机构的库存不应超过库存限额，该限额应保证在供应周期内，达到规定的维修器材保障度要求。由于各供应周期内维修器材的需要量是随机变化的，因而，为避免经常出现维修器材短缺的现象，库存最高限量常大于平均需要量。

（3）周转量，是指为保证维修器材在规定时间内不间断供应所储备的维修器材数量。周转量的大小取决于筹措的延迟时间、维修器材的需求率以及维修器材的保障度要求。

（4）初始供应量，是为使装备投入使用最初2～3年内，得到及时的维修器材保障而设置的。一般在服役初期，装备训练使用尚未进入正轨，维修保障经验不足，故障特性还未进入稳定阶段，确定周转储备量的条件还不成熟。因而，有必要由装备生产厂一次提供2～3年的数量，保证这一时期的维修器材供应，然后再转入正常供应。

（5）供应量，是指一个供应周期内供应给某级保障机构的维修器材数量。一般情况下供应量等于需要量，但有时也根据筹措的难度、供应标准与实际需求的状况做一些调整。

4. 储供标准

储供标准，是指维修器材储存标准和筹措供应标准的总称。储存标准是保障机构进行库存管理的依据。维修器材储存标准规定了各级保障机构所应储备的维修器材品种、储备量的上下限量及库存限额。筹措供应标准是上级保障机构实施供应的基本依据，其规定了保障机构供应的维修器材品种和供应量。维修器材供应量以需要量为主要依据，同时还要视供应周期、库存状况、经费使用情况而定。

5. 维修器材需要量

维修器材需要量，是指在规定的时间内，进行维修所需某类维修器材的数量。它可以是某一台装备的，也可以是某一部队装备群的需要量。由定义可知，维修器材需要量与一定的使用时间相对应。从平均意义上来讲，使用时间长需要量就大，反之，需要量则小。在实际统计与预计中，需要量一般对应于一个批量供应周期。

维修器材需求率，是指单位时间内的维修器材需要量。这里的时间可以是年、月、日等日历时间，也可用其他广义时间单位。

9.3.2 航空维修器材需要量的确定

1. 维修器材需要量的影响因素

维修器材需要量，反映了部队装备维修需要备件的程度，不仅取决于零部件的故障率，还取决于维修策略、装备使用管理、装备使用环境，以及零部件对损坏的敏感性等多方面的因素。

（1）零部件的故障率。零部件的故障率是一种固有属性，反映了零部件本身的设计、制造水平，直接影响维修器材的保障需求。因此，提高零部件的设计制造质量，是减少备件需求的根本措施。

（2）工作应力。同一构件在不同的装备上使用，或虽在同一装备上，但由于安装位置不同,该构件受周围环境状况(如电、光学、结构等因素)的影响不同,发生故障的可能性及对器材的需求也不一样。例如一种配电器,若用在某一装备上,经常处于有害气体之中,而用在另一装备上其周围却比较清洁,则前者的故障率会高于后者。

(3)零部件对于损坏的敏感性。这是指在搬运、装配、维修及使用过程中,零部件因非正常因素而受到损坏(特别是战场损伤)的可能性。该非正常因素主要包括人为差错、操作不当及战斗损伤等。此外,有很多零部件,必须定期地加以调整,这类零部件有可能由于调整不当而损坏,或因未能及时调整而在使用中损坏。显然,这一特性与可靠性截然不同,必须在分析中予以分别考虑。

(4)装备使用环境条件。装备所在地区的温度、湿度、风沙、腐蚀和大气压力的变化等,都会影响装备的使用可靠性,从而影响备件需求率。

(5)装备使用强度。装备系统及其需要维修部分使用(工作)状况、连续或间断使用、年使用时数,特别是超出正常使用要求范围,也会影响该部分的故障率。超出正常范围的使用,一方面表现为使用连续时间过长或应力应变状况超出原设计条件,另一方面也可能是由于使用过少或没有使用,造成某些零部件变质或性能下降。

(6)装备管理水平。装备的使用管理也会影响到备件需求率。如不按规定进行操作必定造成过多的故障,人为的损坏及丢失等,也将增加备件需求率。

2. 维修器材确定的程序

航空维修器材的确定与优化,是器材保障系统中生产、采购、储存和供应等环节的首要环节。在装备研制阶段,研制部门要对维修器材进行充分考虑,优选保障方案。在装备使用阶段,器材供应保障部门应根据装备质量性能特性,结合维修工作和装备更新换代要求,掌握维修器材消耗规律,预测所需维修器材的品种和数量,科学制订消耗标准和储备标准。维修器材的确定是一项较复杂的工作,需要可靠性、维修性、保障性分析等多方面的信息数据,并与维修保障诸要素权衡后才能合理地确定。以航材备件为例,其一般应包括以下几个步骤:

(1)进行装备使用、故障与维修保障分析,确定可更换单元。备件保障的依据是备件的需求,要搞清备件需求状况,必须对装备的使用、故障与维修保障进行系统分析。装备的使用分析主要包括寿命剖面、使用条件、使用强度、任务目标的分析;装备故障分析主要有故障模式、影响及危害度分析;而维修保障分析则着重分析维修级别、修理方法及维修工具设备。备件对应于装备中的可更换单元,通过上述分析,可以明确各维修级别负责维修的可更换单元的种类,为确定备件品种奠定基础。

(2)进行逻辑决断分析,筛选出备选单元。可更换单元的确定主要取决于装备的维修方案、构造和修理能力,通常经过第一步分析,确定的可更换单元较多,进行分析时数据收集及处理难度较大。为此必须开展逻辑决断分析,将明显不合储备条件的单元筛选掉。

逻辑决断分析包括两个问题的决断:一是分析可更换单元在寿命过程中更换的可能性,如更换的可能性很小,则可不设置备件;二是判断是否是标准件,如是标准件则可按需采购。经过逻辑决断分析可筛选出备选单元。

(3)运用备件确定模型,确定备件品种。这一步是对备选单元进行分析,以确定备件的品种。一般应考虑影响备件的一些主要因素,如备件的耗损性、关键性和经济性等。

(4)运用 FMEA 及故障与修理统计数据,确定备件需要量。确定了备件品种之后,还需确定备件的需要量。对于在用装备,备件需要量可由使用过程中收集的数据经统计方法确定;对于在研的新装备,则应根据 FMEA 等分析数据计算得出。

(5)运用备件数量确定模型进行计算与优化。在满足装备战备任务目标及备件保障经费要求的条件下,通过数学模型,计算出各备件最佳的数量。

(6)调整、完善及应用。经过分析计算出的备件品种和数量,可能存在着某些不足,还需根据试用情况加以调整和完善。调整时应对咨询意见和试用情况信息进行全面分析,并查明分析计算出现误差的原因。

航材备件确定流程图如图 9 – 1 所示,其他维修器材确定的过程与此类似。

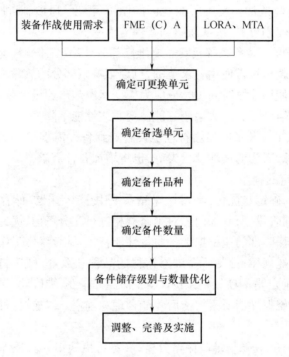

图 9 – 1 航材备件确定流程图

3. 维修器材确定的内容

1)初始器材需求的确定

初始器材的确定由承制方会同使用方共同规划实施,是器材供应保障工作的基础,主要内容如下:

(1)确定各个维修级别所需备件的数量和各种清单,如零件供应清单、散装品供应清单及可修复件供应清单等。清单中应包括备件的名称、数量、库存量等。

(2)拟定新研制装备及其保障设备、搬运设备及训练器材所需备件的订购要求,包括检验、生产管理、质量保证措施及交付要求。

(3)制订与使用和维修保障器材有关的库存管理的初始方案。包括备件的采购、验收、分发、储运及剩余物资处理等。

(4)拟定装备停产后备件供应计划。

2)库存器材需求的确定

库存器材的确定与供应一般由使用方负责规划实施。按初期器材供应拟定的清单及管理要求,结合初期的使用实际进行器材供应数据的收集和分析并作出评价,及时修订器材需求,调整库存和供应网点,改进供应方法,实施和修订装备停产后器材的供应计划。

3)战时器材需求的确定

信息化条件下的现代战争,装备出动强度大、战损率高,使得战时对维修器材的要求比平时有较大的变化,具有器材供应复杂、时间要求紧迫、器材需求波动大、补给困难,以及组织协调复杂等特点。战时维修器材需求的确定,不仅要依据历史器材消耗统计的数据、战损率、战损模型、平时模拟训练作出对维修器材品种及数量的估算,进行计算确定,而且还要考虑部队的作战任务、作战补给难易程度、生产能力和采购能力,以及装备生存性和战伤飞机修复等因素。

9.3.3　航空维修器材确定的常用方法

航空维修器材的确定,主要包括两方面内容,即确定器材需要量和器材库存量。

1. 器材需要量确定的方法

1)直接计算法

按照装备在一定的保证期内预期的维修任务(预计或正式下达的计划任务量)和每次维修预期的器材消耗定额的乘积直接计算某种器材需要量。计算公式为

$$N = \sum_{j=1}^{r} \sum_{i=1}^{K_j} n_j f_{ji} D_{ji} \qquad (9-4)$$

式中:r 为需要某种器材的装备型号数;K_j 为 j 型号装备需要某种器材的维修项目数;n_j 为 j 型号装备数;f_{ji} 为 j 型号装备在一定保障期限内对第 i 项维修任务频数;D_{ji} 为 j 型号装备进行一次 i 项维修任务,单台装备所需某种器材消耗量。

此计算方法不考虑器材的可修复情况。

2)类比计算法

参照类似装备的器材消耗定额,计算本型号装备的器材需要量。这种方法适用于新装备器材需要量计算。

某种器材需要量 = 计划任务量 × 类似装备器材消耗定额 × 调整系数。计算公式为

$$N = \sum_{j=1}^{r} a_j n_j D_j \qquad (9-5)$$

式中:a_j 为 j 型号装备数;n_j 为 j 型号装备的类似装备某种器材消耗定额;D_j 为 j 型号装备根据维修频率、工作条件等因素确定的修正系数。

3)动态分析法

通过对历史资料进行分析和研究,运用计划任务量和器材消耗量的变化规律推算器材消耗量。

某种器材需要量 $= \dfrac{\text{计划期计划任务量}}{\text{对比期实际完成任务量}} ×$ 对比期实际消耗该种器材总量 × 调整系数

上式中的对比期,可以是上一期的数据,也可以是历史上有类似情况的数据,均可使用。

2. 器材库存量的确定方法

在优化航空维修器材备件储备结构和确定其储存量时,可采用下述方法:

1）ABC 库存控制法

ABC 库存控制法也称重点控制法，其基本原理为：对品种规格繁杂、价格不一的库存器材，按照器材品种数量、价格高低、用量大小、重要程度、采购难易等进行分类排队，找出主要项目，以便抓住重点，兼顾一般，提高控制效果。一般维修器材分为 A、B、C 三大类。A 类属高费用项目，占用资金最多，约 60% ~ 80%，但项目数仅为 5% 左右，如惯导系统、平显系统、雷达系统、飞参记录系统等机载设备以及大的部附件等。B 类属中等费用项目，占用资金约 20% ~ 30%，项目数为 15% 左右。C 类属低费用项目，大多是消耗性项目，资金占 4% ~ 15%，项目数可达 80%。按类别确定维修器材备件订货的批量、时间、储备数量以及检查分析，可以达到提高经济效益的目的。显然，对 A 类器材要严格控制，对 B 类器材可视情进行重点控制或一般控制，对 C 类器材，只需一般控制。

需要注意的是，在进行器材 A、B、C 分类时，不能只考虑器材费用一个因素，还应考虑器材对装备的影响、采购周期等因素，合理确定器材类别的标准。

2）定期库存控制法

定期库存控制法也称定期盘点法，它是以固定相邻两次订货时间间隔为订货周期的一种库存量控制方法。对订货周期的确定，一是对 A 类器材利用模型分析最佳经济订货量和最佳订货次数计算订货周期；二是根据供货周期，合理确定订货周期；三是对 B、C 类器材的定货周期应尽量与 A 类定货周期一致，以减少订货工作量。

若每次订购到器材进货的备运时间相同，则进货周期也固定。但订购批量是可以改变的，它将随着各周期器材的消耗速度的变化而变化。定期库存控制法的订购批量可通过下式计算：

订购批量 = 定货周期需要量 + 备运时间需要量 + 保险储备量 – 库存合用量 – 已订未交量

或

订购批量 = 平均日需要量 + 保险储备量 – 库存合用量 – 已订未交量

其中：备运时间为以往各次订购实际需要备运时间平均值；库存合用量为提出订购时的实际库存量并扣除其中在计划期内不可使用部分的数量；已定未交量为已订购且能够在该计划期内到货的数量；平均日需要量为某种器材在一个定货周期的需要量除以本周期的实际天数。

3）定量库存控制法

定量库存控制法也称订购点控制法。订购点是指提出订货时预先确定的一个最佳的库存控制标准量。这种方法是当库存降到订购点时即提出订货。

由于器材实际需求速度不同，订购间隔期将不同，需要经常检查库存量是否接近订购点。

运用定量库存控制法的关键是确定订货点。订货点偏高，将使平均库存量增大，造成器材积压，有备无用；反之，会造成器材缺货，供不应求。最合适的订货点应使备运时间的需求量与保险储备量之和正好等于订货点的库存量。

9.3.4 航材备件需求量的确定

航材是航空器材的简称，是重要的维修保障资源。平时，航材保障工作直接影响着航空装备的战备完好状态；战时，从几次局部战争情况看，航材需求已超过战损，成为影响航空装备出动强度和持续作战能力的主要因素。

1. 航材的分类

航材的分类,由于研究目的不同因而也不统一,如按使用期及供应方式可分为初始备件和后续备件;按维修和配置级别可分为基层级备件、中继级备件和基地级备件;按备件的可修复性可分为可修件和不可修件;按结构属性可分为机械件、电子件和其他件等;按备件的寿命分布可分为指数分布件、正态分布件、韦布尔分布件等。根据航材保障特点,从航空装备寿命周期管理的角度,主要考虑初始备件、后续备件、有寿备件3类,后续备件重点考虑故障型备件。

(1)初始备件。是指飞机在保证期内,用于保持和恢复飞机主机、机载设备与地面保障设备设计性能所必需的不可修复件和部分可修复件。不可修复件包括消耗性备件和部分易损性备件;可修复件主要指供修理周转的外场可更换件和内场可更换件。该类备件是随飞机一起交付用户的备件,其费用计入飞机成本。配套比例可根据机型大小、使用情况不同、备件的复杂程度、价格多少和使用程度确定,如歼击机的配套比例通常为 $1:1$、$1:4$、$1:8$、$1:24$ 等(比例前项为备件数,后项为飞机数)。

(2)后续备件。是指飞机在保证期以后所规定的时间内为恢复飞机主机、机组设备与地面保障设备的设计性能所必需的可修复件和不可修复件。它以满足使用方一、二级维修的备件为主,包括替换故障周转备件和修理所需的消耗备件。该类备件是由承制方向使用方推荐的订货备件,并补充已消耗掉的初始备件。由使用方选择订货,其费用不计入飞机成本。

(3)有寿备件。是指飞机上通过技术文件规定了寿命期限的机件,包括部分结构组件、部件和机载设备。该类备件,实际上是将初始备件与后续备件中有寿命指标与要求的组件、部件和机载设备单独列出,以方便使用方的使用与及时更换。

2. 航材保障的影响因素

(1)维修方案。维修方案中确定装备的维修体制和维修策略,是保障方案的重要组成部分,一般包括维修类型及其主要内容、修理原则、维修级别及其任务、主要保障资源、维修活动的约束条件等。维修方案是装备及其保障系统构建的先决条件。

(2)故障率。设备的故障率是与设备固有可靠性对应的自然故障的发生概率,反映了设备的设计、制造和工艺水平,是影响备件供应保障的主要因素。

(3)工作应力。设备在不同系统中,由于安装位置不同,设备所受的内部状况(如电、磁、声、光等)影响不同,将导致备件发生故障的可能性不同,引起不同的备件需求。

(4)易损程度。设备在搬运、装配和维修时,人为差错、操作不当等将对不同易损程度的设备造成不同的损坏可能性,引起不同的备件需求。

(5)使用环境。设备实际使用环境往往与额定的工作环境不同,恶劣的使用环境(如高温、高压、高噪声、高腐蚀等)将对设备的可靠性造成恶劣的影响,从而引起高的备件需求。

(6)使用强度。备件需求与航空装备的使用强度有一定的关联性,超强度使用或极少使用都会引起设备性能的下降,从而造成故障引起高的备件需求。

(7)可更换性。影响可更换性的主要因素为产品的技术状态和互换性。产品设计时一般均有互换性,对于新研航空装备,不同架次技术状态不完全相同,因此在确定备件需求时要考虑试飞、小批试用和部队使用各个阶段不同架次技术状态的区别。

(8)故障检测隔离能力。产品的测试性、测试设备的故障检测隔离能力和维修人员的能力水平等将影响故障隔离等级,进一步涉及故障件在哪一级进行修复,则需考虑在哪一维修级别配置备件。

(9)维修活动。不同的维修活动将引起不同的备件需求,如预防性维修有可能是较低的备件需求,而修复性维修很有可能是较高的备件需求,一般可用平均维修更换间隔时间(MTBR)来度量不同维修活动的备件需求。

(10)使用和维修的能力水平。航空装备在外场使用和维修过程中,操作和维修人员的熟练程度、能力水平等将直接影响到备件需求,随着使用和维修能力的提高,则工作时间与飞行小时之比(运行比)减少,维修不当引起的换件减少,两者均可减少备件的需求量。

(11)战时需求。由于航空装备平时和战时的作战使用,无论是使用强度、频率还是使用环境都有巨大的差异,因此,航材需求分析必须充分考虑战时的特殊需要,如装备的数量规模、使用强度、战场损伤、使用环境、运输能力、生产能力、修理能力、地方的支援保障等。

(12)管理水平。装备管理是否科学,直接影响到备件供应保障的各个环节,不同的备件管理策略,如备件周转周期、备件储备余量(安全系数)与费用之间的权衡、供应保障网点的设置、计算机辅助管理能力等,既是影响备件需求的因素,也是考虑备件需求的重要信息。

3. 航材备件需求量的确定

目前解决这类问题常用的方法有 4 种:比例法、直接计算法、保障概率法,以及相对复杂一些的仿真建模方法等。其中,比例法适用于装备和备件之前存在明显的比例配套关系,就可以是按照装备数量和装机数量的比例进行配置,这种方法原理简单,便于操作,但是它只考虑装备因素的影响;直接计算法,通过寻找备件的消耗规律直接计算需求量,这种方法的局限在于它只考虑了维修保障方面的影响因素;保障概率法,这种方法不但考虑了装备、维修的影响因素,还考虑了任务的影响,因此比前两种方法更加精确;仿真建模方法,其原理主要是通过仿真软件来模拟真实的保障环境,将更多的影响因素模拟成约束条件进行建模,虽然更精确,但是过于复杂,不便于大规模使用。这里主要介绍应用广泛的保障概率法。

GJB4355《备件供应规划要求》,对备件保障概率的定义为:在规定的时间内,需要备件时不缺备件的概率,也称备件满足率。也就是说任一时刻提出备件申请后能够得到备件的一种可能性。通过备件保障概率来计算备件需求量,就需要建立备件保障概率和需求量之间的关系。下面以指数分布的备件为例,介绍以保障概率为目标确定备件需求量的方法。

假设设备故障时间服从指数分布,则在时间间隔$(0,t]$内对某一备件的需求量服从泊松分布。指数寿命件需求量计算公式为

$$P = \sum_{j=0}^{S} \frac{(N\lambda t)^{j}}{j!} e^{-N\lambda t} \tag{9-6}$$

式中:P 为备件保障概率;S 为备件需求量;t 为累积工作时间;j 为递增符号,j 从 0 开始逐

一增加,直至某 S 值,使得 P 不小于规定的保障概率,该 S 值即为所求备件需求量。

在维修保障实际工作中,一般根据任务要求会给出一个最低的备件保障概率 P,通过式(9-6)来求备件需求量 S。工程上为便于计算,当 $N\lambda t > 5$ 时,$S = N\lambda t + u_p\sqrt{N\lambda t}$,式中 u_p 为正态分位数,可从 GB/T 4086.1 中查出。常用的正态分布分位数表如表 9-2 所列。如备件保障概率 $P = 0.8$ 时,其正态分布分位数 $u_p = 0.84$。备件需求量的计算关键在于求解 $N\lambda t$。

表 9-2　统计分布数值表(GB/T 4086.1)

P	0.8	0.9	0.95	0.99
u_p	0.84	1.28	1.65	2.33

由于航材备件性质不同,如有的为可修复件,有的为不可修复件,可修复件又可分不同情况,如基层级,后送中继级或基地级修复。下面分不同情况进行分析。

1)单消耗件数量的确定

【例 9.1】　某部派遣 10 架歼 10 飞机外出执行两年任务,某部件装机量为 2 个,其故障率为 5×10^{-4} 次/h。在两年的任务期内,平均每年工作时间为 1000h。假设该部件不可修复。求在保障概率不低于 0.8 条件下,至少需要多少备件?

解　这是一个单一消耗件需求量的确定问题。根据式(9-6),通过故障率、装机数量和累计工作时间,可以计算出备件的需求量均值,然后再利用正态分布的近似算法就可以计算出满足保障概率为 0.8 的一个最小需求量。

已知条件:

$t = 2 \times 1000 = 2000(\text{h})$;$\lambda = 5 \times 10^{-4}$ 次/h;$N = 2$(个);$N\lambda t = 10 \times 2 \times 2000 \times 5 \times 10^{-4} = 20$。$P \geqslant 0.8$,查表 9-2 可得 $u_p = 0.84$。

将条件代入式(9-6),可得:$S = 20 + u_{0.8}\sqrt{20} = 20 + 0.84\sqrt{20} \approx 24$,即需要 24 个备件。

不同的备件保障概率,备件需求量是不同的,备件需求量与保障概率的关系如图 9-2 所示。

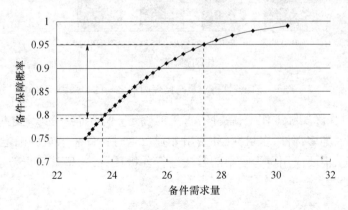

图 9-2　备件需求量与保障概率的关系图

由图 9-2 可知,随着备件需求量增加到一定程度后,备件保障概率增加比较缓慢,保障效果不是十分明显,因此要合理确定保障概率 P 的目标值。备件保障概率并不是越高越好,高备件保障概率将影响到保障任务的机动性和经济性。

2)单一可修复件数量的确定

【例9.2】 某部派遣 10 架歼 10 飞机外出执行任务,单机装有某部件 2 个,其故障率为 $5×10^{-4}$ 次/h。假设该部件修理周期为 6 个月。在两年的任务期内,平均每年工作时间为 1000h。求在保障概率不低于 0.8 条件下,两年时间内至少需要多少备件?

解 这是一个单一可修复件需求量的确定问题,且采用后送修理方案,与例 9.1 单消耗件需求量确定的不同之处在于累积工作时间,此时 t 按修理周转期内装备累积工作时间计算。

已知条件:

$t = 500(\text{h})$,t 按修理周转期内装备累积工作时间计算(6 个月,半年)。

$\lambda = 5×10^{-4}$ 次/h;$N = 2$(个);$N\lambda t = 2×500×5×10^{-4} = 5$。

$P \geq 0.8$,查表 9.2 可得 $u_p = 0.84$。

将条件代入式(9-6),可得:$S = 5 + u_{0.8}\sqrt{5} = 5 + 0.84\sqrt{5} \approx 7$,即需要 7 个备件。

由此可以看出,如果备件为可修复件,那么将大大降低备件需求量。做进一步分析,可得到不同保障概率下的备件需求量与备件修理周期之间关系,如图 9-3 所示。由图可知,若部件可修复,则需要储备的备件数量则相应减少,并且减少的幅度还受修理周期的影响,修理周期越短,备件需求就越少。

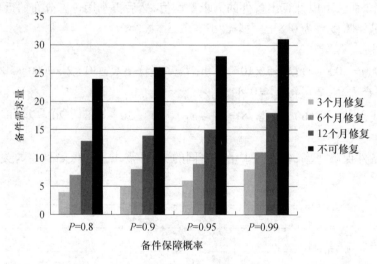

图 9-3 备件需求量与修理周期之间的关系图

在航材备件保障实际工作中,备件需求量的确定,不仅需要考虑上述问题,还将遇到更为复杂的问题,如多部件、多目标(如费用等)等,这时备件需求量的确定将是一个多目标决策分析问题,需要应用更为复杂的方法进行分析计算,这里就不再赘述,有兴趣的同学可做进一步的学习研究。

9.4 保障装备的选配

保障装备是指配属于部队用于航空维修保障的各种工具、小型设备、地面保障设备、测试设备、修理工艺装备、防护装具、专用车辆和方舱等。随着航空装备高新技术含量的增加,对保障装备的要求也越来越高,因此加强保障装备建设与加强主装备建设具有同等重要的地位。保障装备建设的重点是保障装备的选配即保障装备的定标与配备。

9.4.1　保障装备的分类

保障装备是为装备使用、维修提供保障支持的各类装备。通过仿制、研制和自主创新,我军已初步形成地面保障设备、故障检测设备、机动保障设备、维修设备以及油料、军械等体系,为装备战斗力生成提供了强大支持。

(1)工具。是指基层维修单位和各类专业人员维修保障时使用的设备,通常是根据装备、人员和设备的编配情况,按标准配备的,根据损坏情况和消耗定额进行更新和补充。如随机工具,是在每架飞机出厂时,由飞机制造厂按1:1比例随机配发部队,其他保障设备也有相应的配备标准。

(2)检测设备。又称故障诊断/检测设备,是用来检查测试装备、仪表、无线电、电子对抗、雷达和军械等各系统设备、机件的工作状态和主要技术性能参数,诊断和预测故障,检验维修质量的设备。

(3)机动保障设备。为了提高航空维修机动保障能力,世界各国都很重视保障设备的车载化、方舱化研究,并向立体化方向发展。机动保障装备主要包括维修车辆、维修方舱和维修飞机三大系列。

维修车辆。是航空维修保障最基本的机动保障装备,主要包括测试车、修理车和保障指挥车辆。

维修方舱。又称野战修理方舱,采用类似集装箱式的活动房屋结构。其主要特点是:机动时可像集装箱一样运输;固定时可当工作间使用,具有良好的密封性和一定的"三防"能力。不长期占用运输工具,平时可像普通集装箱一样入库存放。固定在汽车上,其作用与航空维修车辆一样。

维修飞机。是指实施维修保障的专用飞机,主要包括修理直升机、维修检测飞机和仪器校验飞机等。维修飞机是实施航空维修保障立体化的重要手段,是提高快速反应能力、综合保障能力、技术支援能力、应急抢修能力和器材备件保障能力必须重视和发展的保障装备。

(4)充填加挂设备。是指基层维修单位(如机务中队)为实施技术准备、使用保障,保障战斗任务遂行所必需的保障设备,如加油车、充氧车、挂弹车、副油箱拖车等,主要根据装备型别、数量按比例配发部队。

(5)防护保护装备。是部队实施防护保护的物质基础,主要分为人员防护保护装备和装备防护保护装备。

人员防护保护装备,是指用以防护特殊复杂环境对人员伤害的装具,包括防护保护服以及配套使用的防毒面具、防毒手套、防毒靴、防毒耳塞、护目镜等,防护保护服可分为防护服和作战服两类。

装备防护保护装备。由于装备型别不同有所差异,如大型运输机与小型飞机差异较大。以歼击机为例,其防护保护装备主要有:飞机蒙布、座舱盖罩布、发动机堵盖、通风孔堵塞、炮套、空速管套、动翼舵夹、飞机系留索,以及飞机伪装网等。

专用帐篷。用于装备的存放、保管和保障装备的维护与修理。专用帐篷分为机库帐篷、技术保障帐篷和进行装备修理工作时的修理帐篷等。

夜视装备。是指在夜间或低亮度条件下,扩展观察者视力范围的仪器,俗称夜视眼镜。目前,应用最广泛的是主动式红外夜视仪、微光夜视仪和热成像夜视仪3种。

(6)修理工艺装备。是指部队修理厂等,根据修理任务分工,为实施装备、仪表、电气、无线电、雷达、电子对抗、军械等部附件的修理和零配件的生产,以及工具、故障诊断/检测仪器、加挂装备、防护保护装备、机动保障装备的制造、修配,除成套的检测仪器设备外,还编配有专用的修理设备。主要有:冷加工设备(车床、刨床、铣床、磨床、镗床、钻床、锯床、冲床等);热加工设备(热处理空气炉、盐浴炉及温度自动控制仪和硬度试验器等);电镀设备(镀槽、整流电源(或直流发电机)、镀液分析设备、电镀污水处理设备和通风设备等);焊接设备(乙炔焊设备、直流电焊机、氩弧焊设备等);切接设备(切板机、震动剪、弯扳机、油压机和快速切割、铆接、胶接设备等);锻铸设备(空气锤、加热炉及其工夹具等);油缝设备(高压喷枪、排风机、烘干机和缝纫机等);动力设备(交流动力电源、直流工作电源、空气压缩机和油机发电机野战电源等)等。

9.4.2　保障装备选配的程序

保障装备的选配涉及很多方面,具有很多接口。一方面,它的需求主要取决于装备使用与维修工作,并与装备设计相协调、相匹配;另一方面,它又与备件供应、技术资料、维修训练以及软件保障有密切关系。若保障装备选配不当,可能因其品种不适用,致使一些保障装备长期闲置,也可能因其数量不足,给装备使用与维修造成直接影响。因此,保障装备的选配,对装备作战效能、维修效率和经济效益有极大影响。与保障装备选配密切相关的工作主要有以下几项:

(1)论证阶段,确定有关保障装备的约束条件和现有保障装备的信息。

(2)方案阶段,确定保障装备的初步需求。

(3)工程研制阶段,确定保障装备需求,制订保障装备配套方案,编制保障装备配套目录,提出新研制与采购保障装备建议,按合同要求研制保障装备。

(4)定型阶段,根据初步的保障性试验与评价结果,对保障装备进行改进,修订保障装备配套方案。

(5)生产、部署和使用阶段,根据现场使用评估结果,进一步对保障装备进行改进,修订保障装备配套方案。

保障装备选配的工作流程如图9-4所示。

9.4.3　保障装备选配的方法

目前,还没有公认的和成熟的确定保障装备数量的计算方法,工程上常用的方法是类比法和估算法。

1. 类比法

类比法也称经验法,其基本思路是分析人员首先选择新研装备的相似装备,其次是根据相似装备的保障装备配套情况确定新研装备所需的保障装备数量。这种方法简单,但精度不高,目前应用的比较普遍。

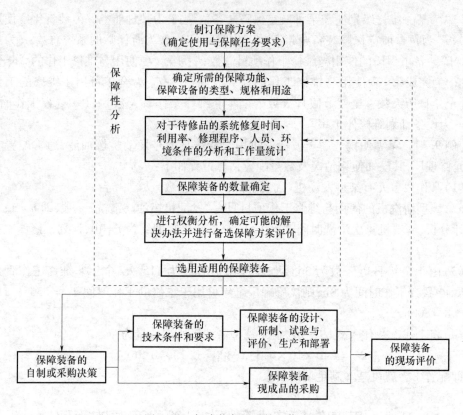

图 9 - 4　保障装备选配的工作流程

根据部队的编制、维修方案、维修专业划分来确定配套比例和配套原则,由于装备不同选择的配套比例也有所不同。如某种机型的配套比例为:1:1;1:4;1:8;1:24。这是可以变化的。所谓 1:1,就是每架飞机配备 1 台(件)保障装备。

规定了配套比例后,对某一机件选择比例就成了关键。选择配备时,事先规定原则。原则通常如下:

(1)凡常用的,装备使用前后或任务出动时所需的保障装备一般按 1:1 配套,不常用的视情况按 1:4、1:8 配备。

(2)修理或专业分队常用的保障装备按 1:4 配备,不常用的按 1:8 或 1:24 配备。

(3)非正常情况使用的保障装备,一般按 1:24 配备。

2. 估算法

估算方法是通过估算利用保障装备的时间多少来估算保障装备的数量。利用式(9-7)计算保障装备使用的总时间,根据使用时间来选择保障装备的配备数量。估算保障装备使用时间时应利用工作的频度、完成工作的时间、经费限制等参数。式(9-7)表示如何计算某项保障装备的年度使用时间。这种计算方法一定要在每一修理级别上重复进行。这种计算不能算作有关保障装备需求的最终结果,因为基本数据并没有说明并行任务是否完成。但是,它确实为确定维修所需的每次维修保障时间提供了预测。

$$N_{\mathrm{d}} = \frac{T}{T_{\mathrm{e}}} = \frac{Q(\sum_{i=1}^{n} f_i \times T_i)}{T_{\mathrm{N}}(1-\varepsilon)} \tag{9-7}$$

式中：N_d 为某一维修级别所需某种航空保障装备数量；T 为某种航空保障装备年度使用时间（h）；T_e 为每台航空保障装备全年有效工作时间（h）；Q 为所保障的系统总数；n 为某种航空保障装备可保障的使用与维修工作项目总数；f_i 为第 i 项使用与维修工作的全年使用频度；T_i 为完成第 i 项使用与维修工作的任务时间（h）；T_N 为全年可用于维修的工作时间 =（全年日历天数 − 全年节假日天数 − 全年非维修工作日天数）×（一昼夜工作时间）（h）；ε 为设备计划维修停工率。

【例 9.3】 某型便携式超声波清洗机用于清洗某型号发动机燃油滤，通常配置在作战单元修理厂，其已知使用情况及数量配置估算过程如下：

（1）某作战单元有某型发动机（需要保障的系统总数）$Q = 40$（台）。

（2）该型清洗机的使用与维修工作项目只有"发动机燃油滤清洗"一项，即 $n = 1$；且经过统计分析，清洗机每次清洗时间 $T_i = 0.5\text{h}$，全年使用频度约为 $f = 10$，计划维修停工率约为 $\varepsilon = 0.3$。

（3）由于全年日历天数为 365 天，全年节假日数为 115 天，全年非维修工作日约为 135 天，一昼夜工作时间为 8h，则该修理厂全年可用于维修的工作时间 $T_N = (365 − 115 − 150) \times 8 = 800\text{h}$。

（4）将上述参数代入式（9 − 7），得出该型清洗机所需数量为

$$N_d = (40 \times 10 \times 0.5)/(800 \times 0.7) \approx 0.36（台）$$

即配置 1 台就可基本满足使用要求。

9.5　航空维修技术资料与计算机资源的管理

技术资料是航空维修资源的重要组成部分。维修技术资源主要包括技术资料和计算机资源。航空维修保障实践的经验教训告诉我们：在向用户提供装备的同时，必须及时提供使用维护这些装备的技术资料；否则，必然导致新装备配发到部队后的很长一段时间难以形成应有的战斗力。

9.5.1　航空维修技术资料的种类

维修技术资料是指航空维修工作中作为使用与维修技术依据的各类文件，用来记录或说明装备的工程图样、使用规则、规定各种技术数据和技术标准，以及维修工作内容、时机、程序和方法等。维修技术资料是根据装备设计制造资料、科学试验结果、装备使用和维修实践经验制订的，是航空维修工作所应遵循的一般规律，是维修人员正确使用和维修装备的科学依据。

1. 指令性技术资料

指令性技术资料属于法规性文件，包括规范装备使用、维修的各种细则、规程、规范、规则、标准、规定和技术通报。主要有以下几种：

（1）装备维护规程。规定装备技术准备、定期检修、停放与保管等工作的具体内容、技术要求、操作程序和方法。

（2）工作细则。规定各类维修工作的基本技术规则和要求。如航空部队修理工作细则、航空机务安全工作守则、空空导弹维护管理细则、航空维修管理细则等。

（3）修理技术标准。规定装备修理的范围和深度以及修理后应达到的具体技术要求。

（4）技术通报。装备部门颁发的针对装备技术状况所规定的技术规定，以及为制造、修理厂的质量问题所作的技术规定。

2. 指导性技术资料

指导性技术资料属于维修工作参考性文件，包括各种技术手册、维修经验、专题研究报告，以及部队装备（保障）部门编写的技术资料等。主要有以下几种：

（1）技术说明书。阐述装备战术技术性能、工作原理、总体及部件构造、技术数据和图纸的技术说明书。

（2）装备使用与驾驶技术守则。规定装备使用的技术规则。

（3）故障资料。装备维护经验汇编、故障统计和可靠性分析资料等。

（4）器材消耗标准和弹药配套资料等。

（5）有关进驻阵地、机场等的保障设施和保障环境等资料。

9.5.2　航空维修技术资料的管理

1. 随机资料的管理

随机资料通常由设计部门、制造部门和使用部门编制，系统配套，形成体系。主要包括《维护规程》《技术使用指南》和《技术说明书》等。《维护规程》使人知道干什么及共同遵守的安全规则等，分册活页装订。《技术使用指南》使人知道怎么干，包括通用部分（装备质量性能、装备概述、设备维护、装备各系统）和专业部分（动力装置、无线电电子设备、军械设备等分册）。《技术说明书》使人知道检测仪器设备如何使用。

通过建立更改登记表，对随机资料进行控制和管理。在装备的随机资料中，通常都有一个共同的编页，即更改登记表。内容包括："更改内容""章、节、号""文件号""收文号日期"及"签字和日期"等栏目。当某系统或设备进行了改装，先在"更改登记表"页上进行登记，而后将更改的插页加进活页装订本中；页码仍以下标序列区别，如不足一页的，将这一页上下文插入并理顺；多页的，则按 $200a$、$200b$、$200c$、201……等插入再装订。

2. 履历本的管理

履历本是装备必备的重要技术资料，是使用、维护和修理装备的技术依据。加强履历本管理，及时、准确、完整地填写履历本，对提高航空维修质量、确保装备使用安全意义重大。履历本管理是航空维修质量控制管理工作的一个重点，应充分发挥质量控制部门在履历本管理上的主导作用，提高履历本管理的水平。搞好履历本管理关键是有法可依。如《关于履历本管理的若干规定》，针对履历本管理中存在的突出问题，规定从"填写要求""填写栏目分工""质量控制室的管理"和"人员培训及考评"4 个方面对履历本管理进行全面的规范。

9.5.3　航空维修计算机资源的管理

随着装备信息化、智能化程度的不断提高，电子技术在航空维修领域广泛应用，计算机及其控制系统已经成为装备及机载设备的重要组成部分。在航空维修活动过程中，也伴随着大量数据信息、技术资料的产生，都需要使用计算机进行记录和处理。因此，计算

机资源的管理问题已变得十分重要,成为航空维修保障工作的重要组成部分。管好、用好计算机资源,应重点加强以下两方面的工作:

1. 计算机资源的合理组织

目前,绝大多数的质量控制部门室都实行了计算机化管理,维修过程中产生的各种文件、数据、资料都进行了计算机录入,一些单位更是花费大量人力、物力把各种档案资料输入电脑。技术资料录入后,应加强管理,合理组织,分门别类地进行归档,否则,文件存放混乱,缺乏组织,既不便于浏览、查询,也不便于保存,操作上稍一疏忽,极易造成文件的丢失或残缺。

2. 计算机资源的安全保密

计算机资源易受病毒的感染和侵蚀,因此使用中必须强化安全意识,做好防范措施,加强对操作人员的使用管理,切断病毒感染的途径,保证信息完整。此外,还应增强保密意识,一些单位,计算机中的资料随意存放,甚至连带秘级的重要资料也存入公用计算机中,单位里的任何人员都可以提取,极易造成安全隐患和泄密。因此,对计算机资源的管理,必须加强使用登记和工作日志管理,设立专门的工作日志,记录每天输入输出的电脑资料,包括文件作者、录入者、文件存放的磁盘目录及文件名、录入日期、类别、保密级别等,并对重要资料进行软件加密,甚至需要专人专管。

复习思考题

1. 简述航空维修资源的含义。
2. 航空维修资源确定的主要依据有哪些?
3. 简述航空维修人力资源确定的基本内容和方法步骤。
4. 归纳总结航空维修器材确定的技术方法,并比较其优劣。
5. 简述航材备件需求量确定的过程与方法。
6. 分析航材备件保障的主要影响因素。
7. 某型雷达有同型闸流管 20 只,闸流管失效率 $\lambda = 10^{-4}$ 次/h,在 2 年保障时间内,每年累积工作 5000h,求在保障概率大于等于 90% 条件下,需多少备件?
8. 某装备有信号处理印制板插件 20 块,每块失效率 $\lambda = 10^{-5}$ 次/h,在 2 年保障时间内的维修方案为,印制板后送基地级修理周转时间为 6 个月,按每月 30 天,每天工作 24h,求在保障概率 P 大于等于 95% 条件下,需备多少块?

第 10 章　航空维修安全管理

【本章提要】

◆ 航空维修安全管理,是指为保证飞行安全和航空维修作业安全而进行的管理活动。其基本任务是预防事故,保证飞行安全和航空维修作业安全,避免发生人身伤害、装备损坏和国家财产损失等事件。

◆ 航空维修差错是影响维修安全的重要来源,墨菲定律揭示了维修差错发生的必然性。

◆ 安全管理体系,是对安全管理进行决策和发挥职能作用的核心系统,建立完善的航空维修安全管理体系,是实现航空维修安全发展的重要保证。

◆ 人工智能预测方法,提高了安全预测能力,基于数据的智能预测将是安全预测的重要发展方向。

维修安全性是指避免维修活动时人员伤害或装备损坏的一种设计特性,是装备的重要质量特性。航空维修安全管理,既是装备建设发展的内在要求,也是装备作战使用和维修保障的现实要求,不安全的装备是难以充分发挥装备作战能力的。随着高新技术在航空装备中的广泛应用,装备结构趋于复杂化,装备运用趋于体系化,因而也形成了维修安全因素的多样化、复杂化,对维修安全管理提出了更高更新的要求。

10.1　航空维修安全管理基本概念

10.1.1　航空维修安全管理的内涵

什么是航空维修安全管理? 这是一个看似简单而又复杂的问题,国内外的专家学者,对安全管理进行了深入研究和科学界定。有的人认为,安全管理是为了控制人的不安全行为和机械的不安全状态,以扎实的知识、态度和能力为基础进行的一系列综合活动;有的人认为,安全管理是为了让人们失误最少地从事工作或无失误地工作,在组织内部协调解决的方法;还有的人认为,安全管理是预知人类活动各个领域里固有的或潜在的危险以及为消除这些危险所采取的各种方法、手段、行为的总称;等等。综合上述对安全管理的种种理解认识,可将安全管理定义为:为了实现组织各种活动的正常进行而组织和使用人力、物力和财力等各种组织资源的一种动态过程,它利用计划、组织、指挥、协调、控制等管理职能,预测组织活动各领域里固有的潜在的危险,运用各种方法、工具和组织活动控制和消除各种不安全因素及人的不安全行为,保证组织活动的顺利进行。

以可靠性为中心的维修理论认为,装备使用维修的基本目的是以最经济的代价来保持与恢复装备的固有可靠性,因此,航空维修安全问题是装备维修理论的一个有机组成部分。根据安全管理的概念内涵和航空维修的特点,遵循现代管理理论的基本原理和原则,所谓航空维修安全管理,是指为保证飞行安全和航空维修作业安全而进行的管理活动。其基本任务是预防事故,保证飞行安全和航空维修作业安全,避免发生人身伤害、装备损坏和国家财产损失等事件。

10.1.2　航空维修安全管理的任务

航空维修安全管理的基本任务是预防事故,保证飞行安全和航空维修作业安全,避免发生人身伤害、装备损坏和国家财产损失等事件。其主要任务有:①制订各级航空维修部门的安全管理职责,建立健全安全工作责任制,制订安全工作规章制度和安全法规,并组织落实;②根据航空维修工作任务和工作环境条件进行安全预测,制订保证安全的对策和措施,并组织落实;③对航空维修工作人员进行安全教育和安全作业培训;④对航空维修保障和维修作业现场实施动态安全管理;⑤定期分析安全形势,检查安全法规贯彻落实情况,适时进行安全整改;⑥适时进行风险分析与评估,查找可能面临的风险,并及时进行风险控制;⑦采取多种形式,开展航空维修保障安全立功竞赛活动,坚持航空维修保障安全奖惩制度;⑧组织实施航空维修安全信息管理;⑨运用先进的科学技术改进飞机的重要系统设备及装置,提高机载设备的可靠性和安全性;⑩严格易燃、易爆、有毒等物品的管理;⑪对发生的维修差错、机械原因飞行事故征候和地面事故组织调查和处理,根据上级要求参加飞行事故调查;⑫进行安全工作总结和安全评价,研究改进安全管理工作。

10.1.3　航空维修安全的系统管理

进入 20 世纪 50 年代以后,装备性能越来越先进,结构越来越复杂,这些复杂系统往往由数以万计的要素组成,要素之间以非常复杂的关系相连接,在研制或使用中往往涉及高能量,系统中微小的差错也会导致灾难性的事故。大规模复杂系统安全性问题受到了人们的关注,于是出现了以安全系统工程为代表的系统安全理论,它也是航空维修安全管理的基础理论。

1. 安全系统工程

安全系统工程是应用科学技术知识和系统工程的理论、方法去鉴别、预测、消除或控制系统所存在的不安全因素和可能发生的事故或危害的各种可能现象,使系统发生的事故减少到最低限度并达到最佳的安全状态。

安全系统工程与传统安全管理的区别在于,前者能实现预测发生事故的可能性,掌握事故发生的规律,作出定性和定量的评价,能向有关人员预先警告事故的危险性并提出相应的安全措施。传统的安全管理是凭经验和直觉去了解和处理生产和维修过程中存在的危险和隐患,缺乏定量分析,缺乏系统的安全整体认识,只是片断地、零碎地解决安全问题,而无法系统地、全面地解决安全问题。

安全系统工程是在传统安全管理的基础上发展起来的,是针对传统安全管理中所发现的缺陷进行研究的,它采用了系统工程的原理和方法,全面地进行安全管理,使孤立的、被动的传统安全管理得到发展,也使安全工作从一门技能技艺转化为一门科学的工程技术,达到以最经济的资源消耗取得最佳的安全效果、大幅度减少事故的安全目标。

2. 维修安全管理的系统观

在航空装备维修过程中,导致发生灾害事故的因素很多,如"5M1E",包括人的错误判断、错误操作、违章指挥、设备缺陷、安全保护装置失效、作业方法和作业环境的缺陷等,这些因素都可能导致灾害事故的发生。而所有这些因素又涉及设计、操作、维修、储存、运输等诸多方面,因此,维修安全是与维修过程中的许多环节、条件相联系、相制约的,不考虑这些因素的制约因素和作用关系,只是孤立地从个别环节或在某一局部范围内分析和研究维修安全问题,是难以奏效的。航空维修安全管理实践表明,事故虽然只发生在维修现场,但事故原因却表现在多方面。因此,必须从系统角度出发,全面观察、系统分析、综合解决,航空维修安全才有根本保障,维修安全目标才有可能实现。

按照系统安全的观点,世界上不存在绝对安全的事物,任何人类活动中都潜伏着危险因素,能够造成事故的潜在危险因素称作危险源,它们是一些物的故障、人的失误、不良的环境因素等;某种危险源造成人员伤害或损失的可能性称作危险性,可用危险度来度量。维修安全管理的基本工作就是不断深化对维修危险源、维修危险性的认识,以提高维修安全管理水平。

事故致因理论,即事故发生及预防理论,强调通过改善物的(硬件)的可靠性提高系统的安全性,从而改变了以往只注重操作人员的不安全行为而忽略硬件故障在事故致因中作用的传统观念。作为系统元素的人在发挥其功能时会发生失误,人的失误不仅包括了人的不安全行为,而且涉及设计人员、管理人员、使用和维修保障等各类人员的失误,因而对人的因素的研究也较以前更为深入。根据系统安全的原则,早在一个新系统的规划、设计阶段,就要开始注重系统的维修安全工作,并且要一直贯彻于制造、生产、部署使用,直到报废为止的系统寿命周期过程。系统维修安全工作包括危险源识别、系统维修安全分析、维修安全性评价,以及管理和控制不安全因素等一系列内容。

在长期的安全管理实践中,人们逐渐认识到管理因素在安全管理中的重要作用,特别是对于已经建成并正在运行的系统,管理方面的疏忽、失误是导致事故的主要原因。系统安全主要注重于人的失误、物的故障与环境的缺陷,虽然人的不安全行为、物的不安全状态或环境存在的缺陷是安全事故的直接诱因,必须加以有效管理和控制,但是,这些因素是其背后的深层次原因的征兆,是管理不良的反映。因此,只有真正找出深层次的安全事故原因,改进管理,才能有效地防止事故的发生。根据这种认识,约翰逊等创立了系统安全管理理论和方法体系 MORT(Management Oversight and Risk Tree)。MORT 包括了安全管理中许多行之有效的管理方法,其基本思想和方法对现代安全管理产生了深刻的影响。

10.1.4　航空维修安全管理的特点

马克思主义认为,"管理首先是人为达到自己的目的而进行的自觉活动"。航空维修安全管理的一个重要特性,就是强调以人为中心的安全管理,把安全管理的重点放在激励组织成员的士气和发挥其能动作用方面。具体地说,就是为了人和人的管理。人是维修生产力诸要素中最活跃、起决定作用的因素。所谓为了人,就是把保障人的生命安全当作安全工作的首要任务;所谓人的管理,就是要充分调动每一个人的主观能动性和创造性,人人主动参与安全管理。航空维修安全管理的第二个特性就是事故的预防,可以说安全管理就是与事故做斗争。维修安全管理的目的是防止装备使用过程中灾害性事故的发生,维修安全管理是以预防事故为中心,预先进行系统安全分析与评价,从而对维修系统进行事故预测预防。航空维修安全管理的第三个重要特性,是强调系统的安全管理,即应用全面质量管理的思想理念,从系统整体出发,把安全管理重点放在整体效应上,实行全员、全过程、全方位的安全管理,使航空维修保障系统达到最佳的安全状态。

1. 全员性安全管理

实现航空维修安全必须坚持群众路线,切实做到专业管理与群众管理相结合,在充分发挥专业安全管理人员的骨干作用的同时,吸引全体人员参加安全管理,充分调动和发挥维修人员参与安全管理的积极性,实施维修安全管理责任制和推行维修安全目标管理,为全员参加安全管理提供制度机制上的保证和可行的管理措施。

2. 全过程安全管理

从系统的角度来看,航空维修安全是过程作用的结果,因此,系统安全管理的基本原则是对装备的维修安全实施全过程管理:从装备论证规划、设计阶段开始,就进行装备维修安全工作,并一直贯穿于装备整个寿命周期过程,直到装备退役/报废为止。在维修组织活动全过程中都要进行安全管理,识别、评价、控制可能出现的不安全因素。

3. 全方位安全管理

无危为安,无险则全。任何有生产劳动的地方,都会存在不安全因素,都有发生伤亡事故的危险性。因此,在任何时候开展维修工作,都要考虑安全问题,必须进行安全管理。航空维修安全管理不仅是维修安全管理职能部门的事情,其他部门和系统也应有相应的安全管理职责。特别是,随着信息技术的快速发展和计算机普及应用,加速了维修安全管理信息的处理和流通,使安全管理由定性逐渐走向定量,使先进管理经验、安全管理技术和方法迅速得以推广,信息技术在安全管理领域的广泛应用成为现代安全管理的重要特征之一。

10.2 航空维修安全管理内容与职能

10.2.1 航空维修安全管理内容

航空维修安全管理的内容主要包括:制订各级航空维修部门的安全管理职责,建立健全安全工作责任制,制订安全工作规章制度和安全法规,并组织落实;根据装备工作任务和装备工作环境条件进行安全预测,制订保证安全的对策和措施,并组织落实;对航空装备工作人员进行安全教育和安全作业培训;对航空装备保障和维修作业现场实施动态安全管理;定期分析安全形势,检查安全法规贯彻落实情况,适时进行安全整顿;适时进行装备风险分析与评估,查找可能面临的风险,并及时进行风险控制;采取多种形式,开展航空维修保障安全立功竞赛活动,坚持航空维修保障安全奖惩制度;组织实施航空维修安全信息管理,进行安全预测和安全监督;运用先进的科学技术改进飞机的重要系统设备及装置,提高机载设备的可靠性和安全性;严格易燃、易爆、有毒等物品的管理;对发生的维修差错、机械原因飞行事故征候和地面事故组织调查和处理,根据上级要求参加飞行事故调查;进行安全工作总结和安全评价,研究改进安全管理工作。

10.2.2　航空维修安全管理职能

航空维修安全管理职能,是安全管理系统应起的作用,由航空维修安全需求和管理体制赋予并规定,主要有决策、组织、协调、监督、整治、防范这 6 种职能。这些职能既独立地发挥着作用,又相互联系形成有机整体,保证航空维修安全活动正常、有序开展。

1. 决策职能

决策是为未来行动确定目标,并为达到目标而从各种可能的行动方案中进行选择的过程。管理者无论是在自觉状态还是非自觉状态,或是在主动状态还是在被动状态,只要拟采取行动,便一定要有决策。正确的决策能保证航空维修安全工作顺利健康地进行,不良的决策则会从根本上改变行动的方向,并使之向不利的方向发展。决策职能体现在航空维修安全管理活动的各个方面,重大工作、关键环节的决策会影响安全管理的全局。航空维修安全管理者的决策能力,对管理的成效具有重要影响。因此,航空维修安全管理的决策职能,是安全管理的最根本职能。

航空维修安全管理的决策职能作用,主要体现在 3 个方面:一是根据航空维修安全工作的实际需要制订管理目标。二是根据航空维修安全管理目标制订多种实施方案,并采用科学的决策方法,对方案进行军事经济效益权衡分析,选择出可行方案。三是决策方案的实施与检验。决策方案确定之后,就要制订详细的组织实施计划,并监督检查,发现问题及时纠正,保证决策目标的最终实现。

2. 组织职能

组织职能是决策的一种执行职能,其作用是将管理对象有序化,使之按决策的要求行动起来并发挥应有的作用。包括安全管理系统结构的设计与完善、系统内部职责的划分与分工、人员的选配与组织、物资资源的投入与组织等。一般来说,组织职能的发挥应在系统运转之前,在很大程度上是一种组织准备工作,必须在系统运转之前准备就绪。虽然在系统运转过程中仍有一定的组织工作,但大部分任务已转移到协调职能上。

航空维修安全管理组织职能作用,主要体现在 5 个方面。一是设计和建立组织机构;二是科学划分组织机构职责;三是建立组织运行秩序;四是根据组织环境的变化,适时调整组织结构,完善组织职能,以适应航空装备的发展、管理体制的变革和作战训练任务需求的变化;五是有效开展组织活动,为保障航空装备使用维修的安全可靠,在组织工作上,科学合理地进行人员选配,物资、经费和技术力量等要素的组织调配工作,并检查各项工作的落实情况,保证航空维修安全管理的组织工作中各个环节的衔接和协调。

3. 协调职能

协调职能也是决策的一种执行职能,其作用是调节管理系统内外各个方面在运转过程中可能发生的各种冲突或一些不和谐的现象,使之和谐平稳地运转。因此,协调职能是管理系统运转过程中起作用的职能。

航空维修安全管理协调职能作用,主要体现在两个方面:一是管理系统内部关系的协调。通过协调使航空维修安全管理系统内部各组成部分、各要素之间和运行环节之间出现的不协调现象和问题得到调整和化解,使其能够密切配合、形成合力。二是管理系统与外部环境的适应性协调。通过协调使航空维修安全系统与外部环境之间出现的不适应问题得到调整和解决,使其能够适应装备发展、任务变化、体制调整等外部环境对装备安全的需求,使航空维修安全系统发挥出最大的运行效能。从协调方法上讲,安全管理协调可分为计划协调、会议协调、现场协调和随机协调等。从协调事宜上看,安全管理协调可分为单位部门协调、任务协调、人员协调、装备物资协调等。

4. 监督职能

航空维修安全管理监督职能,是监督机构依据有关法规制度对装备系统的单位和人员遵守安全法规制度的情况进行检查监督,判断其行为是否出现偏差,并及时地控制、制止、纠正违法违纪行为,保证航空维修安全活动正常开展的职能活动。强化航空维修安全管理的监督职能,对增强安全管理的效能,提高航空装备研制生产、使用维修质量,保证装备使用的安全可靠,减少事故损失具有重要作用。

航空维修安全管理监督的内容和范围主要体现在 3 个方面:一是装备安全的一般性监督。一般性监督是对航空装备系统日常安全工作的全面监督,包括对履行安全管理职责、落实安全法规制度、组织安全教育与训练、加强安全建设、完善安全防范机制等情况的监督。二是装备安全专门监督。专门监督是对特殊问题进行的检查监督。如对重大危险性作业、航空武器实弹演练、专机维修保障质量等重大工作的监督等。三是装备事故监督。装备事故监督是对飞行事故、地面事故、事故征候等事件的经过、原因、损失、应急救援、善后处理情况及有关文档和调查报告等方面进行的监督。

5. 整治职能

整治职能,是安全管理者依据各项方针、政策、法规、制度等对装备安全活动中出现的各种不安全问题和事件实施整顿和治理,保证装备安全持续稳定发展的职能。任何事物都是在解决各种矛盾,并与各种困难做斗争中前进的,这种斗争的形式之一就包括整顿和治理。航空维修安全系统是一个复杂开放的"人—机—环境"大系统,无论哪个子系统、哪个运行环节、哪个要素出现了问题,都会威胁装备安全。因此,根据航空维修安全状况适时开展整治,对保证装备安全持续稳定发展具有重要作用。

装备安全的整治具有经常性、针对性、强制性、改造性等特点。即通过定期或不定期开展安全形势分析,查找安全问题,针对问题进行整顿、治理和改进,采用各种手段和措施,克服、消除装备安全活动中存在的各种问题和隐患,从而使装备安全工作沿着正确健康的轨道运转。

6. 防范职能

防范职能,就是通过采取事先预防性措施,及时发现、确实弄清和正确处理各种不利于安全的倾向,消除可能导致事故的各种隐患,避免发生事故或尽可能把事故损失降到最低限度的职能。

航空维修安全管理的防范职能作用,主要体现在 3 个方面:一是安全预测。装备安全预测是防范事故的一项主动性、超前性工作,预测是预防的前提,预测工作做好了,预防工作才能落到实处。二是风险评估。安全风险评估是对可能发生的事故类别、概率、危险等进行定性定量的分析与评价,确定风险等级,提出规避或降低风险的建议和应对措施。安全风险评估也是防范事故的一项主动性、超前性工作,它与安全预测工作互为前提,相互配合,各有侧重,共同查找出安全隐患和事故征兆,并对其可能引发事故的概率、危害进行分析,确定风险等级,提出防范对策建议。三是事故预防。相关部门应根据安全预测和风险评估的结论和有关对策建议,结合本单位的具体情况,积极主动地做好事故的防范工作。

10.3　航空维修安全管理体制与制度

10.3.1　航空维修安全管理体制

航空维修安全管理体制是为实施装备安全管理而建立的组织体系和法规制度。它既是航空维修安全管理系统的重要因素,又是反映管理系统结构和各要素之间的相互关系,连接系统各组成部分的纽带。航空维修安全管理体制主要是由组织体系、法规体系等构成。航空维修安全管理组织体系规定的是安全管理系统的组织结构,表现的是安全管理系统静态的结构构成,具有基础性和稳定性特征。而运行机制是管理系统内部可运动组元实现系统功能的变换和流通过程,是管理活动运行方式及其相互关系的内在规律表现,反映的是管理系统动态工作程序或模式,具有系统性、层次性和动态性特征。航空维修安全管理运行机制由安全管理法规体系来规范。现代航空维修安全管理体制机制,不仅要有合理的组织体系,还必须通过法规制度建立一套良好的运行机制,才能保证整个体制健康、有序、高效地运转。

1. 安全管理组织体系

航空维修安全管理组织体系,是由安全管理组织机构及其相互关系构成的组织领导系统,是对安全管理进行决策和发挥职能作用的核心系统。建立完善的航空维修安全管理组织体系,是开展安全管理活动的基础和基本的组织保证。

空军航空维修安全管理应借鉴民航和外军的先进经验,结合我军实际,建立和完善空军首长直接领导下的集中统管、相对独立的安全管理与监察组织体系,做到上下组织贯通,体现层次管理。原则上有一级航空装备管理部门就应该设置相对独立的安全管理机构,高层主要突出决策功能,中层主要突出控制功能,基层部队主要突出执行职能;横向职能覆盖,体现全面管理。将飞行安全、地面维修安全、装备系统安全有机结合,统筹管理。并重点突出装备安全监察职能,建立独立的安全监察体系。

2. 安全管理法规体系

航空维修安全管理的法规体系是用以规范安全管理系统各种关系和活动的军事规章和法规性文件的统称。它是航空装备管理工作法规体系的重要分支和组成部分,是实施装备安全管理的基本依据,也是构成完善的航空维修安全管理体制,形成顺畅运行机制的重要构件和保证。

航空维修安全管理法规属于军事法规,具有军事法规的共同属性,主要是合法性、军事性、权威性、规范性和稳定性。由于航空维修安全管理贯穿于装备的全系统全寿命过程,融于装备管理工作的各个层次和环节,涉及组织指挥、装备、后勤、训练等各个方面,既有规范安全管理活动的法规制度,又有规范安全技术活动的标准规程,是一项复杂的系统工程。因此,航空维修安全管理法规体系还具有系统性、层次性等特点。美国民航和军队系统都建立了比较系统的安全管理法规制度体系。如美国空军就制订了各种安全条例40 余部,例如防止飞机与飞鸟相撞都有相关条例。

目前,我国空军虽然还没有形成系统的航空维修安全管理法规制度体系,但由于航空装备安全的极端重要性,在与空军装备工作、军事训练工作等有关的各种条令、条例和规章制度中都有相应的装备安全工作、飞行安全工作、航空维修安全管理工作的条文规定，某些业务系统也专门制订了安全管理规章制度。从总体上看，我国空军在一定程度上初步建立了纵向区分层次、横向分门别类的安全管理法规制度。

（1）纵向构成。航空维修安全管理法规制度体系的纵向构成，是指按照法规调整范围和法律效力不同而有序构成的等级层次结构。航空维修安全管理法规制度体系的纵向构成，分为基本法规（顶层法规）、主要管理规章、具体管理工作制度和规定 3 个层次。

第一层为航空装备安全工作的基本法规，包括两个方面：一方面是对航空维修安全管理工作具有指导作用的法规，如《空军装备工作条例》《航空维修一线管理细则》，另一方面是对航空维修安全管理工作具有规范作用的法规。这些法规是制订航空维修安全管理系统下位法规的依据。

第二层为航空装备安全工作的主要管理规章。它是航空装备安全工作基本法规在安全管理活动方面的进一步细化和延伸，主要包括各种有关航空维修安全管理的条例、细则、规定等，这些规章从不同方面规定了航空维修安全管理的任务目标、各级职责、基本原则和内容等，是实施航空维修安全管理的重要依据。

第三层为航空装备安全工作的具体管理制度。它也属于法规性文件，是第二层管理规章在具体工作中的进一步细化和补充，主要包括飞机使用操作安全守则，飞机维修安全规定，维修作业场所、器材保管场所安全管理制度等，如《飞机维护规程》《重大危险性工作的操作卡片》《装备维修质量检验制度》，以及《防止飞机空中相撞工作规定》等。

（2）横向构成。航空维修安全管理法规制度体系的横向构成，是指按照法规调整对象和内容不同，对航空维修安全管理法规制度进行横向区分，如从航空装备全寿命过程的安全管理内容看，主要包括装备安全性管理、飞行安全管理、维修安全管理、退役报废安全管理等。

除此之外，还可以从航空维修安全管理的要素角度对管理法规进行分类，如航空装备人员的安全管理法规，航空装备、设施、设备的安全管理法规，航空装备使用维修环境的安全管理法规等。也可以从管理职能的角度对管理法规进行分类，如安全监督监察制度、安全教育训练制度、安全事故防范制度、飞行事故调查处理规定、安全评估制度等。

10.3.2　航空维修安全管理制度

1. 安全形势分析制度

通过定期或不定期开展装备安全形势分析，解剖典型安全事件，找出装备安全和管理工作上存在的隐患和问题，提出改进对策，制订改进措施，从全局上和具体工作上积极主动地做好安全工作，这是实践证明行之有效的做法。

2. 安全预测制度

根据未来装备的发展、军事训练任务和环境的变化，以及航空装备人员的素质等情况，运用定量和定性相结合的方法，对航空装备安全态势及发展趋势，航空装备事故万时率（起数）及其机型、科目分布和致因因素等进行科学预测分析，提出预防和减少事故发生的对策建议，并组织落实。实践证明，开展航空装备安全预测分析工作，为机关指导和加强安全管理提供了有力的决策支持，在保证飞行安全，提高安全管理水平方面起到了积极的作用。

3. 安全预想制度

航空装备安全预想是组织装备训练前进行的有针对性的事故防范对策活动,是预防事故的一项重要措施。装备安全预想,各级有不同侧重。军以上机关,主要分析装备事故规律,摸清事故发展趋势,根据所属部队担负的训练任务和训练环境等特点,对安全趋势进行分析,制订对策措施,在全局上对部队的装备安全工作进行宏观指导。航空兵部队根据年度(阶段)和专项训练任务,针对人员、装备、器材情况和季节、天气变化等特点,对装备活动实施中可能出现的不安全因素和各种问题进行预想,合理安排训练计划,制订应急处置预案,提出预防事故发生和一旦发生危及训练安全问题时应采取的对策。在做好普遍性工作的同时,对重点人、重点课目、重要环节在重大节日间断后恢复训练等,进行专项预想工作。各类人员根据训练任务、课目、装备、天气等特点和以往训练中存在的问题,预想训练中可能出现的异常情况,有针对性地做好训练准备。实践证明,开展装备安全预想对明确训练工作的安全重点,提出具体对策,增强各类人员保证安全的信心,提高装备训练安全水平具有重要作用。

4. 安全评价制度

在航空装备使用维修阶段,装备安全评价主要分析与评价人员素质、任务特点、科目设置、组织计划、装备性能、保障条件,以及环境、气象等因素对安全的影响。通过安全评价,可以预先明确拟开展工作存在的风险以及危害程度,以便采取针对性预防措施,防止各类事故和不安全事件的发生。实践证明,实施航空装备安全评价对提高装备质量安全水平和部队安全保障能力具有重要作用。

10.4　航空维修差错及其管理

据调查,随着科学技术的发展,各种航空大小事故的纯机械起因近 30 年来大幅减少;相反,由于人的原因造成的各种事故的比例由 20 世纪 60 年代的 20% 上升至现在的 80%,其中很大部分是在维修中造成的。根据 1995 年波音公司对近期有关飞机事故和维修问题进行的详细分析报告,1982 年到 1991 年的 10 年间发生事故的 15%(264 起中占 39 起)与维修差错有关。同时,维修差错的研究和管理又有着其自身的特殊性。如在飞行领域,驾驶员的操作失误,空管员的指挥、引导错误,在飞行中可以立即反映出来;相反,维修方面的失误则不能马上反映出来,维修人员即使出现失误,它引起故障需要经过几天、几个月或几年时间后才能显现或被发现。例如,1989 年美国联合航空公司一架 DC - 10 飞机在西澳克斯发生事故,经调查断定原因是发动机圆盘故障引起的,其深层次原因则是 17 个月前维修人员的检查失误。因此,人为因素和维修差错研究已成为维修安全管理研究的一个重要领域。

10.4.1　航空维修差错的概念

目前,对于差错如何定义还存在较大争议,常见的对差错的描述为:差错是计划行动未能到达预期目标,它是在没有不可预见的或偶然干扰情况下发生的。从中可以看出,所有的差错都涉及某种类型的偏离——偏离了预定的行为过程、偏离了实现预定目标的行为路径,或行为中偏离了适当的运行程序。定义中的附加限制很重要,因为它将可控制的,或者主动的行为同偶然的行为区分开来。

结合航空维修工作特点,航空维修差错是指维修人员在维修活动中,违反维修对象的客观要求,导致操作与维修目标发生偏离,且产生状态异常、航空装备损坏或人员伤亡等结果。一般来说,航空维修差错是由于维修人员受到各种外在的、内在的因素的影响而导致的差错行为。将维修差错限定为维修活动中的差错,区别于设计差错和制造差错,也区别于维修规程管理决策差错,有利于突出维修活动特性。把维修差错看成飞机在使用维修阶段上发生的事,并未排斥飞机全寿命期前期概念研究、设计、研制、制造阶段对它的影响。依据维修系统的角度,飞机维修差错指机务人员进行的非正常维修活动超出了系统容错能力,基于各系统容错能力差异,在不同的维修系统中执行相同的维修行为,可能产生不同的差错结果;依据心理学角度,维修差错是维修人员无意识偏差产生的操作错误;依据维修规范角度,维修差错是维修人员没有遵守正确流程而产生的错误结果。

航空维修活动是"人-机-环境"系统协调运行的一种活动,维修差错是由于维修人员破坏了系统协调性而发生的。把维修差错限定在维修活动范围进行研究时,人是最重要的一个环节,是维修差错研究的主体,人员对维修差错的预防管理具有主观能动性。系统中的机,即维修对象,在具体维修活动中是特定的,机的状况是否正常,主要取决于维修人员的活动是否与之适应。环境,在这里泛指维修活动过程中除维修人员以外的客观事实,它影响维修人员行为,并通过维修行为作用于机。在维修活动中把人作为主体,强调了维修人员的主观能动作用与对机和环境的反作用,并没有否定机和环境的重要性,也不是否定改善装备维修性和环境适应性的必要性。把人作为主体研究维修差错,是与强调培养维修人员良好的维护作风和按规程办事的负责精神相一致的。在维修活动中,作为主体的维修人员的行为不是孤立的,既受到自身生理、心理条件和文化、技术水平的影响,又受到机的状态和环境条件的制约,较之物化的维修对象而言,维修行为呈现着复杂性和多变性,可控性较差,容易出现行为偏差的现象。维修活动中常讲的丢、错、漏、返、损现象,都是维修活动中发生的偏离维修目的要求的偏差行为,是维修差错的本质特征。

10.4.2　航空维修差错的类型

从不同的角度分析,维修差错可分为不同类型。

1. 根据维修差错的主导原因分类

(1)维护作风型差错。这类差错是指维修人员因责任心不强,维护作风差,工作马虎,盲目蛮干,违反各种规章制度、操作规程而发生的维修差错。

(2)技术性能型差错。这类差错是指维修人员因缺乏必要的专业知识和操作技能,缺少应有的专业训练,违反了操作程序、技术要求和安全规定造成的维修差错。

(3)组织管理型差错。这类差错是指因组织管理不好,计划分工不清、工作协调不好、工作秩序乱,不能正确、有效地协调维修过程中的人、机、环境各环节相互关系而导致的维修差错。

2. 按维修差错的性质分类

(1)过失性差错。通常指维修人员粗心大意,或对可能发生的情况缺乏思想准备,遇事顾此失彼、不知所措而出现的差错。

（2）违章性差错。因操作人员章法观念淡薄,有章不循,违章操作,盲目蛮干而导致的差错。

（3）技术性差错。是指因维修人员业务素质差,设备的原理、构造知识缺乏,维修经验不足,操作技能不熟练等导致的差错。

（4）障碍性差错。是指因受外界环境因素影响引起诸如过度兴奋、消极不满、情绪紧张、疲劳过度等心理、生理障碍所诱导出的差错。

（5）继发性差错。是指机件本身设计不合理,防差错性差,加上环境条件的干扰或人的失误所发生的差错。

（6）季节性差错。是指维修对象和维修人员受到季节自然条件和其他因素的影响,导致随季节有周期地出现的差错。部队统计资料表明,在第一、三季度维修差错率最高。

（7）责任性差错。是指因维修人员因责任心不强、工作马虎不扎实、精力不集中、凭想当然办事,以及干部标准不高、要求不严、复查不细而导致的差错。

（8）管理性差错。是指因管理不善、计划不周、分工不明确、指挥不当、现场无序等导致的差错。

3. 按维修差错发生的时机分类

对于航空维修来讲,以下几个时机容易发生差错。

（1）再次出动机务准备。这个时机的特点是,事件短促,任务紧迫,任务繁重,工作交叉,相互干扰,同时加上在场时间长,劳动强度大,极易发生差错。

（2）检查功能和测试参数。如发动机试车,飞机液压系统收放,特设通电检查,这时设备要运转,人员精神较为紧张,规则多,需要严密组织,密切协作。

（3）拆装机件。维修排故,是外场最活跃的时候,维修工作量大,拆装更换机件多,而现有装备维修性差,可达性差,开敞率低,蹲、卧、趴、躺,容易发生丢、错、忘、漏、损等维修差错。

使用仪器、工具设备,质量检查、设备检修等时机也容易发生维修差错。

10.4.3　航空维修差错的特点

航空维修差错作为特定工程领域的人为差错,具有以下几个特点:

（1）隐蔽性。在飞行领域,驾驶员的操作失误,空管员的指挥、引导失误等,在飞行中立刻就可以反映出来;相反,机务维修人员在维修过程中出现的差错隐蔽在飞机中,不能马上被发现,但是事故的隐患已经存在,只是在以后的检查中被发现或在飞行中通过事故的形式反映出来。

（2）必然性。航空维修的过程中,维修人员总是会犯错的,这样就存在产生维修差错的条件,在这种条件下,根据墨菲定律,差错就变成了迟早要发生的事情,这就是航空维修过程中维修差错产生的必然规律。

（3）可积累性。维修人员在操作过程中,前一个差错可以诱导后一个差错,而后一个差错可能会加剧前一个差错,积累的结果是使差错得以放大和加剧,造成错上加错的效果。

（4）突变性。飞机自身发生的故障都有一个从量变到质变的过程,但是维修差错则是与人的一次或几次操作失误关联,量变过程非常短,一旦发生,故障立即出现,可能会导致严重的事故,如发动机空中停车、降落过程中起落架折断等。这个变化的过程极其短暂,具有突变性。

(5)不确定性。维修差错的发生受到多种因素的影响,具有很大的不确定性。某一个独立的差错可能不会以事故或事故症候的形式表现出来,但当它积累到一定的量或在某种条件下时就会引起维修事故或征候。

(6)可控性。航空维修差错的发生并非维修人员的主观愿望,其具有可管理性,通过不断改进的、有效的管理可以有效防止维修差错的发生。

10.4.4　航空维修差错的管理

1. 墨菲定律

墨菲定律告诉我们,人们做某一件事情,如果存在着发生差错的可能性,那么,差错迟早总要发生,即维修差错具有必然性。

1949 年,美国航空工程师墨菲首次提出这条定律,它对消除维修中的差错具有现实意义。它指明人们做某一件事情,如果存在着发生差错的可能性,那么这种差错事件迟早总要发生,要想防止差错事件的发生,必须消除差错发生的可能性。现从数学上来说明这条定律。

考察装备上某一确定的机件,称该机件的一次使用维修为一次试验。经过一次试验,所考察的机件可能不发生差错,也可能发生差错,发生差错的事件记作 A,不发生差错的事件记作 $\bar{A}$。假设在一次试验中发生差错的概率为 p,即 $p(A) = p, 0 < p < 1$。那么,在一次试验中不发生差错的概率就是 $p(\bar{A}) = 1 - p = q$。把这个试验独立地重复进行 n 次,这恰好是 n 重伯努利试验。在 n 重伯努利试验中事件 A 恰好发生 k 次差错的概率为

$$P_k(n,p) = C_n^k p^k q^{n-k} \quad (k = 0,1,2,\cdots,n) \tag{10-1}$$

而一次差错也不发生的概率为

$$P_0(n,p) = q^n$$

由于 $0 < q < 1$,故

$$\lim_{n \to \infty} P_0(n,p) = \lim_{n \to \infty} q^k = 0 \tag{10-2}$$

故即 n 重独立试验中,试验次数 n 趋向无穷大时,事件 A 一次差错也不发生的概率趋于零,也就是说,一次差错也不发生的事件是不可能的。

另一方面,在 n 重独立试验中,至少发生一次差错的概率为

$$\sum_{k=1}^{n} P_k(n,p) = 1 - P_0(n,p) = 1 - q^n$$

令 $n \to \infty$ 取极限,则得

$$\lim_{n \to \infty} \sum_{k=1}^{n} P_k(n,p) = \lim_{n \to \infty} (1 - q^n) = 1 \tag{10-3}$$

即在 n 重独立试验中,试验次数 n 趋向无穷时,事件 A 至少发生一次差错的概率趋于1,也就是说至少发生一次差错事件是肯定的。当 $p > 0$,不管 p 值多么小,式(10-2)和式(10-3)总是成立的,这就是墨菲定律的概率论证。

长期的安全管理和维修实践,证明了墨菲定律的正确性。例如,在航空维修中,检查

座舱密封性工作时,发现未将座舱压力调节器开关放在工作位置;在拆装助力器时,忘记打开口销等。对于这些小概率事件,通过维修人员的努力,可以减少这类差错的发生,但不能杜绝这种差错的发生。

2. 航空维修差错管理的原则

(1)维修差错是普遍存在并且不可避免的。维修差错不是道德问题。它的后果可能是令人感到不快甚至极具破坏性的,但它的发生就像呼吸与睡眠一样,是人类生活中不可或缺的一部分。虽然违规是一种恶意且有企图的行为,但它也包含在此类问题中。人的易错性可以减轻但永远不可能消除。

(2)维修差错本质上并非坏事。如同着陆灯界定了跑道的边缘,差错也标示出通往成功道路的边界。没有差错就无法学习并获得安全有效进行工作所必需的技能。

(3)我们不能改变人的状态,但可以改变工作的环境。差错的问题不在于形成差错的心理过程,而在于由人工建立、冷酷无情的工作场所,这种场所存在于复杂的系统中。差错涉及两方面:精神状态和外在情况。诸如走神和偶然遗忘等精神状态是已知的,但外在情况却是未知的。不同的外在情况激发有害行为的能力也大不相同。识别这些导致差错的陷阱并辨别其特性是进行有效差错管理的重要一步。

(4)最优秀的人可能犯下最严重的错误。人们普遍认为大部分差错是由少数无能的人造成的。若是如此,差错的解决就相对容易了,可以确定出执行人并对其进行再培训,使其脱离危险区。但以往的记录表明,事实并非如此。有些与维修活动有关的严重事故就是由那些有着丰富的工作经验并且 30 年无不良记录的人造成的。每时每地都会产生差错,无人可免。而且,最优秀的人往往担负最重大的责任,因此他们的差错通常最可能对系统造成最严重的影响。

(5)人们无法轻易地避免那些自己不想做的事情。责备他人的过错在情感上可以得到满足,但对挽救局势毫无帮助。只有当该行为是出于一种应受到指责的意图时,才能适用道德审判。当本意良好而事情却未按计划发展,即使指责与惩罚也是毫无意义的。不过,不应当将责备与责任混为一谈。假若犯错者不承认自己的错误并努力改正避免差错再发生,那些人并没有从中吸取教训,完全没有从中获取经验。

(6)差错是结果而不是原因。在一起差错事件之后,人们自然会倾向于追究第一个异常行为并称之为原因。然后就说是某人引发了这起事件,还要根据损失、损伤的程度惩罚此人。这在"以眼还眼"为原则的群体中也许适用,但在维修单位中是绝对不允许的。维修单位中的事故都是由于多种不同因素相互间的复杂作用引起的,而且事故调查的首要目的应是加强系统的防御。从这一点来看,应该将差错视为结果而非原因。即使是差错事件,差错也有其发生的缘由。每一个差错都是一连串事件的产物,包括人、团队、任务、工作场所和组织因素。差错的发现只是原因调查的开始而非终点。只有了解了引发差错的环境,我们才有希望降低再次发生差错的概率。

(7)很多差错在重复发生。维修差错可能源于各种情况独特的组合,也可能源于维修中反复出现的工作状况。前者是随机差错,就是说差错的发生很难预测;而后者是系统性或重复性差错。还注意到维修中的某些方面,尤其是重新组装和重新安装的过程中经常会导致某类特定的差错,特别是会导致程序省略——遗漏重要的步骤或完成安装后未拆下不需要的部件。另一组频繁发生的差错与维修队伍以及交接班组内部之间的沟通不良或缺乏有关。将这些重复发生的差错类型锁定为解决的目标,是利用有限的资源进行差错管理的最有效方法。

(8)对安全有重大影响的差错可能发生在系统的各个层面。出错并不只是那些满手沾满油污的人们的专利。管理者经常认为,要减少和遏制差错的发生,主要是针对作业人员——那些处在第一线的人们而言。但总规则的第一条告诉我们:一个人在组织中的职位越高,他犯错的危险性越大,差错管理必须应用于整个系统。

(9)差错管理是针对可管理的事务。差错管理中最常见的错误是竭力想要控制不可控的事物。很明显,这指的是设法改变人性中那些实质上不可改变的方面,即精力分散的倾向、走神、疏忽和偶然的遗忘。当这些努力都失败后(当然会失败),接下来的错误就是设法将指责和责任转嫁给那些过去曾犯错的不幸者身上。这种被误导的方法如此普及,在很大程度上也促使人们对维修差错有了更多的认识。

(10)差错管理是要将表现良好的员工变成表现杰出的员工。人们常认为差错管理就是让易犯错的人做得更好的方式,但事实并非如此。差错管理的首要目的是使那些训练有素、积极进取的人们变得更为杰出。在任何专业活动中,完美包含两方面的含义:技术技能以及心智技能,这两方面都要通过培训和实践来获得。

10.4.5　航空维修差错分析方法

常用的航空维修差错分析方法主要有两种:维修差错致因模块分析法和维修差错逻辑决断法。它们都以 Reason 模型为基础,在分析过程中建立了维修人员的认知过程模型,通过分析环境条件、操作员本身、设备自身状态和组织管理等因素,来揭示维修差错产生机理;强调维修差错分析不能脱离任务场景,通过分析任务环境对不同认知模块的影响来分析差错及其发生概率,因而能够更有针对性地找出差错的真正诱因。

1. 维修差错致因模块分析法

维修差错致因模块分析法是以 Reason 模型为基础发展的适用于航空维修差错分析的成熟方法,在实际应用中取得了较好的效果,其理论模型如图 10-1 所示。

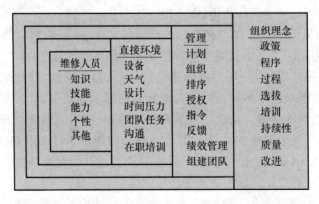

图 10-1　维修差错致因分析模型中维修行为的影响因素

维修差错致因分析模型认为,维修人员的表现受到一系列潜在条件(监督、维修人员和工作条件)的影响,从而导致不安全的维修行为,这种不安全的维修行为就有可能导致事故、人员受伤等情况的发生。该模型不仅关注一系列有较大影响的事件和原因,而且关注所涉及的硬件和工作条件。从图 10-1 中可以看出,致因模块分析法主要从 3 个层面对差错进行分析:一是差错产生的直接原因;二是差错产生的诱发因素;三是差错产生的深层次原因。

(1)差错产生的直接原因。维修差错产生的直接原因是从维修人员个体因素考虑,体现在维修人员个体认知对航空维修安全的影响。差错产生的直接原因包括技能型差错、知觉型差错和违规型差错等致因模块,其中技能型差错又包括技术盲点和技术遗忘;知觉型差错又包括感知不到、认知偏差和记忆失效;违规型差错又包括习惯性违规和偶然性违规。

(2)差错产生的诱发因素。维修差错产生的诱发因素是维修人员出现不安全行为的前提条件,是导致维修人员不安全行为的潜在原因,是不安全行为产生的"温床",也是预防维修地面事故的重点和方向,主要包括人员因素、装备因素和环境因素。

(3)差错产生的深层次原因。维修差错的产生除与维护者个人和环境因素有关外,还与更深层次的管理与监督因素有关。组织因素是指影响航空维修系统安全的,潜在于组织中的偏离组织安全目标的组织缺陷和不良状态,以及组织管理过程中所出现的失误,主要包括人员管理、流程管理和安全基础等。

2. 维修差错逻辑决断法

维修差错逻辑决断法(maintenance error decision aid,MEDA),是由波音公司联合一些航空公司以及美国联邦航空局开发的用于调查维修差错因素的工具,也称为 MEDA 模型。这种技术已经在实际的维修工作中得到检验,并成为航空维修行业调查差错原因的标准工具,它强调全面评价导致差错的所有因素,并采取所有可能的措施以预防相同或类似差错的再次发生。

(1)MEDA 模型的原理。MEDA 模型的理论基础同样是 Reason 模型,是一种直接基于航空维修环境开发的、调查维修差错原因的工具,针对的是已发生的差错,属于事后分析技术。在 MEDA 中,维修差错分为差错和违章。差错定义为非故意偏离期望目标的行为或者动作。而违章定义为故意偏离期望目标的行为或者动作。显然,两者之间的主要差别在于维修人员的主观意愿是否是故意犯错。

维修差错是维修人员在工作中经常出现的问题,任何人在工作中都可能犯错误。维修差错的发生,是一系列因素诱发的,包括内因和外因。调查航空维修差错,就是要找出每一差错事件的所有诱发因素,有针对性地采取纠正和预防措施。在 MEDA 中,通过引入影响因素(contributing factor,CF)来描述对引发差错和违规有影响的条件,这是 MEDA 模型的关键所在,它是指那些影响维修技术员和检验员执行任务的任何因素,图 10-1 表明了 MEDA 模型中影响因素的分类情况。

在 MEDA 模型中,影响因素如何对维修行为产生影响,导致差错和事件的发生呢?图 10-2 就是 MEDA 的事件模型,它为我们回答了这个问题。

从图 10-2 可以看到,MEDA 事件模型可以概括为以下 3 条:①维修相关的事件可能由差错或者差错/违规组合所造成;②违规虽然是有意的,但也是由影响因素引发的;③维修差错是由一系列影响因素所引发的,影响因素也受到其他影响因素作用。这些差错和违规的影响因素大部分是维修工序的组成成分,可以通过改进来避免相似差错事件的重复发生。

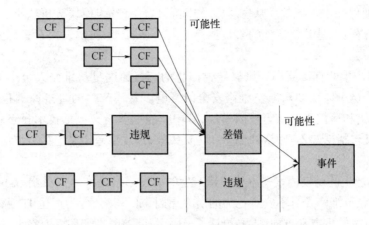

图 10 – 2　MEDA 的事件模型

在 MEDA 中,航空维修差错的诱发因素采用具体的描述,以代替抽象的分类,这样有利于工程应用和方便操作。具体描述有:①零件没有正确安装;②零件未全部安装;③零件安装在错误的位置;④在维修中未添加足够油量;⑤检查员未发现故障;⑥工具留在飞机引擎罩中等。在使用具体的差错描述时不需要确定具体的错误类型,从而简化了 MEDA 调查员的任务。

(2)MEDA 模型的使用步骤。MEDA 模型帮助调查的目标就是要达到既能查明现存差错因素又能防止将来差错再次发生,当事故发生后,MEDA 调查人员一般按以下步骤进行:

① 事故发生。当事故发生时,维修人员有责任立即全力排除故障并做好详细记录,为差错事件的进一步调查分析打好基础。

② 进行决断。在故障排除、飞机投入使用后,维修人员应立即作出决断,判断此事件是否与维修有关,如果答案是肯定的,那么管理层应进行调查分析。

③ 调查问题。使用 MEDA 的调查思路,与差错涉及人员开诚布公地交谈,找到造成错误的因素(去除极偶然不可管理的某些项外),讨论怎样消除影响因素的方法,并将其添加到维护管理数据库里。

④ 预防措施。调查人员将找到的可消除影响因素的项目,根据发生可能性进行排序,将对应策略变成制度,以预防或减少相似的差错再次发生。

⑤ 结果反馈。作为 MEDA 的重点步骤,调查者必须将结果反馈给所有维修人员,以便使其了解到在以后的维护工作中哪些情况必须注意,而安全管理人员则应保证所有维修人员认真参与和履行规定,这是避免以后再犯差错的关键。

10.4.6　航空维修差错预防措施

维修差错很少是由单一因素造成的,其产生的机理是多层次、错综复杂的。因此,只有采用系统的观点和方法,从人、机、环境以及维修管理等方面全面分析维修差错产生的原因,并针对航空维修差错的特点和产生原因,综合采取切实可行的措施,才能有效防止差错的发生。维修差错管理控制的主要措施包括技术控制措施、人员行为控制措施和组织管理控制措施。

1. 技术控制措施

技术控制措施是一种硬预防手段,是从结构上采取措施消除差错的方法。如防错设计,冗错设计等。这种方法效果好,但实现难度大,有时甚至难以进行。

(1)进行防差错设计,改善装备维修性。进行防差错设计就是在航空装设备上采取防错措施,使它产生不了差错,是预防维修差错最有效的方法。如将高低压导管装错接反的例子,如果将高低压导管的接嘴设计成一大一小,从根本上就消除了装错的可能。因此,部队、各职能部门、工厂、研究所和设计部门,应该通力合作、互通信息、积极配合,从源头上搞好防差错设计,着力提高飞机维修的可达性和安全性,最大限度地提高飞机自身的防差错能力。另外,在维修工作中,对飞机系统结构上容易发生维修差错的部位、机件,采取文字提示、标记提醒、颜色警示等手段提醒机务人员,也可有效防止差错的发生。

(2)强化质量检验,提高维修质量。质量检验是预防维修差错、保证飞行安全与质量的重要基础。尽管有了明确的规章和程序,但由于航空维修的主体是人,而人在工作中难免会受到各种因素的影响而发生差错,所以必须加强质量检验。一是加强维修过程检验。大部分维修工作是由拆卸、分解、安装、检测等多个步骤组成,过程检验的目的就是将检验关口前移,对维修过程进行全程监控,避免因某一环节出现问题而影响整体质量。二是加强动态维修工作把关。动态维修工作是指试车、校靶、座椅打火试验等组织程序复杂、容易造成伤亡和装备损坏的工作,实施这些工作时,相关领导和技术骨干必须到位,进行技术指导和质量把关。三是在时间紧、任务重、环境恶劣、多项工作交叉等场合时,加强对维修质量的检查把关。

2. 人员行为控制措施

人员行为控制措施是一种软预防手段,通常指不涉及机械结构的预防方法。如用文字、标志等提示性信号,引起维修人员注意,或者通过安全教育、复查把关、监督检查等手段。软预防容易实现,但不能杜绝差错。

(1)教育训练法。一方面是针对不同时机、任务、环节和人员开展经常性的安全教育,不断巩固各类维修人员的防差错意识,减少工作作风型差错;另一方面是针对不同岗位人员的不同工作特点开展切实有效的技能训练,提高维修人员的熟练程度,减少知识技能型差错。

(2)提高机务人员素质。在航空工作过程中要注意对安全文化进行学习和了解,更广泛地为机务人员宣传安全的重要性,理解飞机的安全关系到千家万户的幸福和安危。无论是生活文化还是航空文化都不能离开安全意识。安全警示文化在提高机务人员的工作态度方面能够发挥积极的作用。一定要提高机务工作人员的素质,提高对航空维修差错的警惕性,减少维修差错的发生。同时,还要帮助机务维修人员解决他们的心理负担问题,减少思想压力,才能更有效地、精神集中地投入到维修管理工作中去。

3. 管理控制措施

管理控制措施是一种综合预防手段,兼顾以上两种方法。根据软、硬预防方法所占比重,又可分为软硬式、硬软式和非软非硬式 3 种。例如,以局部改装为主,以提示或检验为辅,则为硬软式,改进手段属非软非硬式。

(1)加强维修差错管理,建立健全防差错机制。

① 注重维修差错的收集和分析。机务部队可根据实际情况,组建一个维修差错研究

小组,明确指导思想、计划目标和奖惩措施等。小组成员可由各单位一线机务人员兼任,在工作的同时,对身边所发生的维修差错,按照及时、准确、全面的原则收集起来,并加以分析研究,寻找本单位维修差错发生的规律和特点,为预防维修差错提供决策依据。

② 采用精细化管理。精细化管理是以规范化、系统化、数据化、信息化为特征的科学管理方法,其精髓是精、准、细、严。在维修工作中,采用精细化管理的理念和方法,可以使维修差错管理由粗放型向精确型、由经验型向科学型转变。如划分人员维修级别、坚持卡片归零和重要部位照相管理、落实检验监督、规范维修现场秩序等,将有效遏制维修差错的发生。

③ 注重现场全过程管理。各级机务干部要深入一线、各负其责,加强对维修现场的督促检查,从小事抓起、从细节抓起,及时分辨出不为人们警觉或习以为常的"低标准""老毛病""坏习惯",及时发现并纠正各种违章行为,将事故苗头、安全隐患消除在萌芽状态。同时,要对所组织的工作进行严格把关,落实自检、互检、专检制度,杜绝以问代查,避免工作中断、中途换人,保持工作的连续性。

④ 实行人性化管理。机务人员是航空维修系统的关键要素,预防维修差错必须以人为本。要尽量根据机务人员的特点和要求合理安排工作,以发挥其特长,调动其积极性,做到劳逸结合;要不断改善维修工作条件,设法消除工作中的温度过高或过低、照明不良、振动过强、噪声过大等影响;要不断改善机务人员生活环境,丰富他们的业余生活,大力开展互帮互助活动,对心理有包袱和生活困难的同志要及时,给予关心和帮助,使广大机务人员充分感受到部队大家庭的温暖。

(2)加强安全教育,提高各级各类人员防差错意识。预防维修差错是一项艰巨的工作,单位领导要根据人员思想和维修工作特点,有针对性地做好教育工作,牢固树立质量第一的思想,提高机务人员的思想认识和重视程度,把组织目标变成群众行动,形成人人参与、从我做起、群策群力的良好氛围。在安全教育中,可采取展板、影像资料、建立安全警示室等多种形式拓宽教育途径、丰富教育内容、完善教育手段,增强安全教育的针对性和有效性,使全体机务人员都牢固树立"航空维修无小事"的安全观,叫响"我的工作无差错,我的岗位请放心"的口号,大力营造"人人想安全、事事为安全、处处保安全"的氛围,使安全操作和预防维修差错成为机务人员潜在的意识、本能的反映和自觉的行动。

(3)加强工作责任心,培养优良机务作风。优良的机务作风体现在每位机务人员平时工作的点点滴滴,本着"对国家财产负责,对战斗胜利负责,对战友安全负责"的精神进行每项维修工作。各单位可以学习实践当代革命军人核心价值观为契机,培育正确的人生观、价值观,培养热爱机务工作的事业心,增强预防维修差错的责任心。在培养机务作风时,应注重"三个"教育:一是注重光荣传统教育,使老一辈机务工作者的优良机务作风发扬光大,使机务人员树立"乐于奉献、甘于吃苦"的进取精神。二是注重革命人生观、职业道德教育,以提高机务人员的责任感和使命感,树立"干一行爱一行、干一行专一行"的敬业精神。三是注重宣传和开展"向模范单位和先进人物学习"活动,树立一个"学先进、赶先进、做先进"的良好氛围。彻底纠正那种有章不循、盲目蛮干、只图省事、不顾质量的不良作风,高标准、严要求地做好"第一手工作"。

(4)坚持依法维修和管理,狠抓维修法规的终端落实。机务法规是前人用汗水、鲜血、乃至生命换来的,是开展航空维修保障工作的基本依据,是提高飞机维修质量、保障安全的关键。航空维修实践证明:预防维修差错千招万招,规章制度和技术措施不落实就都成了虚招,所以只有坚持依法维修和管理,狠抓维修法规和技术措施在具体工作中的落实,才能确保工作质量,预防维修差错的发生。如目前部队实行的读卡制度,是"检查飞机路线化、维修操作程序化"的具体体现,对规范机务工作、预防维修差错能达到事半功倍的效果。

(5)狠抓业务技术的提高,注重第一手工作质量。不懂,当然会出错,因此提高机务人员的业务素质,将有助于减少维修差错的发生。尤其是随着我军装备信息化建设不断推进,新型航空装备陆续列装部队,对机务人员的业务和技术提出了更高的要求,部队必须将机务人员的业务培训作为一项重要工作长期来抓。一是采取集体授课和个人自学相结合的办法加强业务学习,充分利用多媒体信息技术,通过多种渠道开展业务培训;二是改进考核奖励制度,在业务培训考核时,可采取书面考试、口头问答和实际操作相结合的方式进行,对考核优秀的进行奖励,对考核不及格的要给予批评和相应惩罚;三是组织群众性岗位练兵大比武,推动人员的业务技能水平,全面提高机务人员素质和维修技能。

10.5　航空维修安全管理方法

10.5.1　安全评价方法

安全评价方法是对系统的危险因素、有害因素及其危险、有害程度进行分析和评估的方法,是事故预防和控制的有效工具。

1. 安全检查法

安全检查表(safety checklist analysis,SCA)是进行安全检查,发现潜在隐患,督促各项安全法规、制度、标准实施的一个较为有效的工具。20 世纪 30 年代,国外就采用了安全检查表,该方法至今仍然是安全工程中最基础也是使用最广泛的一种定性方法。

安全检查表采用系统工程观点,进行全面的科学分析,明确检查项目和各方责任,使检查工作做到尽量避免遗漏和不流于形式。它是将被评价系统剖析,分成若干个单元或层次,列出各单元或层次的危险因素,然后确定检查项目,把检查项目按单元或层次的组成顺序编制成表格,以提问或现场观察的方式确定各检查项目的状况并填写到表格对应的项目上,从而对系统安全状态进行评价。

安全检查表法属于表格分析法的一种,简单易行,是确定不安全因素发现事故隐患的有效方法。其主要优点是:①可以做到检查项目的系统化,避免检查遗漏,便于查明危险和隐患;②利于实现单位维修保障安全检查工作的标准化规范化;③能克服因人而异的检查结果,提高检查水平;④简明易懂,容易掌握。

安全检查表实际上是一份实施安全检查和诊断的项目明细表,安全检查结果的备忘录还可以作为检查的依据。编制安全检查表首先要熟悉系统,将系统功能进行划分,确定检查范围,然后确定检查内容。安全检查表以工作表形式体现分析结果,检查内容的确定即风险源辨识的过程,通过对检查结果的统计可以对检查对象的安全状况得到一个粗略的定性评价。

2. 风险矩阵法

风险矩阵法(Risk Matrix)是美国空军电子系统中心的工程小组于1995年4月提出的

一种风险评估管理方法。在工程管理过程中它能够对风险(风险集)的重要性进行识别,并进一步对风险潜在影响进行评估,从而可以为风险决策提供科学依据。风险矩阵法就是分别对可能性和严重性进行分级,两者交叉相乘形成对风险的综合度量值,采用矩阵的形式予以表示,用以区分风险高低等级。即

$$风险值 = 可能性值 \times 严重性值$$

(1)可能性大小。风险可能性大小是构成安全风险的重要因素之一,当用概率来表示风险事件发生的可能性大小时,绝对不可能发生的概率为0,必然发生的概率为1,由于上述两种极端情况是不可能的,因此,风险事件发生概率 P 介于这两种情况之间。

(2)严重性程度。严重性程度描述风险事件发生所造成的损害程度,是构成固有安全风险的另一重要因素。对于风险事件后果严重程度 S 的确定,是安全风险评价中较复杂的问题。研究和分析的对象不同,对后果的定量分析所涉及的范围也不同。

依据风险评估矩阵将风险可接受程度分为3个等级,即不可接受风险、缓解后可接受风险和可接受风险。对于不可接受的安全风险是必须要采取安全控制措施的;缓解后可接受的安全风险是需要采取一定控制措施,并且对系统运行安全有一定影响但不至于导致灾难性后果的;可接受风险是不需要采取安全控制措施的。

3. 概率风险评估法

概率风险评估法(probability risk assessment,PRA)是国外多年来开发和研究的风险评价和管理技术,自20世纪60年代问世以来,在世界上得到越来越广泛的应用和发展。它是通过分析单位或系统中的风险事件,并应用数理统计中的概率分析方法,对风险事件发生的可能性及其后果严重程度进行综合量化的一种评估方法。通过先分析单位或系统可能存在的风险事件,然后用诸如故障模式与影响分析、事故树分析、概率理论分析、统计分析法等方法求取风险事件发生概率大小,再通过综合量化风险事件发生概率及其后果严重程度来定量表示单位或系统的风险值大小。该方法的优点是能够准确地计算出各类风险事件的发生概率。

实施概率风险评价的作用主要体现在以下方面:

(1)实现风险评价结果的定量化,为风险决策提供定量的依据。

(2)从总体角度衡量风险的大小,把握系统整体的安全性水平。

(3)找出关键事故序列,发现可能的薄弱环节,提出改进措施,以进一步提高系统的安全性。

(4)明确对系统带来重大影响的设备故障和人为失误,以便完善设备使用的标准和管理规定,并制订对运行人员的培训重点。

(5)通过不确定性分析和灵敏度分析,评价安全保护措施的必要程度,建立相关规程,明确设防的重点,以提高装备的安全性。

(6)在实现计算机自动化分析的基础上,达到实时评价事故风险,并对部件性能的改进或降低对系统的整体影响进行分析。

10.5.2　安全预测方法

马克思认识论告诉我们,规律是可以认识的,航空维修安全发展变化规律也不例外。航空维修安全预测研究的任务,就是通过对事故现象和安全活动事实的观察、分析和总

结,采取科学的方法,发现它的发展变化规律,积极预防事故的发生。

随着现代数学和计算机技术的日趋成熟,预测方法也得到了极大的丰富和发展。据统计,目前共有 300 余种预测方法应用于各个领域,常用的有二三十种。但到目前为止,还没有一个统一的、完整的、普遍适应的预测方法分类体系。据研究分析,结合飞行安全预测实践,适用航空维修安全预测的方法主要有如下几类。

1. 直观预测法

直观预测法是依靠专家的知识和经验进行预测的一种定性预测方法,它多用于社会发展预测、宏观经济预测、科技发展预测、军事装备安全形势预测、飞行安全预测等方面,其准确性取决于专家知识的广度、深度和经验。专家主要指在某个领域中或某个预测问题上有专门知识和特长的人员。这类方法主要有:专家调查法、德尔菲法、情景预测法和头脑风暴法等。

2. 时间序列预测法

时间序列预测法是指利用观察或记录到的一组按时间顺序排列起来的数字序列,分析它们的变化方向和程度,从而对下一时期可能达到的水平进行预测。基本思想是把时间序列作为一个随机变量序列的一个样本,用概率统计方法尽可能减少偶然因素的影响,或消除季节性、周期性变动的影响,通过分析时间序列的趋势进行预测。该预测方法的一个明显特征是所用的数据都是有序的。这类方法预测精度偏低,通常要求研究的系统相当稳定,历史数据量要大,数据的分布趋势较为明显。时间序列预测典型的方法有移动平均法、指数平滑法和博克斯－詹金斯法等。

3. 计量模型预测法

计量模型是由描述预测对象与其主要影响因素有关的一个方程式或方程组构成。计量模型预测法就是利用这一系列方程式的计量,根据主要影响因素的变化趋势,对预测对象的未来状况进行推测。典型的方法有回归分析法(包括线性回归和非线性回归)、灰色预测法、马尔可夫链预测法、均生函数预测法等。

4. 组合预测法

预测方法不同,所提供的信息也不同,为了综合利用各种方法提供的信息,将各种单一预测法进行适当的组合,便形成了组合预测法。由于组合预测法能够最大限度地利用各种预测样本信息,比单一预测法考虑问题更系统、更全面,因而能够有效地减少单项预测法受随机因素的影响,从而提高预测的精度和稳定性。预测研究表明,组合使用的预测方法越多,预测的误差越小。例如,Wakridakis 和 Winkler 于 1983 年在对 111 个时间序列的外推方法组合使用时,发现组合法使误差降低了 7.2%,而且当组合的方法增加时,例如有 5 种方法组合时,误差降低了 16.3%。与其他预测方法不同,组合预测法是一个比较笼统的形式,并没有固定的方法和固定的模式,往往要根据预测的需要来确定配对的数量和组合原则。在航空维修安全预测中,灰色－马尔柯夫法、灰色－均生函数法是两种比较有效的组合预测法,并取得较好的预测效果。

5. 人工智能预测法

人工智能是研究人类智能的人工实现方法的科学,其主要任务是建立智能信息处理理论,进而设计可以展现某些近似于人类智能行为的计算系统。随着计算机科学的发展,人工智能方法被越来越多地应用于各类预测问题。与传统的预测方法相比,人工智能预测方法在建模方面更简捷,同时,对于预测问题中各个影响因素之间复杂、非线性关系的拟合和预测能力更强。比较典型的预测方法主要有神经网络预测法和支持向量机预测法等。

(1)神经网络预测法。神经网络预测作为一种非线性的预测方法,为解决复杂非线性关系的预测问题提供了新思路。它对含有非线性关系的数据具有很好的捕捉能力,是对线性回归预测模型和线性时间序列预测模型的很好补充。由于其自身所具有的数据驱动特性,在不要求探究预测对象内部机理的情况下被广泛应用于各领域的预测问题。

(2)支持向量机预测法。支持向量机(support vector machines,SVM)作为一种人工智能方法,能较好地解决小样本、非线性、高维数和局部极小点等实际问题,并成功地应用于分类、函数逼近和预测等领域。但是,SVM 面临求解二次规划(QP)问题,其算法速度慢,且精度较差。最小二乘支持向量机(least squares support vector machine,LS–SVM)是标准支持向量机的一种扩展,将标准支持向量机中的不等式约束替换为等式约束,且将误差平方和损失函数作为训练集的经验损失,即将二次规划问题转变成线性方程组的求解问题,简化了计算复杂性,求解速度相对加快。

10.6　航空维修安全管理体系

安全是航空的永恒的主题。安全管理体系(safety management system,SMS)的建立正是为适应世界民航安全管理发展趋势而提出的一种有效降低事故率、提高民航安全水平的管理方法。

10.6.1　安全管理体系的概念

对于安全管理体系,国际民航组织定义为"有组织的管理安全的方法,包括必要的组织结构、职责制度、政策、程序以及工具。"中国民航定义为"正式的、自上而下的、有条理的管理安全风险的做法。包括安全管理系统的程序、措施和政策。"SMS 是运用系统管理的方法来管理安全,注重风险管理,强调对运行安全状态实施闭环反馈控制,着力开展安全文化建设,最终实现安全关口前移,确保持续的安全、可靠的安全。安全管理体系是运用系统思维管理安全的做法,目的是为了持续改进安全,即"PDCA"循环,实现风险闭环管控。

10.6.2　安全管理体系产生的背景

安全管理体系是航空安全管理发展的最新管理模式。纵观航空安全管理的发展,共经历了3个阶段。

1. 技术致因理论研究阶段

20世纪70年代之前,飞行事故主要是由于机械和不安全飞行规章制度两方面原因造成的,管理的特点是对机械设备等硬件进行改进;基于事故识别和分析飞行器的缺陷,努力进行建章立制以防止事故再次发生。随着新工艺、新技术、新材料的应用,硬件设备可靠性大幅地提高,各项规章制度不断健全,由此造成的航空事故率也逐步降低。

2. 人为因素理论研究阶段

20 世纪 70 年代中期,人为因素造成的航空事故所占比率上升到 70% ~ 80%,而技术因素已逐步降低到 20% ~ 30%。当时航空安全管理的特点是改进人机界面,建立人员培训体制,完善各种规章和程序,优化机组管理(CRM),营造良好的安全文化。

3. 组织系统理论研究阶段

20 世纪 80 年代中期,开始研究组织和管理因素对事故原因的影响。特别是 90 年代以后,虽然飞行事故率保持在低水平的 0.7 ~ 1.2 百万飞行小时之间,并呈现稳定趋势,但随着世界航空运输量的高速增长,飞机事故的绝对数量仍会增加。在事故分析中人们注意到对人的原因分析,但是人为因素只是航空安全管理中人、机、环三大因素之一。单独强调某一因素,并不能确保系统整体运行的安全,应从系统运行的规律出发,分析安全发生的机理,解决安全管理中的问题。

20 世纪 90 年代后期,当时世界民航发展速度快、事故多,安全压力大,每百万架次事故率约为 0.5。如果事故率不变,根据航空运输增长量,预计到 2015 年每年事故将达到 40 起以上,平均每 7 ~ 10 天就可能发生一起,这显然无法接受。为降低事故,必须变革传统的事后型安全管理模式,探索基于主动预防、系统管理的新型安全管理模式,作为体现这一理念的具体做法,安全管理体系(SMS)应运而生。安全管理体系的提出,适应了这种需求,从系统安全、风险管理的角度,强调关口前移、系统闭环管理、持续改进,丰富和拓展了航空安全管理理论。

10.6.3　安全管理体系的框架

国际民航组织为指导安全管理体系建设,专门发布了 Doc 9859《安全管理手册》,明确安全管理体系包括安全政策和目标、风险管理、安全保证和安全促进这 4 个模块,这构成了安全管理体系运行的基本框架,如图 10 - 3 所示。

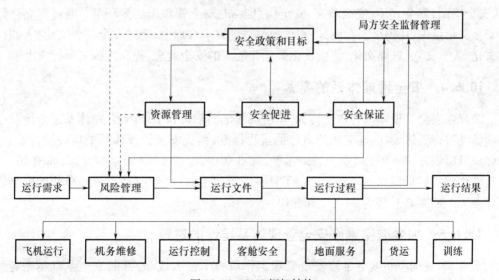

图 10 - 3　SMS 框架结构

（1）安全政策和目标。是安全管理理念的具体体现，也是安全管理体系设计和有效运转的保证。其实质是对 SMS 的总体策划。体现了 SMS 的系统性，即安全管理活动将依照预先确定的计划，以统一的方式持续进行，并且通过改进使体系不断完善。安全政策贯穿于安全管理体系的另外 3 个"支柱"（风险管理、安全保证、安全促进）之中，并通过这 3 个"支柱"得以实现。

安全政策和目标，明确 SMS 的组织架构、职责分工、资源配置、相关条件，确保安全管理活动能够依照规划要求，以规范化流程持续进行，并且通过改进使体系不断完善。安全政策和目标，反映了运营人的安全管理理念以及对安全的承诺，是建立 SMS 的基础，并为建设积极的安全文化提供清晰的导向。

（2）风险管理。是 SMS 的核心，贯穿体系运行整个过程。有效的风险管理，体现了安全管理的主动性，即：强调在发生不安全事件并对安全绩效产生不利影响之前，就通过危险源识别和风险控制措施来实施预防。风险管理作为安全管理体系的重要组成部分，起的作用是不可替代的。如果把安全管理体系比喻成一个完整的人的话，那么风险管理就相当于人的骨架，人的存在才变得现实。完整的风险管理包括系统和工作分析、危险源识别、风险分析、风险评价、风险控制等环节。

（3）安全保证。是实现 SMS 有效运行的关键，是对运行安全过程的闭环管理。通过分析运行状态，发现目标偏差，采取修正措施，确保体系运行可控。安全保证是运用质量保证技术（包括内部审核、外部审核、调查和评估等）判断，设计于运营人的过程中的风险控制，是否在被实施并按计划运行，以确保设计后的风险控制过程与要求持续符合，并在保持风险处于可接受水平内持续有效。包括信息获取、信息分析、系统评价、预防与纠正措施等环节。

（4）安全促进。是 SMS 的基础，最终是建立一种良好的安全文化。通过安全文化熏陶，使得全体人员都能自愿地、积极地、主动地参与安全管理，形成由"要我安全"到"我要安全"的转变。安全促进是 SMS 的"软文化"。主要包括：安全文化建设、安全管理体系培训、安全培训、安全宣传、安全教育、安全信息发布、安全管理沟通等环节。通过建立良好的安全文化氛围，让每个人自愿地、积极地参与到安全管理中，通过安全观念文化、人的行为文化、哲学文化、思维文化、制度文化等优化的人的安全观念，提高人的安全行为水平。

10.6.4 安全管理体系的要素

为确保安全管理体系有效运行，必须明确各部门职责和工作内容，对体系运行涉及的各项活动进行整体设计，建立规范有序的流程标准，构成安全管理体系的核心运行要素。国际民航组织在 Doc 9859《安全管理手册》第 3 版中，给出了 12 个基本要素，如图 10 - 4 所示。中国民航局根据我国实际进行了补充完善，如 2009 年发布的《维修单位的安全管理体系》中，将要素扩展为 24 个，如图 10 - 5 所示。

10.6.5 加强航空维修安全管理体系建设的对策

近年来，我国空军航空维修安全管理工作取得了很大成绩，部队安全基础越来越厚实，事故万时率大幅下降，维修差错等问题得到有效遏制。但这些成绩的背后，是各级机关和一线官兵巨大而艰辛的付出。保证安全的成本高、效能低。后续，新体制下机关编制压减难以兼顾,干部岗位减少人员流失,维修人员技术能力下降,新装备服役初期质量不稳定,新大纲施训安全风险加剧,部队面临许多新挑战,亟待改革创新航空维修安全管理体系模式。

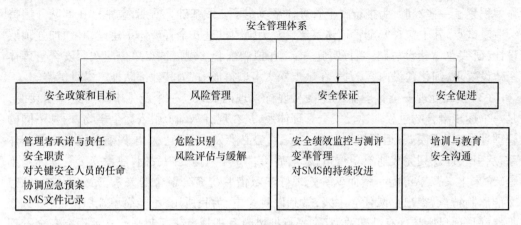

图 10 - 4　国际民航组织的 SMS 结构要素图

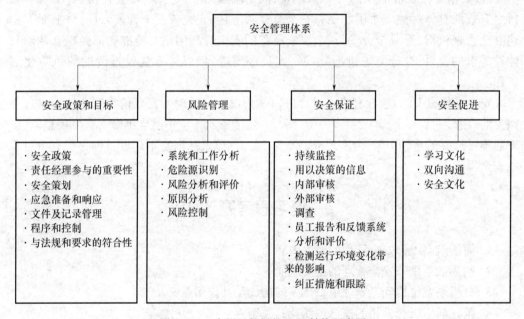

图 10 - 5　中国民航局的 SMS 结构要素图

从世界民航安全管理成功实践来看,中国民航局实施国家安全方案(SSP)、航空公司建设 SMS,是提升安全水平的一种行之有效的共性做法,为空军航空维修安全管理工作创新发展提供了借鉴和参考。

(1)持续深化民航、外军安全管理研究。前期,空军组织机关、部队、院校、研究所骨干,到民航管理干部学院进行了持续适航培训,到国航、海航实地考察,邀请专家介绍外军安全管理情况。建议各级机关和部队结合实际,就近就便到民航单位交流研讨,进一步拓展学习深度广度,为全面推进安全管理体系建设打牢基础,为推进建设培养骨干力量。院校、研究所要加强深度研究,开展对标和差异分析,与部队联合集智攻关,为机关和部队提供理论和技术支撑。

（2）稳步推进安全管理体系建设。目前,各部队普遍开展的安全形势分析、风险评估、安全监察、免责报告、质量问题"一本账"管理等工作,都属于风险管理的范畴,长期工作中积累了一些经验,为推行安全管理体系奠定了实践基础。前期,空军已在部队开展持续适航试点,其中包含安全管理体系建设。为强力推进安全管理体系建设,必须加强顶层设计,研究总体建设思路,制订实施方案,并拟制配套法规。试点单位应按照安全管理体系建设要求,细化建设内容,力争在试点探索上取得成效,为其他部队推广提供借鉴。

（3）正确处理安全管理体系建设与现行管理的关系。一个新生事物为大家所接受,是一个逐步融合的过程。建设安全管理体系,是在现有基础上引入新生事物,两种不同的管理理念、管理模式、运行机制和方法手段,势必会发生碰撞。中国民航建设安全管理体系,从引入理念到完成所有单位审核,前后历时 8 年。这提醒我们,建设安全管理体系不是"拿来主义",不可能一蹴而就。处理好学习借鉴与充分融合的关系,充分考虑我国空军的体制特点,突出部队任务主线,做到以我为主、为我所用,不能简单地照搬照抄民航。把握好长远目标与现有基础的关系,先行把风险管理规范化抓起来。立足现有安全管理实际,按照精细化要求,细化安全风险职责,固化流程标准,完善闭环管控机制,形成一套行之有效的具体做法。要用好现有安全监察队伍,补充完善安全管理力量,自上而下构建安全管理机构,形成全员参与、全要素覆盖的安全管理网格。要准确把握现有基础与建设需求的关系,充分考虑机型、编制、人员等实际,做好体系建设过渡期的风险化解工作。

安全工作只有起点,没有终点;只有进行时,没有完成时。只要信守安全建设永远在路上的观念,一步一个脚印、一步一个台阶,一定能够筑牢空军航空维修安全发展根基,汇聚起不可战胜的蓬勃力量,为实现战略空军、大国空军、强国空军建设目标提供有力可靠的安全保障。

复习思考题

1. 简述航空维修安全管理的概念内涵。
2. 阐述航空维修安全管理的主要职能。
3. 分析航空维修安全管理组织体系的构成及其作用意义。
4. 阐述航空维修差错的概念内涵及其类型。
5. 阐述墨菲定律的理论意义和现实意义。
6. 比较分析航空维修安全管理方法。
7. 阐述风险矩阵法的适用对象。
8. 分析航空维修安全预测方法的发展趋势。
9. 阐述安全管理体系的概念内涵。
10. 阐述安全管理体系产生的背景条件。
11. 分析安全管理体系的要素结构。
12. 结合我军安全管理现状和发展需求,论述推进安全管理体系建设的方法途径。

下　篇

航空维修管理技术

第 11 章　航空维修管理技术

【本章提要】

◆ 航空维修管理对象的特殊性、高技术性,决定了航空维修管理技术的复杂性、维修管理技术应用的综合性、重要性。

◆ 航空维修管理技术是指航空维修管理方法和管理手段的总称,目标管理、统筹图、概率预测技术、综合评估、6S 管理等技术方法在航空维修管理领域得到了广泛应用,对提高航空维修管理效率效益具有重要作用。

航空维修管理技术是指应用现代管理科学的理论方法对航空维修活动实施计划、组织、指挥和控制的技术。学习借鉴、有效运用科学、先进的管理技术,充分发挥维修管理技术的资源整合作用,有助于破开航空维修需求的迷雾,有助于维修工作任务的统筹,有助于提高维修工作的针对性,对保证航空维修管理目标的实现与任务的完成,保证航空维修健康持续发展具有重要作用。

管理技术从其产生到现代,大致经历了凭借经验进行非系统化的传统管理技术阶段,运用运筹学、系统工程、计算机技术等进行科学管理的技术阶段,以及对物和人的管理进行有机结合的现代管理技术阶段。管理技术的每一次进步都直接推动着航空维修管理技术的应用和发展。目前,航空维修管理技术的科学化发展逐渐成熟,主要体现在现代管理思想及运筹学、系统工程、计算机技术、智能技术等在航空维修管理领域的广泛应用。从管理技术在航空维修领域的应用看,主要包括了目标确定技术、计划组织技术、预测控制技术和综合评估技术等。

11.1　目标管理技术及其应用

11.1.1　目标管理的含义

目标管理是由美国著名管理学家德鲁克首先提出并创立的。1954 年,他在《管理实践》一书中首先使用了"目标管理"的概念,接着又提出了"目标管理和自我控制"的主张,认为:一个组织的"目的和任务,必须转化为目标",如果"一个领域没有特定的目标则这个领域必然会被忽视";各级管理人员只有通过这些目标对下级进行领导,并以目标来衡量每个人的贡献大小,才能保证一个组织总目标的实现;如果没有一定的目标来指导每个人的工作,则组织的规模越大,人员越多,发生冲突及浪费的可能性就越大。有研究表明,明确的目标要比只要求人们尽力去做会有更高的业绩,而高水平的业绩是和高水平的意向相关联的;目标的总平均水平是不断向上运转的。如果在组织中目标设定方面发生改善,组织效率就会不断增加。

目标管理是为适应社会生产力高度发展的要求而产生的。当时,美国企业界的竞争日趋激烈,各个企业迫切要求强化自身素质以提高竞争力,为此就必须充分调动组织成员的积极性,发挥主动精神和创造能力,而目标管理就是在科学管理的基础上,应用行为科学的激励原理,以目标为手段,不断激发组织成员的高层次需求。简单地说,目标管理是一种综合的以工作为中心和以人为中心的系统管理方式:通过目标把物的管理手段和人的管理手段有机地、巧妙地连为一体;利用目标让组织各成员参与制订工作目标,并在工作中实行自我控制,努力完成工作目标。因此,目标管理的目的,是通过目标的激励作用来调动广大人员的积极性,从而保证总目标的实现;目标管理的核心,是强调工作成果,重视成果评价,提倡个人能力的自我提高。目标管理以目标作为各项管理工作的指南,并以实现目标的成果来评价贡献的大小。

目标管理就是通过比较目标与实际绩效的差异,分析产生差异的原因,进一步完善整个目标体系,或调整自己的行为过程,以达到组织目标的实现。因此,目标管理是一个无休止的循环过程。在这个过程中要鼓励创新,充分发挥人的积极性与创造性,对创新结果不能实行惩罚。同时,对组织成员在其职责范围内实现目标的一些手段要有一定程度的控制权,使组织内部的分权与集权实现有效结合、合理分配。目标管理一诞生,就受到了极大的关注,被普遍接受并在实践中不断完善和发展,现已成为一种有效的管理方式,广泛应用于企业、团体、政府、军队等各行业。

11. 1. 2　航空维修管理目标的特性

航空维修系统是综合计划、科研订货、器材保障、军械保障、工厂管理、外场维修、训练机构,以及院校、研究所等部门组成的复杂的军事经济大系统,航空维修系统的运作需要机械、军械、特设、电子等诸多专业的密切配合,以及从上到下各级航空维修管理部门的指导和支持。在航空维修系统的运作过程中,各个部门、系统和专业之间是相互联系、相互依赖、相互制约和相互作用的,因此航空维修管理目标具有层次性和多样性的特点。同时,在航空维修组织实施中,航空维修还会受到战争条件、作战样式、装备状况、维修环境、人员技术水平等许多不确定性因素的影响,这与信息化条件下装备快速机动、高强度、高消耗、持续保障的作战使用需求形成了强烈的反差,因而航空维修需要实施科学管理,以整合维修保障资源,及时、经济、高效地满足装备作战使用需求,目标管理是实现航空维修管理这一目标的技术方法之一。

11. 1. 3　航空维修目标管理的过程分析

1. 目标的设置

目标管理,简而言之是以目标为基础的管理。首先由上级航空维修管理部门根据装备建设发展和使用保障的长远规划、客观条件、面临的任务预设系统总目标,再由各级维修管理部门提出选择的建议。在此基础上,各级维修管理部门再根据总目标设置部门目标和个人目标,从而形成一个目标链和目标体系。目标的设置应是一种和谐、相互促进的目标体系,下级目标支持上级目标、部门目标支持组织目标、个人目标与部门相一致,即目标的设置应以航空维修系统的长远发展为基础,有利于推动航空维修系统的可持续发展。

目标的设置对系统建设发展具有直接的影响和作用,在设置目标时应遵循以下一些基本原则:

(1)定性目标向定量方面转化。有些目标是不可直接量化的,如管理效率、服务态度等,但这些又是非常重要的目标,这种定性目标应该设定,不能因为不能完全量化就放弃,如果不设定的话,组织的目标一定会有缺陷。但是定性目标往往难以计量,故难以考核。此时,必须发展一种对定性目标间接度量的办法,如对定性目标具体表述的执行效果进行主观打分,同时也考虑定性目标因素的权重等。

(2)长期目标的短期化。长期目标短期化是指由于目标管理中的短期目标通常比较明确,因此容易使组织各部门、各层次及组织成员陷入一种短视、短期行为的状态,同时也不利于组织的生存与发展。实际上,组织通常都有自己的长期目标,因此目标管理过程中目标的设置应是在共同愿景(Shared Vision)约束下组织长期目标制订以后按各分阶段设定分阶段目标,这种分阶段目标就是一种相对短期的目标,即具体的目标。将分阶段的目标作为组织每一时期目标管理中要分解下达的目标,这样就可防范迷失组织长远目标的可能。长期目标的短期化从另一个方面来看,就是组织在下达目标时要让组织成员知道这仅是实现组织共同愿景、组织长远目标的"万里长征中的第一步"。

(3)目标实施的资源配合。目标实施是需要资源配合的,没有资源的支持,任何目标均不可能实现。因此,目标设定本身就需要考虑这一目标需要多少资源,需要什么资源,资源从哪里来等一系列问题,否则目标虽然设定得很有吸引力,但因缺乏资源支撑而成为空头目标,无实际意义。故在目标设定中必须对自己的能力、自己的资源拥有、可借用资源的多寡作一个准确的判断,这样设计出来的目标才切实可行。

2. 目标的展开

目标管理的基本内容是,动员航空维修系统全体人员参加制订目标,并保证目标的实现。具体地,由单位领导根据上级要求和本单位具体情况,在充分听取广大组织成员意见的基础上,制订出组织目标,然后层层展开,层层落实,下属各部门以至每个组织成员根据组织目标,分别制订部门及个人的目标和保证措施,形成一个全过程、多层次的目标管理体系,如图 11-1 所示。

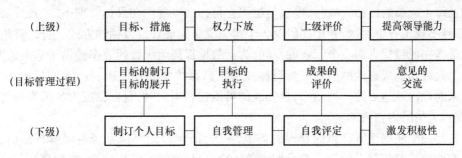

图 11-1　目标管理基本内容

3. 目标的监控

目标管理这一模式的核心思想是把目标分解下达后成为组织各层次、各部门和单位的工作业绩衡量标准。但由于竞争的激烈和环境的剧烈变化,必须重视目标管理实施过程的目标监控,经常检查目标进展、对比目标,进行评比,及时激励。如果在监控过程中发现问题或存在偏差,应及时发出预警或进行偏差纠正。因此,为保证目标管理的有效性,目标监控是必要的,但其前提是,必须有一套明确的、可考核的目标体系,这也许是对目标管理最有效的监督控制。

4. 目标的评估

目标管理的最后一个环节是对目标的达成情况进行考核,以形成有效的激励。如果一个组织能对组织成员的业绩和工作努力程度作出一个客观准确的判断和评价,那么这个组织应该是无往而不胜的。目标的评估,并不是看你说得怎样,而是主要看你做得怎样,即看你做的和预定目标的差异程度。

公正客观地评价,首先建立在组织成员自我评价的基础上,应该反对组织成员们过于谦虚,缩小自己的成绩面而夸大自己的不是,一切均应实事求是。其次,组织应有一个多方成员组成的评价检测小组,这个小组只对组织最高领导负责,独立开展评价检测不受他人干扰。在组织成员自评的基础进行复评,从而比较公正地评价成员工作的业绩与不足,并使之成为激励的依据,能力的认定。

绩效评价是一种事后控制,目标管理作为一种成果型管理方式,这种事后的控制可能最为重要。

目标管理的成功实施取决于组织状况、目标设定分解、考核评价的公正以及组织领导层的正确理解和推行。

11.1.4　目标管理在航空维修中的应用

目标管理作为一种先进的管理模式,其有效性已得到了广泛的实践验证,同样也适用于航空维修管理,特别是目前航空维修处于快速发展和变化之中,如何利用目标管理来改善航空维修管理,加快我军航空维修的建设发展步伐,是一个值得探讨的问题。

一是可以促进航空维修的有效管理。目标管理可以切实地提高维修系统的管理效率。由于目标管理与现行的职能式管理模式不同,是一种结果式管理,不仅仅是一种计划的活动式工作,这种管理迫使维修的每一层次、每个部门及每个维修人员首先考虑目标的实现,尽力完成目标,因为这些目标是组织总目标的分解,故当维修系统的每个层次、每个部门及每个成员的目标完成时,也就是组织总目标的实现。在目标管理中,一旦分解目标确定,且不规定各个层次、各个部门及各个组织成员完成各自目标的方式、手段,就给了组织成员在完成目标方面一个创新的空间,为有效地提高组织管理效率提供了基本条件。

二是可以形成有效的激励。当目标成为维修系统中的各层次、各部门和每个成员自己未来时期内欲达成的一种结果,且实现的可能性相当大时,目标就成为各级维修管理部门、维修人员的内在激励。

三是便于明确任务。目标管理的实施,一方面,可以使维修系统各级管理部门、维修人员都明确航空维修系统在一个时期内总的建设目标、组织结构体系、组织分工与合作及各自的任务、职责;另一方面,由于在实施目标管理时,航空维修各级管理部门和人员会发现维修系统或维修作业中存在的不足或缺陷,从而推动系统的自我完善和改进。

四是体现了以人为本的管理。目标管理实际上也是一种自我管理的方式,或者说是一种引导组织成员自我管理的方式。航空维修实施目标管理,维修人员或维修管理人员,不再只是做工作,执行指示,等待指导和决策等,他们此时已成为具有明确规定目标的单位或个人。一方面,各级维修管理部门或维修人员参与了目标的制订,并取得了组织的认可;另一方面,维修人员在努力工作实现自己的目标过程中,可以根据目标的要求,充分发挥主观能动性,为实现目标而努力工作,因此,可以说目标管理至少可以算是自我管理的方式,是人本管理的一种过渡性方式。

当然,航空维修管理有着自身的一些特点和特殊要求,同时目标管理自身也存在着一些不足,如强调短期目标、目标设置困难、难以权变等,因此,在航空维修管理领域实施目标管理还需要进行科学的论证。

11.2 统筹法及其应用

航空维修的任何一项工作都有一个计划组织安排问题。严密有效的计划和组织,可以以最短的时间、最低的消耗完成预定的维修任务,提高装备的可用率。统筹法就是用于计划组织的一种有效的科学方法。

11.2.1 统筹法的概念

统筹法是把工程作为一个系统来看待的。其基本原理是:在系统既定的总目标下对各项具体工作(工序)进行统筹兼顾,合理安排各个工序的逻辑程序,对整个系统进行计划协调,一起有效地利用时间、人力和物力等资源,完成系统的预定目标。统筹法是以网络形式的统筹图来直观形象地反映整个工程的全貌,统筹法的全部实质性内容都反映在统筹图上。

11.2.2 统筹图的基本结构

统筹图有工序、节点(事项)、路径 3 个基本部分组成。

1. 工序

任何工程都是有许多工序组成。工序是指一项有具体内容和需要一定时间完成的活动,可以是一项简单的工作(如取下飞机蒙布),也可以是一项综合性的工作(如换发)。有些需要时间但不需要人力物力的工作,例如喷漆后待干、检查气密性等,也应看作是工序,因为该工序未完成就不能进行下一道工序。

工序用"→"表示。"→"上方通常标注工序的名称或代号,下方标注工序所需时间,即工序时间。如果工程比较简单,工序时间也用专用的时间标尺表示,此时,统筹图上表示各工序的箭头的长度应按规定,使箭头在时间标尺上的投影长度等于该工序的工序时间,箭杆投影的起点和终点分别是该工序的起止时间,如图 11－2 所示。

2. 节点

工序的起点和终点,即箭杆的两个端点,称为节点,用"○"表示。除了整个工程的起点和终点外,所有的节点都应该是工序的连接点,它既是紧前工序的终点,也是后续工序的起点。

节点"○"内应有编号,整个工程由起点从左向右编号,各节点的编号不得重复,并要求每个工序箭尾的编号小于箭头的编号,但两个编号可以不连续。为了方便,工序常用箭杆两端节点的编号(i,j)作为工序代号,如图 11－2 中,②→⑦之间的工序表示为(2,7)。

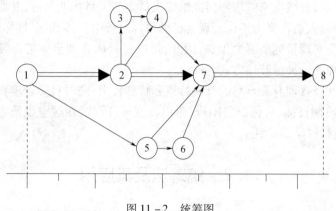

图 11 - 2 统筹图

3. 路径

路径是指从工程起点,顺着箭头方向从左到右连续不断地到达工程终点的一条道路。在一个统筹图中往往存在多条路径。

关键路径是管理的重点。关键路径上的各工序称为关键工序。任意关键工序时间的提前和推迟,直接影响到整个工程工期的提前和推迟。因此,制作统筹图时应尽力找出关键路径,在计划执行过程中应重点照顾各关键节点工序,向关键路径要时间,争取提前完成任务。为了区别,关键路径用红色箭杆或粗箭杆表示。

11.2.3 统筹法的应用过程

1. 绘制统筹图的基本步骤

(1)工程(任务)分解和分析。工程分解和分析的主要任务是:正确将工程分解为若干工序,分析各工序之间的逻辑关系,估计出各工序的工序时间,最后将分解和分析结果列出工序一览表。

分解后的每道工序都应明确具体,各工序分工明确,关系清楚,特别要把有前后衔接关系的工序分开,由不同专业、单位执行的工序分开,用不同设备或不同方法的工序分开。在航空维修管理中,还要特别注意各专业都在同一架飞机上工作这一特点,有些部位例如座舱,各专业都要用,因此在划分工序时要把座舱使用按不同专业分为不同的工序,并运用逻辑分析合理安排各专业使用座舱的顺序和时间。

工程分解(划分工序)的程度应根据不同的对象而定。对领导机关,可以分解得粗一些;对基层单位,则应分解得细一些、具体一些,以便有效地计划组织维修作业。

关于工序时间的确定通常有两种方法。对经常做的常规性工作,如定期检修、机务准备等,其各工序的工时可参照标准定额或凭经验确定,也可取平时工时纪录的平均值;对不经常做的或受不肯定影响因素较多,难以确定工时定额的工序,可采用3项时间估计法,即先估计出工作顺利下所需工时(乐观工时 t_a)、完成工序可能性最大的工时(t_b)和工作进行不顺利条件下所需工时(悲观工时 t_c),然后用式(11 - 1)计算出工序时间的期望值 $t(i,j)$

$$t(i,j) = \frac{t_a + 4t_b + t_c}{6} \tag{11 - 1}$$

确定工序时间应本着质量第一的观点,工序时间应是确保维修质量前提下的合理时间。

(2)绘制统筹图。根据工序一览表从第一道工序开始,按工序之间的关系从左到右画出路线图,并在图上标出节点编号、工序名称或代号(如代号采用箭杆两端节点编号则不必标注)、工序时间,就得到一张统筹图。在一个工程中,各工序之间的关系主要有 3 种类型,它们在统筹图上的表示方法如下:

① 流水作业型。工序之间存在紧密的衔接关系,表示方法如图 11 – 2 中的①→②→⑦→⑧所示。

② 平行作业型。几道工序可以同时开工,互不影响,则可采用平行作业,以缩短工期。平行作业的表示方法如图 11 – 2 中的②→⑦与②→④→⑦。

③ 交叉作业型。某些工作之间存在衔接关系,但又不是非等上道工序全部完成才允许开始下道工序,而是在上道工序完成一部分后即允许开始下道工序,使两道工序的工作交叉进行,例如有三间房需要安装电线和安装喇叭,这两道工序可交叉进行,其统筹图如图 11 –3 所示,图中的虚线箭杆称为虚工序。

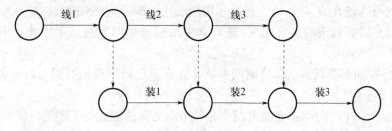

图 11 – 3　交叉作业示意图

(3)找出关键路径,计算出总工期。随后将统筹图与工序一览表对比,检查整个工程的工序确无遗漏,各工序间的关系表达式确无错误,各工序的时间标注正确,关键路径确定无误,总工时计算准确。

(4)调整优化统筹图。找出关键路径和实现统筹图最优化是制作统筹图的两个重要环节。一般而言,最初做出的统筹图都不尽完善,必须加以调整修正,尽可能实现统筹图最优化,以期利用现有人力、物力在保证工程质量的前提下尽可能缩短工期。

2. 绘制统筹图应遵循的原则

(1)统筹图应包括工程所必需的全部工序,不得遗漏。

(2)两个节点之间只允许画一个工序箭杆。

(3)节点的编号不得重复,箭杆箭头的编号必须大于箭尾编号。

(4)统筹图上不能出现"死胡同",即除了整个工程的结尾工序以外,不允许出现任何一个没有后续工序的工序。

(5)除工程起点外,不能再有其他的起点。

(6)统筹图是有向的,不允许出现"闭合环路"。

(7)尽量避免箭杆交叉,以便画面清晰,减少差错。

(8)正确使用虚工序:虚工序是一种实际上并不存在的虚拟工序,它仅用来表示工序之间的衔接、制约关系。

3. 时间参数的计算

（1）节点时间参数的计算。节点本身不占用时间，它只是用来表示某项工序应在此时此刻开始或结束，节点的时间参数有两个：一是最早开始时间，二是最迟结束时间。

节点最早开始时间 t_E。节点最早开始时间即从该节点开始的各紧后工序最早可能开始的时间，在此时刻之前，各项紧后工序不具备开工条件。也就是说在此时此刻，该节点前的各工序才都告完工。计算方法和步骤如下：

① 起始节点的最早时间为零。

② 从起始节点开始，顺箭线方向，自左至右用加法逐一推算，直至终点。

③ 如节点前有数条箭线汇入时，选取其中最早开始时间与其工序作业时间之和最大者。

节点最迟开始时间 t_L。节点最迟开始时间，是指一项活动，为了保证紧后工序按时开工，最迟必须开始的时间，计算方法与步骤如下：

① 由于终点的最迟开始时间是由工期要求而定的，所以计算是从终点开始。终点最早开始时间与最迟开始时间相等，也是任务完成时间。

② 从网络终点开始，从右向左逆顺序用减法逐一推算，直至始点。

③ 如节点后有数条箭线汇出时，选取其中最迟开始时间与其工序作业时间之差最小者。

（2）工序时间参数计算。工序时间参数计算在节点最早开始时间与最迟开始时间和工序时间基础上进行。

工序时间 t。工序时间就是指某两个相邻节点之间所描述的工序进行施工时，需要花去的时间。

工序最早开始时间 t_{ES}。工序最早开始时间，即工序最早可能开工时间。它是指紧前工序完成后，本工序具备开工条件的时间，可用箭尾节点的最早开始时间表示。

工序最早结束时间 t_{EF}。工序最早结束时间，即工序最早可能完工时间。它等于该工序的最早开始时间与作业时间之和。

工序最迟结束时间 t_{LF}。工序最迟结束时间，即工序最迟必须完工时间。一项工序在此时尚不能结束，就必然影响紧后工序的按期开工。它是箭头节点的最迟开始时间。

工序最迟开始时间 t_{LS}。一项工序为了不影响紧后工序的如期开工，应有一个最迟开工的限制。可用该工序最迟结束时间减去该工序作业时间。

（3）时差与关键路径。时差包括工序分时差，工序总时差。

工序分时差 r。工序分时差为该工序在不影响紧后工序最早开工时间前提下，该工序有多少机动时间，即箭头节点的最早开始时间减去本工序的最早结束时间。

$$r(i,j) = t_{ES}(j,k) - t_{EF}(i,j) \tag{11-2}$$

工序总时差 R。工序总时差为该工序在不影响整个任务总工期的前提下，可推迟的机动时间，也称为裕度。即工序在其箭头节点的最迟开始时间与该工序的最早开始时间之差。

$$R(i,j) = t_{LS}(j) - t_{ES}(i,j) \tag{11-3}$$

对于关键路径的确定，主要有：

① 时差法。总时差为 0 的工序为关键工序，因为时差为 0，就是说没有任何机动时

间,不允许有任何的拖延,否则就会影响总工期。由这些关键工序组成路线为关键路径。

② 比较法。计算统筹图中各条线路总工期,最长的为关键路径。

关键路径的重要作用,主要有:一项任务的按期完成,关键是关键路径上的关键工序的如期完成。关键路径、关键工序明确了,在工作中就可以做到目标明确,重点分明,把人力、物力用到关键工序上去,以保证任务按计划完成;要缩短任务的工期,关键是向关键路径上的关键工序要时间,而不要在非关键路径上的非关键工序上盲目下功夫,造成人力、物力浪费;在确保关键工序前提下,合理安排人力、物力、财力,以及降低成本,提高经济效益。

11.2.4　统筹法的应用

统筹法可以用来研究、分析和设计航空维修过程中的组织和计划问题。目前,在航空维修管理中,凡涉及有多人参加、由多个相互关联的工序组成的工作,如定期检修、飞行机务准备等都广泛运用统筹法于工程的计划和组织,着重解决工程的进度问题,以及人力、物力、设备的统筹安排和成本控制问题。现举例说明。

【例 11.1】　某型飞机单机再次出动准备工作情况如表 11-1 所列,试绘制统筹图并计算时间参数。

表 11-1　某型飞机单击再次出动准备工作情况

项目	工作内容	时间/min
1	前期准备工作	1.2
2	军械员插保险销	1
3	加油	10.15
4	查看进气道	7.25
5	飞参数据卸载	5.45
6	COK 数据卸载	4.45
7	调架次	1.3
8	装减速伞	1.5
9	检查、复查	1

第 1 步:明确问题目标,再次出动准备主要需突出快,即时间最短,效率最高。

第 2 步:进行任务分解。根据表 11-1,对再次出动准备工作活动进行细化分解,并明确逻辑关系,一般可以作业明细表的形式表示,如表 11-2 所列。

表 11-2　某型飞机再次出动作业明细表

工序代号	工序名称	紧前工序	时间/min
a	前期准备工作		1.2
b	军械员插保险销	a	1
c	加油	b	10.15
d	查看进气道	b	7.25
e	飞参数据卸载	b	5.45

续表

工序代号	工序名称	紧前工序	时间/min
f	COK 数据卸载	e	4.45
g	调架次	f	1.3
h	装减速伞	c、d、g	1.5
i	检查、复查	h	1

第 3 步:按规则绘制草图。这里应注意几点:①统筹图是有向图,箭头一律向右;②统筹图中只允许有一个起始节点,一个最终节点,不允许出现缺口;③两个节点之间只能画一个作业相连接;④统筹图中不允许出现闭合回路。

第 4 步:检查调整布局。对统筹图草图进行调整优化,重点检查:①线路有无交叉;②逻辑关系有无错误;③是否存在闭合回路;④作业有无遗漏重复;⑤有无多余的节点。

某型飞机再次出动准备统筹图如图 11 - 4 所示。

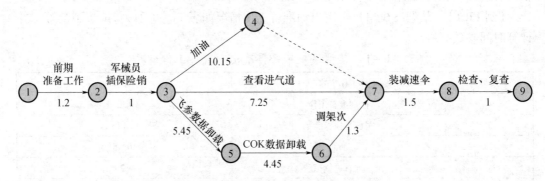

图 11 - 4 某型飞机再次出动准备统筹图

第 5 步:确定关键线路。统筹图中,时间消耗最长的线路为关键线路,关键线路的工序为关键工序,因而需要相关时间参数计算,主要包括工作持续时间、节点时间参数、工作时间参数。

① 节点最早开始时间 $t_E(j)$ 的计算如图 11 - 5 所示。

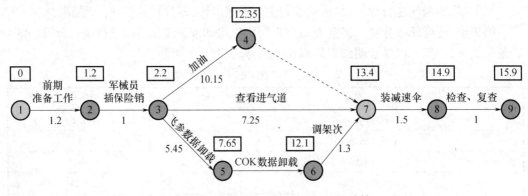

图 11 - 5 节点最早开始时间 $t_E(j)$ 的计算

例如：

$$t_E(2) = t_E(1) + t(1,2) = 0 + 1.2 = 1.2$$

$$t_E(7) = \max[t_E(4) + t_E(4,7), t_E(3) + t_E(7,7), t_E(6) + t_E(6,7)]$$

$$= \max[12.35 + 0, 2.2 + 7.5, 12.1 + 1.3] = 13.4$$

② 节点最迟开始时间 $t_L(j)$ 的计算如图 11 – 6 所示。

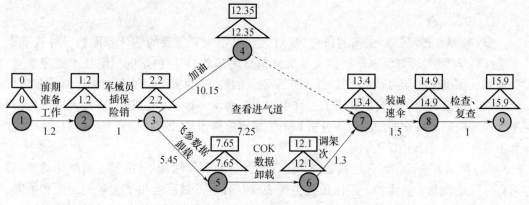

图 11 – 6　节点最迟开始时间 $t_L(j)$ 的计算

例如：

$$t_L(8) = t_L(9) - t(8,9) = 15.9 - 1 = 14.9$$

$$t_L(3) = \min[t_L(4) - t_L(3,4), t_L(7) - t_L(3,7), t_E(5) + t_E(3,5)]$$

$$= \min[13.4 - 10.15, 13.4 - 7.25, 7.65 - 5.45] = 2.2$$

其他时间参数的计算结果参见表 11 – 3，并根据计算结果确定出关键线路、关键工序。

表 11 – 3　某型飞机再次出动统筹图时间参数计算结果

工序		工序时间	工序最早开工与完工时间		工序最迟开工与完工时间		工序总时差	关键工序
i	j		t_{ES}	t_{EF}	t_{LS}	t_{LF}	$R(i,j)$	
1	2	1.2	0	1.2	0	1.2	0	
2	3	1	1.2	2.2	1.2	2.2	0	
3	4	10.15	2.2	12.35	3.25	13.4	1.05	
3	7	7.25	2.2	9.45	6.15	13.4	3.95	
3	5	5.45	2.2	7.65	2.2	7.65	0	
5	6	4.45	7.65	12.1	7.65	12.1	0	
6	7	1.3	12.1	13.4	12.1	13.4	0	
7	8	1.5	13.4	14.9	13.4	14.9	0	
8	9	1	14.9	15.9	14.9	15.9	0	

11.3　概率预测技术及其应用

通过收集和处理航空维修得到的数据及信息，对未来维修形势进行分析预测是航空维修管理经常要做的工作。预测不是凭空想象，也不是算命占卜，必须要有科学的方法，这些方法就是预测技术。现代预测中大量使用概率预测的技术和方法。概率预测技术的主要依据是概率论和数理统计中的方法和理论，是一种科学、可靠、有效的预测和分析方法。

11.3.1 概率预测技术概述

1. 基本概念

（1）预测。预测是对未来的研究，是对客观事物未来发展的估计和推测。对航空维修进行科学预测，要以维修活动的大量维修信息为基础，利用科学的预测技术处理信息，探测和认识维修活动的客观规律，预测未来发展的趋势，为决策提供有参考价值的多种行动方案和维修对策。其目的在于为维修主管人员能从多种方案中选优、决策创造条件，而不是代替决策。科学的预测对于分析和预见航空维修形势，发现问题，提高航空维修管理和决策水平具有重要意义。

（2）预测方法。预测方法就是应用于预测分析的手段和技术，按照得到结论的形式，可以分为定性和定量两种。定性预测主要表现在分析的过程运用了大量的论证和推断，预测结果是论断性的结果和描述；定量预测主要表现为预测的过程使用数学方法，结果表现为比较精确的数据描述。实际预测不仅需要定性的结论，也需要定量的结果，更多的时候是这两种预测方法的综合。

预测方法很多，概率预测技术是一种比较常用而有效的预测技术。对未来事件实现概率的预测称为概率预测。现代预测往往用到概率论和数理统计的理论和方法，这些预测方法常称为概率预测法或概率预测技术。概率预测方法及技术很多，例如马尔可夫分析、贝叶斯分析、概率分布分析、假设检验分析等。概率预测技术建立在大量事实数据统计分析的基础之上，必须合理地运用于预测，要妥善解决好定性和定量分析过程和方法，才能作出科学合理的预测，对决策和研究起到指导作用。

除了本节着重介绍的概率预测技术以外，还有一些其他常用的方法，例如：

（1）直观预测法。直观预测法是一种定性预测方法。主要是依靠经验、知识和分析能力，对过去和现在发生的事情进行分析综合，从中找出规律，对未来作出判断。

（2）一元线性回归预测法。当两个变量具有线性相关关系时，可以用一根回归直线近似地表示这种相关关系。回归直线可以用图解法求出，图解法简便易行，但带有主观随意性，画出的直线很难是最佳回归直线，即最接近实际的回归直线，也不能判定线性相关的程度。采用一元线性回归预测，可以较好地解决上述问题。

（3）趋势外推预测法。趋势外推法是一种定量预测的方法，又称为时间序列分析法。趋势外推法的基本方法是：根据过去和现在记录到的事物特性值，按时间序列在坐标纸上标出，连接这些点可以得出特性值随时间变化的图形，从图的发展趋势可推断出未来的预测值。

2. 基本原则

概率预测技术在航空维修管理的预测和分析中经常被应用，对于制订正确的管理方案和决策起到重要作用。但是在使用概率预测的方法进行实际的航空维修管理分析和预测时，应该遵循一定要求，这样才能做到所作的预测科学准确，否则预测结果将因不可靠而失去价值。

（1）数据和信息获取的要求。概率预测的基础是数据和信息，为了成功地进行概率预测，对管理决策提供可靠的依据，必须获取大量的数据和相关信息。数据和信息的获取要做到准确、完整、规范和及时。

（2）预测方法选择的要求。具体预测方法的选定应根据预测对象的特点、预测准确度要求、占用的资料和预测费用等情况而定。任何一种预测方法的应用都有局限性，都有一定的约束条件和适用范围，切忌不顾约束条件，生搬硬套地滥用。此外，各种预测方法的预测准确度和复杂程度不同，一般来说，准确度高的预测方法，复杂程度也高，因此预测方法应根据预测准确度要求而定，不宜事事提出同样高的准确度要求。

（3）定性分析应与定量分析相结合。科学的预测必须从数量和质量两方面分析、估计发展的可能趋势，这样才能深刻揭示过程的特征和规律，达到较好的预测效果。任何一种预测方法都只能对未来发展作出近似的估计。实际预测时要尽可能全面地考虑问题，综合运用多种方法（定性和定量），互相比较，全面衡量，综合确定最佳结果，提高预测的准确性。切忌强调某一种方法而忽略其他。

（4）预测人员的要求。预测过程中，人的思维能力起着主导作用。不同水平的人，预测结果往往会有所不同。因此，要重视人才培养。对人的要求主要是以下几点：①要有责任心，注意长期不断地收集和跟踪预测所需要的数据和信息；②要求预测人员对所预测的领域有多方面的知识和充分的了解；③对新鲜事物敏感，能自觉、经常地输入新知识；④直观判断力强，善于利用内部和外部的因素提出假设，善于分析相互的影响和出现的新情况。

11.3.2　马尔可夫分析

马尔可夫是俄国著名数学家，他在 20 世纪初经过多次试验观察发现：在一个系统中，某些因素概率的转换过程，第 n 次转换获得的结果经常决定于前次（第 $n-1$ 次）试验的结果。马尔可夫在对这种现象进行深入研究之后指出：对于一个系统，由一种状态转移至另一种状态的转换过程中，存在着转移概率，而且这种转移可以根据紧接的前一种状态推算出来，而与该系统的原始状态和此次转移以前的有限次或无限次转移无关。系统的这种由一种状态转移到另一种状态的转移称为"马尔可夫过程"；系统状态的这种一系列转移过程即马尔可夫过程的整体，称为"马尔可夫链"。对某一预测对象的马尔可夫过程或马尔可夫链的运动变化进行研究分析，进而推测出预测对象的未来状况和变化趋势的分析过程称为"马尔可夫分析"。简单地讲，马尔可夫分析是利用某一系统的现在状况及其发展动向去预测该系统未来状况的一种分析方法，马尔可夫分析又称为概率预测法。

马尔可夫过程的基本概念是系统的"状态"和状态的"转移"，即马尔可夫过程实际上是一个将系统的状态和状态转移量化的系统状态转换数学模型。

若将设备从状态来考察，显然存在正常（N）和故障（F）两种状态。处于正常状态的设备，由于出故障就会转移到故障状态；反之，处于故障状态的设备，经过维修又会恢复正常状态。这种状态转换完全是随机的。

在系统的这种状态转移中，起作用的只是系统现在所处的状态和转移的概率，而与系统过去有限次以前的状态完全无关。也就是说，马尔可夫过程的状态间的转移概率，是过去 n 个状态的条件概率。即

$$P\{X(t_n)\} = P\{X(t_n) \mid X(t_{n-1}), X(t_{n-2}), \cdots, X(t_{n-r})\} \tag{11-4}$$

马尔可夫过程根据与前面状态的关系,分为一阶段马尔可夫过程,二阶段马尔可夫过程,$\cdots$,n阶段马尔可夫过程。一阶段马尔可夫过程,是指假设系统转移至次一状态的概率,仅取决于该系统前一状态的结果;同理,二阶段马尔可夫过程,是指假设系统转移至次一状态的概率,取决于紧接该系统前两个状态的结果,依此类推。

11.3.3　贝叶斯分析

贝叶斯决策方法提供了一种利用原始信息或历史信息决策分析的方法。对一些没有足够使用实验数据资料的新装备,可以根据类似装备的历史统计数据,利用贝叶斯公式预测新装备的性能和故障特性。

设 S 为样本信息,则利用贝叶斯决策分析模型为

$$P(B \mid S) = \frac{P(S \mid B)P(B)}{\sum P(S \mid B)P(B)} \tag{11-5}$$

式中:$P(B \mid S)$ 为后验概率,即修正后的概率;$P(B)$ 为先验概率即原概率。

11.3.4　概率预测技术在航空维修中的应用

【例 11.2】　某修理工修理的某零件使用寿命服从正态分布 $X \sim N(600, 200^2)$,现随机抽取一个零件,试预测该零件寿命达到质量要求(500h 以上)的概率,即 $P(X > 500)$。

解　根据正态分布特点,有 $P\{X > 500\} = P\left\{\dfrac{X-600}{200} > \dfrac{500-600}{200}\right\} = P(Z > -0.5) \approx 0.7$。

这是已知概率分布,预测未来事件概率。

【例 11.3】　某机务大队有 3 个维护中队(A_1、A_2、A_3),它们保障的起落次数在全大队保障起落总次数中所占概率分别为 0.25、0.35 和 0.4,每个中队的误飞千次率如表 11-4 所列。现为了降低全大队的误飞千次率,试找出最薄弱、影响最大的维护中队。

表 11-4　各机务中队任务概率与误飞千次率

	A_1	A_2	A_3
任务概率	0.25	0.35	0.4
误飞千次率	0.015	0.012	0.01

解　(1)计算出每个中队误飞数(B_1)和不误飞数(B_2)在全大队起落总数中所占概率 $P(A_i) \cdot P(B_j \mid A_i)$。

$P(A_1) \cdot P(B_1 \mid A_1) = 0.25 \times 0.015 = 0.00375$　$P(A_1) \cdot P(B_2 \mid A_1) = 0.25 \times 0.985 = 0.24625$

$P(A_2) \cdot P(B_1 \mid A_2) = 0.35 \times 0.012 = 0.0042$　$P(A_2) \cdot P(B_2 \mid A_2) = 0.35 \times 0.988 = 0.3458$

$P(A_3) \cdot P(B_1 \mid A_3) = 0.4 \times 0.01 = 0.0040$　$P(A_3) \cdot P(B_2 \mid A_3) = 0.4 \times 0.99 = 0.3960$

(2)根据全概率公式,求出全大队误飞数和不误飞数在总起落数中所占概率 $P(B_1)$ 和 $P(B_2)$。

$$P(B_1) = \sum_{i=1}^{3} P(A_j) \cdot P(B_1 \mid A_i) = 0.00375 + 0.0042 + 0.0040 = 0.01195$$

$$P(B_2) = \sum_{i=1}^{3} P(A_1) \cdot P(B_2 \mid A_i) = 0.24625 + 0.3458 + 0.3960 = 0.98805$$

（3）按照贝叶斯公式求出误飞数 (B_1) 来自各中队的概率 $P(A_i|B_1)$。

$$P(A_1|B_1) = \frac{P(A_1)P(B_1|A_1)}{P(B_1)} = \frac{0.00375}{0.01195} = 0.3138$$

$$P(A_2|B_1) = \frac{P(A_2)P(B_1|A_2)}{P(B_1)} = \frac{0.0042}{0.01195} = 0.3515$$

$$P(A_3|B_1) = \frac{P(A_3)P(B_1|A_3)}{P(B_1)} = \frac{0.004}{0.01195} = 0.3347$$

计算表明，误飞来自二中队的概率最大，三中队次之。

（4）按照贝叶斯公式求出不误飞数 (B_2) 来自各中队的概率 $P(A_i|B_2)$。

$$P(A_1|B_2) = \frac{0.24625}{0.98805} = 0.2492$$

$$P(A_2|B_2) = \frac{0.3458}{0.98805} = 0.3500$$

$$P(A_3|B_2) = \frac{0.3960}{0.98805} = 0.4008$$

（5）综合上述计算结果，决策重点抓机务 A_2 中队，因为机务 A_2 中队的误飞千次率偏高，飞行起落次数占全大队起落次数的比例也较大。机务 A_2 中队误飞千次率降低 1‰，将使全大队误飞千次率降低 0.35‰。

11.4　综合评估技术及应用

航空维修保障的根本目的是保障装备作战使用，航空维修质量效益最终体现在保障能力水平上，因而必须对航空维修保障能力进行科学评估。

11.4.1　航空维修保障能力

要理解航空维修保障能力，必须对能力、装备保障能力等相关概念有一个基本理解。

1. 能力

对于能力，简单而言是执行一项任务或完成一项工作所能达到的程度。按照美国空军对能力所下的定义："能力是指在规定的条件下，将数量可度量的人员、装备、设备和信息结合起来，为实现期望的效果而共同行动的能力"。可见，能力是一个综合性概念，包括人员、装备、设备和信息等各个方面，同时，能力是条件的，是有预期目标的。

2. 航空维修保障能力

《军语》对装备保障能力进行了界定：装备保障机构组织实施装备保障的能力，包括装备调配保障能力、装备技术保障能力和装备经费保障能力。《军事百科全书》对装备保障能力进行了界定：装备保障机构对军队建设、训练、作战和遂行其他军事行动实施装备保障所能达到的程度。根据装备保障能力的概念内涵，航空维修保障能力，是指根据作战使用任务要求，在规定的使用和保障条件下一定规模的航空装备在有效投入使用时，装备完成规定任务的能力。

航空维修保障能力是由诸多要素构成的复杂系统，其构成要素大致可以分为 3 类：一是实体性要素，主要包括作战（保障）主体、装备、设施、经费等；二是附着性要素，包括科学技术、教育训练等;三是运筹性要素,包括体制编制、指挥管理和信息(系统)等。这些因素都与特定的环境条件相关,从不同的层面对战斗力和保障能力的生成、发挥和提高发挥着影响作用。

11.4.2 航空维修保障能力评估

1. 航空维修保障能力评估的概念

航空维修保障能力评估,是指运用先进的指导理论和先进的评估技术,对航空维修保障能力的优劣、大小提供定性和定量化的信息的一种有效方法。

由于评估的主体、目的、对象和环境等的不同,航空维修保障能力评估有不同的分类。从评估环境的角度可以将维修保障能力评估分为平时评估与战时评估;从评估内容的角度可以将维修保障能力评估分为单项评估、综合评估和任务评估;从评估范围的角度来看,可以将维修保障能力评估分为战略级、战役级和战术级评估。

开展航空维修保障能力评估具有重要的意义。通过航空维修保障能力评估,发现问题,增强维修工作的针对性。评估重在发现问题和薄弱环节,从而进行针对性强的保障能力建设和维修训练,增强维修工作的针对性和实效性。维修保障能力评估内容涵盖维修保障能力的方方面面,通过维修保障能力评估,引领航空维修保障能力全面提升,对航空维修保障建设起到牵引的作用。

2. 航空维修保障能力评估的步骤

航空维修保障能力评估是一个复杂的多层次、多因素评估问题,需要进行统计、分析、对比、判断、综合等活动,包含评估需求分析、评估指标体系和权重集确定、评估方法选择及评估结果分析等环节,如图 11 – 7 所示。

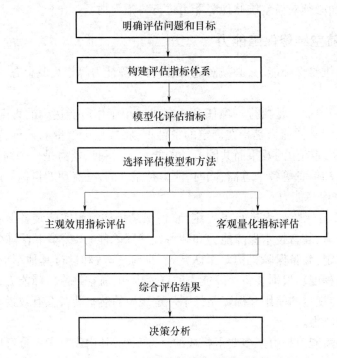

图 11 – 7　航空维修保障能力评估思路与程序

（1）确定航空维修保障能力评估的目的,分析评估需求。

（2）依据对航空维修保障能力的理解,利用不同的方法建立评估指标体系及权重,如机理分析、面向能力的思路或数据挖掘方法等。

（3）基于所构建的评估指标体系,采用相关的数学方法构建评估模型。

（4）验证评估模型并对模型有效性进行评估。

（5）得到评估结果,进行决策分析形成评估报告,并对现有维修保障能力建设提出相关建议。

11.4.3　航空维修保障能力评估的方法

由于航空维修保障能力评估的综合性,维修保障能力评估应采用定性与定量相结合的方法进行,常用的方法主要有层次分析法（AHP）、模糊综合评判法、人工神经网络法、灰色综合评价法、支持向量机、粗糙集理论、贝叶斯网络、关联分析、集对分析、物元分析法、仿真评估等方法等。这里重点介绍模糊综合评判法、层次分析法。

1. 模糊综合评判法

（1）建立综合评价因素集。因素集是影响评判对象的各种因素组成的一个普通集合。对于航空维修保障而言,因素集是由决定一个航空维修保障的各种因素的全体构成的综合评价因素集合:

$$U = \{u_1, u_2, \cdots, u_n\} \tag{11-6}$$

式中:U 为因素集,$u_i(i=1,2,\cdots,n)$ 代表影响航空维修保障的各种因素,如装备质量性能、维修作业环境、维修人员素质等因素。由于这些因素是多因素,可进一步划分为 $u_i = \{u_{i1}, u_{i2}, \cdots, u_{im}\}$,根据问题的需要及性质可继续进行划分,直到满足要求。

（2）建立评价集。评价集是评价者对评判对象可能作出的各种总的评判结果所组成的集合。通常用 V 表示,即

$$V = \{v_1, v_2, \cdots, v_n\} \tag{11-7}$$

式中:各元素 $v_i(i=1,2,\cdots,n)$ 代表各种可能的总结果。对于航空维修保障评价,可按维修保障能力等级来设定,也可以给出定性的评价,如好、较好、良好、一般、差等。

（3）建立综合评价权重集。在因素集 U 中,各因素的影响程度是不一样的。为了反映各因素的重要程度,根据其影响程度,对各个因素 $u_i(i=1,2,\cdots,n)$ 赋于一相应的权数 $a_i(i=1,2,\cdots,n)$。由各权数所组成的集合:

$$A = \{a_1, a_2, \cdots, a_n\} \tag{11-8}$$

称为因素权重集,简称权重集。各权数 $a_i(i=1,2,\cdots,n)$ 可视为各因素 $u_i(i=1,2,\cdots,n)$ 对重要的隶属度,可由人们根据实际问题的需要主观地确定,也可按确定隶属度的方法加以确定。一般采用专家评分法和两两比较法来确定。

采用专家评分法确定权重。由航空维修领域的专家组成专家评审组,由每位参评的专家根据自己的经验,为每项因素划分出权重,综合平均所有专家的意见,即可得出各因素的权重。

设由 m 位专家组成评价组,第 i 位专家对第 j 项因素评定的权重为 a_{ij},则第 j 项因素的权重为

$$a_j = \frac{1}{m} \sum_{i=1}^{m} a_{ij} \qquad (11-9)$$

依次评定出每项因素的权重后,组成模糊权重集。

应用两两比较法确定权重。T. L. Saaty 在其 1980 年所提出的"层次分析法"中已对两两比较法作了完整的阐述。"两两比较法"是每次在 n 个属性中只对两个属性 i 与 j 进行比较,如表 11-5 所列。

表 11-5 两两比较法

	定义	判断尺度
i,j	绝对重要	9
	重要得多	7
	重要	5
	稍微重要	3
	一样重要	1
	2,4,6,8 为介于上述两个相邻判断尺度中间	

通过和决策者对话,进行两两因素间重要程度的比较,可得比较矩阵 $\boldsymbol{A}$:

$$\boldsymbol{A} = \left[a_{ij} \right]_{n \times n} \qquad (11-10)$$

矩阵 $\boldsymbol{A}$ 具有如性质:$a_{ij} = 1$;$a_{ij} = 1/a_{ji}$。

对矩阵 $\boldsymbol{A}$,利用和积法可简便地计算出权重系数,计算步骤如下:

① 对 $\boldsymbol{A}$ 按列规范化 $\bar{a}_{ij} = \dfrac{a_{ij}}{\sum\limits_{i=1}^{n} a_{ij}}$ $(i,j = 1,2,\cdots,n)$。

② 再按行相加得和数 $\varpi_i = \sum\limits_{j=1}^{n} \bar{a}_{ij}$。

③ 再规范化,即得权重系数 ω_i。

ω_i 就是对应于 n 个因素的权重系数,即可得到相应的权重集 $\boldsymbol{\omega}$。

$$\omega_i = \frac{\varpi_i}{\sum\limits_{i=1}^{n} \varpi_i}$$

④ 一致性检验。应用两两比较法和决策者对话可得到比较矩阵 $\boldsymbol{A}$,但是可能会发生判断不一致,所以需要进行一致性检验。一致性检验,就是检查决策者对多属性评价的一致性。完全一致时,应存在如下关系:

$$a_{ik} = a_{ij} a_{jk} \qquad (11-11)$$

反之就是不一致。当判断检验一致时,应该有 $\lambda_{\max} = n$。

定义一致性指标 $C. I.$ 为

$$C. I. = \frac{\lambda_{\max} - n}{n-1} \qquad (11-12)$$

根据 Saaty 的实验结果,$C. I.$ 只要满足

$$\frac{C. I.}{C. R.} < 0.1 \qquad (11-13)$$

就可认为满足所得到的比较矩阵的判断可以接受。上式中 $C.R.$ 是 Saaty 进行一致性研究的实验结果,如表 11 - 6 所列。

表 11 - 6　$C.R$ 的计算值

n	3	4	5	6	7	8	9	10
$C.R.$	0.58	0.9	1.12	1.24	1.32	1.41	1.45	1.51

上式中 $\lambda_{\max}$ 为比较矩阵 A 的最大特征根,其简易算法为

$$\lambda_{\max} = \sum_{i=1}^{n} \frac{[AW]_i}{nW_i} \qquad (11-14)$$

式中:W 为权重向量。

(4)建立模糊关系矩阵。采取专家评审打分的方法建立模糊关系矩阵 $R(r_{ij})$。由若干名专家对各子因素 r_{ij} 进行评价:

$$r_{ij} = \frac{对 V 中某一因素,专家划分为某一档次的人}{评审专家人数}$$

得模糊关系矩阵 R

$$R = \begin{bmatrix} r_{11} & r_{12} & r_{13} & \cdots & r_{1n} \\ r_{21} & r_{22} & r_{23} & \cdots & r_{2n} \\ \vdots & \vdots & \vdots & & \vdots \\ r_{m1} & r_{m2} & r_{m3} & \cdots & r_{mn} \end{bmatrix} \qquad (11-15)$$

(5)模糊综合评估。

综合评估可表示为

$$B = W \cdot R \qquad (11-16)$$

权重集 W 可视为一行 m 列的模糊矩阵,上式按模糊矩阵乘法进行运算,即有

$$B = (w_1, w_2, \cdots, w_m) \cdot \begin{bmatrix} r_{11} & r_{12} & r_{13} & \cdots & r_{1n} \\ r_{21} & r_{22} & r_{23} & \cdots & r_{2n} \\ \vdots & \vdots & \vdots & & \vdots \\ r_{m1} & r_{m2} & r_{m3} & \cdots & r_{mn} \end{bmatrix} = (b_1, b_2, \cdots, b_n)$$

式中:B 为模糊综合评判集,$b_j(j=1,2,\cdots,n)$ 为模糊综合评判指标。对 B 进行归一化处理,有

$$\bar{b}_i = \frac{b_i}{\sum_{i=1}^{n} b_i} \qquad (11-17)$$

$$B = (\bar{b}_1, \bar{b}_2, \cdots, \bar{b}_n) \qquad (11-18)$$

设 S 为维修保障能力等级的划分,则一个维修单位的维修保障能力综合评价得分为

$$f = B \cdot S \qquad (11-19)$$

航空维修保障能力评估为航空维修保障创新发展提供了定量的决策依据,可为进一步提高维修保障能力水平提供决策支持。

2. 层次分析法

层次分析法是 20 世纪 70 年代由美国著名的运筹学家、匹兹堡大学教授 T. L. Saaty 提

出的一种定性与定量分析相结合的、系统化的、多目标层次化的分析方法,于1982年引入我国。该方法的原理是将决策者的经验判断加以量化,使复杂的评估问题明朗化,从而为决策者提供定量形式的决策依据。基本思想是:首先要构建系统的层次结构模型,根据判断矩阵标度,将各个因素进行两两比较,得到量化的判断矩阵;其次采用"根法"或其他方法计算权重值;最后对判断矩阵进行一致性检验,满足一致性要求才能使用。可见,层次分析法将评估问题层次化,提供了直接的分析过程,是一种有效的系统分析工具和科学决策方法。通常层次分析法的基本方法与具体步骤如下:

(1)明确问题。通过对系统的深刻认识,确定该系统的研究目标,弄清决策问题所涉及的范围、所要实现目标的准则,以及采取的措施方案,以便掌握充分而有效的信息。

(2)建立层次结构模型。在深入分析实际问题的基础上,将有关的各个因素按照不同的属性,自上而下地分解成若干层次。按照最高层、中间层、最低层的结构排列起来,常用结构模型表示,如图11-8所示。最高层为目标层或目的层,通常只有一个要素,是系统评价的最高准则。中间层为准则层或指标层,可以由若干个层次组成,当该层过多时应进一步分解出子准则层。最低层为方案层或措施层,是评价对象的具体化。

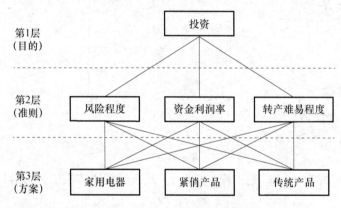

图 11-8　AHP 递阶层次结构模型

(3)构造判断矩阵 $\boldsymbol{A}(a_{ij})_{n \times n}$。判断矩阵是以上一层的某一要素 H_S 作为判断准则,对上一层要素进行两两比较确定的元素值。例在 H_S 准则下,有下层要素为 $A_1, A_2, \cdots, A_n$,则判断矩阵 $\boldsymbol{A}$ 的形式如表11-7所列。

表 11-7　判断矩阵的形式

H_S	A_1	A_2	$\cdots$	A_j	$\cdots$	A_n
A_1	a_{11}	a_{12}	$\cdots$	a_{1j}	$\cdots$	a_{1n}
A_2	a_{21}	a_{22}	$\cdots$	a_{2j}	$\cdots$	a_{2n}
$\vdots$	$\vdots$	$\vdots$		$\vdots$		$\vdots$
A_j	a_{j1}	a_{j2}	$\cdots$	a_{jj}	$\cdots$	a_{jn}
$\vdots$	$\vdots$	$\vdots$		$\vdots$		$\vdots$
A_n	a_{n1}	a_{n2}	$\cdots$	a_{nj}		a_{nn}

判断矩阵 $\boldsymbol{A}$ 的性质:$a_{ij} > 0$;$a_{ij} = 1/a_{ji}$;$a_{ii} = 1$。判断矩阵中的要素值应用两两比较法来获得,两两比较法判断尺度参见表11-5。对于判断矩阵各层中的要素个数和要素两

两成对比较的取值不是一成不变的,而是要根据评估系统所涉及的具体评估内容等方面的情况决定。

(4)相对重要度计算。在应用 AHP 进行评价和决策时,需要知道 A_i 关于 H_S 的相对重要度,即 A_i 关于 H_S 的权重。

求解判断矩阵的特征向量的方法有很多,如幂法(特征根法或特征向量法)、求和法(算数平均法)、方根法(几何平均法)等。

(5)综合重要度计算。在计算了各层次要素对上一级 H_S 的相对重要度之后,即可从最上层开始,自上而下地求出各层要素关于系统总体的综合重要度。

设第二层为 A 层,有 m 个要素,它们的相对重要度为 $a_1, a_2, \cdots, a_m$,第三层为 B 层,它们关于 a_i 的相对重要度分别为 $b_1, b_2, \cdots, b_n$,则 B 层的要素 B_j 的综合重要度为

$$b_j = \sum_{i=1}^{m} a_i b_j^i \quad (j = 1, 2, \cdots, n) \tag{11-20}$$

即下层 j 要素的综合重要度是以上层要素的综合重要度为权重的相对重要度的加权和。

根据上述步骤计算出来的各级指标的权重值,再经过加权运算,最后根据求得的加权值来进行排序,从而得到评价结果。

11.5　航空维修 6S 管理

6S 管理是我国在 5S 现场管理的基础上发展而来的,也有很多企业根据自身的情况发展为 7S、8S 等,这充分体现了许多企业已经开始重视现场管理,从现场管理环节提高企业经营利润,降低成本。6S 与 5S 最重要的区别是添加了"安全"这一要素,体现了以人为本的企业管理理念,更能培养组织成员的自觉性和安全意识,防患于未然。6S 作为我国大多数企业进行现场管理的一种措施,对于航空维修管理具有很强的适用性。

11.5.1　6S 管理基本概念

1. 6S 管理的起源与发展

6S 主要起源于日本的现场管理。有关现场管理研究理论文献最早可以追溯到科学管理之父泰勒在 20 世纪 20 年代初期出版的名为《科学管理原理》一书。泰勒在书中系统地阐述了如何有条理地在现场作业,对企业的产品生产现场实际工作流程进行了分析,提出了标准工时、标准作业等一系列现场管理的概念,这是世界上最早对现场管理进行的详细阐述与定义。泰勒的现场管理思想率先在美国得以传播,继而传到日本、德国、法国并产生了一系列的影响。

在 20 世纪 50 年代,日本丰田公司在研读了已有文献的基础上,率先创造出了全新的现场管理方法即 5S 现场管理。5S 管理是由最初的 2S 管理引进而来,2S 是"整理和整顿",提出 2S 的目的是为了确保制造业生产现场的整洁度,保障生产效率,提高工人的生产积极性。后来企业对产品的质量提出了更高的要求,2S 也在原来的基础上增加到 5S。5S 在 2S 的基础上发展为"整理、整顿、清扫、清洁、素养"五个部分。丰田最初的管理重心是管理加工现场的原材料、产成品以及半成品和管理人员,保持工作现场的清洁度,给人以舒适的工作环境,在以后的发展中慢慢扩大其内涵。5S 现场管理模式的提出使日本企

业的生产效率得以迅速提高,尤其是在第二次世界大战之后,日本经济处于低迷发展的境界,各大企业通过5S现场管理使日本重新走上经济发展的前列,丰田公司也成为世界第二大汽车生产公司。

丰田公司推行的5S管理将日本的各大生产企业推向经济发展的高潮,5S不仅塑造企业的良好形象,更能降低企业的生产成本、加快资金流通,高度标准化的生产现场也为人们提供了安全的生产环境,改善了人们的工作条件。正是由于5S在日本企业的全面成功,引起了管理界的轰动,许多国家都开始实行5S管理。许多企业根据自身发展的现状,在5S的基础上增加了其他不同的要素。例如有的公司增添了安全、节约两个要素,形成7S;也有的企业增加服务、坚持以及习惯,形成了10S,但其核心都是5S现场管理理论。

20世纪60年代,美国意识到了6S发展的重要性,许多大型企业开始实行6S。例如,美国著名的飞机制造公司波音公司率先实行了6S,在公司开始实行6S的时候,并不为员工所接受,在推广过程中受到了许多挫折,但随着时间的推移,企业的效益明显上升,此时6S的优点才开始显现,逐步得到员工的认可,6S依然适用于美国的资本主义经济发展。此后,韩国的三星公司、德国的西门子等许多著名企业都运用了6S。到21世纪,6S已发展为较为成熟的整套管理体系,在企业现场生产的过程中对工业工程、准时生产、精益生产作出了详细的要求,在现场改善方面有看板管理、目视管理、定制方法等,被许多企业所应用。

2. 6S管理的主要内容

6S即整理(SEIRI)、整顿(SEITON)、清扫(SEISO)、清洁(SEIKETSU)、素养(SHIT-SUKE)、安全(SECURITY),由于他们的英文首字母和日文首字母都是S,故称6S。

(1)整理。这是6S的首要环节,其根本任务是区分生产现场的各种材料,将生产中用不到的材料运出生产现场,只保留在生产现场中用到的材料,还要对用到的材料进行更细层次的分工,按照使用频率逐项分类,可将不常运用到的材料移至仓库,经常运用到的材料离操作平台近一些,员工在提取时也会大大缩短寻找时间,能够一步到位。通过对生产现场材料的整理,可以增加生产现场的可利用空间,各种材料摆放井然有序,大大提高工作效率。

(2)整顿。整顿的主要目的是将生产现场随时用到的材料进行更加细化的分类处理,按照使用到的频率高低设定不同材料的堆放地点,还要保持员工工作平台的整洁和有序。通过更为细致的整顿工作,员工的操作平台不再狭窄,不仅可以减少工作时间,更降低员工工作的疲劳程度。此项工作有利于提高员工工作的积极性,让员工以更好的状态投入到工作当中。

(3)清扫。顾名思义,清扫就是打扫的意思。清扫指的是对生产现场的各项工具、器材、墙壁地面、操作平台等进行清扫工作,保证生产现场的整洁度,此外还要定时、定期对机器进行维护和保养工作。企业要通过明文规定来规范清扫的时间间隔、人员组织、清扫范围等,及时清扫生产现场出现的各种垃圾,为员工生产提供整洁的环境。在清扫过程中,若出现机械异常等安全隐患必须及时报备,保证生产质量和人员安全。

(4)清洁。清洁是前面3项工作不断循环往复的过程。企业应制订相对详细的生产现场清洁标准,使公司由上到下全面重视生产现场的清洁工作,制订相应考核制度,奖罚分明,充分重视生产现场清洁的重要性。生产现场的清洁工作贵在坚持,清洁不仅对地面、墙壁、机械等物体提出了具体的要求,更要严格要求员工,不仅保持自身整洁,还要保持操作平台规范整洁,以积极的心态完成任务目标。

(5)安全。安全是生产的前提,在任何条件下,安全都应放在首要位置。安全生产是企业必须遵循的规章制度,企业要保障员工的人身安全,消除安全隐患,为员工提供安全的生产环境。作为企业,要为员工树立安全生产的意识,可通过发放传单、组织讲座等方式,使员工重视自身安全,必要时可组织员工参加安全演习。此外,企业要定期检查生产工具和机械设备,在最大程度上消除安全隐患,建立机械和员工定岗负责的制度,细化职责范围,防患于未然。企业还要对生产现场进行不定期的抽查工作,最大程度地减小安全隐患。若发生安全事故,企业必须以人身安全为首要目的,有条件时再挽救经济损失。最后,企业还要做好预案工作,对有可能发生的风险提前做好补救措施。

(6)素养。良好的员工素养是 6S 开展的关键和核心。企业通过提高员工的专业知识和综合业务素质能力,要使员工将整理、整顿、清扫、清洁工作内化为自觉做的事情,将规范熟记于心中,而不是靠外力压迫执行,实现员工由他律到自律的转变。员工是企业的灵魂,一个企业的发展离不开千万员工的努力。因此,企业要想树立自己的品牌,实现良好的现场管理,必须着重提高员工素养,深入组织员工培训学习,形成良好的工作习惯,从根本上改变员工涣散的工作状态。

6S 的各部分内容是相辅相成、不可分离的,必须将其看成一个整体。整理是整顿的前提,整顿是整理的后续工作,而清扫则是整理和整顿这两项结合在一起的整体效果,6S 中的前 3 项是以物为对象,例如原材料、机械、场地等,改善现场的基本情况,加强员工的清扫观念,保持生产现场整洁干净。清洁则是在对物进行管理的基础上,添加了对人的管理,通过一系列的规章制度规范员工的行为,使现场管理的观念深入人心。素养这一要素又更深入地说明了员工专业素质的重要性,只有加强员工的自身素养才能保证施工现场的整洁干净,提高工作自觉性。安全贯穿于整个管理始终,是员工正常工作的前提条件。后 3 项通过制度、行为习惯以及观念来对人进行管理,这是 6S 能够持续运行的不竭动力。6S 的实行,必须以这 6 个要素为基准,以高质量的管理措施配以高素质员工,单单加强某一方面是毫无意义的。

3. 6S 管理的作用

6S 指的是在生产现场,对材料、设备、人员等生产要素开展相应的整理、整顿、清扫、清洁、素养、安全等活动,为其他管理活动奠定良好的基础,是日本产品品质得以迅猛提高而畅销全球的成功之处。6S 管理是现代行之有效的现场管理理念和方法,其作用是:提高效率,保证质量,使工作环境整洁有序,预防为主,保证安全。

6S 的本质是一种执行力的企业文化,强调纪律性的文化,不怕困难,想到做到,做到做好。落实 6S,就是通过规范现场、现物,营造一目了然的工作环境,培养员工良好的工作习惯,为其他管理活动提供优质的管理平台,其最终目的是提升人的品质:革除马虎之心,养成凡事认真的习惯;遵守规定的习惯;自觉维护工作环境整洁明了的良好习惯;文明礼貌的习惯。

11.5.2　6S 管理方法

6S 在企业管理中的应用范围较广,根据企业不同的生产方式有不同的管理方法。在

进行 6S 过程中必须有针对性、有目的地推行,寻找最适合的现场管理方式。常用的几种 6S 方法如下:

1. 目视管理

目视管理是通过颜色、形状等较为直观的视觉来感知企业现场的组织生产活动的一种管理手段,它可以通过视觉直观来判断生产现场有无异常情况、员工工作是否正常进行等。目视管理直接借用了人力对现场人、事、物的情况进行最直观的感知,不用借助其他工具就能充分了解生产现场管理现状。

目视管理简单有效,以人们常见的视觉信号为主要检测手段,使大家都能直观地感受到异常信息,而且目视管理公开透明,尽可能地将管理者需要员工遵守的规则全面地展示出来。此外,员工也可以以目视的方式向管理人员提出意见、推荐方法等,使管理层与员工能够相互交流、相互理解,共同促进生产效率的提高。目视管理是一种最简单的管理方式,以视觉信息为特征,让大家都看得见,沟通了管理层与员工之间的关系,实现员工的广泛参与。实行目视管理的要求如下:

(1)以生产现场的实际情况为准,不可生搬硬套,要讲求实用性,真正地为企业服务。

(2)企业要制订专门的规章制度,统一目视管理规范,例如机器标签应贴在何处、工作进度如何书面表达等,让员工有据可依。

(3)内容要简单明了,直观、清晰、可见。

(4)内容贴在醒目位置,容易引起员工或管理层的注意,使大家都能看得到,避免疏漏。

(5)有效执行,避免铺张浪费。在执行过程中要最大程度上节约成本,不搞形式主义。

(6)设置监察部门专门监管目视管理的过程,使上下全体员工严格遵守相关规范,对违反管理的人员要严肃处理,树立权威性。

目视管理的应用举例:

(1)在有异常的操作机械上贴上醒目的红色标签。

(2)在车间内不同的工作通道上贴上不同颜色的标签,防止员工走错通道。

(3)在通道的拐弯处,设置反光镜、红绿灯等,保障车辆安全通过。

(4)用图表、公示牌的方式准确标明操作步骤,使员工一目了然,准确认识工作进程。

(5)在螺母、法兰盘上做记号,标明应安装的位置,使其对准卡槽,安装方便。

2. 红牌作战

红牌作战是以整理、整顿为目的,通过红色的标签或指示牌对生产现场所有隐患和已出现的问题进行标注,警示员工并让员工积极地改正。

企业在使用红牌作战这一策略时,必须事先向员工说明情况,悬挂红牌是为了将现场工作做得更好,使员工以积极的心态看待而不是消极怠工,更不是企业对员工的惩罚。在悬挂红牌时,必须对出现的问题进行详细的说明,并按照严重程度区分等级。事实要确凿充分,使员工信服并起到警示作用。此外,企业运用红牌作战的频率不能过高,一般为至多一周一次,这样既能为员工起到警示作用,又不会因为企业出现过小的事情而小题大做打消员工工作的积极性。若出现的问题不是非常严重,可悬挂黄牌。

3. 看板管理

看板管理指的是对生产现场的必需品的归置。例如一件材料应用于哪里、数量是多少、应放在什么位置、收发由谁负责等。看板管理是一种公开透明的方式,其阻断了暗箱操作,使一件材料的来龙去脉清楚地展示在人们面前。看板是一种相似于通知的纸单,上面写明产品名称、生产数量、生产时间、运输量、运送地点、储存方式、储存地点、特殊指令等信息。通常来说,在制品看板,看板用于相对固定的相邻生产线;在信号看板,看板用于固定的生产线内部;在订货看板,看板用于固定的协作厂之间。看板的类型有三角形看板、设备看板等。

看板管理及对生产现场用到的材料进行管理,使员工花费较少的精力和时间找到所需材料,节约了工作时间,提高了效率。在企业生产现场,由于机械的轰鸣声以及人员的流动操作,对信息传递较为不敏感,通过看板可以统一全体员工对某一信息的认识,从而作出决策。另外,看板管理对于管理者也是十分有利的,通过看板作战可以清晰地了解员工的工作进度以及工作质量,方便管理者根据企业的实际情况作出调整战略。最后,看板管理是在公开透明的状态下进行的,员工可以清晰地看到其他员工的工作进度和工作效率,这给员工提供了适当压力,从而化动力于无形之中。

红牌作战与看板管理是密不可分的,只有二者同时使用,才会起到事半功倍的效果。红牌作战用于区分必需品与非必需品,对于非必需品可以通过悬挂红牌的方式给员工以警示作用,从而撤出生产现场。对于必需品,可以通过区分其数量、使用频率、归置位置、管理人员等服从于看板管理。

4. 定置管理

定置管理就是对物体特定的管理,其通过管理人员对物体的各项整理(如改善现场条件、有效利用空间、严格出入库制度等整理整顿生产现场),促使人与物能够有效结合,使物体存在于员工最容易得到和应用的地点,提高工作效率。

定置管理应用于现场管理的过程中,包含内容较为丰富,其主要内容涉及企业在生产车间中人、物、地点的三者关系的组合与优化。企业可以将这项内容提取出来,进行全面的管理和优化。

在生产现场,物料与使用者(员工)之间的关系一般存在 3 种状态:

A:员工与物料有效结合,员工可以直接、方便、快捷、高效地利用某物料。

B:员工与物料不能有效结合,员工不能直接、有效地利用某物料。

C:员工与物料不需要有效结合,物料呈无需利用状态。

定置管理的作用就是消除 C 状态,不断完善 B 状态,保持 A 状态。在这种情况下,定置管理要对人、物、地点进行视觉上的区分。例如,通过颜色对比强化员工对现场的认知,充分利用指示牌、电子屏等明确表示物料的存放地点、状态、完好程度、危险程度、数量等信息,方便员工识别,减少误差。在工位器具定置过程中,首先要设置器具定制图,设计定置标准信息符号,其次设计员工摆放器具的标准信息符号,并保证工位器具不占用通道。通过定置管理可以增大员工的活动空间,物品摆放整齐有序,提高员工的工作效率和工作积极性。

定置管理是现场管理的一项基础性综合工作,具有以下特点:

(1)目的性。定制管理就是有效地结合企业中人、物、地点三者的关系,通过人员的主导作用使物体能够详细的分类。定置管理的主要目的就是根据企业生产现场的实际情况,使员工能够节约时间和精力,达到物体利用与员工工作之间的最优化,从而提高产品质量。

（2）综合性。定置管理这一管理方式在工业工程中被广泛应用，是一种综合性管理方式，而不是只能应用于某一部门的特定管理过程，它为各种形式的企业管理发挥作用，提升服务过程。定置管理为其他细化管理的应用提供平台。以定置管理为基础，可保证其他专业管理发挥高效作用。

（3）针对性。工业企业种类较多，生产工艺各有不同，生产现场更是设置不一，即使在同一个公司，不同车间的布置形式也是不同的。由此，对于不同的工业工程，定置管理不可设置为统一的模式，必须根据企业的生产状况和现场条件作出详细规划。

（4）系统性。定置管理是从材料的进入一直到材料的利用完成的系统管理过程，是一项相对完整的物体管理体系。从原材料、附件进厂起，就相当于对它们一一编码，在生产过程的各个环节、各个场地都对其认真归置，使操作平台的各项因素都能达到最佳工作状态。这就要求管理者在定制过程中要认真分析材料的数量、形状、特征、功能等，根据材料的特性合理定置。

（5）艰巨性。定置管理需要长期运行，而且企业的管理是一个动态的过程，材料的种类生产也在处于变动之中，这就要求管理部门制订科学合理的定制管理过程，随着产品以及生产工艺的不断改进能随时调整定制状态。此外，企业应向管理者以及员工宣传定制管理的重要性，使定置管理的观念深入人心，员工能自觉遵守规范并对材料进行合理的管理，改善物体堆放不良习惯。

11.5.3　6S 管理与其他管理体系的联系

1. 6S 与 TQM

TQM 是全面质量管理的简称，指的是一种以现代化质量管理为核心的经营管理模式。TQM 是在 TQC 的基础上发展起来的，在 1980 年左右，日本市场竞争激烈，由于 TQM 理论的先进性和适用性，逐渐被各大企业所应用。TQM 是在企业内部对企业的各个操作过程进行质量管理的过程，通过企业全体员工的协调工作，使企业的产品质量和服务质量有所提高，此处所指的质量指的是企业产品高于顾客的期望值，扩大产品的知名度。TQM 体系涵盖于产品的设计、制造、组装、销售、使用等过程，对生产过程中的制造工艺和使用方法提出了具体的要求，受到许多工业企业的青睐。

6S 要求企业合理布置生产现场，使人、物、生产场所密切结合，TQM 要求在企业全员参与的情况下，对产品的设计直到使用过程进行全面的监测和优化。由此看来，TQM 与6S 结合可大大提高产品质量和客户满意度。

2. 6S 与 ISO9000 质量管理体系

ISO9000 质量管理体系被许多企业当作改善企业质量管理水平和运行成果的有效方式，ISO9000 的主要作用是对企业产品的开发、生产、安装等一系列过程设置标准的运行方式和检测制度，从而对产品的质量进行有效的控制。

ISO9000 质量管理体系适用于多种不同企业的管理，具有很强的普适性，因此在世界上许多国家得到广泛应用，目前世界上已超过 100 个国家加入 ISO9000 国际标准化组织。ISO9000 质量管理的目标是提高企业的品牌形象，改善产品质量和员工的综合素质。其与 6S 结合，将会达到企业管理事半功倍的效果。6S 不仅提高了生产现场的清洁性，更提高了员工素质,为员工遵守 ISO9000 中的行为规范打下了坚实的基础。因此,实行 6S 是运行 ISO9000 的前提。

(1)6S 关于现场细节的注重有利于 ISO9000 的推行。ISO9000 质量管理体系需要全员参与,但较为抽象且管理内容复杂烦琐。率先实行 6S,可以在企业中营造积极参与、认真负责、遵守企业规则的气氛,且 6 个要素都与员工的日常工作息息相关,容易得到大家的认可。6S 倡导员工从身边的每一件小事做起,节约时间,提高生产质量,并为员工工作提供安全宽敞的环境。产品的高质量离不开企业生产活动的规范化,正是每一个细化的条例组成 6S 的核心,从而使 ISO9000 的观念深入人心,保证 ISO9000 有效实施。

(2)6S 可提高员工综合素质。6S 对生产现场的各个方面都做了细致化的规范,通过员工的时时遵守在工作过程中提高了员工的专业素质。许多企业尚未实行 6S 就直接实行 ISO9000,导致对企业的质量管理过程无疾而终,其中很大一部分原因就是 ISO9000 管理较为复杂,员工还尚未形成良好的工作习惯。

11.5.4　6S 管理的应用

定检是航空维修的一项重要工作,直接影响到航空装备的维修质量安全。在定检中推行 6S 管理,是一项复杂的系统工程,需要按照前期准备、推广实施、检查巩固和审核验收等 4 个阶段来组织实施,需要开展普及 6S 管理知识、成立领导小组、制订方案、人员培训,编写手册等多项工作,下面结合某部开展的定检 6S 管理创新实践,对 6S 管理的主要内容与方法手段进行阐述。

1. 主要内容

(1)整理(SEIRI)。对修理厂厂房、各类工作间、工具保管室、备件房、油料房等场所存放的物品按必要和不必要进行全面清理分类,将清理出的不必要物品进行处理,即搞好物品"组织化"。整理的目的是:腾出空间,空间活用;防止误用、误送;塑造清爽的工作场所。

基本做法是将物品分为 3 类:①不再使用的;②使用频率较低的;③经常使用的。将第一类物品处理掉,第二类物品放置在储藏处,第三类物品留置在工作间。

(2)整顿(SEITON)。对必要的物品按需要量、分门别类、依规定的位置放置,并摆放整齐。定检作业场所应划分工作区、物品摆放区和人行通道,规范标线、标识和图板,做到工作场所整洁有序,物品摆放整齐明了,标识与物品名副其实。整顿的目的是:工作场所一目了然,工作秩序井井有条;搞好"摆放的艺术",避免和消除寻找工具、设备等物品的时间,达到"寻找时间为零,放回时间为零"的效果,提高效率;合理优化现场工作流程。

基本做法:①对可供放置的场所进行规划;②对摆放位置定位,对物品进行定量和标识;③将物品在相应位置摆放整齐。

(3)清扫(SEISO)。对定检现场环境进行综合治理,清除工作场所的垃圾、灰尘、油污及其他污染源,排除影响人员健康、作业安全及维修质量的不利因素,使工作现场美观整洁、安全卫生。清扫的目的是:使现场达到干净、明亮、美观、整洁和卫生;排除影响人员健康、安全及"定期检修"质量的不利因素;营造良好环境,调动员工的情绪和热情。

基本做法:①清扫厂房、各工作间,从地面到墙面及天花板,厂房外则是草坪的垃圾、灰尘、油污。②杜绝各项安全、健康隐患,排查安全隐患,定期检查设备安全,做好防电、防火、防水、防静电、防盗,加强有毒试剂、材料的管理,做好有害工种的安全防护等。③消除污染源。消除设备、机件、油桶、油管滴漏油,水管漏水,消除有毒试剂、材料的泄漏,消除下水道不通等现象。④对异常设备立即检修,使设备保养完好。

清扫不等同于大扫除,将地、物的表面擦的光亮无比却没有发现隐藏的问题,只能称之为大扫除。

(4)清洁(SEIKETSU)。持续推行整理、整顿、清扫工作,使之制度化、规范化、标准化,始终处于受控和持续改进状态。将整理、整顿、清扫转化为日常行为,固化成管理制度,长期贯彻实施,并不断检查和改进。清洁的目的:通过制度化来维持成果(以上3S成果);通过规范形成统一的工作秩序;按标准化维持整洁的工作环境。

基本做法:建立责任制,落实到人;建立有效检查制度;建立合理评比制度。

(5)安全(SECURITY)。对维修场所、设施设备、作业人员、工作过程等方面存在的不安全因素进行全面清理排查,重点查找在电、气、油、火等方面是否存在安全隐患;工具设备的标识、摆放、使用等是否存在影响安全的因素;人员的维修操作是否存在危及安全的行为,采取有效措施,进行综合治理,从根源上消除安全隐患。安全就是指消除人的不安全行为和物的不安全状态,清除一切不安全因素是以上4S的保障,也是其目的和成果之一。安全的实质为"无不安全的设备、操作、现场",突出人性化管理。安全的目的:通过对隐患发生源的改善和治理,保障员工的人身安全和生产的正常进行,防止各类事故发生;创造对单位、国家财产没有威胁、隐患的环境,避免地面事故,避免人身伤害,保障员工人身安全和生产的正常进行。

基本做法:制作DV安全视频教材;安全员制度落实到位,监管得力;制作安全标语;跟踪、督促、复查清扫要素,排查影响人员健康、安全及定期检修的不利因素。

(6)素养(SHITSUKE)。通过持续开展6S活动,使定检人员养成遵章守纪、按章操作、主动改进的良好习惯,不断提高人员综合素养。素养的实质是一项管理活动,最终还是为了提升员工的品质,是通过外在的行为规范来引导。素养的目的:提升"人的素质",成为对任何岗位工作都认真的人;养成良好按规章制度办事的习惯;培养自主自发、积极创新的精神;使人人充满活力,铸造团体精神;培养具备良好素质和习惯的人才。

基本做法:强化管理,规范制度,形成良好环境氛围;加大培训教育,从思想上带动;强化训练,提升军人素养;刻意锻炼,用压担子、布任务的方法,以一帮二促的理念,增强员工能力素质。

2. 方法手段

主要采用目视管理、看板管理、形迹管理、定点摄影、红牌作战这5种管理办法。

(1)目视管理。制作显著的厂房、工作间、工具保管室、质量控制与调度室等场所的定置图,将物品按图摆放,依据标识规范,在各工作场所进行有效标识,使现场状况一目了然。

(2)看板管理。在厂房、工作间、工具保管室、质量控制与调度室等场所的醒目位置,根据需要设置不同功能的看板,主要用于:传递信息、掌握动态;规范操作、警示提醒;奖优罚劣,营造氛围。看板内容应简明扼要、布局清晰、分类合理、一看便知。

(3)形迹管理。就是根据物品或工具的"外形"来管理归位的一种方法。主要作用:

根据物品的形状在台架、地面、墙壁等位置进行归位,对号入座,一目了然,方便取放,防止差错和丢失。常用方法:在存放物品的载体上,规划好物品摆放位置,按物品投影的形状绘图标示,将物品投影形状部分裁剪好或者制作凹槽粘贴在摆放物品的载体上,如图 11 - 9 所示。

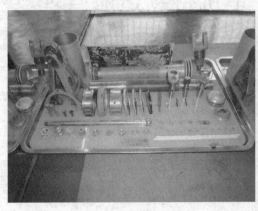

图 11 - 9　形迹管理示意图

(4)定点摄影。在同一地点、同一角度,用照相机将定检现场整治前后情况拍摄下来,在目视看板上展示对比照片,让官兵看到整治前后的效果对比,激起大家积极改进的意愿。

(5)红牌作战。在整理、整顿后期,发动全体官兵全面寻找问题点,在相关场所或物品上悬挂红牌并指出问题所在,促使大家积极改进,从而达到整理、整顿的目的。

复习思考题

1. 目标管理过程中目标可否用一系列指标来反映,如果可以,能否完整地反映目标实质?

2. 对目标管理成功实施的影响因素有哪些?

3. 阐述统筹法应用的程序步骤。

4. 描述马尔可夫分析过程。

5. 阐述模糊综合评估法的应用过程。

6. 阐述工序最早开始时间 t_{ES}、最迟开始时间 t_{LS} 的计算过程。

7. 结合航空维修实际,论述航空维修管理技术的重要性。

8. 阐述 6S 管理的主要内容及实施方法。

第12章　军机持续适航管理

【本章提要】

◆ 适航(Fit to fly)是表征民用航空器一种属性的专用术语,适航性是指民用航空器整体性能和操纵特性在预期的运行环境和使用条件限制下具有安全性和物理完整性的一种品质。

◆ 最低安全标准,是为保证民用航空器适航性而制订的适航标准。

◆ 适航管理有一整套完整的适航法规、程序和文件。

◆ 军机持续适航管理必须注重"法规、文档和控制"3个方面的逻辑关系,构建相对健全的持续管理体系。

民航实行持续适航管理,通过建立独立的组织管理结构、严格的法规制度、权威的维修指令、高效的管理模式机制,为民航安全高效运行奠定了坚实的维修保障基础。空军航空维修保障对象与民用航空维修对象具有基本的共同特征和维修要求,借鉴民航持续适航管理经验,在空军航空维修保障领域构建军机持续适航管理模式,对于提高空军航空维修质量效益,确保装备作战使用安全可靠具有重要作用。

12.1　适航与适航管理

12.1.1　适航性

飞机的适航性(Airworthiness),是指航空器适合/适应于飞行(Fit to fly)的能力,是航空器的固有属性。适航性是通过航空器全寿命周期内的设计、制造、试验、使用、维护和管理的各个环节来实现和保持的,要求首先体现在技术方面,即系统安全性与物理完整性;其次体现在管理方面,即技术状态与过程控制的管理等。适航包括初始适航与持续适航。

持续适航性是指飞机交付用户使用以后适航性的保持,其核心是保障飞机的使用安全性。这与初始适航不同,初始适航是指航空器的设计和制造必须符合适航性。飞机的持续适航性是由航空承运人、型号合格证持有人以及双方的管理当局共同来保证的。

12.1.2　适航管理

适航性这个词从一开始,就与政府对民用航空器安全性的控制和管理有关。民用航空器的适航管理是以保障民用航空器的安全性为目标的技术管理,是政府适航部门在制订各种最低安全标准的基础上,对民用航空器的设计、制造、使用和维修等环节进行科学统一的审查、鉴定、监督和管理。

这里所说的最低安全标准,就是为保证民用航空器适航性而制订的适航标准,是在审定中采用的一类特殊的技术标准。适航标准通过在民用航空器寿命周期中设计、制造、运营和维护等方面的经验和技术积累,吸取历次飞行事故的教训,经过必要的验证或论证,并在公开征求公众意见的基础上不断修订形成。

适航管理揭示和反映了民用航空器从设计、制造到使用维修的客观规律。适航管理的宗旨是保证航空安全,维护公众利益,促进民用航空事业的发展。根据管理内容和实施阶段不同,适航管理分为初始适航管理和持续适航管理两个方面。

初始适航管理,是在航空器交付使用前,适航部门依据适航标准和规范,对民用航空器的设计和制造所进行的型号合格审定和生产许可审定,以确保航空器和航空器零部件的设计、制造符合适航部门颁布的规章要求。

适航审定,是初始适航管理工作的一部分,指在航空器交付使用前,适航管理部门依据适航规章、程序和标准,对民用航空器(包括其部件、系统)的设计和制造所进行的审查、鉴定、监督和管理,以确保航空器和航空器部件的设计、制造满足适航规章规定的最低安全标准。

持续适航管理,是在航空器满足初始适航标准和规范、满足型号设计要求、符合型号合格审定基础,获得单机适航证并投入运行后,为保持它在设计制造时的基本安全水平,为保证航空器能够始终处于安全运行状态而进行的管理,包括控制航空器在使用中的安全状况和维修两个方面。

12.1.3　适航管理组织机构

1. 国际民用航空组织(ICAO)

国际民用航空组织和《国际民用航空公约》对缔约国的适航管理提出了明确的要求。

国际民用航空组织成立于 1947 年,其前身是依据 1919 年《巴黎公约》成立的空中航行国际委员会(ICAN)。第二次世界大战对航空技术发展起到了巨大的推动作用,并在全球范围内形成了一个包括客货运输在内的航线网络,但随之也引发了一系列急需国际社会协商解决的政治和技术问题。

1944 年,在美国政府的邀请下,包括中国在内的 52 个国家参加了在芝加哥召开的国际会议,制订了《国际民用航空公约》(简称《芝加哥公约》),并据此建立了"国际民用航空组织"。1947 年 4 月 4 日,《国际民用航空公约》正式生效。ICAO 的总部设在加拿大蒙特利尔。目前,ICAO 的缔约国已达 190 个国家和地区。

1971 年,联合国大会通过关于恢复中华人民共和国在联合国合法席位的第 2758 号决议。当年 11 月 19 日,ICAO 理事会承认中华人民共和国政府是中国在 ICAO 的唯一合法代表。1974 年 2 月,中华人民共和国政府致函国际民航组织,决定承认《芝加哥公约》,并恢复参加国际民航组织的活动。1974 年 9 月,ICAO 召开第 21 届大会,中国当选为 ICAO 第二类理事国。在 2004 年 9 月的 ICAO 第 35 届大会上,中国当选 ICAO 第一类理事国。

国际民航组织的宗旨和目的在于制订国际航行的原则,促进国际航空运输的发展,以此达到:

（1）保证全世界国际民用航空安全有序的发展。

（2）鼓励为和平用途的航空器的设计和运行技术。

（3）鼓励发展国际民用航空应用的航路、机场和航行设施。

（4）满足人们对安全、正常、有效和经济的航空运输的需要。

（5）防止因不合理竞争造成的经济浪费。

（6）保证缔约国的权利充分受到尊重。

（7）避免缔约国之间的差别待遇。

（8）促进国际航行的飞行安全。

（9）促进国际民用航空在各方面的发展。

ICAO 的出版物有很多种。这些出版物或者为缔约国提供了在国际航行中必须遵守的标准，或者为执行这些标准提供了可接受的符合性方法。ICAO 的出版物通常被分为两类：

（1）经理事会批准出版的，如会议最终报告、国际标准和建议措施、空中导航服务程序（PANS）、补充程序（SUPPS）、地区计划等。

（2）依据理事会批准的原则和政策，由秘书长授权编写、批准出版，如外场手册、国际民航组织通告、空中航行计划、技术手册等。

2. FAA 适航管理机构

1926 年，美国在商务部成立航空司（Aeronautics Branch），颁发第 7 号航空通报，对飞行员、航图、导航和适航标准进行管理。1928 年颁发第 14 号航空通报对飞机结构、发动机和螺旋桨进行适航管理。

1934 年，美国航空司更名为航空局（Bureau of Air Commerce），开始制订民用航空规章（CAR）。1938 年又更名为民用航空局（Civil Aeronautics Administration，CAA），从商务部分离出来成为一个独立的政府部门。从 1934 年到 1958 年相继制订颁发了飞机适航要求、要求和解释材料、小飞机适航要求、旋翼机适航要求、技术标准规定（TSO）、运输类旋翼飞机适航要求。1958 年，航空局更名为联邦航空当局（Federal Aviation Agency），负责制订美国航空条例和军民空管。1965 年 FAA 制订颁发了 FAR21 部《适航审定管理程序》，并将 CAR 相继转换成联邦航空条例（FAR）。

1966 年，联邦航空当局更名为联邦航空局（Federal Aviation Administration，FAA），并把事故调查的职责划分给了国家运输安全委员会（NTSB）（NTSB 直接向国会负责）。1981 年，FAA 适航审定司按美国航空工业地域分布组建了 4 个审定中心（Directorates），分别负责不同航空产品的适航审定和项目管理。

FAA 作为国际先进的适航审定体系，其组织机构完善健全、布局合理。FAA 的审定体系组织机构有 3 个层次，如图 12－1 所示。

3. EASA 适航管理机构

欧洲航空安全局（EASA）前身是联合航空局（JAA）。

20 世纪 70 年代，法国、德国等几个国家决定通过整合欧洲的技术和资源，联合设计、制造大型商用飞机，同美国分享庞大的世界航空业市场。为此初步成立了"联合适航局（JAA）"。

1990 年在塞布鲁斯会议上，JAA 正式成立，签署《联合航空局协议》的国家成为 JAA

的成员。JAA 的主要职责是制订和完善联合航空要求（Joint Aviation Requirements,JAR）。其内容涉及飞机的设计、制造、运营和维修,以及民用航空领域的人员执照等,并进行相关管理和技术程序的制订。JAA 的成立,保证了成员国间的合作,使各成员国之间的航空安全水平达到一个较高的水准。JAA 的另一项职责是同世界上在民用航空领域有影响力的区域或国家航空当局进行交流与合作,并通过缔结国际协议,促使世界范围内的民用航空安全标准和要求达到 JAA 的安全水平。

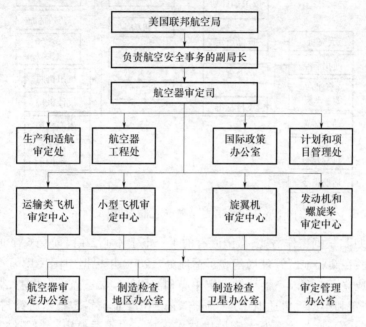

图 12 - 1　FAA 的适航审定部门的组织体系

伴随着欧洲一体化进程的推进,2002 年欧盟议会颁发第 1592/2002 号欧盟议会条例,并组建了欧洲航空安全局（European Aviation Safety Agency,EASA）。以此为标志,EASA 将接替所有 JAA 的职能和活动,与 JAA 作为欧洲各国适航当局的协会不同,EASA 是在欧盟框架下,依据欧盟议会规章的相关规定,集中行使各成员国部分民航管理主权的政府组织。为了与欧洲航空制造业的产业特点相适应,EASA 的适航审定部门的组织体系设置一方面按航空产品类别设立审定部门,另一方面分散在欧洲各个成员国中,以便更有效地对跨国合作的大型航空制造企业和众多小型航空制造企业进行适航管理。EASA 机构设置如图 12 - 2 所示。

4. 中国民用航空局（CAAC）适航管理机构

根据《中华人民共和国航空法》和《中华人民共和国适航管理条例》,我国对民用航空器的适航管理由中国民用航空局负责。民航局通过制订颁布适航标准和规定,代表国家行使政府职能,对民用航空器的设计、制造、使用和维修直至退役全过程进行鉴定、监督、检查和管理,确保飞行安全。

20 世纪 70 年代末,民航局成立了工程司,1987 年在民航局下成立了适航司,开始参照美国的模式建立适航审定系统。从 1989 年开始逐步建立上海、西安、沈阳、成都航空器审定中心。1992 年 1 月正式组建了航空器适航中心,该中心后来合并到民航局安技中

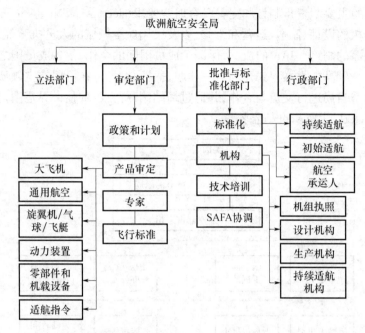

图 12 - 2　EASA 的适航审定部门的组织体系

心。2003 年以后,根据工作需要,撤销原有的 4 个审定中心,在民航局 6 个地区管理局建立适航审定处,在新疆地区管理局建立了适航处。2007 年根据中国民用航空工业的发展需求,民航局成立了上海航空器适航审定中心和沈阳航空器适航审定中心,分别负责运输类飞机适航审定和小型飞机适航审定。同年,还成立了适航审定技术研究与管理中心,以加强适航审定技术研究,为适航审定提供技术支持。中国适航审定组织结构如图 12 - 3 所示。

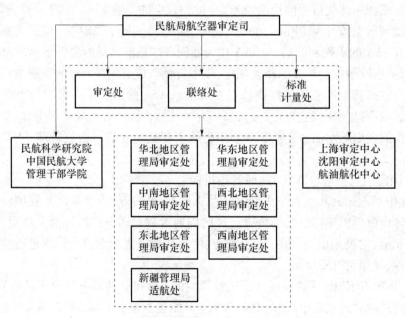

图 12 - 3　中国适航审定系统的组织机构

12.1.4　适航法规体系

1. 适航法规体系及其特点

适航管理有一整套完整的适航法规、程序和文件。尽管各国的法规文件不尽相同,但为了有效开展适航审定工作,便于交流与合作,国际上已经形成了通行的适航法规文件结构。

适航法规体系一般包括两个层次:第一层次是国家颁布的法律、行政法规,以及民用航空主管部门发布的民用航空规章(包括适航管理规章和适航审定标准);第二层次是为执行第一层次的法律、法规、规章而制订的实施细则,包括咨询通告、管理程序、管理文件等。

在具体审定工作中经常用到第二层次的咨询通告、管理程序、管理文件等,这些完善、翔实的解释性、指导性、支撑性文件材料,是开展适航审定工作不可缺少的手段和依据。

适航标准与其他标准不同,是国家法规的一部分,在民用航空器设计、制造、使用及维护的整个寿命周期都必须严格遵循。适航法规有其自身的鲜明特点。

(1)强制性。适航法规体系的上位法是《民航法》,依据《民航法》制订的适航标准和审定监督规则,既是现代民航科技成就的体现,又具有国家法律效力。所有的适航规章、标准都是法规的一部分,带有强制性,是必须执行的,任何从事民用航空活动的人必须严格遵守。

从法规属性出发,对适航法规的执行带有强制性。美国联邦航空条例本身就是法规,列入联邦航空法典(Code of Federal Regulations,CFR)。英国、欧洲联合航空局和苏联的适航标准都是具有法规性质的强制性要求。中国的适航标准和适航管理规则两方面的内容,均列入《中国民用航空规章》。《中国民用航空规章》是为实施《航空法》和《中华人民共和国民用航空器适航管理条例》,由国务院民用航空主管部门——中国民用航空局制订、发布的涉及民用航空活动的专业性管理规章。《中国民用航空规章》是具有法律效力的管理规章,凡从事民用航空活动的任何单位和个人都必须遵守《中国民用航空规章》中的各项规定。

从法规内容出发,适航标准原本就是为政府管理部门或授权管理部门对航空器的安全性进行控制而制订的。该安全性涉及公众生命财产安全,因此也是强制、必须执行的。

(2)国际性。适航标准因其应用领域的特性而具有鲜明的国际性特点。

民用航空器既是国际间运输的重要工具,又是国际市场上的重要商品。民用航空从起步,其发展就带有强烈的国际性。无论是航空产品的进出口,还是航空器设计生产日趋国际化的潮流,都决定了对适航法规体系相应的国际性要求。差异过于严重,将导致在安全性方面各国有不同的标准,一方面难以保证世界民用航空整体的安全性水平,另一方面,对于各国航空工业也造成一定程度的不平等,并可能带来额外的工作。因此,国际航空领域积极扩大国际交流和协调,制订在国际上能得到普遍承认的适航标准。在此方面,美国 FAA 和欧洲 EASA 开展了 10 多年的适航标准协调工作,目前各国适航要求基本等同。

(3)完整性。适航法规体系的完整性包含着整体完整性和过程完整性两个方面,即适航法规体系既贯穿于和航空活动相关的各个专业领域,也贯穿于材料、设计、制造、运营整个过程。

整体完整性是指航空器整体与航空器部件或子系统性能的整体性与操纵特性。适航法规体系必须考虑和要求满足系统工程的整体性。有时局部的改变会影响全局，即牵一发而动全身。对航空器整体来说，新部件的选用，新材料、新工艺、新技术的采用，都必须从影响航空器整体性与操纵特性的角度予以考虑。

过程完整性是指对航空器从设计、制造、使用和维修直到退役全过程提出并实施以安全为目的的、统一的闭环式的用于审查、鉴定、监督的适航法规体系。把上述各环节的知识、技术、经验、信息和要求有机地结合，相互补充和利用，是保证民用航空器不断改进和发展、始终处于良好的适航状态的强有力的措施。

（4）公开性。从适航标准本身内容来看，它体现了整个人类对航空安全的祈求，反映了100多年人类航空实践的安全成果，是没有知识产权限制的宝贵知识成果。虽然有强烈的技术性，但不应该受到国别的限制，世界各国的公众都有享有同等安全的航空水平的权利。因此，各国的适航标准都是相互公开的。此外，适航标准的公开性还体现在公众对适航标准的可见度和参与性上。由于适航标准的修订将关系到其工业界的利益、关系到广大公众的安全利益，各国的适航标准对其工业界、广大公众均为开放的，并且适航标准的修订过程允许公众的参与，给出意见，甚至是由公众提议进行修订。在立法修订过程中将通过合理的程序给予充分的时间发表公众的意见。

（5）动态性。适航标准是动态发展的，其演变是一个根据各种因素的变化不断持续地修订和完善的过程。同时，这种动态发展体现出适航标准的实时性。以 FAR25 部为例，截止到 2010 年 11 月共修订了 132 次。新申请的项目要适时符合新修订的标准。

（6）案例性。我国适航标准的制订主要以美国 FAR25 部内容为依据。FAR 规章属于海洋法系，实际营运中的案例可以作为其法的渊源，它是以民用航空的实践，尤其是空难事故调查结果为背景而制订的。其修订过程即采用修正案的形式，针对运营过程中出现的问题或由于设计中新技术的应用，针对相关规章给出修订建议，在广泛征求各方意见之后，做出采纳建议的决定，并随之生成相应的修正案、咨询通告、程序或指导性资料等文件。适航规章的每一条款的修订都可追溯到源头的触发事件（安全或技术）以及对安全的影响。这保证了其审定人员以及工业界设计人员都能够对每项法规的要求有深入的理解和认同，促进适航性更好地得到保证。

在 FAR25 部中，除部分由早期适航标准沿用下来的条款似乎与空难事故无直接的联系之外，其他近二三十年来新增加的条款几乎无一例外地与空难事故有直接的联系。适航标准又是在大量试验研究的基础之上制订的。例如 FAR25-64 修正案对座椅、约束系统和连接结构的动力试验的要求。考虑到在飞机应急着陆时或其他轻度坠损情况下，座椅、约束系统和连接结构在动载作用下损坏而致使乘员受伤或丧生的情况时有发生，为提高在上述情况下乘员的存活率，美国联邦航空局早在 20 世纪 60 年代就开始飞机适坠性的研究。曾经进行了大量的大小型飞机整机或舱段的坠损试验，并测定拟人模型所承受的动载。最后确定了 FAR25.562 款中所要求的试验评定方法。此外，适航性标准所规定的符合性方法也是务实的。符合适航标准的方法按重要性程度又分为试验、经验、分析计算等方式。

（7）基本性。使用适航标准对民用航空器进行安全性方面的约束，其宗旨为：一是保障民用航空安全;二是维护公众利益;三是促进民用航空事业的发展。因此,在适航标准的制订过程中,需要考虑的不仅仅是民用航空器的适航性,还有其经济性。如果片面追求经济性而安全得不到保障,飞机失事将造成巨大的经济和生命财产的损失。如果不切实际、不得要领地盲目追求安全性,超过必要的安全裕度,则不利于民用航空工业和营运业的发展。为此,适航标准又称为最低安全标准。"最低"有两层涵义,一是表明该标准是基本的、起码的;二是表明该标准是经济负担最轻的。适航标准中处处都体现经济与安全的平衡性。例如适航标准中经常出现"将……危险减至最小"的词句。其涵义是将某种危险降低到最低可接受水平。即是说若进一步降低,则为此种危险所付出的代价会显著超过在安全性方面收益这样的一个平衡点。目前,国际上的设计制造商在设计制造中基本都高于适航要求,航空活动的安全记录也证明了这一点。

(8)稳健性。由于适航标准关系到人的生命和财产的安全,因此制订时应采取审慎、稳健的态度。从某种意义上来说,适航标准只反映已被证实的、成熟的航空科学技术,而不反映最新的进展。例如 1985 年"应力强度因子"概念提出之后,断裂力学发展很快并得到广泛应用。然而迟至 20 年之后,损伤容限评定方法才进入适航标准之中。事实上,对新颖或不同寻常的设计特点,或者制造者的新材料、新工艺、新技术,在适航部门未确实判明其对航空器适航性有何影响之前,一般持谨慎的态度。对前者,须发专用条件予以限制;对后者,须予以鉴定和批准。

总之,适航法规要求是世界航空安全活动共同的财富,是没有知识产权限制的宝贵知识,是我国民机产业走向世界的重要知识源泉之一,是民用航空产业可持续发展的基石。

2. FAA 适航法规文件

FAA 根据联邦航空法规定的"制订并及时修订保证航空器、发动机和螺旋桨的设计、材料、工艺、结构和性能的安全所必需的最低标准"这一职责,制订并颁布了联邦航空条例等一系列规章和文件,形成了完整的适航审定法规体系。FAA 的适航文件体系可分为两类:一类属法规性文件,如联邦航空条例(FAR)、特殊联邦航空条例(SFAR)、专用条件(SC)、适航指令(AD)、技术标准规定(TSO)等;另一类属非法规性文件,如咨询通告(AC)、指令(Order)、通知(Notices)、指导材料(Guidance Material)、政策(Policy),备忘录(Memo)、手册(Handbook)和指南(Manual)等。

除完善的适航法规外,FAA 在用于指导具体工作的文件编制方面也体现出其体系的成熟性。FAA 颁布的各类咨询通告、工作程序、手册、指南等支持性资料丰富、实用,且保持更新。截止到 2009 年年底,仅适航管理和工作程序、适航政策就达 237 份,在运输类飞机方面有指导工业方实施符合性验证的指导材料 125 份,带动航空相关产业发展的 TSO 技术标准 150 项左右。完整的法规文件为开展适航工作提供了有力的保障。

(1)联邦航空条例。美国联邦航空条例(FAR)是联邦航空局为保证民用航空安全而制订和颁发的,其内容包括对航空器、发动机、螺旋桨及各种机载设备从设计、制造到使用、维修等全过程的各种技术要求和管理规则,还包括航运公司和航空人员、机场、空中交通管制、维修站等各个方面,是联邦航空局的主要法规,是必须遵守的法令。

(2)修正案。联邦航空条例修正案(Amendment)的正文也是法规性文件之一,是联邦航空条例有效版本的组成部分,其目的在于不断完善联邦航空条例有效版本的组成部分。

针对上述与运输类飞机研制相关的 5 部 FAR 条例,现在共颁布了 283 个修正案。

（3）技术标准规定。技术标准规定（TSO）是美国联邦航空局（FAA）为民用航空器、航空发动机和螺旋桨上使用或安装的重要通用材料、零部件和机载设备所制订的最低安全要求。TSO 原为 FAR37 部，包括管理程序和最低性能标准两部分，均属于条例的一部分。

截止到 2008 年 12 月，美国联邦航空局（FAA）共颁布有自动飞行、辅助动力、电池、装货设备、防撞与气象预报、通信设备、电气设备、客舱设备、撤离和救生设备、防火设备、燃油滑油和液压油设备、加热器、软管组件、发动机和飞行仪表、起落架、灯、导航设备、氧气设备、零组件，以及记录仪系统等共计 20 类 145 种设备的现行有效的 150 份 TSO。

（4）咨询通报。咨询通报（AC）由美国联邦航空局（FAA）发布，是对相应联邦航空条例（FAR）中的条款进行符合性验证的可接受验证方法，是美国联邦航空局（FAA）向公众推荐的一种具有建议性或指导性的文件，不具备强制性。

据统计，FAA 咨询通告文件有 12 个 AC 系列，对应 14CFR 的 Chapter Ⅰ 的 A,B,C,D,E,F,G,H,I,J,K 各分部和 Chapter Ⅱ 的 A,B 分部；共有 52 个子系列，基本与 14CFR 下的各分部对应。截至 2010 年 11 月 30 日，FAA 针对 14CFR 发布的现行有效 AC 共计有791 份。

（5）指令。指令（Order）是美国联邦航空局（FAA）对其工作人员进行内部指导的文件，目的在于使工作人员能够很好地履行自己的职责，并在实施条例时保持执行政策的一致性。Order 虽不是法规性文件，但是一种指令性文件，FAA 工作人员必须按其执行。截至 2010 年 11 月 30 日，FAA 颁布的现行有效的 Order 共计 228 份。

3. CAAC 适航法规文件

20 世纪 80 年代，民航局以《国际民用航空公约》的有关附件为基础，以美国联邦航空条例（FAR）为主要参考内容，吸收民航局已经发布的规章和文件的适用部分，开始进行适航立法的工作。经过多年努力，适航管理法规和文件体系已基本建立，适航管理工作已有法可依。

适航管理法规和文件体系分为两个层次（图 12 - 4）：第一层次是法律、行政法规和规章；第二层次是为执行第一层次的法律、行政法规和规章而制订的实施细则。

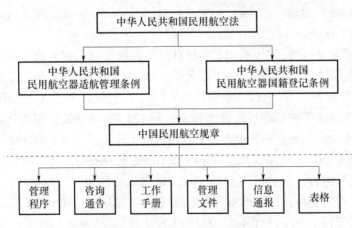

图 12 - 4　我国民航适航法规体系

目前，第一层的民用航空适航法律包括：

（1）《中华人民共和国民用航空法》，由全国人民代表大会常务委员会通过、国家主席签署、主席令发布的法律,其中规定了民用航空器适航管理工作的主要内容、范围,任何从事民用航空活动的单位和个人必须遵守。

(2)《中华人民共和国民用航空器适航管理条例》和《中华人民共和国民用航空器国籍登记条例》,是由国务院常务会议通过、以国务院令发布的民用航空行政法规,对民用航空器适航管理的宗旨、性质、范围、权限、方法、处罚等给出了明确规定,对航空器的注册登记条件和程序、国籍标志、登记标志等给出了明确规定。

(3)《中国民用航空规章》,由国务院民用航空主管部门——中国民用航空局制订,由局长以民航局令发布,是涉及民用航空活动的、具有法律效力的专业性管理规章,凡从事民用航空活动的任何单位或个人都必须遵守其各项规定。我国从 1985 年开始参照 FAR,逐步制订了和 FAR 相当的、比较完整的适航审定规章。

适航审定规章按其内容和性质可以分为管理类规章和标准类规章。管理类规章主要是管理性审定监督规则,明确而详细地规定适航管理的实施程序和方法等。适航管理类规章包括:

(1)《民用航空产品和零部件合格审定规定》(CCAR - 21);

(2)《民用航空器适航委任代表和委任单位代表的规定》(CCAR - 183)。

标准类规章是针对民用航空产品的技术性适航标准,把国家的航空安全政策具体细化和法律化,使适航管理有严格的技术性法律依据。标准类规章是一类特殊的技术标准,是民用航空产品和零部件的最低安全标准。

第二层次的规范性文件由民航局适航部门——航空器适航审定司发布,其中包括适航管理程序、咨询通告、工作手册、管理文件、信息通报、表格等。

适航管理程序简称 AP,是适航审定部门下发的有关民用航空规章的实施办法或具体管理程序,是民航适航审定系统工作人员从事管理工作时应遵守的规则,也是民用航空器设计、制造、使用和维修的单位或个人从事民用航空活动应当遵守的行为规则。

适航咨询通告简称 AC,是适航部门向公众公开的对适航管理工作的政策,以及对民用航空规章条文给出的具有普遍性的技术问题的解释性、说明性和推荐性文件或指导性文件。对于适航管理工作中的某些普遍的技术问题,也经常采用咨询通告的形式,向公众公布适航部门可接受的处理方法。

适航管理文件(MD),是适航司下发的暂行规定或者就民用航空管理工作的重要事项作出的通知或决定。工作手册(WM)是适航司下发的规范从事民用航空管理工作人员具体行为的文件。信息通告(IB)是适航司下发的反映民用航空活动中出现的新情况以及有关民用航空的法律、行政法规、规章的制订和执行情况或者对民用航空管理工作中存在的问题以及国内外有关民航技术上存在的问题进行通报的文件。表格(CH)是由适航司以表格形式印刷下发的各种申请书、证件或者要求填报的表格等。

12.2　军机适航管理

12.2.1　军用航空器适航基本概念

军用航空器适航性能够保证军用航空器在实现其军事用途下的安全运行,并且这一属性需通过性能验证得到确认,以适航性审查的形式纳入性能验证之中,且先于其他性能验证工作开始,如图 12-5 所示。

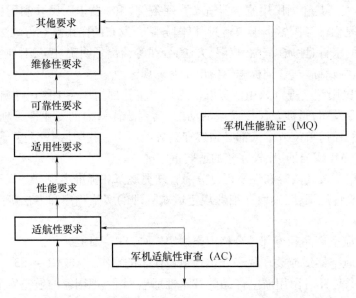

图 12-5　军机适航性审查与性能验证关系

军用航空器性能验证(Military Qualification,MQ)是通过试验和试飞等手段,以确定军用航空器各项性能指标达到既定的要求。其主要目的是验证军用航空器在使用环境下完成性能指标能力,其内容包括适航性、使用性能、可靠性、适用性以及维修性等方面所规定的要求。

军用航空器适航性审查(Airworthiness Certification,AC)是通过分析、设计、试验等手段,以确定航空器系统、子系统以及部件的适航性。其主要目的是验证航空器在规定的军事使用限制内具备满足运行安全水平,其内容包括型号适航性审查准则所规定的要求。

12.2.2　军用航空器适航的特点

适航性是航空器的固有属性,军用航空器也应适航,但军用航空器适航有其自身特点。

1. 工作法律性

与民机适航性类似,国家法律法规明确要求开展军机适航性工作,针对航空器研制、生产、使用与维修等全寿命周期内各个阶段,颁布适航管理文件、审查程序和适航性要求等,从人、机、环境等方面实施监督管理。以美国为例,美国联邦航空法典第 10 卷赋予国防部负责开展军机适航性工作的职责,如图 12-6 所示。

2. 技术整体性

与民机相比,由于军机在使用环境、任务剖面以及新技术应用方面具有显著的不同,以及军机种类繁多、差异较大,国外军机适航性要求的编制趋向于制订成不包含任何定量指标要求的准则性要求。可以说,军机适航性要求不是一本适航性审查规范,其仅提供了一套完整的适航性准则(如同适航性检查单),以及相应指南材料能够为剪裁原有标准制订定量适航性要求提供指南。因此,军机适航性不仅包含顶层适航性要求,还包含涉及各相关专业的大量相关标准和指南材料,是一个庞大的技术体系。

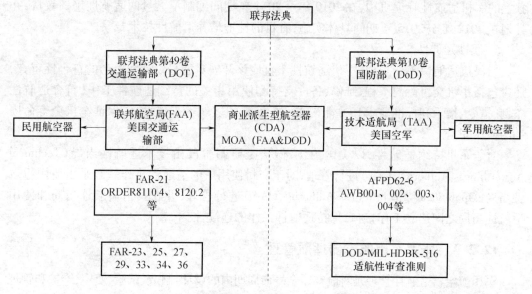

图 12-6　美国军、民机适航性法律法规体系

3. 工作程序性

与民机适航性工作相似,军机适航性工作贯穿于型号研制各个阶段,涉及各相关专业,是一项复杂的系统工程。从国外军机适航性管理工作实践来看,各国编制了大量的程序类文件以规范本国军机适航性工作过程。例如,目前美国空军已经编制了 19 份适航性通告(Airworthiness Bulletin,AWB),其中公开的 12 份文件中包括全部 9 份核心类 AWB 和 3 份一般类 AWB,9 份核心类 AWB 内容为:适航性计划编制指南(AWB-002A)、剪裁的适航性审查准则/改型的适航性审查准则(TACC/MACC)批准程序(AWB-003A)及适航文件的结构和格式(AWB-005)、适航性审查基础编制指南(AWB-004A)、风险识别和接受适航性决定程序(AWB-013A)、军用飞行许可证(Military Flight Release,MFR)申请指南(AWB-006)、军用型号合格证(MTC)申请指南(AWB-015A)、军用适航证(Military Certificate of Airworthiness,MCA)申请指南(AWB-018A)和改型的报告性指南(AWB-007)。3 份一般类 AWB 内容为:首飞评审指南(AWB-008)、适航性委员会行动通知指南(AWB-014)及豁免和让步程序(AWB-019)。

4. 培训常规性

航空安全责任重大,每一个小的安全隐患都可能导致灾难性的航空事故发生。因此,适航性作为保证航空安全的重要手段,其从业人员必须明确其承担的航空安全角色并深刻领会航空安全文化。此外,适航性作为一个对技术背景要求很高的专业,必须具有扎实的航空技术理论和工程实践经验。从国外来看,美国以 MIL-HDBK-516B《军用航空器适航性审查准则》为牵引的适航性技术和欧洲以 MIL-HDBK-516B 结合民机适航性经验的适航性技术目前已经发展趋于成熟,在全方位、大规模开展军机适航性工作之际,各国非常重视军机适航性技术人员的培养,将人员培训作为推动军机适航性发展的一项重要工作稳步推进。例如,2010 年起,美国空军计划将军机适航性工作由原来的空军系统工程中心负责开展过渡到由美国空军更高层直接开展提升军机适航性的工作地位,建立独立的军机适航性管理机构,在 2010 年至 2011 年期间编制了大量的适航性培训教材,并计划在 2012 年至 2015 年期间具体实施,有目的性地培养适航性技术专家。

5. 属性延伸性

与民机适航性工作类似,军机适航性不仅应该开展对型号设计和生产的符合性审查,还应包括军机交付后与工程、维修、备件支持和使用相关的持续适航性工作(符合适航性条例、指令、指示和标准要求),才能构成一个完整的适航性工作循环,保证军机全寿命周期的使用安全。

对于军机持续适航性,以美国为例,做法是研制阶段由技术适航性当局(Technical Airworthiness Authority,TAA)进行管理;对于交付使用后的适航性工作一般是由使用适航性当局(Operational Airworthiness Authority,OAA)进行管理,并在技术适航性当局和使用适航性当局之间建立工作接口,保持适航性工作的连续性。

12.2.3　外军军用航空器适航管理

军用航空器适航性管理是对航空器全寿命周期内的设计、制造、试验、使用、维护和管理的各个环节实施的管理和监督,其主要工作包括对设计符合适航性标准的确认、生产符合经批准的设计的确认、使用和维修管理以及机组人员资格管理等内容。目前,世界各国基本上已经建立军用航空器适航性管理机构,欧美军用航空器适航管理基本情况如表 12 - 1 所列。

表 12 - 1　欧美军用航空器适航管理基本情况

国家	国家军用航空局(NMAA)	国家军用审查局(NMCA)
美国	美国国防部	TAA 负责空军军机型号适航性审查工作,OAA 负责空军军机使用阶段的适航性管理工作
英国	英国国防部	英国国防部型号审查局代表国防部长
西班牙	西班牙国防部	对于型号审查是 DGAM,基于 INTA 颁发的技术合格证
法国	法国国防部	DGA 负责军用型号审查及对原型机和试验航空器的单机进行飞行授权
德国	德国国防部	WTD 61 ML 负责军用型号审查及对原型机和试验航空器的单机进行飞行授权,空军武器系统司令部负责对投入运行的单机进行适航性审查
意大利	意大利国防部,分成了几个局	DGAA 负责军用型号审查及对原型机和试验航空器的单机飞行授权
瑞典	军用航空安全性检查员	军用航空安全性检查员

1. 美国军用航空器适航管理

1)美国国防部采办体制下适航管理要求(图 12 - 7)

美国国防部在其装备防务采办体制的总体框架下,不断强化其军用航空器适航性工作的系统性和规范性。首先,不断修改完善顶层管理性文件,以明确"安全要求"以及工程实施要求。在国防部指令 DoDD5000.1(2003)"防务采办系统"中提出"国防部各部门要开展研究和分析以确定采办方案的安全水平,并且必须在采办全过程中明确安全要求"。同时,在国防部指示 DoDI5000.2(2008)"防务采办系统运行"中将整个装备型号研制进一步地细划分为"方案细化、技术发展、系统研发和验证、制造和交付、运行和保障"这 5 个阶段。随后,配套编制出版了"防务采办指南"(2004 年),围绕整个装备型号研制阶段要求细化了"决策支持""目标及策略""资源管理""系统工程""生命周期后勤保障""人机综合""信息技术""技术保护""测试和评估""决策评价报告"以及"管理活动"这11 方面工作的具体要求和指导性意见,其中结合整个装备型号研制阶段明确了"系统工程"的工程应用要求,特别指出"防务采办管理必须应用系统工程方法,以实现系统性能和最小费用的目标要求"。

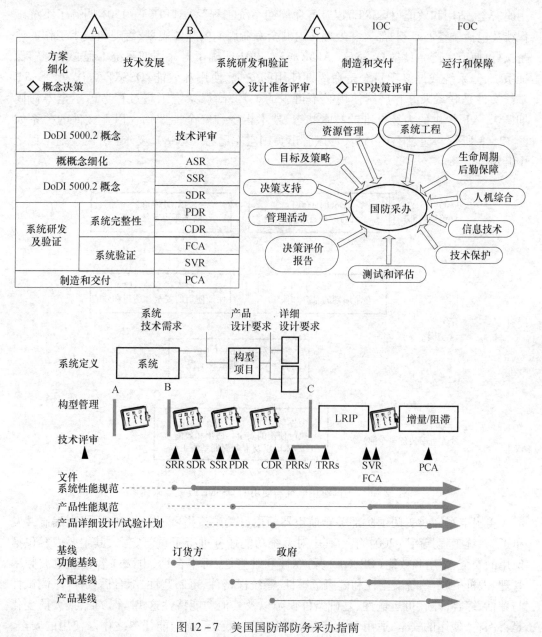

图 12 -7　美国国防部防务采办指南

2）美国空军军用航空器适航管理

美国空军顶层政策指令 AFPD63 - 1"寿命周期的采办和保障"中明确要求，"空军应该在航空器寿命周期（从概念设计到满足用户要求，直至系统退役）的所有分析和技术计划活动中应用系统工程。系统项目经理/项目经理（System Project Manager/Project Manager，SPM/PM）应保证所有系统或最终项目的安全、适用和效能（OSS&E）"。此外，美国空军在管理层面配套颁布了空军政策指令 AFPD63 - 12"保证使用的安全、适用和效能（OSS&E）"，该指令要求"为系统和最终项目建立能够在使用中持续保持的 OSS&E 基线；在全寿命周期中保持 OSS&E 基线；当系统和最终项目更改时更新 OSS&E 基线"。美国空军颁布了空军指示"寿命周期系统工程"和空军装备司令部指示 AFMCI63 - 1201"执行使用的安全、适用和效能（OSS&E）以及寿命周期系统工程"。AFPD63 - 1201 明确了系统工程涉及包括航空器研制、部署和处理在内的全寿命周期的整体规划、管理和技术工作的严密执行，使航空产品具备 OSS&E。AFMCI63 - 1201 明确了寿命周期系统工程必须能够保证系统、分系统或最终项目全寿命周期使用的安全、使用和效能；OSS&E 方法和 OSS&E 基线文件是联系采办和后续使用必不可少的工具，确保系统工程过程考虑了全寿命周期。OSS&E 提供的为经批准的技术状态、技术指令和安全性评估。以上文件的关系如图 12 - 8 所示。通过上述分析，可以看出美国空军已将"OSS&E 要求"纳入系统工程之中开展。

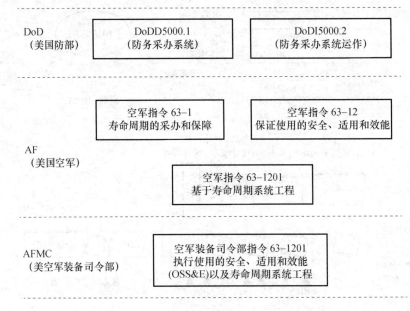

图 12 - 8　美国军用航空器使用的 OSS&E 政策要求体系

美国空军针对美国国防部关于航空器使用有关政策指令、指示和应用指南编制并发布了"系统工程指南"（2004 年），其中对系统功能任务进行了重新定义，其主要内容包括使用的安全、适用和效能（OSS&E）、可靠性和维修性、可生存性、电磁兼容性和电波频率管理、人机工效、系统安全性和健康危害性、系统保密性、可制造性、综合后勤保障、测试性与评估、综合诊断、可运输性、基础条件保障以及其他功能特性这 14 个方面，最大的变化是首次将"使用的安全、适用和效能（OSS&E）"纳入到系统功能任务之中。使用的安全、适用和效能(OSS&E)是应用系统工程管理,以保证军用航空器系统和成品(包括装备、武器、训练系统、模拟器、基地系统等)在作战使用之中能够持续地提供安全、有效和可接受的综合效能,其核心是军用航空器型号 OSS&E 基线的建立和全寿命周期内 OSS&E 基线的保持,如图 12 - 9 所示。

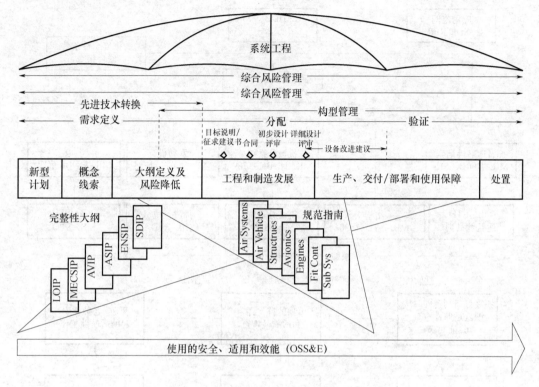

图 12 - 9　美国空军系统工程的规范与基线管理

此外,"使用的安全、适用和效能"(OSS&E)作为系统工程的首要功能任务,美国空军在技术层面先后颁布了 MIL - HDBK - 514"军用航空器使用的安全、适用和效能(OSS&E)"、MIL - HDBK - 516"军用航空器适航性审查准则"以及 MIL - HDBK - 515"军用航空武器系统完整性指南"等技术文件。其中,MIL - HDBK - 514 的目的是保持系统/最终产品采办期间建立的关键特性,而适航性是 OSS&E 中与安全相关的一个重要关键特性;同时,也明确了应以 MIL - HDBK - 516"适航性审查准则"为依据剪裁形成美国军用航空器型号适航性工作的技术要求;应以 MIL - HDBK - 515"军用航空武器系统完整性指南"为依据实施美国军用航空器型号适航性工作的过程控制(图 12 - 10)。这些文件为其开展各类军用航空器型号适航性工作提供了系统、完整的管理性和技术性依据。

在美国国防部防务采办体制下,其航空装备型号研制正在由"单一性能"逐步向"综合效能"转变,通过航空器 OSS&E 有效地将航空器的采办和后续使用连接起来,采用全寿命周期的系统工程作为实现这一目标的一种有效手段,实现航空装备使用阶段的各种指标的综合权衡,而适航性只是航空装备使用的安全、适用和效能要求中安全要求的主要表现形式。

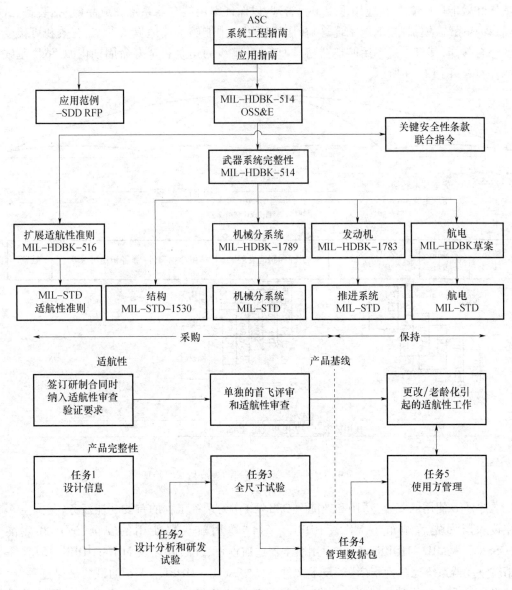

图 12-10 使用的安全、适用和效能(OSS&E)

2010 年之前,美国空军军用航空器适航性审查组织机构大致可以分为 3 层,即立法层(适航性审查准则控制委员会(AC³B))、管理层(单一项目经理(Single Manager,SM))和执行层(型号适航性首席工程师(Chief Engineer,CE)、美国空军物资司令部的试验中心、试验机构和实验室等)。除此之外,美国空军航空系统中心(Aviation System Center,ASC)为整个型号适航管理体系提供技术支撑。美国空军适航性审查组织机构之间的关系如图 12-11 所示。

美国空军军机适航管理文件主要包括:美国空军政策指令 AFPD63-12"使用的安全、适用和效能(Operational Safety,Suitability,and Effectiveness,OSS&E)效能保证",它是美国空军军用航空器适航性顶层要求;在其之下的美国空军政策指令 AFPD62-6"美国空军航空器适航性审查",它对其拥有或运营的军用航空器的适航性责任作出了明确的规

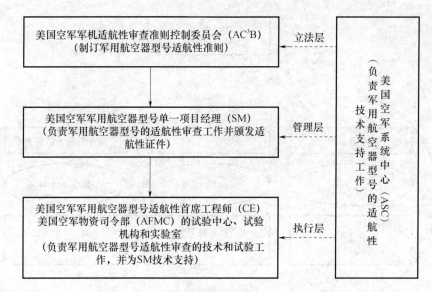

图 12 – 11　美国空军适航性审查组织机构之间的关系

定。在 AFPD62 – 6 之下,对于用于乘员运输的商用派生型运输类航空器可以使用 AF-PD62 – 4"民用派生型运载乘客的航空器适航性标准";对于军民混合型运输类航空器可以使用 AFPD62 – 5"民用派生型混合用途航空器适航性标准"。上述管理文件之间的关系如图 12 – 12 所示。

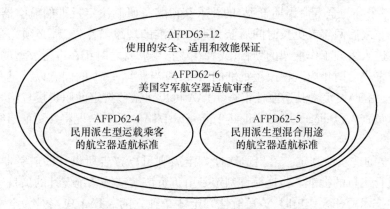

图 12 – 12　OSS&E 与适航性政策的关系

　　2010 年 6 月 11 日,美国空军发布新版的 AFPD62 – 6"美国空军航空器适航性审查",对上一版进行了大量的修订,合并替代了 AFPD62 – 4 和 AFPD62 – 5,从而将所有的空军适航性标准综合成一个单独的政策指令。依据该指令要求,对航空器是否满足适航性要求进行独立的判定,将委任技术适航性当局(图 12 – 13),并组建由其担任主席的空军适航性委员会(Airworthiness Board,AB)。该指令制订了针对以设计为基础的适航性审查的要求。当航空器不完全满足经批准的适航性审查基础时,该指令给出了针对其颁发飞行许可证的替代性方法。此外,该指令还明确了不以设计为基础而颁发特许飞行许可证的要求,允许空军认可 FAA 的适航性审查、评估和检查的结果,同时撤销了适航性审查准则控制委员会(AC³B)。

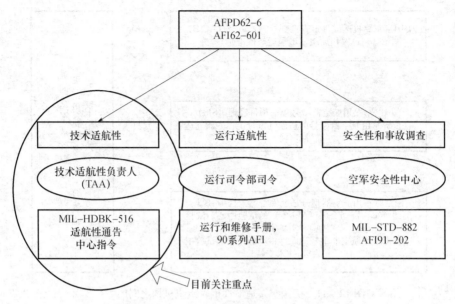

图 12 – 13　美国空军军机适航管理体系

依据 AFPD62 – 6 还给出了如下政策规定：

（1）现役航空器系统。现役航空器在进行需要申报的改型之前，并不要求对其适航性进行重新证明，或者对其现存的相关文档进行更新。对于在该指令发布之后按照 AFI63 – 101"采办与全寿命周期管理"的要求获得装备研制决定批准的航空器项目，或者在该指令发布之后两年或更长时间后获得改型批准的现役航空器，都必须完全满足其要求。对于已进入采办工作框架的项目，或者在该指令颁发之时正在进行改型的系统，以及在该指令颁发之后两年内获得改型批准的系统，应当获得 TAA 的同意以满足其要求。对于这些系统，由 TAA 负责其适航性审查。TAA 可以将某些特定的职责授权给其他指定的被授权技术负责人（Delegated Technical Authority，DTA），这种情况将在更低层级的文件中予以说明。

（2）独立的适航性判定。给出适航性判定后则可以宣告所设计的航空器是安全的，并获得了进行飞行的批准。当适航性判定是由负责该航空器系统设计的项目经理这一执行链之外的技术责任人作出时，该适航性判定才是独立的。TAA 应当是为空军作出上述判定的、独立的适航性责任人。

（3）空军适航性委员会。应当成立空军适航性委员会以便为 TAA 处理相关适航性工作提供意见和建议。

（4）以设计为基础的判定。项目经理应当为新研或改型航空器制订审查基础。空军的 TAA（或被委派的 DTA）应当批准所有的审查基础文件并颁发军用型号合格证（Military Type Certificate，MTC）。一般而言，只要当航空器项目经理（Project Manager，PM）在表明了型号设计符合经批准的审查基础之后，TAA 才可能给出符合性结论并颁发 MTC。当型号设计没有完全符合经批准的审查基础时，TAA 可能给出豁免批准，并颁发军用型号合格证。对于不适于颁发军用型号合格证的航空器，TAA 进行风险评估后，可能会颁发试验用或限制性飞行许可证。当航空器满足军用型号合格证要求并被认为处于可安全运行状态时,在经 TAA 授权之后,PM 应针对每个指定尾号的航空器颁发并保持军用型号合格证。

(5)不以设计为基础的判定。如果无法证明对以设计为基础的审查基础的符合性,但因为强制性的军事需要而使用航空器时,TAA 可能会颁发特许飞行许可证。特许飞行许可证允许航空器在规定的限制条件和经主要司令部(Major Command,MAJCOM)认可的运行风险级别范围内运行。在执行以上过程之前,PM 应当获得 TAA 的批准。

(6)民用派生型航空器。当航空器的军事任务与经审定的民机用途相一致时,空军可以最大程度地使用经 FAA 型号合格审定的民用派生型航空器(Commercial Derivative Aircraft,CDA)。对于首要任务是运送乘员的 CDA,需要经过 FAA 的型号合格审定。FAA 对这些用于运载乘员的 CDA 的审查应当在航空器系统的全寿命周期内予以保持。运载乘员的 CDA 中任何不符合可适用的 FAR 的内容都应当获得 TAA 的批准。任何 CDA 的审查基础要素,如果不是通过 FAA 审查来满足,则应当符合从 MIL - HDBK -516"军用航空器适航性审查准则"中剪裁而成的、经批准的适航性要求,并且应当在 MTC 中予以注明。空军可能会认可并使用 FAA 针对 CDA 进行的评估和检查。

(7)司令官针对任务能力的特权。本规定没有违反 MAJCOM 司令官按要求使用和运行满足适航性要求的航空器系统的特权,但不能超出航空器所具备的任务能力范围。为了很好地开展军机适航性审查工作,TAA 在 2010 - 2011 年期间最新颁布了 19 份适航性通告(AWB)(部分已经修订至 A 版),用于指导开展军机适航性审查工作。目前已收集到 12 份 AWB 文件,其中包括全部 9 份核心类 AWB 和 3 份一般类 AWB。9 份核心类 AWB 内容为:适航性计划编制指南(AWB -002A)、剪裁的适航性审查准则/改型的适航性审查准则(TACC/MACC)批准程序(AWB -003A)及文件结构和格式(AWB -005)、适航性审查基础编制指南(AWB -004A)、风险识别和接受适航性决定程序(AWB -013A)、军用飞行许可证(MFR)申请指南(AWB -006)、军用型号合格证(MTC)申请指南(AWB -015A)、军用适航证(MCA)申请指南(AWB -018A)和改型的报告性指南(AWB -007)。3 份一般类 AWB 内容为:首飞评审指南(AWB -008)、适航性委员会行动通知指南(AWB -014)以及豁免和让步程序(AWB -019)。依据上述程序规定,美国空军军机型号适航性工作过程如图 12 -14 所示。

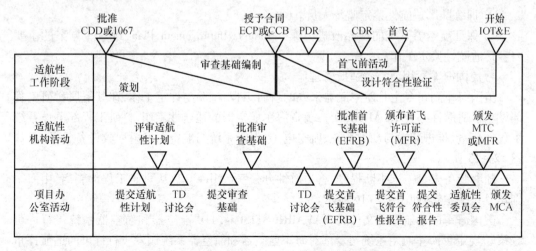

图 12 - 14　美国空军军机型号适航性工作过程

3）美国陆军军用航空器适航管理

美国陆军对陆军型航空器负有适航性审查责任，并在美国陆军条例 AR70 – 62"飞机系统适航性审查"进行了规定。AR70 – 62 规定了美国陆军有人驾驶和无人驾驶航空器系统、其子系统、设备及其改型的适航性鉴定的政策、责任、过程和（或）程序，明确了美国陆军对陆军型航空器负有适航性审查责任。"美国陆军航空与导弹司令部"是陆军最高级别的适航管理部门，负责陆军型航空器或子系统、部件及其改型的适航性审查与批准。此外，还规定了"美国陆军物资司令部"的适航性工作职责。

（1）美国陆军航空和导弹司令部。

① 制订和执行航空器系统、子系统及相关设备的经充分协调的适航性鉴定大纲。

② 评审所有计划的影响适航性的陆军航空器发展项目，包括货架产品采购以及系统、子系统和相关设备的改装，建立适航性审查要求。

③ 与陆军或确认符合性数据有效性和文件化的机构确定和协调试验要求。

④ 同意航空器系统、子系统和相关设备适航性审查需要的单个文件的工程批准。

⑤ 与适用的飞行包线和特定的运行及维修说明一起，颁布陆军试验或运行适航性放行的正式通告和申明陆军材料放行的适航性鉴定。通告内容包括：

● 批准系统技术手册中所有鉴定数据，包括这些资料的电子版在飞行、策划和维修装置中的复制；

● 程序、预防、警告、限制和性能数据。

⑥ 通过系统安全性工程的实际应用确保最大程度的安全性。

⑦ 在进行陆军适航性鉴定和持续适航活动（除去特定的授权之外）时，应与工程监督部门和委托的适航当局一起建立并保持一个独立的适航性办公室。在执行陆军航空材料鉴定或者合格审定任务时，在陆军和其他机构（如 FAA、美国国家航空航天局（National Aeronautics And Space Administration，NASA）、美国空军（US Air Force，USAF）或海军（US Navy，USNAV））之间提供联系渠道。

⑧ 根据原型机或单个航空器系统（现场应有满足适航当局要求的足够的程序和航空器系统的工程监督）的任务要求，适航当局进行合适的委托。

（2）美国陆军物资司令部。

① 训练陆军适航性鉴定监督人员。

② 保证航空器系统的产品改进方案（Products Improvement Plan，PIP）。方案的主要内容是适航性鉴定工作。

4）美国海军军用航空器适航管理

美国海军副司令主管航空武器采办的科研工程、试验与评定工作，在其下属科研工程部设立了适航性办公室（AIR4. OP），负责海军航空器的适航性工作，科研工程部下设系统工程办公室、推进装置与动力系统、航空电子、保障系统与航空器发射回收设备等部门，如图 12 – 15 所示。

随着装备安全需求不断提升，将适航性办公室（AIR4. OP）从科研工程部剥离，由海军副司令直接主管，如图 12 – 16 所示。

美国海军的适航管理文件为 NAVAIRINST13034. 1D"航空器和航空器系统飞行许可政策"，规定了海军航空系统司令部对海军航空器和航空器系统颁发飞行许可的适航评审政策、职责和程序。

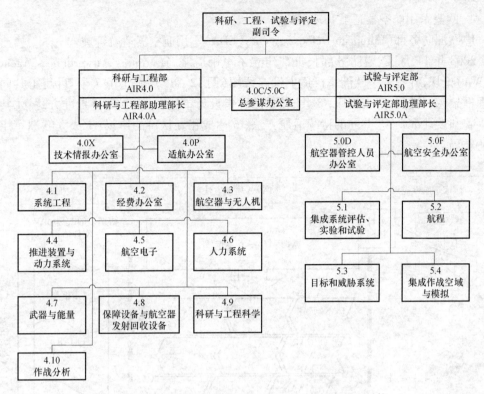

图 12 – 15　美国海军科研工程、试验与评定部门组织机构

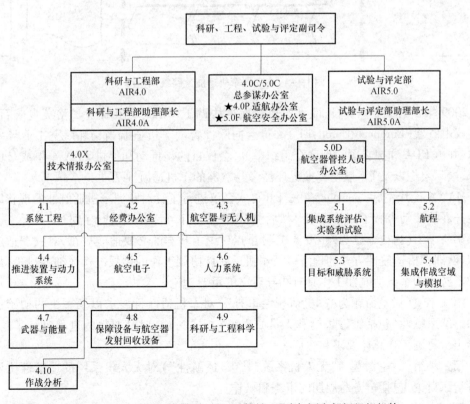

图 12 – 16　美国海军科研工程、适航性、试验与评定部门组织机构

2. 欧盟军用航空器适航管理

1）欧洲防务部（European Defense Agency，EDA）军用航空器适航管理

2008 年 11 月，欧盟防务部长批准建立了军用适航局（Military Airworthiness Agency，MAWA）论坛，并签署了欧洲军机适航性路线图（图 12-17），确定了 7 个目标：①共同的管理框架；②共同的审查程序；③共同的组织（指设计单位和生产单位）批准方法；④共同的审查和设计准则；⑤共同的持续适航方法；⑥达成相互认可的协议；⑦成立欧洲军用联合适航局。

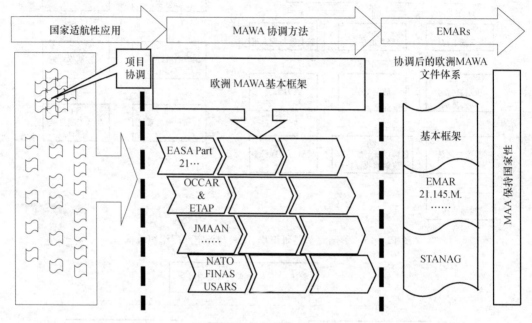

图 12-17 欧洲军机适航性路线图

2009 年 6 月 5 日 ~ 6 日，欧洲军机适航性协调工作研讨会在捷克奥洛莫乌茨召开。该会议由欧盟（European Union，EU）委员会向欧洲各国军机适航当局和航空工业界发出邀请，并由 EDA 和捷克国防部联合组织举办，会议目的是推动和促进 EDA 军事成员国国防部、国际组织以及 EU 航空工业界广泛参与欧洲的军机适航性活动。

MAWA 论坛主席 Olomouc 在联合开幕式会议进行了针对欧洲军机适航性的现状以及正在开展的活动等做了简单介绍。然后，研讨会分如下 4 个小组进行了讨论。

第一小组（讨论命题为"重要要求"）重点讨论了基本的必要适航规章，对欧洲适航性组织、欧洲军机适航性方式的理解以及军机适航性协调工作的挑战进行详细的讨论，最后形成了对协调军机适航性工作具有指导意义的重要理论。

第二小组（讨论命题为"军机适航性审查"）对军机适航性要求以及军机的初始适航性和持续适航性（包括维修机构和人员）审查进行了讨论，对已取得的进程进行了总结，并给出了协调工作总体要求和建议。

第三小组（讨论命题为"无人机系统（UAS）适航性"）对无人机系统的适航性协调工作进行了讨论，包括全寿命周期的审查和操作。

第四小组（讨论命题为"审查准则"）负责制订新研航空器型号适航性审查准则。

2）英国军用航空器适航管理

英国军用飞机适航管理体制和模式基本上与美国一致,2003 年英国国防部颁布了 JSP553"军用适航性条例",其中明确了军用飞机适航性唯一责任主体为军方。

英国国防部"联合适航性委员会"（Joint Airworthiness Committee，JAC）是其军用飞机适航管理的最高级别机构,主要由采购机构（Defense Procurement Agency，DPA）、国防部（Military of Defense，MOD）、使用部门和英国航空企业（British Aerospace Companies，BAC）等各方代表组成。英国军机适航性文件体系如图 12 – 18 所示。

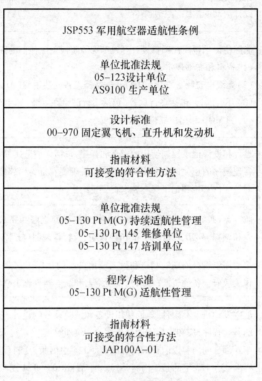

图 12 – 18　英国军机适航性文件体系

JSP553 为英国国防部飞机适航规章的详细资料,文件适用于关心国防部飞机项目赞助、军用飞机放行文件的编写、服务偏离和其他操作或工程类服务发生更改的政策方针的参谋。2003 年 7 月 1 日之前,军方适航规章发布在 JSP318B 第四版的 AL2 部分。JSP318B 作为军用航空规章文件系列的一部分重新出版,JSP553 第一版政策方针内容与 JSP318B 第四版的 AL2 部分一致。

英国军机初始适航性管理文件:设计单位管理文件为国防标准 05 – 123"航空器系统、武器和电子系统采办的技术程序";生产单位管理文件为 AS9100 系列标准。

英国国防部国防标准 05 – 123"航空器系统、武器和电子系统采办的技术程序",是一套用于指导承包商如何与航空器定向采购的 MOD IPT 对接的通用程序要求。本标准的第二版包括表 12 – 2 所列的 7 个分部。

表 12 - 2　英国国防部国防军机适航性工作程序

序号	分部	主题
1	PART0 所有部分的总信息和索引	给出了材料的审查和放行程序、本标准其他部分的索引、相关文件目录和本标准别处使用的术语和定义目录
2	PART1 批准程序和职责	设计组织依据设计批准的组织方案(DAOS)批准设计要求和设计审查(设计合格证),及批准维修方案。 注:依据 DAOS 的批准是一项直接从 MOD 承包的或派给的航空器及其机载设备系统设计活动的组织的先决条件
3	PART2 研制程序	能够使得承包商在项目设计开发和保障阶段免除他们的责任的详细程序: (1)资料和文件规定; (2)无线电安装备忘录(RIM)和航空器设备安装说明(AEII)的规定; (3)开展试验,包括飞行试验(包括飞行试验许可证)和生产试验; (4)为 MOD 和用户提供援助和设施
4	PART3 设计和设计记录控制	设计和设计记录控制使用的定义和程序,包括详细记述 Def Stan05 - 57 中涉及的构型管理程序的相关情况和国防材料构型管理。它也为局部技术委员会(LTC)、构型控制委员会(CCB)和记录保存要求提供了约定
5	PART4 技术信息保障	航空器、武器和电子系统保障技术信息提供的程序和要求规定。其中也包括故障报告和调查(MOD 表格 760 和 761)说明,及特殊说明(技术)的准备和分发说明
6	PART5 生产程序	主要用于采办周期的制造和投入使用阶段的程序。它涉及政府拥有的设备的贷款,作为政府配备的资产(GFA),及航空器和航空器维修表格和工程记录卡完成说明
7	PART6 航空发动机及其附采办程序	航空发动机及其附件、地面使用设备和试验设备的设计、开发、生产、使用保障和处理的其他程序,应和本标准的其余部分一块理解。 第 6 部分的内容以前在国防标准05 - 124 中出版,复制程序已经被删除,现在与国防标准05 - 123 中的其他内容并列。国防标准05 - 124 现在已经作废,以后将不会在新合同中使用

3. 军机系统安全性与适航性发展及相互关系

适航性和系统安全性是军机研制工作的热点。西方国家军机适航性和系统安全性有一条独立发展的道路,目前国内该领域正处于学习、借鉴和应用相关技术的阶段。因此,整理、总结国外军机适航性与系统安全性管理和技术的发展过程,理清军机适航性与系统安全性工作的关系,具有重要的现实意义。

适航性的基本原理是:通过建立标准来保障适航性航空器的设计和运行,通过建立适航性限制,确保航空器在这些限制下能实现其规定功能。

系统安全性的基本原理是:识别和记录危险,对风险进行评估,从而达到最佳的系统安全性,并将危险控制纳入系统设计以消除或减小所识别危险的风险;对某一危险进行控制后的残余危险,必须由批准的部门来识别、确认和验收;仅当受益大于潜在成本或损失时,风险才可接受。

军机系统安全性与适航性发展及相互关系如图 12 - 19 所示。

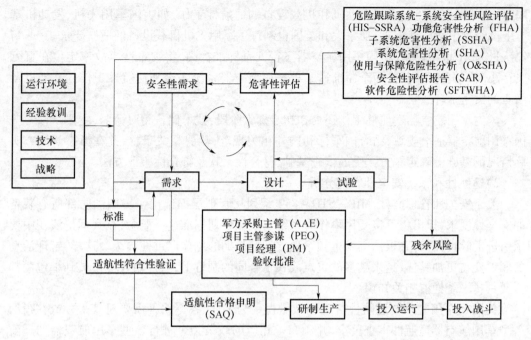

图 12 – 19　适航性与系统安全性的联合工作图

1) 军机系统安全性和适航性的发展与现状

系统安全性这一概念于 1962 年提出,后被美国国防部采纳并成为所有产品和系统采购的强制性标准,即 MIL – STD – 882。军机系统安全性的发展包括 4 个阶段:20 世纪 20 年代初至 40 年代初的事故调查阶段、40 年代中期至 60 年代中期的事故预防阶段、60 年代后期至 80 年代中期的系统安全性阶段、80 年代中期至今的综合预防阶段。

国内现有系统安全性标准还处于美国 20 世纪 80 年代的水平,军用飞机安全性工作的技术标准是 GJB900《系统安全性大纲》,它依据 1984 年版的美军标 MIL – STD – 882B 而制订,但几乎没有型号按照 GJB900 的要求开展装备系统安全性工程工作,所以装备安全事故时有发生,对保障战斗力造成很大的影响。

我国系统安全性标准体系还不完善,目前的安全性标准体系中,只有 3 个具有第二层次的标准支持,体系中设置的一些工作项目难以在装备研制过程中充分展开,标准缺乏可执行性,如安全性要求的提出、安全性指标的验证与评价等。

最初,美国军方看到民用飞机通过适航管理大幅度提高了安全性,也试图在军用飞机上推行适航管理制度。美国陆军于 1978 年颁布了 AR70—62《美国陆军航空器系统适航性确认》条例,这标志着军方开始关注航空器的适航性工作。

20 世纪 80 年代后期,美国空军正式提出了军用航空器适航性的概念,在军用航空器型号研制中开始借鉴并引入民用航空器的适航性管理经验;90 年代中后期,军用航空器适航性概念基本成熟,军用航空器安全性进入了一个新的阶段;美国空军于 2000 年颁布了政策指令 AFPD62 – 6《美国空军适航性审查》;2002 年,美国国防部颁布了适用于美国所有军用飞机的适航性要求 MIL – HDBK – 516《适航性审查准则》。

现在,美国、欧洲、加拿大、澳大利亚、印度等国都开展了军用飞机的适航性工作,如 F – 22 和 F – 35 等,A400M 也利用空客公司的民用飞机的适航性技术来开展研制工作。

同时,这些国家也比较重视发动机和机载设备的适航性工作,如美国军用飞机、发动机基本上都经过了适航性审查,加拿大和英国也制订了军用飞机机载设备的适航要求。

进入 21 世纪以来,美国军用航空器飞行安全标准提高,将灾难性事故率定位在百万飞行小时 1 次的级别,进而全面推进了美军用航空器系统安全和适航性工作的开展以及两者的紧密结合。

国内军用航空器适航性工作还处在初步探索阶段,技术储备相对薄弱,主要是参考美国军用航空器适航规章,结合国军标和国外相关规范,裁剪相关条款,并在考虑研制方实际情况的基础上确定军方接受的审查基础、符合性条款及符合性验证方法。

2)适航性和系统安全性管理分析

关于安全性管理文件,MIL-STD-882 系列从管理层面给出了美国国防部所有装备的安全性要求,提出将可接受风险作为系统安全性计划标准这一概念,在其理论演变中要求引进危险性概率,并根据其发生频率建立适应长期的危险严重性等级。这样,管理活动的职责变得更加具体,越来越多的重点放在了合同的制订上,从计划管理人员到承包商都需要具备系统性能相关知识。

美国在军用航空器适航性管理领域做得最为全面,各军兵种需要对其采办或在役的各型军用航空器适航性审查负责,并颁布了相应的政策指令进行各型军用航空器的适航性管理。

在美国空军航空器使用的安全、适用和效能(OSS&E)要求下,美国空军政策指令 AF-PD62-6《美国空军航空器适航性审查》对其拥有或使用的军用航空器的适航性责任作出了明确规定:美国空军对其军用航空器负有适航性审查责任;军用航空器适航性审查准则控制委员会(AC3B)是空军适航性准则的管理和控制部门,负责发布与飞行安全有关的信息;美国空军航空系统中心(ASC)是空军军用航空器适航性管理的主要技术支持单位;单一项目经理(SM)是军用航空器型号适航性审查的具体负责人。

在空军政策指令 AFPD63-12 之下,美国空军颁布了空军指示 AFI63-1201《生命周期系统工程》和空军装备司令部指示 AFMCI63-1201《执行使用的安全、适用和效能(OSS&E)以及生命周期系统工程》。AFMCI63-1201 明确:生命周期系统工程必须能够保证系统、分系统或最终项目全生命周期内使用的安全、适用和效能;OSS&E 方法和 OSS&E 基线文件(OBD)是联系采办和后续使用必不可少的工具,确保系统工程过程考虑全生命周期;OBD 提供经批准的技术状态、技术指令和系统安全性评估。

除此之外,美国空军针对航空器使用美国国防部以及空军的有关政策指令、指示和应用指南编制发布了《系统工程指南》(2004 年),其主要内容包括:使用的安全、适用和效能、可靠性和维修性、可生存性、电磁兼容性和电波频率管理、人机工效、系统安全性和健康危害性、系统保密性、可制造性、综合后勤保障、测试性与评估、综合诊断、可运输性、基础条件保障以及其他功能特性这 14 个方面,最大的变化是首次将"使用的安全、适用和效能"纳入到系统功能任务之中。

3)适航性和系统安全性技术分析

系统安全性的目标是通过系统的危险分析、风险评估和风险管理,使装备达到可接受的灾难风险水平。由于软件集成系统的增加,这种观点已经从以失效为中心的方式发展为确保存在问题系统的安全。全面分析产品或系统的相关功能需定量的技术分析方法,如故障树、功能危险分析、故障模式和影响分析,以及更能描述复杂时变系统的马尔可夫方法等。

军用飞机系统安全性技术工作内容主要包括设计与分析、验证与评价等。军用飞机系统安全性的设计与分析工作,是设计和确定各级系统和零部件的系统安全性要求,具体包括:建立初步危险表、初步危险分析、分系统危险分析、系统危险分析、使用和保障危险分析、职业健康危险分析、工程更改建议的系统安全性评审、订购方提供的设备和设施的系统安全性分析。

军用飞机系统安全性的验证工作,是验证关键系统、硬件、软件是否符合要求;军用飞机系统安全性的评价工作,是在进行试验、使用前或合同完成时,对所假设事故的风险进行全面评价;军用飞机安全符合性的评价工作,是保证系统安全性设计的,同时,全面评价试验中、使用前或合同完成时所假设的风险。

系统安全性技术措施,包括最小风险设计、采用安全装置、采用报警装置、制订专用规程和进行培训。

对军方而言,MIL – HDBK – 516B 是建立适航性审查基础的依据性文件。研制方需将 MIL – HDBK – 516B 转化进入设计规范和设计要求。

型号研制阶段需要控制适航性输入输出,"型号适航性审查准则"作为输入性文件,其内容包括验证条款和技术要求,依据审查准则制订"符合性方法"作为输出性文件,并与验证条款和技术要求一起构成"型号适航性审查基础"。

12.2.4　军民用飞机适航管理差异

美国军用飞机适航性于 20 世纪 80 年代开始发展,时至今日经过了 30 多年的发展,在其发展中充分借鉴了一些民用飞机适航管理的成功经验,现已形成了较为完整的适航性管理体系。从适航性的管理体系对比,两者具有相似的结构,详见图 12 – 20。

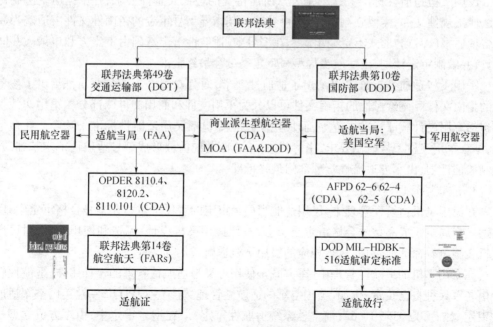

图 12 – 20　美国军民用飞机适航性管理体系对比

同样,欧洲的民用飞机适航管理也早已发展得很成熟,而军用稍显落后,但是军方已有发展计划,最终将具有与民用航空适航管理类似的机构,如图 12 - 21 所示。

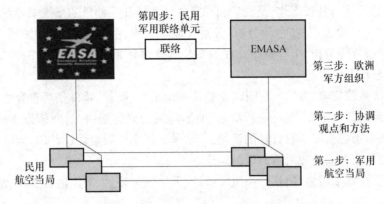

图 12 - 21　欧洲军民用飞机适航管理

1. 适航审定责任主体

民用飞机适航性审定的唯一责任主体是适航当局,代表公众利益,对所有民用飞机依据型号适航审定基础进行飞机适航性审定。在型号研制中,适航当局成立型号合格审定委员会(TCB),组织开展适航审定工作。

军用飞机适航性审定的唯一责任主体是军方,代表使用方利益,对其拥有和使用的军用飞机依据型号适航性审定基础进行飞机适航性审定。在型号研制中,军方派出的适航性审定官员(SM)具体负责型号的适航性审定,首席工程师负责开展具体的审定技术工作,最终为 SM 提供审定结论建议。

2. 适航性标准技术要求

民用飞机适航性标准关注的是公众所能接受的最低安全性要求,是依据航空法制订的法律法规性文件,需要强制执行、不可剪裁。其指导型号审定的指南性文件由适航当局以咨询通报(AC)的形式不定期出版。在型号中,适航性审定基础由审定方和申请人共同制订,并编制审定计划,由适航当局型号审定委员会最终批准。

军用飞机适航性标准不仅给出了适航性要求,而且对每一个条款要求都给出了参考性的指南文件。该参考性的指南文件可以分为军用文件和商用文件两部分。军用文件主要包括军用设计验证标准规范等,而民用文件主要包括民用适航性标准条款等。在型号中,结合军用飞机型号研制要求,由订货方、承包商共同剪裁形成型号适航性审定基础,并编制验证计划,由军方适航性管理部门最终批准。

3. 适航性管理程序指令

在民用飞机适航性管理中,民用适航当局是审定的责任主体。在型号合格审定中,民用适航当局组织成立型号合格审定委员会,按照民用飞机设计、制造和使用阶段,对民用飞机实施全寿命适航管理,执行相应的民用飞机适航条例等文件。

在军用飞机的适航性管理中,军方既是使用方又是适航性管理的责任主体,适航性管理由各军兵种自己负责,例如,美国空军的适航性管理文件为 AFPD 62 -6《美国空军适航性审定》,陆军为 AR 70 -62《航空器系统适航性审定》。在型号审定中,由军方成立型号适航性审定机构,执行相应的军用航空型号适航性政策指令等文件。

12.3　军机持续适航管理

持续适航管理是一项复杂的系统工程,对提高军用飞机飞行安全水平可起到重大的推动作用。为提高军用飞机飞行安全水平,美军已将民航适航理念引入到军用航空领域,形成了完善的适航技术和管理体系。伴随着我国军用飞机设计和制造水平的提高,航空兵部队通过学习和借鉴美军和民航在保证飞机持续适航性方面先进的管理模式和成功经验,努力探索适合我军的军机持续适航管理模式,必将推动我国军用飞机飞行安全水平迈上新的台阶。

12.3.1　民航持续适航管理

持续适航管理作为民用航空器适航管理的重要内容,主要是指民用航空器投入使用之后,为保证其始终处于适航状态和始终处于安全运行状态所实施的管理,包括控制民用航空器在使用中的安全状况和维修两个方面。

为了保证正确安全地使用民用航空器,适航部门要对民用航空器的使用者提出明确的要求和使用限制,并对其进行监督检查;适航部门要建立各种渠道以便收集、分析和控制不同航空器在使用过程中暴露的不安全因素,并随时颁发适航指令,要求制造者和使用者对航空器进行检查或修理。适航部门还须对民用航空器的维修单位进行审查,要求其建立严格合理的质量保证体系且取得维修许可证,并不断地对其监督和检查。此外,负责维修和检验民用航空器的人员必须接受适航部门的考核,经考核合格者方可取得相应执照,以保证人员的素质和技术水平符合规定的要求。

20 世纪 70 年代末期,我国民航与空军分离成为独立的航空运输和管理实体。80 年代中期,为提高航空安全工作水平,民航全面引入 FAA 的适航管理理念和管理方式开展航空安全管理工作。1987 年 5 月 4 日颁布的《中华人民共和国民用航空器适航管理条例》,标志着我国国家法定适航管理工作的开始。经过 30 多年的艰苦努力,持续适航管理工作取得了巨大的进步。民航适航管理部门针对我国民航的整体发展状况和薄弱环节,通过建立健全适航法规、实施维修许可审定、颁发各种证照、建立适航信息系统以及开展飞机年检、停机坪检查等工作,使我国的持续适航管理法规和管理手段快速向国际先进水平靠近。

1. 民航航空法规体系

《中华人民共和国民用航空器适航管理条例》起着保障民用航空安全,保护国内民航制造和运输企业的作用,对于我国民用航空器适航管理工作具有划时代的开拓作用。中国民用航空局作为国务院民用航空主管部门,授权航空器适航审定司完成了大量飞机适航方面的审定批准和颁发证件的工作。与此同时,一大批具有国际通行安全水平、具有现实指导意义的适航规章和规范性文件也相继发布,形成了图 12 – 22 所示的一套以适航管理为核心的我国民航航空法规体系,主要包括适航法规及法规性文件、飞行标准规章和其他相关方面的规章。

适航法规体系可分为两个层次:

第一层次是法律、行政法规和规章,主要包括《中华人民共和国民用航空法》《中华人民共和国民用航空器适航管理条例》和《中国民用航空规章》(CCAR),主要侧重于飞机在设计、研制阶段的初始适航性。其中,适航规章是 CCAR 中涉及民用飞机适航管理部分的若干规章,可分管理性规章和适航标准两大类。

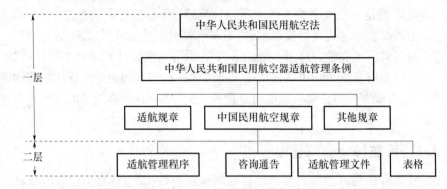

图 12 - 22　民用航空法规体系

第二层次是为执行第一层次的法律、行政法规和规章而制订的实施细则。主要包括由民航总局适航部门发布的法规性文件,其中包括适航管理程序、咨询通告、适航管理文件、表格和函件、航空器适航信息通告等。

民用航空规章系列分为一般规则、航空人员、航空运行人和航空机构 4 个方面,如图 12 - 23 所示。

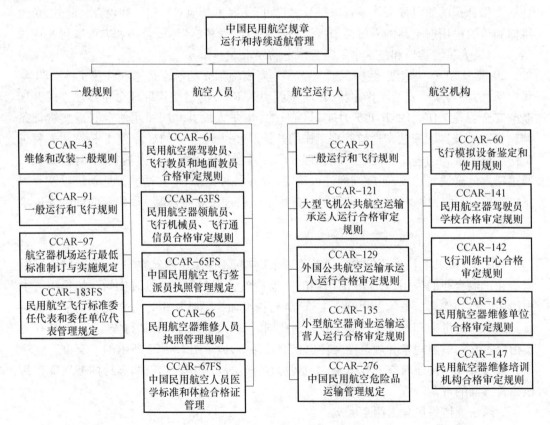

图 12 - 23　民用航空规章系列

中国民航航空法规体系主要包括上述适航法规及法规性文件、飞行标准规章系列两部分。为了推动军用飞机持续适航工作开展,下面依据 CASM R2(持续适航监察员手册)对民航持续适航管理法规性文件做重点介绍。持续适航管理有关法规文件是民用航空管理法规体系的重要内容之一,主要包括以下 9 部适航规章:

(1)维修规则类:CCAR -43(维修和改装一般规则)、CCAR -91(一般飞行和运行规则)、CCAR -121(大型飞机公共航空承运人运行合格审定规则)、CCAR -129(外国公共航空运输承运人运行合格审定规则)、CCAR -135(小型航空器和直升机公共运输运行合格审定规则)。

(2)服务机构类:CCAR -145(民用航空器维修单位合格审定规定)、CCAR -147(民用航空器维修培训机构合格审定规定)。

(3)人员执照类:CCAR -66(民用航空器维修人员执照管理规则)。

(4)委任代表类:CCAR -183(民用航空器适航委任代表和委任单位代表的规定)。

2. 民航持续适航管理机构及职责

中国民用航空局作为国务院民用航空主管部门,为提高对航空维修业的管理水平,积极向国际管理水平看齐,强化了飞机持续适航管理和飞机运营的监督管理,于 2001 年对其内部飞行标准司的职责及机构进行了调整,调整后持续适航管理机构如图 12 -24 所示。

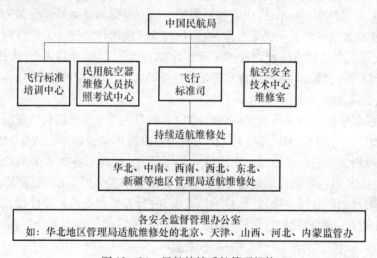

图 12 -24　民航持续适航管理机构

飞行标准司主要负责:制订、修订航空营运人的运行合格审定的规章、标准、政策,管理营运人运行合格审定与持续监督中的飞机与仪表设备要求、飞机维修与持续适航等方面工作;制订、修订民用飞机维修机构合格审定的规章、标准、政策,管理民用飞机维修机构的合格审定与持续监督工作;制订、修订民用飞机维修人员执照管理的规章、标准、政策,管理飞机维修人员执照的颁发、吊销工作;负责飞机安全运行状态的审定与持续监督工作,包括适航指令的实施监督、飞机年检及适航证的再次签发;负责民用飞机运行中使用困难报告的收集与管理,与航空器审定部门协调处理有关航空器工程评估问题;负责审批民用飞机维修方案、可靠性方案、最低设备清单和飞机型号合格审定中有关飞行标准工作;管理维修监察员和相关委任代表的选拔、培训和检查监督工作,制订、修订维修监察员手册;了解掌握国际民航组织和外国政府民航当局有关飞机维修和适航管理规章、标准方面的信息,组织有关业务技术交流;参与航空飞行事故的调查工作;承办总局领导交办的其他工作。

民航地区管理局适航维修处主要负责:审核报批或批准辖区内民用飞机维修单位维修许可证、飞机适航证和特许飞行证并实施监督管理;负责审批辖区内民用飞机维修方案、可靠性方案、飞机加改装方案及制订特殊装机设备运行要求;按授权负责对承修中国注册飞机及其部件的国外维修单位的审定;负责辖区内飞机维修人员的资格管理。

安全监督管理办公室(安全运行监督办公室)主要负责:按授权,承办辖区内民用飞机维修单位和各审定的有关事宜并实施监督管理;负责辖区内民用飞机持续适航及维修管理;负责辖区内飞机维修人员资格管理。

3. 民航持续适航维修管理系统

现代航空器是一个复杂的系统,需要维修来保证其各个系统处于持续适航状态。为此,民航在航空企业形成了包括维修、工程服务和维修管理在内的完整的飞机维修管理系统,实现各项维修活动的有序开展。

组织结构与运行模式。自 1987 年以来,民用航空领域维修管理体制和保障方式发生了变化,直接借鉴美国的民用航空管理经验,实行适航管理、资质认证、依法维修,形成了技术部门制订方案和指令、质量部门执法检查、安全评估部门监督、维修作业落实的维修管理模式。

民航工程管理机构。目前,民用航空界将整个航空维修的业务活动分为工程和维修两大部分。工程是指维修的工程决策管理,维修是指维修的运作实施。工程管理可看成是航空维修的"设计",主要是指维修的技术规范和标准的制订,包括维修大纲、维修方案、工作单、工程指令以及各类维修手册;维修实施是指外场的放飞、场站维修等具体的维修工作。

4. 民航质量管理系统

民航工程部按照中国民用航空局颁发的 CCAR121 部《大型飞机公共航空运输承运人运行合格审定规则》和 CCAR – 145 部《民用航空器维修单位合格审定规定》的文件要求,建立由责任经理负责的质量系统。在维修管理手册中,明确了各类人员的职责及其资格要求,并建立人员岗位资格评估制度,对于满足资格要求的人员,由责任经理或其授权的质量经理以书面的形式进行授权,包括维修人员、放行人员和检验人员的授权。并按照有关要求,每年进行一次自我质量审核,并且结合局方、公司的一些专项检查,进行不定期的审核检查,针对审核中发现的问题,限期整改落实。

5. 民航人员培训管理系统

在现代民用航空维修管理活动中,民航根据 CCAR – 66Rl《民用航空器维修人员执照管理规则》和 CCAR – 147《民用航空器维修培训机构合格审定规定》这两部规章,建立了完善、规范的航空机务人员培训管理体系,已成为与工程管理、质量管理、维修控制等管理活动同等重要的一项工作。

12.3.2 持续适航管理逻辑

进入 21 世纪以来,世界民航特别是中国民航保持着持续向好的安全态势。在业务快速增长,规模不断扩大的同时,事故率和不安全事件发生数量不断下降,截至 2016 年年底,中国民航已连续保持 6 年无重大事故发生,百万飞行小时 10 年滚动事故率为 0.016,百万架次 10 年滚动事故率为 0.036,均大大好于世界同期平均水平。相对于民航,我军军机安全形势并不容乐观,这其中与当前我军航空装备加速升级换代的因素有关,多数航空装备存在着装备价值高、技术发展快、系统组成复杂等客观特点,但也与目前我军军机保障方法与保障模式相对落后有关,特别是在安全管理上还存在着诸多不合理或需健全的地方。下一步,军队改革不断深化,部队"官改兵"势在必行,保障模式加快升级转型,新型装备加速部署配备等,这些因素都对军机安全造成了很大压力,需要借鉴不同行业的安全管理经验,特别是民航持续适航理念,对军机保障模式进行转变,以得到更有效益的保障模式,达到更高的安全水平。

民航业在飞速发展的同时,也保持着很高的安全性水平,这其中,适航是民航安全的重要保证。作为民机适航的重要组成部分,持续适航涵盖了为确保所有航空器使用寿命的任何时候能遵守有效的适航要求,并处于安全运行状态的所有工作过程。特别地,中国民航在引进、吸收国际民机适航管理经验的基础上,构建并形成了一套中国特色的民机持续适航管理体系,保证了中国民航近年来远高于世界同期的飞行安全水平(截至目前,中国民航已累计 7 年无重大飞行事故,百万飞行小时率 10 年滚动值为 0.016)。总结分析发现,中国民航在开展持续适航管理方面注重了"法规、文档和控制"3 个方面的逻辑关系,构建了相对健全的持续管理体系。

1. 健全的法规逻辑

中国民航在构建持续适航法规体系时,借鉴国际通行做法,结合我国具体国情,形成了一个"全面覆盖、多核立标、层次更新、证照管理"的法规逻辑,确保了所构建的持续适航法规体系全面、有效和可操作,如图 12 - 25 所示。

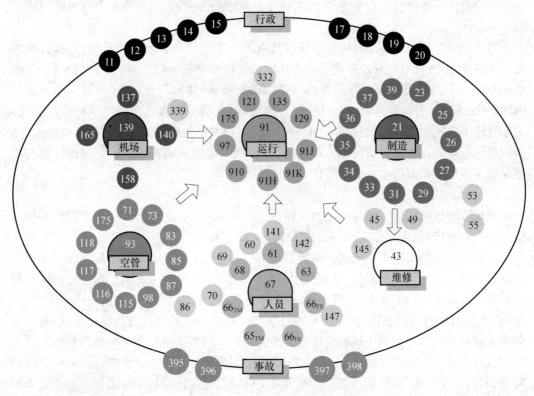

图 12 - 25　中国民航规章体系逻辑

一是全面覆盖,指中国民航共规划了15篇400部的民机适航规章体系,虽然目前只编制了不到一百部规章,但基本涵盖了当前民航所涉及各领域,其具体包括行政管理(第一编,1~20部)、事故处理(第十五编,391~400部)、运营服务(第五、十、十二、十三编,71~149部,210~250部,271~325部,326~355部)、设计制造(第二编,21~59部)、维修改装(第六编,140~149部)、机场管理(第七编,150~179部)、空管领航(第四编,71~120部)、人员管理(第二、八编,60~70部,180~189部)、科学研究(第十一、十四编,251~270部,356~390部)、航空保险(第九编,190~199部)等多个方面的适航规章,完整地覆盖了航空器使用寿命内的所有要素,并为下一步不断补充完善和发展,直至形成完整的适航规章体系奠定基础。

二是多核立标。围绕着民机运行这一核心任务,民机适航规章在飞机使用全过程的各个阶段、针对不同环节设计了不同的核心或主干规章。如对于航空器审定方面,设计了以CCAR21部《民用航空产品和零部件合格审定规定》为核心的审定规章体系;对于民机运行,设计了CCCR91部《一般运行和飞行规则》,构建了民机运行规章体系;在维修要求方法,形成了以CCAR43部《维修和改装一般规则》为核心的规章体系。

三是层次更新。民机持续适航规章有一个相对稳定的更新机制和流程。具体地更新方式有以下几种:①国际化更新。随着国外主流航空管理机构的规章进行更新,如FAA、EASA等;②随重大不安全事件的发生更新,通过国内外出现的重大不安全事件暴露的问题对条款进行更新;③随着新技术、新工艺、新方法的出现进行更新。更新一般先通过下发管理程序、咨询通告等规范性文件,经试用完善后再进行相应的规章修订。因此,民航规章中的条目一般都设计为非连续地的,便于后续的补充修订,以加强整个规章的逻辑性和可追溯性。

四是证照管理。正如民机初始适航管理有着一个完整的证照管理机制,民机持续适航同样将证照化、资质化管理作为其规章落实和操作的重要手段。如对于维修单位,可依照CCAR-145部《民用航空器维修单位合格审定规章》进行取证;对于维修人员可根据CCAR-66部《民用航空器维修人员执照管理规则》取得维修人员执照并进行证后管理;对于维修培训机构,则需要根据CCAR-147部《民用航空器维修培训机构合格审定规定》进行取证管理。在各类人员和单位取证后,各规章中提出的完善的证后管理制度也有力地保证了各单位和人员水平的持续化。

2. 完备的文档逻辑

民机持续适航管理历经几十年的发展,形成了一套完备的文档体系,使得民机开展持续适航管理有依据、可跟踪、能追溯,具体体现在以下方面:

一是对接初始。民机适航涵盖初始适航和持续适航两部分,其目标都是为了保持民用航空器的安全运行而开展的。因此在初始适航规章中,就明确规定了在设计阶段应提交的持续适航文件(如CCAR-25部附录H持续适航文件中要求"发动机和螺旋桨(以下统称"产品")的持续适航文件,中国民用航空规章要求的设备的持续适航文件,以及所需的有关这些设备和产品与飞机相互连接关系的资料。如果装机设备或产品的制造厂商未提供持续适航文件,则飞机持续适航文件必须包含上述对飞机持续适航性必不可少的资料。而且,作为衔接,飞机制造单位应在飞机交付前提交维修建议书。维修方案委员会报告由AEG(航空器评审组)进行评审并经民航局批准,形成维修审查委员会报告(MRBR)

后方能作为航空公司制订维修方案、开展维修活动的依据(CCAR.121.367 飞机维修方案:"合格证持有人应当为其所运营的每架飞机编制维修方案,并呈交给局方审查批准后按照方案准备和计划维修任务。合格证持有人应当对维修方案进行定期检查。维修方案的任何修订应当获得民航局的批准,合格证持有人飞机的初始维修方案应当以民航局批准或者认可的维修审查委员会报告(MRBR)以及型号合格证持有人的维修计划文件或者维修手册中制造商建议的维修方案为基础。这些维修建议的结构和形式可以由合格证持有人重新调整,以更好地符合合格证持有人特定维修方案的执行")。在文件的实施过程中,必须完成一系列规定的工卡、记录单、反馈报告才能形成工作闭环,这一系列文档是系统的和贯通全过程的。

二是责任清晰。在航空器使用的各个阶段都规定了相应的持续适航文档,而且明确地规定了各类的编制人、批准人、使用范围。如对于维修建议书的编制 CCAR-135.425,对于没有局方批准或认可的维修审查委员会报告(MRBR)的航空器,合格证持有人应当按照维修审查委员会报告(MRBR)的逻辑决断方法和过程制订初始维修方案。这样就避免了涉及航空安全各类单位、人员出现推诿扯皮、责任不清的问题,更有利于使用完整的文档体系开展航空器使用全过程的适航管理活动。在明确了具体持续适航文档、相关责任和记录制度后,作为民机持续适航的管理机构——中国民航局和地区管理局,要按照权限和规章要求对一些影响民航安全的关键文档或其关键部分进行审查把关,并定期组织进行监察管理。

三是记录规范。民航中几乎所有涉及航空器安全运行的活动都有规章,规定其具体文档和工作记录单、检查单、反馈表作为相同单位和人员开展工作记录的依据 CCAR135.433,航空器飞行记录本:"合格证持有人应当对于每一架航空器建立航空器飞行记录本,记录运行中发现的缺陷和工作不正常情况及所进行的维修工作;另外,它还用于记录与飞行安全有关的运行信息、飞行机组和维修人员需要了解的有关数据。航空器飞行记录本中应当包括航空器运行信息、影响航空器适航性和安全运行的任何缺陷及保留状况、要求的维修项目、维修工作记录、航空器放行等内容"。CCAR-145,维修单位的权利和义务:"应当对所实施的维修工作完整地记录,根据适用情况,维修记录应当包括但不仅限于填写完整的工作单卡、发现缺陷及采取措施记录、换件记录及合格证件、执行的适航指令和服务通告清单、保留工作、测试记录、维修放行证明等"),并作为适航管理和日后事故调查的证据,规定了相应的留存要求,这种工作记录文档已经成为民航持续适航管理的工作习惯和日常要求,并正在借助信息化手段不断加以完善和丰富。

3. 严密的控制逻辑

现代航空器由一系列复杂的子系统构成,航空器适航管理更是涉及人、机、环、管理等诸多环节和要素,因此,航空安全是一个巨系统下的涌现特性。按照系统安全理论的最新成果,复杂系统的安全问题可看作是系统控制结构出现了缺陷或不足,而控制或缓解这些缺陷和不足即可避免不安全事件的出现。因此,民机适航从系统控制论的角度构建了一个严密的关于航空系统控制结构,通过层次化的控制来满足一系列安全约束和需求,并在实践过程中根据实际情况不断更新和迭代。

从图 12-26 可以看出,首先,民机适航所构建的航空器安全控制系统由一系列控制结构组成,每一个控制结构均包括控制器、执行器、被作用系统、反馈器 4 类要素,形成了一个完备、闭环的控制结构。这种严密的控制逻辑,首先保障了民机适航所涉及的要素是齐全的。按照系统控制论的观点,不安全事件的发生都是由控制结构中出现了 4 类不安全活动,即控制器未提供控制指令,控制器提供了不正确的控制指令,控制指令在执行过程中出现了延迟或错序,控制行为持续时间过长或过短等,根据不安全活动的发生可以分析出不安全场景,进而提出安全性需求。按照上述逻辑,结合民机适航所构建的一系列完全的控制结构就分析出完备的安全性需求,进而建立控制模型,开展一系列闭环化的安全性活动来保证整个民机体系的安全。

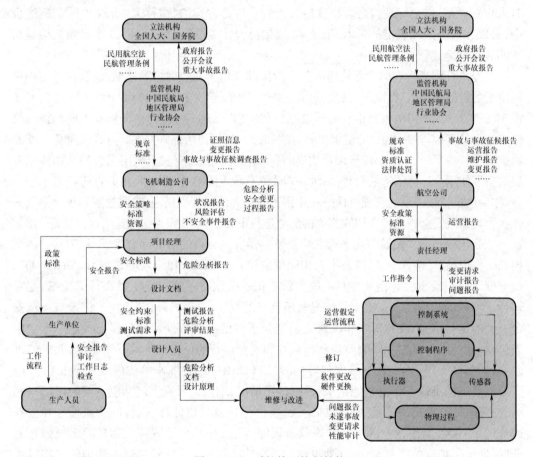

图 12 - 26   适航管理控制结构

其次,上述民机适航管理控制结构也显示出民机适航层次化控制的理念。如对于局方,重点以航空公司为控制对象构建控制结构,而航空公司重点以责任经理为控制对象进行控制,对于责任经理则依靠适航规章要求的控制系统对其所负责的人员、物资、设施等进行控制,形成了高、中、低 3 层清晰的控制结构。在各个控制结构中,都给出了不同的控制方式(如标准、文档、报告等。图中的初始适航和持续适航通过对维修建议书和维修计划委员会报告控制两者衔接中容易出现的安全性问题,即通过 AEG 评审来构建桥梁,连接航空器的设计制造与使用维护两个阶段,达到全过程控制的目的。

最后,民机持续适航管理保持着一个不断细化、层层递进的控制循环,如对于维修单位的控制、维修人员的控制都可以利用适航规章建立其控制结构图,找出不安全行为,进而指出不安全控制行为发生的原因和场景,提出具体的安全约束和需求。且随着技术、手段的进度,此类控制结构可以即时调整,不断完善,为各个规章的修改提供依据。因此,从总体上讲,民机持续适航管理构建了一个层次清晰、要素齐全、模型准确、容易监管的控制体系。

12.3.3　军机维修管理与持续适航管理的差异分析

1. 航空法规体系差异

航空兵部队在维修管理法规制度体系上,基本上沿用俄式飞机的维修管理法规制度,并通过对多年维修保障工作经验的总结,以及对维修作业中发生问题的分析,不断修订完善了维修管理制度和安全措施,制订了安全法规学习教育、安全形势分析、检查整顿、干部跟班作业、干部检查飞机、"三检"(自检、互检和干部复检)、机械日、安全奖惩这 8 项制度,以及具体规定和措施,形成了航空兵部队维修管理法规和制度体系,但未引进适航管理理念和未开展持续适航维修管理,与民航安全管理经验和水平相比,仍有较大的差距。

在民航适航管理文件中,最低设备清单(MEL)与可靠性方案(RP)、维修方案(MP)和外形缺损放行清单(CDL)并列,是航空公司必须制订且须经民航当局批准的技术文件,而航空兵部队关于飞机的维修和放飞主要依据《某航空机务工作条例》和《某航空维修一线管理细则》。民航放飞管理的依据是适航当局批准的技术文件"最低设备清单",而目前航空兵部队放飞由主管装备的领导批准,缺乏严格的技术标准作依据。

2. 维修管理系统差异

航空兵部队维修管理工作依据《某装备条例》《某航空机务工作条例》以及各专业工作细则和管理规定开展,未采取工程技术与维修控制、质量管理和人员培训部门分开的管理模式。如某运输机部队在安全方面摸索出了一套有效的经验做法,即:建立飞参室,定期对飞参数据下载和分析;对发动机采取监控措施,严格落实滑油、液压油定期化验分析制度;发挥修理中队 ATE 设备功能,对监控的重要设备进行测试等,对保障安全飞行发挥了重要作用。

民航工程部门强调系统管理理念,设立了系统工程师,而航空兵部队在维修时,专业主任和助理部分承担了工程管理的职能,发挥着系统工程师的作用,如组织疑难故障的研究和分析、制订预防措施、参与质量问题的查处、对技术通报进行处理等。

在维修实践中,航空兵部队按照专业分工进行维修工作,而民航则是按照系统功能进行维修工作,避免了按专业分工造成专业助理涉及飞机的系统过多,对一些重要系统难以做到全面认识和系统掌握,以及同一系统两个专业交叉维护等问题。

3. 质量管理系统差异

航空兵部队基本沿用俄式的质量管理体系,虽然具有一套可行的质保体系,但质量保证体系主要是根据设计技术指标审核验收,没有按照适航规章、标准及指令管理的体系和制度进行审核,缺乏与现代质量管理要求相适应的管理制度和指标体系。对于质量体系中要求的组织机构和各个岗位的质量责任、质量管理手册、程序文件、过程文件、文件记录要求等,按照民航质量管理的要求尚未能充分满足,质量策划、质量管理和质量持续改进等工作开展不够深入,与全面质量管理的科学体系要求相差较大。

质量管理机构和岗位设置有待调整。目前航空兵部队设置的质量部门为质量控制室,未明确其质量管理职能,未设置专职检验岗位一职,没有开展专职质量检验工作。

质量指标范畴要突破局限。各国民航企业已将质量管理纳入管理目标范畴,我国民航局对国内航空公司每年的考核指标体系也包含了系统的质量指标。而目前航空兵部队的质量管理指标局限于安全管理和完成任务的情况。

4. 人员培训管理系统差异

航空兵部队经过多年的建设和发展,人员的教育训练管理工作取得了显著的进步,对从事航空装备维修的人员实行持证上岗管理制度,上岗人员分为维修人员和检验人员两类,极大地促进了航空装备保障能力的提高。但是,与民航机务人员培训管理体系建设要求相比,还存在着需进一步完善和改进的地方。例如,尚未建立起一套科学、合理完善的机务人员培训管理体系,在航空兵部队基层两级机务系统尚未设立专职的培训管理部门,各单位每年按照训练大纲制订培训计划,因缺乏主管部门和相应的监管机制,训练效果未尽如人意。

随着航空装备的科技含量越来越高,对专业技术人员的素质和能力要求也越高。然而,航空兵部队面临着专业技术人员频繁流动、高级专业技术人才紧缺的情况。机务干部维修工程管理方面的培训相对滞后,加之培训资源相对不足,院校教育的内容与军用飞机的特殊要求之间存在较大的差异,培训的内容和深度均不能满足装备发展的需要。

目前航空兵部队对机务人员培训缺乏有效的激励机制,机务人员参加培训未能与个人的进步挂钩,导致部分人参加培训的积极性不高。

12.3.4 军机持续适航管理体系构建思考

1. 构建合理的军机维修保障控制逻辑

一是理清层级关系、职能定位。纵向上,理清空军(战区)机关、基地(师)保障部、机务大队等各级管理机构的层级管理关系、职能定位、输入输出内容;横向上,对军机设计制造单位、维修单位、培训机构等的交互关系、职能分工、模型要求进行梳理。二是构建合理的控制模型。对于不同的控制结构,应充分利用现有理论成果如 MSG-3、系统论等制订正确的控制模型。三是建立有效的监察机制和反馈机制,应充分借鉴民机适航监察和安全管理体系思想,建立有效的监察机制和问题反馈机制,如在现有质量普查和专项检查、单机维护质量例行检查、安全整顿工作的基础上,提高质量监管工作标准的可操作性、建立固定的质量监管人员及相应的培训机制,并编制包含具体检查内容和标准检查程序的质量监管手册、年度质量监管工作计划等,统一受检单位对上级机关的检查内容和标准认识。

2. 形成可行的军机维修保障法规体系

一是尽快规划维修保障法规体系。首先,应从顶层构建军机维修保障的法规体系,从体系级划分军机开展维修保障所需法规的模块类别、层级关系、相互界面、结构框架;其次,加快构建军机维修保障法规的体例格式、文档模板和依据标准;最后,在上述工作基础上,根据各单位职能定位和责任分工组织进行军机维修保障法规文档编制,在评审的基础上进行试行试用。二是采取有效措施提高法规的可操作性。首先,对法规的编制要有统一的规范要求,其次,要组织涉及使用法规的相关单位对编制法规进行评审试用,并在试用过程中不断修改完善。三是要对法规的更新程序、更新时机、评审要求提出明确的要求,采用技术状态管理的方式对法规的各个版本、变更程序、变更影响和变更效果进行管理。

3. 制订规范的军机维修保障文档体系

一是明确各级文档编制的责任定位；要根据责任关系和控制层次提出各类文档编制的具体要求。如应根据控制界面提出对空军装备部、战区空军、基地、旅、机务大队分别提出不同的文档编制需求。二是编制合理规范的文档模板，对于日常管理中的各类文档（如工卡、故障报告单、免责报告等文档）制订统一的模板，便于各基层单位使用。三是严格各级的文档记录意识；利用各种场合对文档登记要求进行宣贯，强化文档登记意识，另外借助信息化手段，提高各项工作自动记录和可追踪的能力，并能够借助信息化手段开展文档的统计分析及维修保障指挥的自主化、智能化辅助决策。

引入适航理念，提升军机安全水平是当前国内外主流军事强国的普遍做法。在这个过程中，必然面临着与原有做法的许多冲突和矛盾，如何找出重点、提出关键抓手来避免冲突，化解矛盾是当前我国空军开展军机持续适航管理的关键。本章从民机适航管理中的"三个逻辑"入手，分析其中的特征要素，找出其与航空安全的关联关系，进而根据分析我军维修保障现状及原因，提出我军如何借鉴民机持续适航理念，来提升军机安全的 3 个手段，进而促进整个军机安全水平的快速提升和转型。

复习思考题

1. 剖析适航的概念内涵。
2. 阐述适航管理的主要内容。
3. 阐述军用航空器适航性的概念内涵。
4. 阐述军用航空器适航性的特点。
5. 阐述民机持续适航的主要内容及特点。
6. 剖析我军航空维修保障现状及其问题成因。
7. 阐述中国民航规章体系逻辑及其特点。

第 13 章 空军航空维修管理创新

【本章提要】

◆ 空军航空维修管理创新是适应新军事变革深入发展、空军战略转型加速推进和航空装备快速发展的迫切需要,具体体现在 3 个方面:标准要求高;保障多样化;技术创新快。

◆ 空军航空维修管理创新,是创造一种新的更有效的组织资源整合范式,以促进空军航空维修管理效能显著改善的一种动态创造性过程。

◆ 空军航空维修管理创新的途径主要有 4 个方面:流程再造;组织创新;制度创新;文化创新。

◆ 加强空军航空维修管理创新需要采取综合性的系统管理对策措施,主要包括维修管理理念、维修管理模式、维修管理体制、维修管理体系、维修管理机制、维修管理方式。

新军事变革深入发展,空军战略转型加速推进,航空装备更新换代加快,使空军航空维修面临着转型和发展的双重压力。空军航空维修系统主动适应新形势新变化新要求,深入开展航空维修保障模式改革创新,迫切需要加强推动航空维修管理创新,充分发挥管理的资源整合作用,提高航空维修保障的综合效益,以更富有效率的方式保障航空装备的作战使用,为实现空军航空维修科学发展提供可靠高效的管理保障。

13.1 空军航空维修管理创新的迫切性

当前,空军处在战略转型的关键时期,航空装备快速发展,军事训练深刻变革,航空维修的需求、对象、环境、技术等发生了重大变化,航空维修思想理念和理论技术得到了快速发展,特别是 20 世纪 90 年代以来,在信息化的推动和新军事变革的拉动下,航空维修领域的变革异常迅速:标准要求高,保障多样化,技术创新快。

13.1.1 标准要求高

图 13 - 1 所示为航空维修标准要求的演变过程。一方面,在信息化战争形态下,作战随机性强,机动性要求高,航空装备地位作用进一步凸显;另一方面,随着航空装备信息化程度的显著提高,装备体系结构复杂,系统交联,影响航空装备作战使用效能的因素更多更复杂,维持满意的航空维修质量安全标准的要求更高、难度更大。

13.1.2 保障多样化

随着航空维修要求标准的不断提高和航空维修需求、对象、环境、手段的不断改善,航

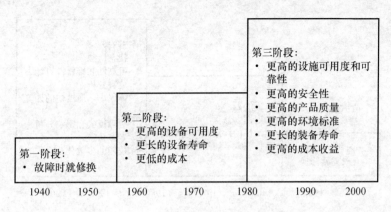

图 13 - 1　航空维修标准要求的演变过程

空维修研究也在不断深入,改变了我们对航空维修许多基本看法。图 13 - 2 所示为对航空装备故障规律认识的变化。在早期,故障观点比较简单,认为故障是时间的函数,故障使用时间越长越可能发生故障,"浴盆曲线"得到了普遍认同。但随着航空装备的发展和维修保障实践的深入,新的研究揭示,航空装备的复杂化,也使航空装备故障规律趋于复杂化,影响航空装备正常工作的不确定性因素更多,作用机理更复杂,故障模式不是一种,而是至少有 6 种,改变了传统的维修认识,要求航空维修向基于状态的维修转变,这对航空维修管理产生了深刻影响,提出了新的要求。

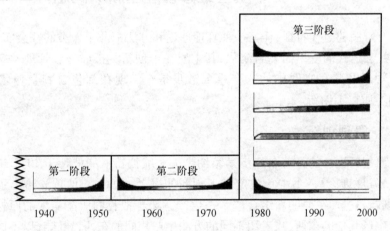

图 13 - 2　对航空装备故障规律认识的变化

13.1.3　技术创新快

新的维修观念和科学技术的迅速发展,使航空维修技术手段发生了重大变化。图 13 - 3 所示为航空维修技术的变化。特别是新一轮以智能技术为核心的高新技术的迅猛发展,数字孪生、故障预测、健康管理、智能保障、5G 通信、增材制造等新兴、颠覆性技术的快速发展,将给航空维修带来深刻影响。面对这些新技术、新工具,航空维修系统面临的主要挑战,不仅是要学习这些新技术、新工具,而且要能决定在本系统、本单位哪些值得做。只有根据需求做出正确的选择,对这些维修技术和保障工具手段加以整合运用,先进维修技术的效用才能得以充分发挥,航空维修目标才能高效达成。

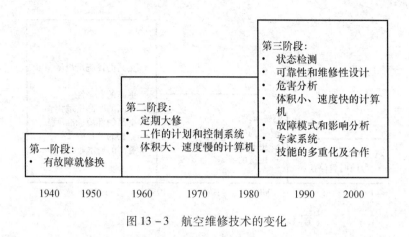

图 13 - 3　航空维修技术的变化

纵观空军航空维修现代化发展历程,空军航空维修由小到大、由弱到强,正迅猛发展,同时也使人们的维修实践和认识发生了和正在发生着前所未有的变化,带来了新希望、新机遇,但严峻的航空维修安全形势、更高的标准要求,也使空军航空维修面临着严峻的挑战。应对挑战,进一步提高空军航空维修质量效益,推动空军航空维修科学发展,关键之一是加强管理,大力推动空军航空维修管理创新,向管理要保障力、向管理要效益。

13.2　空军航空维修管理创新的内涵

管理具有鲜明的时代特征,任何一种管理理论和方法都源于人类的社会实践,管理的理论模式随社会时代的变革而不断演化,其本质在于创新。正如著名管理学家彼得·德鲁克指出:"管理及其在实践中的一个重要进步是它们现在都包含着企业家精神和创新",管理的本质在于创新。

13.2.1　管理创新

最早提出创新概念的是著名经济学家约瑟夫·熊彼特。熊彼特于 1912 年在其出版的名著《经济发展理论》一书中首先定义了创新的概念,在书中,他首先给出了创新的定义,他认为创新是生产手段的新组合,"……生产意味着把我们所能支配的原材料和力量组合起来。生产其他的东西,或者用不同的方法生产相同的东西,意味着以不同的方式把这些原材料和力量重新组合。只要是当新组合最终可能通过小步骤的不断调整从旧组合中产生的时候,那么就肯定有变化,可能也有增长,但是却不产生新现象,也不产生我们所意味的发展。当情况不是如此,而新组合是间断地出现的时候,那么具有发展特点的现象就出现了。……当我们谈到生产手段的新组合时,我们指的只是后一种情况。因此,我们所说的发展,可以定义为执行新的组合"。其所说的创新内涵包含下列 5 种情况:①采用一种新的产品,也就是消费者还不熟悉的产品,或者已有产品的一种新的特性;②采用一种新的生产方法,也就是在有关的制造部门中尚未通过经验验定的方法,这种新的方法不一定非要建立在科学新发现的基础之上,它还可以是以新的商业方式来处理某种产品;③开辟一个新的市场,也就是有关国家的某一制造部门以前不曾进入的市场,不管这个市场以前是否存在过;④掠取或控制原材料或半制成品的一种新的供应来源,不论这种来源是否已经存在的还是第一次创造出来的;⑤实现任何一种新的产业组织或企业重组,如造成一种垄断地位,或打破一种垄断地位。熊彼特所言过于强调了创新经济学上的意义,其创新概念虽然涉及到了管理创新的核心,仍有局限性,但熊彼特关于创新的见解和观点构成了现代创新理论的基础。

适应科技发展和外部环境变革,国内学者对管理创新也进行了卓有成效的研究。国内最早提出管理创新概念的为芮明杰教授1994年出版的《超越一流——现代企业管理的创新》,以及常修泽教授1994年出版的《现代企业创新论》。常修泽教授认为:"管理创新是指一种更有效而尚未被企业采用的新的管理方式或方法的引入。管理创新是组织创新在企业经营层次上的辐射",常修泽教授这种认为管理创新只是组织创新的一个侧面,管理创新仅仅是引入新的更有效的管理方式方法的见解和观点,有一定的可取之处,但有失偏颇。

芮明杰教授认为,管理创新是指创造一种新的更有效的资源整合范式,这种范式既可以是新的有效整合资源以达到企业目标和责任的全过程管理,也可以是新的具体资源整合及目标制订等方面的细节管理。因此,管理创新这个概念包括下列5种情况:①提出一种经营思路并加以有效实施;②创设一个新的组织机构并使之有效运转;③提出一个新的管理方式方法;④设计一种新的管理模式;⑤进行一项新的制度创新。

国内还有一些专家学者对管理创新进行了探索和研究,提出一些独到的见解,如有的学者认为,管理创新是指组织用新思想、新技术、新方法对组织管理系统(如战略、组织、技术、文化、质量)的方略组合进行重新设计、选择、实施与评价,以促进组织管理系统效能不断提高的过程。

13.2.2　维修管理创新

根据管理创新的概念内涵,航空维修管理创新,是指管理者借助系统观点,利用新思维、新技术、新方法,创造一种新的更有效的组织资源整合范式,以促进航空维修组织管理效能的显著改善的一种动态创造性过程。

简单而言,空军航空维修管理创新,就是要与时俱进,具体问题具体分析,探索适应时代发展趋势,符合航空装备作战使用和保障特性的维修管理体系模式和制度机制,显著提高航空维修管理效率效益,为空军航空装备作战使用提供可靠高效的管理保障。

13.2.3　维修管理创新的原则

空军航空维修管理创新是一种复杂的系统工程活动,关系到空军航空维修系统的长远发展,直接影响到航空装备的战备完好,因此,空军航空维修管理创新必须遵循基本的指导原则,以确保空军航空维修管理创新的有效性。

(1)有利于做好军事斗争准备。空军航空维修是为空军航空装备遂行作战任务提供保障的,我军新时期军事战略方针,决定把我军军事斗争准备的基点放在建设世界一流军队、打赢信息化条件下现代战争上,这就要求空军航空维修管理创新,必须瞄准建设世界一流军队目标,主动适应新军事变革,适应空军军事战略转型建设,适应空军航空装备快速发展的要求,坚持战斗力标准,更加聚焦实战驱动,塑造优良的航空维修保障环境,建立高效的组织形态,提高空军航空维修管理能力水平,为空军军事战略和军事斗争装备准备提供高效的管理保障。

(2)有利于航空维修的集中统一领导。空军航空装备是综合运用各种现代科学技术,由社会化大生产来完成的,空军航空维修管理需要实行社会化的分工和广泛的协作,必须按照统一的目标,统一思想,统一步调,才能共同完成空军航空维修保障任务。因此,必须坚决贯彻装备全系统全寿命管理的要求,建立科学高效的组织管理体系,对空军航空维修实行高度集中统一的管理,提高航空维修质量效益。

(3)有利于航空维修的系统管理。实行航空维修系统管理,既是我军装备全系统全寿命管理的要求,也是现代装备管理理论和实践的高度概括和总结,代表了现代维修管理的基本规律,是一种已被国内外航空维修管理实践证明了先进的管理方式。因此,空军航空维修管理创新,必须以系统理论为指导,从系统的角度出发,综合考虑上游与下游、可能与需要、技术与管理、现实与未来、平时与战时等多种需求,建立健全航空维修管理体系模式和制度机制。

(4)有利于提高航空维修管理效能。按照精简、统一、效能的原则和决策、执行、监督相协调的要求,从空军航空保障流程出发,将分散在原来各个职能部门的活动整合为一个连续的完整的业务流程,摒弃多头分散管理和职能分工交叉,划清工作界面,明确职责分工,加强信息交流,实施业务流程的综合性管理,以消除组织壁垒和沟通障碍,进一步提高空军航空维修管理效能。

(5)有利于形成高效的运行机制。管为战,要提高航空维修管理效能,必须要改变以往航空维修管理的粗放性、随意性,实行航空维修精细化管理,实现航空维修决策的科学化,保证航空维修管理按照统一的规划、计划有序进行。因此,必须建立科学高效的维修管理运行机制,在航空维修的各个环节、各个层次上实施有效的激励调控,形成集约高效的运行机制,以保证维修决策的科学性和管理的有效性。

13.3 空军航空维修管理创新的逻辑

13.3.1 哲学思维是空军航空维修管理创新的不竭动力

管理是对组织资源进行有效整合以达到组织既定目标与责任的动态创造性活动,创新是管理的本质要求。空军航空维修管理创新根植于复杂性、不确定性和动态性之中。随着军事形态演变和空军航空装备快速发展,航空维修管理对象、管理环境的复杂性、维修管理活动的综合性显著增强,空军航空维修管理创新的重要性更显突出。由此可见,空军航空维修管理创新是适应时代发展的客观需要而发生的,是随着航空维修需求的发展而发展的。当然仅有维修管理创新的动因还不够,还需要采用科学的、有效的创新模式方法,才可能有效地实现空军航空维修管理创新。

哲学思维是一种具有普遍意义的方法论。科学史上很多杰出的科学家都善于从哲学层次来思考问题,凭借哲学思维的独特眼光和力量,找到指示科学探索正确路径的启示性路标。量子力学的创始人海森堡曾师从经典物理大师索末菲,海森堡独辟蹊径,从哲学角度审视导师的电子轨道理论,敏锐发现电子轨道无法用宏观实验观察来证实,必须从可直接观察的光谱强度和频率入手。正是在这种可观察性哲学思想的指引下,海森堡找到了通向量子力学的指示性路标,终于成为创立量子力学的科学大师。由此可见,对于一些复杂问题,当实验探索和数学推演这两种常规程序无法有效解决时,哲学思维常常能起到打开突破口的巨大作用。

同样,这种哲学思维对于创新空军航空维修管理也是非常重要的,无论是提出一种新的发展思路,创新一个新的组织结构,还是提出一个新的管理方式方法,设计一种新的管理模式,进行一项体制机制创新,都需要这种哲学思维。从创新思维角度看,对于空军航空维修管理而言,至少应有 4 种创新思维:突破类同性,达到独特性;突破单一性,达到多样性;突破分离性,达到联结性;突破孤立性,达到整体性。

13. 3. 2　空军航空维修管理创新的新逻辑

在新的起点上,空军航空维修面临着新情况新问题,需要对新环境条件下空军航空维修管理的特点规律进行系统分析,发掘保证航空维修管理创新有效的最基本的理论依据——普遍适用的新逻辑。

1. 系统性逻辑

自然辩证法认为,系统整体与部分以及部分之间存在的相互作用、相互制约关系,构成了系统整体呈现不同于部分的整体特性即涌现。随着以信息技术为核心的高新技术在航空装备领域的广泛应用,航空维修的系统性、整体性显著增强。从系统的角度看,航空维修的价值形成于维修及其相关活动过程中,最终体现在航空装备作战使用任务的完成上。航空维修最终目标的唯一性,要求我们在考察航空维修的组织形态或运作方式时,抛弃过去那种从孤立的、局部的角度来认识航空维修的思想观念,坚持从系统整体出发,注意区分系统整体和局部的质的差别,注重从系统整体对各要素进行综合分析,树立有机联系、系统整体的观点来认识航空维修的思想观念,通过系统要素的辩证综合,再现系统整体过程,统筹好前端与末端、作战与保障、技术与管理、效率与效益、内场与外场等多种关系,聚焦作战,立足整体,统筹全局,使局部的变革服从系统整体的协调发展。

2. 技术性逻辑

随着科技创新的加快,航空装备智能化、信息化、体系化程度显著提高,科学技术对航空装备作战使用的能动增效作用更加突出。自从航空装备诞生以来,航空维修已走过了一个多世纪的发展历程,纵观这一发展过程,不难发现,航空维修特别是空军航空维修的发展,无不打上了科学技术的深刻烙印。科技进步,不仅改变了航空维修对象——航空装备的战术技术性能,使航空装备更可靠更安全,系统性、综合性更强,而且也改变着航空维修本身。新的维修技术如 PHM、PMA、ATE 等,新的决策支持手段如集成维修信息系统、维修管理系统、维修辅助决策支持系统等,得到了快速发展和广泛应用,航空装备技术状态得到了有效监控。"技术决定战术",技术的进步为我们更新维修观念,优化维修策略,创新保障模式,提供了技术支撑。但技术进步并不只是为我们创新航空维修提供了一种选择,而且还对信息化条件下航空维修管理创新提供了一种方法论,即发挥信息化的主导作用,实现信息化主导下的结构性整合和功能性提升相结合。

3. 动态性逻辑

航空维修是保障航空装备作战使用的重要支撑,但它不是一个孤立封闭系统,而是存在于军事系统和空军装备等大系统之中,受到航空装备、作战使用样式和后勤保障等多个系统的影响和制约,与外部环境存在着物质的、能量的和信息的交换,外部环境的变化必然会引起系统内部各要素之间的变化,因而是一种耗散结构、动态结构。按照耗散结构理论,系统只有与外界存在物质、能量和信息的交流,与外界环境相适应,系统才具有生命力,才具有可持续发展的动力。因此,随着高新技术装备的部署使用,应根据航空装备使用和保障特性,对体制编制、组织结构、人员配置等及时进行调整优化,为空军航空维修保障塑造一种卓越的氛围环境,始终保持航空维修系统的活力。

13.4　空军航空维修管理创新的途径

空军航空维修管理创新,是根据空军航空装备建设发展客观规律和现代科学技术发展态势,对传统的管理模式及相应的管理方式和方法等进行改进、改革和改造,创建起新的管理模式、方式和方法的动态过程,涉及空军航空维修管理的目标、流程、组织、方法、模式、制度、文化等多个方面,有的专家学者将管理创新的途径归纳为流程再造、组织创新、制度创新、文化创新这 4 个方面,也有的将其归纳为组织创新、管理模式创新、危机管理、日常管理、信息化管理等几个方面。根据空军航空维修管理现状及其特点,空军航空维修管理创新的途径,可从以下 4 个主要方面展开。

13.4.1　流程再造:维修管理创新的基础

空军航空维修管理创新的目的是提高维修管理效率和效能,而对现有业务流程再造是提高航空维修管理效能的关键。业务流程再造涉及对原有流程的再认识和对新流程的设计两个方面。对原有流程的再认识目的是弄清原有流程在新环境下所存在的弊端,找出阻碍组织效率提高的瓶颈。对新流程的设计则是针对革除原有流程的弊端展开的。流程再造可以是改良式再造,也可以是革命性再造。改良式流程再造注重在一段时间内不断积累的变化而达到长期相对明显的效果。其重点在于完善原有的流程,清除和改造不合理和低效率的环节,以提高原有流程的效率。

13.4.2　组织创新:维修管理创新的形式

空军航空维修管理创新是空军航空维修管理在组织架构、岗位职责、职责权限和资源配置等方面的创新。以信息技术为核心的高新技术的迅猛发展及其广泛应用,引发了空军航空维修管理环境的剧烈变化,现代组织结构出现了一些新的发展趋势,如组织扁平化、组织网络化和组织虚拟化等,并已在商业实践和一些军用型号项目中得到了广泛应用。组织创新的一种模式就是基于业务流程再造。基于流程再造的组织创新的方向是变革空军航空维修管理组织体系,促进组织结构扁平化。扁平化的组织架构需要信息平台支撑和实施组织形态变革,如实行多功能项目小组(IPT),这种扁平化的组织结构适应了业务流程再造的客观要求,将使空军航空维修管理组织在适应外界环境变化方面表现出较强的应变能力。

13.4.3　制度创新:维修管理创新的保障

制度指组织内部的管理制度,是组织内一切指导组织成员的行动的规则、规定工作流程的规章或约定。具体包括组织机构设计、职能部门划分、岗位工作说明、业务流程中各环节的管理表单等制度类文件。用规范的制度代替单纯依靠领导的口头指示、事必亲躬来构筑管理系统的管理方式,是现代管理发展的必然结果。组织内部管理制度的创新是保证组织结构创新和业务流程创新得以实现的必要条件,也是空军航空维修管理的现实要求。没有适应新流程和新的组织结构的新的管理制度,组织创新也很难落到实处。当然,仅仅进行内部管理制度的改革而忽略流程与组织创新的组织是很难取得成功的。因此,空军航空维修管理创新,必须高度重视制度创新,以制度创新来规范组织行为,固化管理创新成果,持续改进空军航空维修管理系统的运转效能。

13.4.4　文化创新:维修管理创新的动力

空军航空维修管理制度创新,对空军航空维修管理创新起到了能动作用,但维修制度的规范性、强制性也有其局限性,如果维修人员只是被动地去遵守制度规范,而不能从心理上进行认同,那么这种制度规范便失去了生命力。并且,无论管理制度多么严密、科学,总有不完善之处,这种不足随着航空维修系统内部条件和外部环境的变化所带来的负作用将日益明显,而弥补这种不足的根本力量是建立一种有利于空军航空维修管理创新的组织文化。

文化创新是一个组织改变旧有的、已不适合组织发展的价值观念和行为规范,建立新的价值观念和行为规范的过程。文化创新为空军航空维修管理创新提供了源动力,空军航空维修管理创新能否成功,关键在于文化创新是否有效。从组织文化与组织结构和业务流程的关系看,组织文化决定组织结构现状和业务流程的运作。一方面,组织文化对组织结构具有调适作用,组织文化渗透到组织的各部门,对组织的政策制订、机构确定和调整具有先导性的决定作用;同时,"组织结构跟着文化变",组织结构随着组织文化的变化而进行相应的调整和发展。另一方面,组织结构也会影响组织文化。组织结构在传导文化的过程中,根据实际和发展需求及时对文化进行调整,使组织能更好发展。因此,开展空军航空维修管理创新,必须高度关注组织文化的变革和重塑,并以文化变革为先导来统一思想,凝聚力量。

13.5　空军航空维修管理创新的方法

空军航空维修管理创新是一种复杂的动态的创造性过程与活动,是解决空军航空维修科学发展问题的利器,为保证维修管理创新的有效性,应加强空军航空维修管理创新的方法研究。

13.5.1　基于流程

空军航空维修目标的达成是一系列维修保障活动协同作用的结果,而现行的空军航空维修组织,是按照亚当·斯密的劳动分工理论,建立在职能和专业化分工基础之上的,组织或组织成员关注和解决问题的焦点是职能、工作或任务,结果导致了局部最佳、整体一般的弊端,存在维修资源配置不合理、维修效益不佳等矛盾问题。因此,空军航空维修管理创新,必须更加注重实战驱动,牢固树立"以作战使用为中心的保障"新理念,以作战需求为牵引,刻画预先、直接、再次出动、飞行后、战斗转场等保障流程,应用流程管理理论技术,通过对维修保障活动的整合、分散与消除、改变活动间逻辑关系、优化活动组织方式、创新活动实现方式等的系统分析,瞄准关键流程,找准流程突破的途径,整合和优化保障流程,将被割裂的保障流程和分离的管理要素进行优化组合和合理编成,使其构成一个连续完整的保障流程和协同作用的有机整体,使流程、活动、要素之间协同共进,最终实现空军航空维修保障效能的根本性改善。

13.5.2　基于信息

随着航空装备的更新换代和信息化保障技术的快速发展,空军航空维修业已进入了信息主导的维修阶段。从信息和信息作用的角度看,空军航空维修管理创新的途径一般有 3 条:一是着眼于信息处理技术的技术途径。通过采用先进的信息处理技术手段,建立快速可靠的信息传输网络,形成良好的信息处理技术环境,以手段的改进和平台的建设来提升航空维修保障效能。二是着眼于信息处理过程的组织途径。通过组织创新、流程再造和建立健全有效的管理体系和运行机制,使维修管理工作过程与信息处理过程有机融合,以信息主导来加强维修决策计划、组织指挥、控制反馈等职能建设,优化决策保障、过程监控、综合评估、控制反馈等管理机制,显著提高维修保障效益。三是着眼于信息内涵的综合途径,着重解决好信息与管理的适应性问题。通过组织体系的调整,建立适合信息管理要求的体系机制,保证维修管理信息处理的完备与合理;通过对管理机制、运作管理、法规制度和人才队伍建设等信息要求的规范,保证管理信息处理的准确性和有效性;通过规定信息格式、信息网络平台建设、信息资源开发,增强信息处理能力,保证航空维修管理拥有先进可靠的技术手段。

13.5.3　基于结构

按照系统论的思想,结构决定功能。一定的物质技术基础,不同的结构方式将产生不同的系统功能。专家曾有云"军事革命最明显的表现是军事力量结构的变化"。空军航空维修保障能力并不完全取决于物质技术基础,而是取决于人力、物力和结构力 3 种因素的耦合作用,重要的是把结构问题研究透彻,把结构力纳入保障能力要素之中,以功能需求调整结构、以优化结构来增强功能,提高航空维修保障效能。因此,开展空军航空维修管理创新,应在空军总的任务与能力要求框架下,对航空维修的技术、管理、指挥、训练等各种活动、各个环节、各类资源进行系统分析,瞄准体系完善、专业整合、分工调整、职能优化、组织创新等结构调整的着力点,以信息和信息技术的创新运用来调适维修保障系统诸要素,以追求最佳结构力来合理编成保障要素、配置保障资源,建立高度柔性的"积木式"航空维修组织形态,实现人与装备的最佳结合,以高效能的维修管理激发维修保障活力。

13.6　空军航空维修管理创新的对策

13.6.1　更新维修管理理念

管理理念是管理者在管理活动过程中所持有的思想观念和价值判断。作为观念形态的管理理念,是由社会经济关系决定的。社会转型导致了生产力和生产关系的重大变革;军事转型,导致了维修需求、维修环境、维修对象、维修技术等的深刻变化,必然引起维修管理理念的变革,必须适时调整,改善自身的心智模式。

一是树立以人为本的管理理念。维修人员是航空维修最具能动性的核心要素,航空管理的最高境界在于创新一种促进维修人员不断学习的环境氛围,进行知识积累、知识内化和知识创新,从而使维修人员实现自我发展。因此,航空维修管理应牢固树立以人为本的管理理念,注重维修人员的成长发展,通过维修人员的成长发展来提高航空维修保障效能。

二是牢固树立以 RCM 为核心的科学维修思想。维修内容、时机和方式方法的确定是否科学合理,将影响和制约维修体制、维修方式、维修手段和维修管理等方面的科学性,并在很大程度上决定了航空维修质量效益。推进科学维修,必须首先科学合理地确定维修内容,着眼"维修过度"和"维修不足"并存问题,深化以可靠性为中心的维修、状态维修等维修理论应用,应用逻辑决断、故障预测、健康评估等技术合理确定维修工作内容、时机,在确保"做好"的基础上,着力解决好"应该做什么"的问题。

三是确立综合效益的观念。军事效益和经济效益都是空军航空维修追求的目的,空军航空维修最终追求的是军事效益,但不能不讲经济效益。经济效益是军事效益的基础,不讲经济效益,就不可能用有限的维修资源实现最佳的军事效益。那种片面强调军事效益,忽视经济效益,往往不计工时、不计消耗,盲目做工作的做法,很难适应信息化条件下现代战争航空装备高强度高消耗作战使用要求,航空维修必须更加注重集约高效,综合权衡效率与效益,在保证军事效益的前提下,依靠科学管理,整合资源,优化配置,精确调度资源,持续提高航空维修经济效益。

13.6.2　创新维修组织形态

组织是管理的载体,组织结构合理与否直接影响到管理成效。20 世纪 70 年代以来,国内外学者对组织创新进行了卓有成效的研究,提出了许多组织创新的理论方法和途径策略。综合来看,组织创新的途径主要有 3 种。

一是从改变组织结构要素入手的结构创新:基于结构要素的组织创新主要有 3 种途径,即组织结构扁平化、组织结构柔性化和组织结构网络化。

二是从流程再造入手的过程创新:从流程再造入手的过程创新,是对传统的基于职能的组织理论与实践的一种突破,它使组织的构成单位从专业化的职能部门转变为以流程为导向、充分发挥个人能动性和多方面才能的过程小组,这样对组织的设计和再设计就主要不是结构组织问题,而是确确实实地按"过程"来建构组织,即以流程为中心的"过程组织"。

三是从提高组织学习能力入手的能力创新。组织学习能力是反映组织学习效率和学习效果的指标,被定义为组织具有精于知识吸收、转化和创造,且能根据新知识和长期目标调整行为的一种品质,即组织学习能力是组织根据内外部环境变化不断进行动态调整和创新,以对各种变化作出正确而快速反应的能力,目前已成为组织核心能力的关键要素。

目前,空军航空维修管理是一种专业技术管理与职能管理相结合的体系模式,对开展维修保障工作发挥了较好的管理保障作用,但在组织结构方面存在着机构不健全、管理力量薄弱、管理不闭环等突出问题,影响了维修保障效益的进一步提高。根据组织创新的方法途径,空军航空维修组织创新可从以下几个方面开展:

一是按照相对封闭的原则,建立健全决策计划、组织实施、监督控制、反馈评估等部门或机构,形成相对完善的维修管理体系。根据维修管理现状和发展需求,重点加强决策计划、质量控制、安全监察等部门机构建设,充实维修管理力量。

二是整合维修保障信息管理职能。信息已成为维修管理的主导要素,加强信息管理是提高维修管理效能的重要途径。为保证维修管理工作的高效有序,维修管理机构需要准确掌握装备技术状态、人员技术状态和保障装备技术状态等保障需求信息,应改变目前维修信息管理力量分散、力度不够的问题,按照信息主导的思想理念,加强组织机构建设,切实把维修保障各个领域、各个方面的信息管理起来,利用起来,提高维修保障信息的利用效率。

三是优化维修保障的组织实施流程。系统分析维修保障管理各项工作、业务流程的纵横关系及其相互影响,重点理顺机务保障各项流程活动之间的关系,为优化组织结构奠定基础。

四是开展组织文化建设。深入开展组织文化建设,充分发挥组织文化的凝聚功能、导向功能、激励功能、熏陶功能、塑造功能,努力创造优良的航空维修环境氛围,使"质量大于一切、责任重于一切、使命高于一切"的航空机务核心理念深入人心,有效激发维修保障人员的活力和激情,创造性开展航空维修工作。

13.6.3　完善维修管理体系

航空维修是维修保障系统各要素综合作用与优化配置的结果,航空维修的有效运行需要高效的管理体系作支撑。根据空军航空维修管理现状和发展需求,在加强维修组织指挥管理体系建设的基础上,应重点加强以下几个方面的体系建设:

1. 质量保证体系

质量保证体系,是现代企业特别是国际民航业实施维修生产所必备的一个首要的组织要素,有效的质量保证体系是航空维修保障模式有效性的重要保障。由于诸多历史原因,我军的航空维修一线保障,在质量保证体系的建设上一直存在着"短板"和"缺项",维修质量检验体系与维修作业体系没有剥离,缺少专职的、相对独立的质量监管队伍,质量监管工作不能得到有效落实,质量保证工作缺乏有效的体制保障。因此,应全面贯彻全面质量管理思想和理论,建立健全质量保证体系。

在组织形式上,构建起质量立法、质量审核、质量控制和质量检验相配套的相对独立的职能机构,设立"质量工程师"岗位,成立相对独立的专职质量检验队伍。

在职责分工上,职能部门实施质量立法,动态管理,适时更新;质量工程师实施"质量审核",确保人员资质符合规定,规章制度得到正确执行,质量检验得到有效监督;专职质量检验人员(队伍)实施维修作业的质量检验,确保维修保障质量可靠,实施全员、全程和全面的质量管理,确保维修质量管理的动态、闭环、精确。

在运行机制上,在优化完善质量管理体系的基础上,针对"关键工序"和"重要工作项目"实施重点控制;在做好结果检验的同时,重点加强过程检验,由事后向事中、事前转移,实现维修工作全程质量检验和管理监控。

在体系建设上,按照全面质量管理的核心要求,在不断完善质量管理要素功能、方法手段和机制模式的基础上,进一步延伸拓展,逐步构建起要素齐全、功能完备、运行顺畅、工作高效的质量保证体系,建立健全质量追溯、综合评估等良性机制,实现全系统质量水平的持续提高。

2. 安全管理体系

事故猛于虎,安全重如山,深刻地揭示了安全工作的重要性,"安全第一"业已成为航空维修的核心理念。对于航空装备这种高新技术密集、体系结构复杂、使用环境特殊、人机高度融合的复杂系统的维修保障工作而言,影响维修安全的因素涉及人、机、环境、制度等诸多因素,必须按照安全系统工程理论,树立预先防范、防微杜渐的思想观念,建立健全安全管理体系,从事后预防转向事前预见、事中监控,推动安全管理向深层次的延伸,系统分析导致危险情况因素滋生的环境条件,及时将其消灭于萌芽状态,实现航空维修安全发展。

一是实施安全监控。安全监控是指对安全规则执行情况和对危及安全因素的控制。安全监控的基本方式有:①信息传递式,即通过收集安全信息,掌握安全动态,通报安全情况,提醒人们对重点问题的关注和警惕,以增强工作者的自制能力;②跟随监督式,即通过对重点人员、重要操作的跟班检查,及时发现和纠正违犯安全规则的问题;③专项普查式,即通过组织对航空装备某个机件、设备、系统,或对某项维修设施、保障装备的专项检查,及时消除危及安全的隐患;④卡片监护式,即对易发生的重大维修差错和危险性作业,制订操作程序卡片,对照卡片一项一项按程序操作,并指派专人现场监护,操作一项、检查一项,确保万无一失;⑤警告警示式,即在作业场所、作业部位张贴、悬挂或喷涂警示标牌、标志、标语、标志物(如小红旗)等,提醒人们注意;⑥联锁纠错式,即在作业对象上,采取防差错技术措施,确保即使在某一操作工序中发生了错、忘,操作就不能继续进行,或者能自动避免发生错、忘的后果。

二是开展安全评估。安全评估是对影响维修安全的基本因素即"人-机-环境"系统可靠运行的基本要素和安全工作情况进行分析判断,通过维修安全评估,明确危及维修安全的重点对象、重点问题,为制订维修安全管理对策和措施提供依据。维修安全评估的方法,一般有:①比较法,与安全标准、与以往同期、与同类单位比较;②排队法,对危及安全的因素,按其严重性或重要度进行分类、排队;③因果法,根据安全计划、安全规则、安全措施的执行结果,判明其有效性和可行性;④综合评价法,通过对影响安全因素的系统分析,定性与定量相结合,建立层次结构模型,量化分析安全状况,准确把握一个组织或单位的安全管理能力和安全瓶颈因素。

三是进行安全预测。安全预测是对未来一个时期安全趋势所进行的预想和推测。预想是根据以往实践的结果,预想未来一个时期在"人-机-环境"系统与以往大致相同的条件下可能产生的危险性故障和维修差错;推测是根据以往的统计资料,按照一定的模型分析计算出危险性故障和维修差错产生的概率及其可能导致事故的概率。通过进行维修安全预测,科学确定未来一个时期维修安全工作的方向和重点,以便采取针对性的预防危险性故障和维修差错的措施。

四是组织安全检查。安全检查,是发动群众查找和消除危险因素和事故隐患的积极措施。通过对各类人员进行安全教育、传达安全通报、学习安全法规制度和业务能力测试摸底,对飞机某一机件、设备和系统进行普查,查找故障、隐患和重要技术通报、技术措施在飞机上的落实情况,以及对维修保障系统危险源的系统辨识,找出危及安全的隐患,可实现维修安全的预防、针对性的管理。正常情况下未发生问题时的"飞飞整整"和发生问题后的"停飞整顿",都是一种有效的办法。但在进行安全检查时,必须突出重点、讲究实效,每次检查要有明确的目的,着重解决一两个主要问题,防止面面俱到、不深不透。

五是加强技术创新。技术创新是安全发展的保障。根据墨菲定律,如果存在发生问题的可能性,问题是迟早总要发生的。要想杜绝安全问题发生,根本的途径在于从技术上采取措施、在设计制造中采用先进的安全技术,杜绝隐患,提高航空装备的安全性,保证航空装备在使用中不发生危及安全的故障、问题,在维修保障工作中不会发生维修差错。目前,先进的安全设计技术有:损伤容限设计技术、多余度技术、故障隔离技术、容错技术、自修复技术、防错技术、人素工程设计技术等。虽然这些技术,已在航空装备设计制造中得到了很好的应用,解决了一些重大问题,但由于航空装备的特殊性,在工作实际中,还要高度重视故障信息和维修差错信息的收集、积累,积极开展故障机理研究和维修规律宏观分析,提出航空装备加改装意见和建议,有针对性地、局部地采取安全技术措施,持续改善航空装备维修安全性。

3. 法规制度体系

法规制度是航空维修管理的基本依据,是调整维修保障各层次、各部门有关维修保障行为关系的基本准则。为保证航空维修管理的有效运行,应结合航空维修保障工作实际,对维修保障工作的具体事项作出明确规定,在一定范围内颁发执行,从而使航空维修保障法规体系形成一个层次分明、结构合理、上下衔接的有机整体,使维修管理有法可依、有章可循。特别是应根据航空维修保障模式改革的客观需要,在保持法规制度严肃性、相对稳定性的基础上,加大维修保障法规制度的修订力度,大力组织各级业务部门做好确定新增机构职能、职责,设计运行流程,明确工作界面,确定新增人员职责等基础性工作,逐步建立健全维修保障评估制度和评估体系,确保维修管理有法可依,执法必严。

4. 人员培训体系

人是航空维修的核心要素,航空维修必须坚持以人为本,以落实人员岗位专业能力标准为重点,科学确定各类人员、各训练阶段的任务和内容,改进训练方法和手段,建立健全制度和机制,着力建立健全高效的维修保障人员培训体系,把维修保障训练的计划、组织、实施、监督、考评等形成一个有机整体,实现维修保障人员培训的系统化、规范化、制度化,持续提升维修保障人员的能力素质,为航空维修保障模式改革的深入发展提供人才支撑。

一是突出前瞻性。瞄准实战化训练和空军军事战略转型建设前沿,用创新的思维谋划训练,用科学的理论指导实践,用先进的技术支撑发展,优化维修保障训练内容,创新维修保障训练方法手段,改善维修保障训练设施条件。

二是注重系统性。针对维修保障模式改革出现的人员知识能力的结构性变化,按照指挥管理、专业技术、综合技能增长规律,构建起类型齐全、阶段完整、分工合理的训练体系,处理好现实需要与长远发展、补差训练与能力形成、专业培训和综合培训等多种关系,确保各类人员能力素质的持续提升,满足维修保障模式深入发展之需要。

三是增强针对性。围绕着履行岗位职责需要,确定岗位专业能力培养目标,调整人才培养方案和训练大纲,强化基础训练,拓展深化训练,塑造基本技能,突出放飞保障、技术保障、维修计划和维修管理人员的补差训练,提高履行岗位职责的能力素质。

四是提高科学性。按照机制保障、协调发展的基本思路目标,建立科学合理的人员培训监管机制、行之有效的人员培训激励机制、切合实际的人员培训保障机制,通过建章立制,建立规范、高效、有序的人员培训管理机制,实现人员培训的长效发展。

13.6.4　变革维修管理模式

现行的维修管理模式是建立在预测基础上的、基于供应推动的数量规模型维修管理模式。数量规模型维修管理模式认为维修保障需求相对稳定,由供应推动,强调大库存、大规模;同时注重 3 种机制的应用:条块分割的职能管理组织;大库存;特殊的管理行为。但根据 RAND 公司的研究结果,这 3 种情况都不成立。如大库存的基础是需求在平时是稳定的,在战时是可预测的,但在信息化条件下,由于维修对象、维修环境等复杂动态变化特性,这两种情况都不准确,存在着高不确定性。为提高航空维修保障效能,美军于 20 世纪 90 年代开展了精益维修创新实践。

精益维修的核心理念是消除浪费,创造价值。"消除浪费、创造价值"是精益维修的核心,也是推行精益维修的关键。Muda(浪费)专指消耗了资源而不创造价值的一切人类活动:需要纠正的错误;生产了没有人要的产品,造成库存和积压;不必要的工序;员工的盲目调动和货物的从一地到另一地的盲目运输;由于上道工序发送不及时,使做下道工序的人们等待;商品和服务不能满足用户的要求等。在航空维修中,浪费现象俯拾即是。

(1)人员的浪费:过程的浪费,是所有以不理想的工作方式做的工作,如维修范围或维修时机把握不当造成的多余的维修活动;行动的浪费,是指那些不增值的活动、不必要的工作,如多余的维修工作;等待的浪费,如维修人员行动延误、查找技术文件、工具和零部件、维修人员等待零部件供应保障等。

(2)过程浪费:控制的浪费,精力花费在无效或不促进保障力的管理和监控上,如过多的有寿件控制;变化的浪费,资源花费在补救或更正与期望和(或)常规的结果的差异上;随意的浪费,是否未理解事物的顺序就将努力花费在任意的改变上,即修正或纠正顺序上,如维修计划编制不科学,针对性不强;可靠性的浪费,维修活动与航空装备使用特性不相适应,维修内容多,故障排除时间过长;规范性的浪费,维修管理的规范性、针对性不强,维修活动随意性大;计划的浪费,维修需求预测不科学,计划制订针对性不强,资源消耗在无效的维修活动上;延误的浪费,部门之间沟通不足,时间、资源消耗在工作交接或转移途中,如外场与内场工作的交接或转移,维修部门与场站之间的信息流不畅通;核查的浪费,质量安全控制不严,工作需重新检验或返工;错误的浪费,资源消耗在一些重复性错误或弥补不当维修活动上;等等。

(3)信息浪费:使用的浪费,努力消耗在过程步骤之间或信息源之间,用来改变数据、格式及报告;流丢失的浪费,关键信息丢失或采集不完整,如外场使用和保障数据丢失现象严重,数据不完整,采集不及时等;传输的浪费,大量的精力消耗在信息源之间递送信息过程中,如信息数据不完整需重新输入等;无关信息的浪费,资源、消耗在不必要的信息分析上;不正确信息的浪费,处理无效信息占用资源多;等等。

精益维修管理模式,通过优化流程,明确各环节的责权界限,发现核心价值流,优化价值增值活动,消除或控制价值非增值活动,使每个维修人员更加关注自己的本职工作,发现存在的问题,从而持续提高航空维修综合效益。

13.6.5 优化维修管理机制

航空维修管理机制,是指组成航空维修系统的各个部门,以及各部门之间用一定的程序和制度所形成的相互联系和联系方式的总和,并通过它促进航空维修活动按预定的目标有效地运转。维修管理机制是由潜藏于维修管理过程更深层的内在的管理规律支配的,对航空维修的发展具有长远的价值作用。航空维修管理机制是通过维修管理实践不断完善的,并需要适应航空维修的新发展而不断优化发展。

一是维修生产计划与调度机制。"计划好你的工作并完成好你的计划"。航空维修管理部门应根据现有的飞机使用保障特性、任务需求等,分析预测维修系统长期和短期的维修工作负荷,对各类维修的所有相关的人力、物力、时间等进行筹划安排,并有效监控维修工作进展,确保维修工作有序按进度完成。

二是工程技术保障机制。维修内容、时机是航空维修工作的基础,也是维修管理工作的重点关键。航空维修系统,应有专门的机构和力量,系统分析和研究维修运作的各个方面,评估维修需求,制订科学合理的维修工作指令,为完善优化维修大纲、维护规程提供咨询意见和建议,为维修一线保障单位提供技术分析支持,为维修一线保障单位进行技术支援。

三是信息共用共享机制。根据维修运行需要,建立并保持一个完整的、随时更新的资料管理系统及相应的管理运行机制,重点对相关机型的故障信息和机务保障的共性问题加以收集、整理,在综合分析的基础上,运用网络、技术通报、简报等形式,实现使用和保障信息的共用共享。

四是质量安全监控机制。质量安全是航空维修的永恒主题,建立健全维修质量安全管理体系和保证体系,制订完善质量安全控制政策制度,实行专职专人管理,建立健全质量安全定期报告制度,实现维修质量安全的预警防范。

五是综合评估机制。"你只能改进你所能衡量的东西"。提高维修管理效能,必须摒弃陈旧的模式来衡量维修系统业绩,对航空维修系统描绘一个完整的影像,使维修工作能够得到有意义的评价。欧洲维修技术委员会于2005年制订了一个关于维修关键性能指标(Maintenance Key Performance Indicators,MKP)的欧洲标准。该标准由一系列指标组成,涵盖了有关维修各方面的问题,可应用于任何设备。这些指标是一种工具,用来衡量维修系统的性质,并可得出实际结果。这些结果可用于与所期望的结果进行比较,从技术、经济、组织等各方面的观点来验证它们是否按照最适当的路线图来达到、保持和改善一个高效的航空维修。

13.6.6 转变维修管理方式

从系统的角度来看,影响空军航空维修的因素是多方面多层次的,要提高维修管理效能,必须依靠空军装备系统各部门、各分系统的有效协作,需要优化管理要素结构,调整优化职能管理力量,但这并不能解决所有问题,还必须转变维修管理方式,提高维修管理的针对性、有效性。

一是集中管理与分散管理相结合。航空维修管理对象多元,维修保障需求多样,维修管理活动复杂,有的管理活动如维修计划、质量安全、法规制度、维修训练等涉及多部门多机构,这就需要梳理维修管理主管机构、业务管理部门与技术管理部门职能及其相互关系。职能管理应加强集中管理,集中力量加强职能机构建设,为维修管理科学决策提供政策、法规、制度和智力支持,同时监督和指导各部门机构认真履行岗位职责,但这并不是取代各业务管理部门、技术管理部门的职责,而要充分发挥各业务管理部门、技术管理部门的支持作用。

二是行政管理与技术管理相结合。维修管理是一个由多种要素、多个环节构成的复杂过程,涉及多个部门、机构。从组织管理理论的角度来看,没有一种标准的管理方式,关键是要构建与维修管理需求相适应的运行机制,核心是打破部门壁垒界限,主要途径是依靠行政手段和依靠技术手段。大量的管理实践证明,仅仅依靠行政手段,是难以达到这一目的的。因此,必须在进一步完善法规制度、理顺工作关系、强化行政手段的基础上,加强维修技术管理研究与建设,加大技术管理专业人员队伍建设,充分发挥技术管理部门和专业技术人员在维修管理中的支持保障作用。

复习思考题

1. 分析空军航空维修现状与发展趋势。
2. 阐述开展空军航空维修管理创新的迫切性、重要性。
3. 剖析管理创新的内涵。
4. 阐述空军航空维修管理创新的原则。
5. 组织创新就是管理创新,这种说法对吗?
6. 结合航空维修实际和发展需求,阐述空军航空维修管理创新的对策。
7. 分析空军航空维修管理理念及其发展趋向。
8. 阐述文化创新与管理创新的关系。
9. 为什么说制度创新是管理创新的保障?
10. 结合实际,分析空军航空维修管理流程再造的必要性、可行性。

参考文献

[1] 中国空军百科全书编审委员会. 中国空军百科全书[M]. 北京:航空工业出版社,2005.

[2] 张凤鸣. 航空装备科学维修导论[M]. 北京:国防工业出版社,2006.

[3] 甘茂治,康建设,高崎,等. 军用装备维修工程学. 北京:国防工业出版社,2005.

[4] 陈学楚. 维修基础理论[M]. 北京:国防工业出版社,1998.

[5] 左洪福,等. 航空维修工程学. 北京:科学出版社,2018.

[6] 杨为民. 可靠性维修性保障性总论[M]. 北京:国防工业出版社,1995.

[7] 张宝珍. 国外新一代战斗机综合保障工程实践[M]. 北京:航空工业出版社,2013.

[8] 汪应洛. 系统工程[M].5 版. 北京:机械工业出版社,2015.

[9] [法]亨利·法约尔. 工业管理与一般管理[M]. 北京:中国社会科学出版社,1998.

[10] [美]哈罗德·孔茨,海因茨·韦里克. 管理学[M].10 版. 北京:经济科学出版社,1998.

[11] 陈学楚. 现代维修理论[M]. 北京:国防工业出版社,2003.

[12] 莫布雷. 以可靠性为中心的维修[M]. 北京:机械工业出版社,1995.

[13] 李瑞迁. 空军航空机务学[M]. 北京:国防大学出版社,2005.

[14] 郑东良. 航空维修管理[M]. 北京:国防工业出版社,2006.

[15] 芮明杰. 管理学[M].3 版. 北京:高等教育出版社,2009.

[16] 康锐. 可靠性维修性保障性工程基础[M]. 北京:国防工业出版社,2014.

[17] 吕川. 维修性设计分析与验证[M]. 北京:国防工业出版社,2016.

[18] 石君友. 测试性设计分析与验证[M]. 北京:国防工业出版社,2011.

[19] 单志伟. 综合保障工程[M]. 北京:国防工业出版社,2008.

[20] 王亚彬,贾希胜. 装备维修资源优化决策理论与技术[M]. 北京:国防工业出版社,2018.

[21] 赵经成,祝华远,王文秀. 航空装备技术保障运筹分析[M]. 北京:国防工业出版社,2010.

[22] 宋太亮. 装备保障性系统工程[M]. 北京:国防工业出版社,2008.

[23] 马麟. 保障性设计分析与评价[M]. 北京:国防工业出版社,2011.

[24] 赵延弟. 安全性设计分析与验证[M]. 北京:国防工业出版社,2011.

[25] 陈学楚. 装备系统工程[M].2 版. 北京:国防工业出版社,2008.

[26] 张凤鸣. 空军装备学[M]. 北京:解放军出版社,2009.

[27] 刘继贤. 军事管理学[M]. 北京:军事科学出版社,2011.

[28] 郑东良. 装备保障概论[M]. 北京:北京航空航天大学,2017.

[29] 郑东良. 航空维修保障模式及其创新实践[M]. 北京:北京航空航天大学出版社,2017.

[30] 李智舜. 军事装备保障学[M]. 北京:军事科学出版社,2009.

[31] 罗祎. 军用航空维修保障资源预测与配置技术[M]. 北京:兵器工业出版社,2015.

[32] 陈庆华,薛勇,舒绍干,等. 装备维修计划管理与决策[M]. 北京:国防工业出版社,2012.

[33] 朱小冬. 信息化作战装备保障[M]. 北京:国防工业出版社,2007.

[34] 芮明杰. 管理创新[M]. 上海:上海译文出版社,1997.

[35] 海峰. 管理集成论[M]. 北京:经济管理出版社,2003.

［36］张永生. 民用航空维修过程管理概论［M］. 北京:中国民航出版社,1999.

［37］王再兴. 民用航空器外场维修［M］. 北京:中国民航出版社,2000.

［38］孙春林. 民用航空器质量管理［M］. 北京:中国民航出版社,2001.

［39］中国民用航空总局航空器适航司. 中国民用航空器适航管理［M］. 北京:中国民航出版社,1994.

［40］贺国芳. 可靠性数据的整理与分析［M］. 北京:中国民航出版社,1995.

［41］李葆文. 设备管理新思维新模式［M］. 北京:机械工业出版社,2001.

［42］刘广第. 质量管理学［M］. 北京:清华大学出版社,1996.

［43］张公绪. 新编质量管理学［M］. 北京:高等教育出版社,1997.

［44］张建华. 空军装备的可靠性和维修性管理［M］. 北京:国防工业出版社,1993.

［45］中国人民解放军空军装备技术部. 空军航空工程词典［M］. 北京:中国科学技术出版社,1998.

［46］GJBz20437《武器装备战场损伤评估与修复手册的制订要求与方法》.

［47］GJB 1909A—2009《装备可靠性维修性保障性要求论证》.

［48］GJB 450A—2004《装备可靠性工作通用要求》.

［49］GJB 1378—1992《装备预防性维修大纲的制订要求与方法》.

［50］HB 6211—1989《飞机、发动机及设备以可靠性为中心的维修大纲的制订》.

［51］GJB 5967—2007《保障设备规划与研制要求》.

［52］GJB 451A—2005《可靠性维修性保障性术语》.

［53］GJB 4355—2002《备件供应规划要求》.

［54］GJB 1391—1992《故障模式、影响及危害性分析程序》.

［55］GJB 3872—1999《装备综合保障通用要求》.

［56］Nowlan F S,Heap H P. Reliability - centered Maintenance［R］. AD - A066579,1978.

［57］Blanchard B S. Logistics Engineering and Management［M］,5thedit. New York:Prentice Hall,1998.